2011年度

中国科技论文统计与分析

年度研究报告

中国科学技术信息研究所

科学技术文献出版社
SCIENTIFIC AND TECHNICAL DOCUMENTATION PRESS
·北京·

图书在版编目（CIP）数据

2011年度中国科技论文统计与分析 / 中国科学技术信息研究所编著. —北京：科学技术文献出版社, 2014.1

ISBN 978-7-5023-8547-7

Ⅰ.①2… Ⅱ.①中… Ⅲ.①科学技术－论文－统计分析－中国－2011 Ⅳ.① N53

中国版本图书馆 CIP 数据核字 (2013) 第 312012 号

2011年度中国科技论文统计与分析

策划编辑：周国臻　　责任编辑：崔灵菲　周国臻　　责任校对：张吲哚　　责任出版：张志平

出 版 者　科学技术文献出版社
地　　址　北京市复兴路15号　邮编 100038
编 务 部　(010) 58882938，58882087（传真）
发 行 部　(010) 58882868，58882874（传真）
邮 购 部　(010) 58882873
官方网址　http://www.stdp.com.cn
发 行 者　科学技术文献出版社发行　全国各地新华书店经销
印 刷 者　北京时尚印佳彩色印刷有限公司
版　　次　2014 年 1 月第 1 版　2014 年 1 月第 1 次印刷
开　　本　787×1092　1/16
字　　数　484千
印　　张　21.25
书　　号　ISBN 978-7-5023-8547-7
定　　价　150.00元

学术顾问：

武夷山　张玉华

主　　编：

潘云涛　马　峥

项目组成员：

潘云涛　姚长青　马　峥　张玉华　袁军鹏

郭　玉　郭　红　俞征鹿　翟丽华　徐　波

张　梅　王菁婷　苏　成　蒋　玲　贾　佳

高晓培　姜秀兰　胡泽文　田瑞强　朱梦皎

王纬超

通信地址：北京市海淀区复兴路 15 号　100038

中国科学技术信息研究所　情报方法研究中心

网　　址：http://www.istic.ac.cn

电　　话：010-58882027/58882537/58882539

传　　真：010-58882028

电子信箱：cstpcd@istic.ac.cn

目　录

1 前　言

《2011 年度中国科技论文统计与分析》项目现已完成，统计结果和简要分析分列于后。为使广大读者能更好地了解我们的工作，本章将对中国科技论文统计源刊的选取原则、标准以及调整做一简要介绍，对国际论文统计选用的 SCI、Ei、CPCI-S、SSCI、Medline 等国际检索系统的使用、论文的选取、论文的归属和学科的设定等方面做出必要的说明。自 1987 年开展此项工作以来，我们统计工作的主要产品《中国科技论文统计与分析》年度研究报告和《中国科技期刊引证报告（核心版）》也已分别连续出版了 24 年和 17 年，受到大家的关注和欢迎。我们热切希望广大的科研人员、科研管理人员或期刊编辑出版人员对本统计分析工作继续给予支持和帮助。

1.1　统计源的选取

1.1.1　国内科技论文统计源

国内科技论文的统计分析是使用中国科学技术信息研究所自行研制的中国科技论文与引文数据库（CSTPCD），该数据库 2011 年选用我国 1998 种中国科技论文统计源期刊（中国科技核心期刊）。中国科技论文统计源期刊的遴选过程和选取原则如下：

一、遴选原则

按照公开、公平、公正的原则，采取以定量评估数据为主、专家定性评估为辅的方法，开展中国科技论文统计源期刊遴选工作。遴选结果通过网上发布和正式出版《中国科技期刊引证报告》（核心版）两种方式向社会公布。

参加中国科技论文统计源期刊遴选的期刊须具备下述基本条件：

（1）有国内统一刊号（CN-××××）。

（2）属于学术和技术类科技期刊，不对科普、编译、检索和指导等类期刊进行遴选。

（3）期刊刊登的文章属于原创性科技论文。

二、遴选程序

中国科技论文统计源期刊每年评估一次。评估工作在每年的 1 月至 6 月进行。

1. 样刊报送

期刊编辑部在正式参加评估的前一年，须在每期期刊出刊后，将样刊寄到中国科学技术信息研究所科技论文统计项目组。这项工作用来测度期刊出版是否按照出版计划定期定时出刊，是否有延期出版的情况。

2. 书面申请

期刊编辑部须在每年 3 月 1 日前，向中国科学技术信息研究所科技论文统计项目组提交书面申请一份和上一年度期刊合订本一套。书面申请须包括下述内容：

（1）期刊介绍

包括期刊的办刊宗旨、目标、主管单位、主办单位、期刊沿革、期刊定位、所属学科、期刊在学科中的作用、期刊特色、同类期刊的比较、办刊单位背景、单位支持情况、主编及主创人员情况。

（2）编辑审稿流程说明

主要包括期刊的投稿和编辑审稿流程，是否有同行评议、二审、三审制度。编辑部需提供审稿单的复印件，举例说明本期刊的审稿流程，并提供主要审稿人的名单。

（3）期刊编委会组成

包括编委会的人员名单、组成，编委情况，编委责任。

（4）证明期刊质量的其他书面材料

如期刊获奖情况、各级主管部门（学会）的评审或推荐材料、被各重要数据库收录情况。

3. 定量数据采集与评估

（1）中国科学技术信息研究所制定中国科技期刊综合评价指标体系，用于中国科技论文统计源期刊遴选评估。中国科技期刊综合评价指标体系对外公布。

（2）中国科学技术信息研究所科技论文统计组按照中国科技期刊综合评价指标体系，采集当年申报的期刊各项指标数据，进行数据统计和各项指标计算，并在期刊所属的学科内进行比较，确定各学科均线和入选标准。

4. 专家评审

（1）定性评价分为专家函审和终审两种形式。

（2）对于所选指标加权评分数排在本学科前 1/3 的期刊，免于专家函审，直接进入年度入选候选期刊名单；定量指标在均线以上的或新创刊 2 年以内的期刊通过专家函审，才能入选候选期刊名单。

（3）对于需函审的期刊，须采用匿名方式，邀请 5 位学科专家对期刊进行函审，其中有 3 位或以上函审专家同意的，则视为该期刊通过专家函审。

（4）由中国科学技术信息研究所成立的专家评审委员会对年度入选候选期刊名单进行审查，采用票决制决定年度入选中国科技论文统计源期刊名单。

三、退出机制

中国科技论文统计源期刊制订了退出机制，综合指标连续 2 年排在本学科末 3 位的期刊将自动退出。

中国科技论文统计源期刊遴选过程和遴选程序在中国科学技术信息研究所网站进行公布，同时通过每年公开出版的《中国科技论文统计与分析》年度研究报告、《中国科技期刊引证报告》，公布期刊的各项指标。此项工作不向期刊编辑部收取任何费用。

经调整，2011 年我们选作统计源的期刊为 1998 种（含 64 种英文版期刊）。可以说，中国科技论文统计源期刊基本覆盖了各学科的重要科技期刊。

1.1.2 国际科技论文统计源

2010 年度的国际论文数据采集自 SCI、Ei、CPCI-S、SSCI 和 Medline 检索系统。

SCI 是 Science Citation Index 的缩写，由美国科学情报研究所（ISI，现为汤森路透集团，Thomson Reuters）创制。该检索系统以其综合、强大而独特的检索机制备受世人关注，通过该系统不仅能检索出一个国家（地区）、机构、个人文献的发表情况，还可直接检索某一篇文献自发表以来的被引用情况，因此，可以回溯某一研究文献的起源与历史，跟踪其最新的进展。该检索系统目前有 SCI-CDE（光盘版），SCI Search (online)，Web of Science (SCI-E)网络版等出版形式。SCI 不仅是功能较为齐全的检索系统，而且已作为各国文献计量学研究和应用的科学评估工具。

1987 年中国科学技术信息研究所开始进行科技论文统计分析时，利用的是 SCI 光盘版，随着数据检索服务的网络化技术日臻完善，也为了扶持和推动我国科技期刊的发展，从 2000 年起，SCI 论文统计工作，开始改为用 SCI-E，即 SCI 网络版。作为过渡和便于对比分析，1999 年和 2000 年完成的统计分析研究报告中，对 SCI（光盘）数据和从 SCI-E 采集的数据都做了统计。从 2001 年起，统计分析和统计结果的附表依据 SCI-E 统计。

据 SCI 检索系统的统计，SCI 和 SCI-E（2011 年扩展版，已含 8533 种期刊，到 2012 年 12 月，已收中国大陆刊 134 种）在收刊原则上基本相同，都要求编辑规范，文献计量学指标较高，并有一定的国际化程度。目前，国际上从事文献计量学研究的国家和个人，依据各自获得数据的便利性进行研究工作，采用两种系统得到的研究结果都具有国际可比性。在此，要告诉读者的是，经对 SCI 和 SCI-E 检索系统的使用比对后发现，不仅其标注格式不同，而且两套系统也不是简单的包含关系，希望在使用和做比较研究时，注意不要混用两个系统的数据。

还要说明的是，目前用于各国论文数量排名的数据与涉及中国具体学科、地区等统计结果的附表数据是不一致的，后者是中国作者为论文第一作者的论文数量，且不含港澳台地区论文，2011 年为 143600 篇，而前者是含有中国作者的论文数量，并含有港澳台地区论文，2011 年为 165818 篇。为了具有可比性，本报告所采集的各个国家论文数的标准是一致的。

本报告附表中所列的各类型机构排名是按第一作者论文数作为依据排出的。在此还要强调说明的是 SCI-E 中第一作者单位的标注有些是按通讯地址标示的。例如，清华大学某学者到美国 MIT 进行访问研究，在发表论文时，除标注作者单位为清华大学外，还在文章的注脚中又标示了目前在美国的通讯单位 MIT，SCI-E 对这种情况的处理就是在作者单位栏中，用 MIT 替换清华大学。因此就会出现第一作者实际单位与 SCI 标注单位不符的情况。这种情况较多出现在国内学者到国外做研究工作发表论文时，虽然数量不多，但每年都有发生。另一种情况是，SCI 数据加工过程中出现各类标识错误。对此，我们尽可能地根据原文做了更正。

Ei 是 Engineering Index 的缩写，创办于 1884 年，已有 100 多年的历史，是世界著名的工程技术领域的综合性检索工具。主要收集工程和应用科学领域 5100 余种期刊、会议论文和技术报告的文献，数据来自 50 多个国家和地区，语种达十余个，主要涵盖的学科有：化工、机械、土木工程、电子电工、材料、生物工程等，约 22%为会议文献，90%文献语种为英语。

Ei 系统也有独特的选刊原则和数据库文摘要求，有关信息可以在 www.ei.org.cn 网站查询。2010 年我国有 210 种期刊被 Ei Compendex 收录。

我们以 Ei Compendex 核心部分的期刊论文作为统计来源。2011 年我国有 127400 篇被收录。在我们的统计系统中，由于有关国际会议的论文已在我们所采用的另一专门收录国际会议论文的统计源 CPCI-S 中得以表现，故在作为地区、学科和机构统计用的 Ei 论文数据中，已剔除了会议论文的数据，仅包括期刊论文，而且仅选择核心期刊采集出的数据。

在从各检索系统中采集数据时，我们是以“CHINA”或“PEOPLES R CHINA”作为论文选取标准的，如果论文作者机构项目中没有标注清楚，则该论文不作为我国的论文计入统计（这也是我国有少量论文由于在地址栏没有标示“中国”而漏检的原因）。

CPCI-S（Conference Proceedings Citation Index）也由汤森路透编辑出版，从 2008 年开始取代 Index to Scientific and Technical Proceeding（ISTP）。在世界每年召开的上万个重要国际会议中，该系统收录了约 70%～90%的会议文献，汇集了自然科学、农业科学、医学和工程技术领域的会议文献。在科研产出中，科技会议论文是对期刊文献的重要补充，它可以具有反映学科前沿性和时效性强特点，新的创新思想和概念往往先于期刊出现在会议文献中，从会议文献可以了解最新概念的出现和发展，并可掌握某一学科最新的研究动态和趋势。

SSCI（Social Science Citation Index）是汤森路透编制的反映社会科学研究成果的大型综合检索系统，2010 年该系统已收录了社会科学领域期刊 2803 种，另对约 1400 种与社会科学交叉的自然科学期刊中的论文予以选择性收录。其覆盖的领域涉及人类学、社会学、教育、经济、心理学、图书情报、语言学、法学、城市研究、管理、国际关系、健康等 55 个学科门类。通过对该系统所收录的我国论文的统计和分析研究，可以从一个方面了解我国社会科学研究成果的国际影响和国际地位。为了帮助广大社会科学工作者与国际同行交流与沟通，也为促进我国社会科学以及与之交叉的自然学科的发展，从 2005 年开始，我们对 SSCI 收录的中国论文情况进行统计和简要分析。

Medline 是美国国立医学图书馆(The National Library of Medicine，NLM)开发的当今世界上最具权威性的文摘类医学文献数据库之一。《医学索引》（Index Medicus，IM）为其检索工具之一，收集了世界 70 多个国家和地区，40 多种文字、4800 种生物医学及相关学科期刊，是当今世界较权威的生物医学文献检索系统，收录文献反映了全球生物医学领域较高水平的研究成果，该系统还有较为严格的选刊程序和标准。从 2006 年度起，我们就已利用该系统对我国的生物医学领域的成果进行统计和分析。2011 年，该系统收录中国大陆科技期刊 102 种，论文 64983 篇。

特别应当指出的是，在 2011 年的国际论文统计结果中，对 SCI、CPCI-S、Medline 系统采集的数据时间段为出版年，即是 2011 年出版的文献。Ei 所采集的数据时间段仍是以收录时间为准，即统计范围是在 2011 年被该数据库收录的期刊文献，而未全部包含 2011 年发表的文献，因为在 2011 年较晚发表的文献可能会在 2012 年度才被收录。

1.2 论文的选取原则

在对我国的 SCI、Ei 和 CPCI-S 收录的论文进行统计分析时，选用第一作者单位属于中国的文献作为统计源。在 SCI 数据库中，涉及的文献类型包括 Article、Review、Letter、News、Meeting Abstracts、Correction、Editorial Material、Book Review、Biographical-Item 等，为了准确反映我国各学科科研发出的状况，也为了引导科学界从关注论文数量向关注论文质量转移，从 2011 年度起，中国科学技术信息研究所仅选取 Article、Review 两类文献作为 SCI 论文统计源。分析认为，这两类文献报道的内容详尽，叙述完整，著录项目齐全，可作为各机构论文数量的统计依据。

同样在对国内期刊文献选取时，也参考了 SCI 的选用范围，做了如下的规定：

（1）对学术性期刊，选取全部的科学论文和研究简报；

（2）对技术类期刊，选取全部科学论文和阐明新技术、新材料、新工艺和新产品的研究成果论文；

（3）对医学类期刊，选取全部基础医学理论研究论文和重要的临床实践总结报告以及综述（带有评论性）类文献。

与此同时，讲座连载（因这类研究成果已在以往的媒体中报道或发表）、各类指示讲话（不属于科技论文范畴的）、小经验、小窍门和会议摘要不作为统计源。

根据以上原则，并不是所有中国科技论文统计源期刊上发表的全部文献都能作为统计对象。所选出的文献既是我们的论文统计数据，也是计算期刊学术指标的来源数据。

1.3 论文的归属

按国际文献计量学研究的通行做法，论文的归属按第一作者所在的地区和单位确定，所以我国的论文数量是按论文第一作者单位属于中国的数量而定的。因此，一位外国研究人员所从事的研究工作的条件由中国提供，成果公布时以中国单位的名义发表，则论文的归属应划作中国，反之亦然。论文单位的确定也是按第一作者单位而定。因此，当作者工作单位变动时，会出现同一作者标注不同单位的情况，在此，我们是按作者标注的第一单位，即按 A、B 标注时的 A，1、2 标注时的 1 来确定。另外，对于以 CCAST（中国高等科学技术中心）名义发表的论文，我们在得到 CCAST 总部同意的情况下，已将论文归属到作者实际工作的单位。为了尽可能全面统计出各大学、研究院（所）、医院和企业的论文产出量，2011 年的工作中，我们尽量将各类实验室归到所属的机构进行统计。对于以中国科学院所属各开放实验室名义发表的论文，都已归属到分管实验室的研究所。

经教育部正式批准合并的高等院校，已将各校的论文进行了合并。由于部分高等院校改变所属关系，进行了多次更名和合并，使高等院校论文数的统计和排名可能会有微小差异，敬请谅解。

1.4 论文和期刊的学科确定

论文统计学科的确定依据是国家技术监督局颁布的《学科分类与代码》，在具体进行分类时，一般是依据刊载论文的期刊的学科类别和每篇论文的具体内容。由于学科交叉和细分，论文的学科分类问题十分复杂，现暂仅分类至一级学科，共划分了39个学科类别，且是按主分类划分。一篇文献只作一次分类。在对SCI论文进行分类时，我们主要依据SCI划分的176个主题学科进行归并映射，综合类学术期刊中的论文针对每篇论文的内容进行分类。Ei的学科分类参考了Ei数据库本身的分类代码。

通过文献计量指标对期刊进行评估时，必须要分学科进行同类比较。目前，我们对期刊学科的划分大部分仅分到一级学科，主要是依据各期刊编辑部在申请办刊时选定的学科，并在入选中国科技论文与引文数据库时再次划分学科，但有部分期刊，由于刊载的文献内容与期刊办刊宗旨和学科方向存在不符的情况，使期刊的分类不够准确，在数据加工过程中进行了一定的修正。而对一些期刊数量（种类）较多的学科，如医药、地学类，我们对期刊又做了二级学科细分。

1.5 关于中国期刊的评估

科技期刊是反映科学技术产出水平的窗口之一，一个国家科技水平的高低可通过期刊的状况得以反映。从论文统计工作开始之初，我们就对中国科技期刊的编辑状况和质量水平十分关注。1990年，项目组首次对1227种中国科技论文统计源期刊的7项指标做了编辑状况统计分析，统计结果为我们调整统计源期刊提供了依据，并提出了促进科技期刊编辑规范化的建议。1994年，我们开始了国内期刊论文的引文统计分析工作，为期刊的学术水平评价建立了引文数据库，编辑出版《中国科技期刊引证报告》，对期刊的评价设立了多项指标。为使各期刊编辑部能更多地获取科学指标信息，每年在基本保持主要评价指标的基础上，根据期刊发展变化趋势和要求适当增加一些新指标，力求全面客观反映中国科技期刊的整体状况。主要指标的定义如下：

（1）总被引用次数

指评价期刊历年发表的论文在评价当年被其他期刊和期刊本身引用的总次数，以表明该期刊在科学交流中被使用的程度和影响。

（2）影响因子

指期刊近两年文献的平均被引用率，即被评价期刊前两年发表的论文在评价当年每篇论文被引用的平均次数。一般来说，影响因子越大，期刊影响也越大，学术水平也相对较高。

（3）即年指标

是表征期刊即时反应速率的指标，即该期刊在评价当年发表的论文被引用的平均次数。

（4）平均引文数

指期刊中每一篇论文平均引用的参考文献数，是衡量论文吸收外部科学信息能力的指标。

（5）期刊被引用半衰期

是衡量期刊老化速度快慢的一种指标，即指某一期刊论文在某年被引用的全部次数中，较新的一半论文发表的时间跨度。一般来说，被引半衰期表明期刊的经典性程度，半衰期长的期刊比半衰期短的期刊影响更深远一些。

（6）期刊刊载的基金论文比

这是表明期刊所载论文学术水平和质量的一个重要指标，期刊刊载的基金资助论文比例高，表明该期刊学术论文具有较高的创新性。

（7）他引率

指该期刊全部被引次数中被其他期刊引用次数所占的比例，这个指标是《中国科技期刊引证报告》最早提出来的，通常用于表征期刊科技交流中的范围和程度。

（8）扩散因子

评估期刊真实影响力的学术指标，显示总被引频次所涵盖的期刊范围。

（9）期刊载文量的地区分布数

这是衡量期刊论文地区覆盖率的评价指标，我们按全国 31 个省（市）计。

（10）海外作者论文比

期刊论文中，海外作者来稿数与总论文数之比，是显示期刊的国际化程度指标之一。

（11）平均作者数

来源期刊中平均每篇论文所附的作者数，是可衡量期刊科学生产能力的指标。

（12）学科扩散指标

指在统计源期刊范围内，引用该刊的期刊数量与其所在学科全部期刊数量之比。

（13）学科影响指标

指期刊所在学科内，引用该刊的期刊数量占全部期刊数量的比例。

（14）文献选出率

按统计源期刊选取论文的原则选出的论文数与期刊发表的全部文献数之比。

随着期刊的发展，以及管理部门对期刊评价的需求的变化，我们可能增加和调整评价的指标。期刊的影响是我们十分关注的事情，2009 年增加公布了期刊的“权威因子”，它是利用 Page Rank 算法计算出来的来源期刊在统计当年的 Page Rank 值。它考虑了不同引用之间的重要性差异，因此更能较合理地反映期刊的权威性。

在《中国科技期刊引证报告》中，我们将统计源期刊分学科按影响因子大小和被引频次及综合评分做了排列，供大家参考。期刊的引证情况每年会有变化，为了动态表达各期刊的引证情况，《中国科技期刊引证报告》每年定时公布，公布的目的在于促进我国期刊更好地发展。在此需强调的是，期刊计量指标只是评价期刊的一个重要方面，对期刊的评估应是一个综合的系统工程。因此，在使用各项计量指标时应慎重对待、综合考量。从 1999 年开始，中国科学技术信息研究所依据 CSTPCD 产生的数据为基础，研制了中国科技期刊综合评价指标体系和评估系统，通过层次分析和专家评估确定了期刊指标的权重，并于 2002 年公布了第一届中国百种杰出学术期刊名单，取得了积极的反响。此后每年定时公布年度中国百种杰出学术期刊名单。

1.6 关于科技论文的评估

随着我国科技投入的加大，科技人力资源的增加，我国论文产出数量也相应增多，但学术水平参差不齐，为了促进我国高影响高质量科技论文的发表，进一步提高我国的自主创新能力和国际科技影响力，需要对科技论文的质量做出评估，以引领优秀论文的出现，中国科学技术信息研究所从2009年起对我国表现不俗的论文做出统计。表现不俗的论文：即论文统计当年的被引次数大于所属学科同年的世界平均被引数的论文。

由于研究水平和写作能力的差异，科技论文的质量水平也是不同的。根据多年来对科技论文的统计分析，中国科技信息研究所提出了评估论文质量和影响的系列文献计量指标，主要是指“外部评估”指标，即文献计量人员或科技管理人员对论文的外在情况的评估，不同于同行专家对论文学术水平的评估。

（1）论文的类型

作为信息交流的文献类型是多种多样的，但不同类型的文献，其反映内容的全面性、文献著录的详尽情况是不同的。一般来说，各类文献检索系统依据自身的情况和检索系统的作用，收录的文献类型也是不同的。目前，我们将文献类型是 Article 和 Review 的作为论文统计。

（2）发表的论文的期刊影响

在评定期刊的指标中，较能反映期刊影响或学术质量的指标是期刊的总被引频次和影响因子值。我们通常说的影响因子是指期刊的影响情况，是表示期刊中所有文献被引用数的平均值，即篇均被引用数，并不是指哪一篇文献的被引用数值。影响因子的大小受多个因素的制约，关键是刊发的文献的水平和质量。一般来说，在高影响因子期刊上发表的文献都应具备一定的水平。发表的难度也较大。

（3）发表论文的期刊的国际显示度

是指期刊被国际检索系统收录的情况及主编和编辑部的国际影响。

（4）论文的基金资助情况

一般来说，科研基金评审时的条件之一就是项目的创新性，或者成果具有明显的应用价值，特别是一些跨国合作项目、受多项资助产生的研究成果的科技论文更具重要意义，该指标可以间接评估论文的创新性。

（5）论文合著情况

合作（国际、国内合作）研究是增强研究力量、互补优势的方式，特别是一些重大研究项目，单靠一个单位，甚至一个国家的科技力量都难以完成。因此，合作研究也是一种趋势，这种合作研究的成果产生的论文显然是重要的，特别是以我为主的国际合作产生的成果。

（6）论文的被引用情况

论文被他人引用数量的多少是表明论文影响力的重要指标。论文发表后什么时候能被引用，被引数多少等因素与论文所属的学科密切相关。论文发表后能在较短时间内获得被引用，反映这类论文的研究项目往往是热点，是科学界本领域非常关注的问题，这类论文一般质量较高。

（7）论文的合作者数

论文的合作者数可以反映项目的研究力量和强度。一般来说，研究作者多的项目研究强度高，产生的论文有影响力大，考虑到不同学科的特点，该指标在统计分析时，按研究合作者数大于、等于和低于该学科平均作者数统计分析。

（8）论文的参考文献数

论文的参考文献数是该论文吸收外部信息能力的重要依据，也是显示论文质量的指标。SCI 数据库中的 Review 论文，其平均参考文献量在 30 篇以上。中国科技论文统计源期刊选取的期刊论文平均参考文献量也已超过 13 篇。该指标在统计分析时，也应考虑学科因素，分类比较。

（9）论文的下载率和获奖情况

可作为评价论文的实际应用价值及社会与经济效益的指标辅助指标。

（10）发表于世界著名期刊的论文

世界著名期刊往往具有较大的影响力，许多重要的原创论文都首发于这些期刊上，这类期刊中发表的文献其被引用率较高，尽管在此类期刊中发表论文的难度非常大，但世界各国的学者们还是很倾向于在此类刊物中发表论文以显示其成就，以期和世界同行们进行交流。

（11）作者的贡献度

在论文的署名中，作者的排序（署名位置）在一般情况下可作为作者对本篇论文贡献大小的评估指标。有时通讯作者的贡献可与第一作者等同。

根据以上的指标，项目组在咨询部分专家的基础上，对 2011 年度 SCI 收录的论文做了综合评定，选出了百篇国际高影响力的优秀论文。同时对 2011 年度 CSTPCD 中高影响力论文也进行了评定，选出了百篇国内高影响力的优秀论文。应该说，对一篇论文的评估在其发表 2～3 年后进行是合适的，它的影响和作用更能显示出来。

2 中国国际科技论文总体情况分析

为了解中国科技论文数在世界所处位置和影响力，采用 SCI、Ei 和 CPCI-S 三大国际检索系统收录数据，统计分析了中国科技论文数及被引用数情况并进行了国际比较。结果显示，2011 年，SCI、Ei、CPCI-S 收录中国论文数继续增长，占世界份额也分别比上一年有所提升，中国科技论文在数量上已经处于世界领先地位：SCI 和 CPCI-S 收录中国论文数排名位居世界第 2 位，Ei 收录中国论文数排名位居世界第 3 位。中国科技论文的影响力也在逐年提升，2011 年中国论文的被引用次数比上一年度统计时又上升了一位，排在世界第 6 位，但与世界平均水平相比，中国论文的影响力、被引用率、相对影响力和相对被引用率等指标还有较大差距。

2.1 引言

科技论文作为科技活动产出的一种重要形式，从一个侧面反映了一个国家基础研究、应用研究等方面的情况，在一定程度上反映了一个国家的科技水平和国际竞争力水平。用文献计量指标来测度一个国家的研究绩效由来已久，如今，许多国家都出版国家研究报告用文献计量学指标对国家的研究系统和其研究绩效水平进行分析。例如，美国国会委托美国国家科学基金会（NSF）组织撰写，美国国家科学委员会（NSB）自 1970 年开始每 2 年出版 1 次《科学与工程指标》（Science Engineering Indicators）；在欧洲，荷兰科技瞭望台也出版了国家科学指标报告，介绍了取自专门的数据库的文献计量学指标。英国商务、创新和技术部也出版了英国研究基础的国际比较报告，对英国的论文数和被引数情况进行了国际比较。根据以上研究，利用 SCI、Ei 和 CPCI-S 三大国际检索系统数据，对中国论文数和被引用情况进行统计，分析中国科技论文在世界所占的份额以及位置，对中国科技论文的发展做出评估。

2.2 数据来源

数据取自美国汤森路透科技集团的 Web of Knowledge 平台上的 SCI、Ei、CPCI-S 数据以及 ESI 和 Incites 的数据，检索目标是作者机构著录为中华人民共和国的机构，其中包含了中国作者为非第一作者的论文。

2.3 研究分析和结论

2.3.1 SCI、Ei 和 CPCI-S 收录中国科技论文数情况

2011 年，中国科技论文数占世界论文总数的份额为 15.1%，比 2010 年的 13.66%

增加了 1.4 个百分点。SCI、CPCI-S 和 Ei 三系统共收录中国科技人员发表的科技论文 345995 篇，比 2010 年增加了 45072 篇，增长 15.0%（表 2-1 和图 2-1）。若不统计港澳地区的论文，则 2011 年，中国共发表 322756 篇论文，比 2010 年增加 21833 篇，增长 7.26%。从图 2-1 看，最近几年，我国科技论文数占世界论文数比例大幅攀升。

表 2-1　2002—2011 年三系统收录中国科技论文数及在世界所处位次

年份	论文数（篇）	比上年增加（篇）	增长率（%）	占世界比例（%）	在世界所处位次
2002	77395	12869	19.9	5.4	5
2003	93352	15957	20.6	5.1	5
2004	111356	18004	19.3	6.3	5
2005	153374	42018	37.7	6.9	4
2006	171878	18504	12.1	8.4	2
2007	207865	35987	20.9	9.8	2
2008	270878	63013	30.3	11.5	2
2009	280158	9280	3.4	12.3	2
2010	300923	20765	7.4	13.7	2
2011	345995	45072	15.0	15.1	2

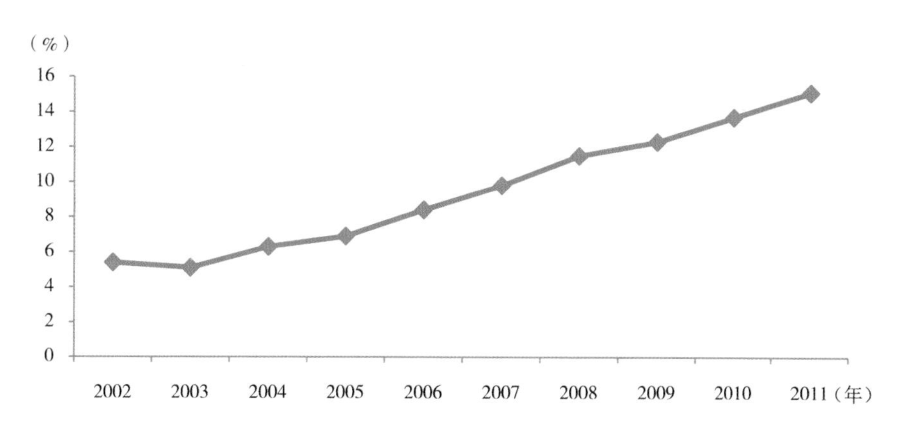

图 2-1　2002—2011 年三系统收录我国科技论文数占世界论文总数比例变化情况

从表 2-2 看，2011 年三系统收录的世界科技论文总数为 2295603 篇，比 2010 年增加 91969 篇，从前两年连续减少变成了 2011 年比上一年增长 4.2%。

表 2-2　2002—2011 年三系统收录的世界科技论文总数及增长情况

年份	论文数（篇）	净增数（篇）	增长率（%）
2002	1441296	−30984	−2.1
2003	1834994	393698	27.3
2004	1760620	−74374	−4.05
2005	2231002	470382	26.7

年份	论文数（篇）	净增数（篇）	增长率（%）
2006	2052288	−178714	−8.7
2007	2117127	64839	3.2
2008	2351276	234149	11.1
2009	2279291	−71985	−3.1
2010	2203634	−75657	−3.3
2011	2295603	91969	4.2

从表 2–3 看，近五年，中国论文数排名一直稳定在世界第 2 位，排在美国之后，排名前 5 名的国家为美国、中国、英国、德国和日本。从 2007—2011 年，我国论文的年均增长率达 13.59%，与其他几个国家相比，中国论文年均增长率是最大的，其他几个国家的年均增长率都较小，日本甚至是负增长（图 2–2）。

表 2–3 2007—2011 年三系统收录的部分国家科技论文数增长情况

国家	2007 年		2008 年		2009 年		2010 年		2011 年		年均增长率（%）	2011 年占世界总数比例（%）
	排名	论文数（篇）	排名	论文数（篇）	排名	论文数（篇）	排名	论文数（篇）	排名	论文数（篇）		
美国	1	576800	1	625090	1	571444	1	568808	1	593630	0.72	25.86
中国	2	207865	2	270878	2	280158	2	300923	2	345995	13.59	15.10
英国	4	149618	3	163194	3	161592	3	159958	3	159902	1.68	6.97
德国	5	140581	4	161107	4	151287	4	155247	4	156002	2.64	6.80
日本	3	150196	5	154739	5	147585	5	141276	5	136204	−2.42	5.93
法国	6	96816	6	116233	6	114638	6	110866	6	110544	3.37	4.82

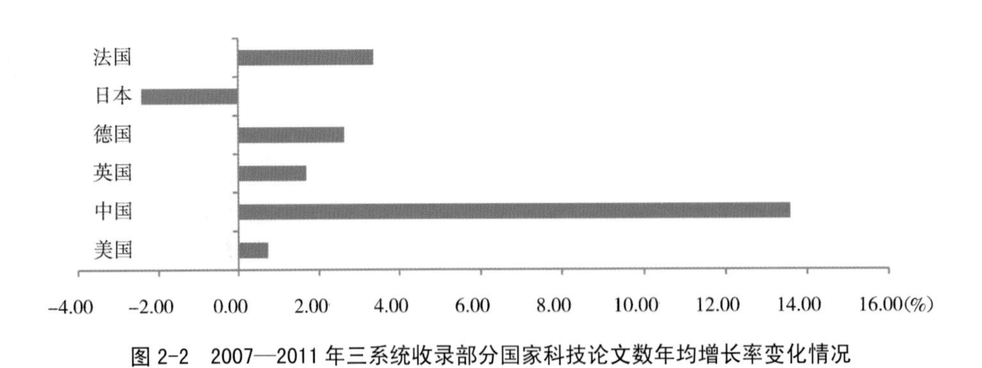

图 2–2 2007—2011 年三系统收录部分国家科技论文数年均增长率变化情况

2.3.2 SCI 收录中国科技论文数情况

2011 年，SCI 收录的世界科技论文总数为 1516058 篇，比上一年的 1420953 篇增加 95105 篇，增长 6.69%。从表 2-4 和图 2-3 可以看出，2011 年 SCI 收录的中国论文数继续保持增长势头，为 165818 篇，比 2010 年增加 22049 篇，增长 15.34%，排在世界第 2 位。中国论文数占世界的份额为 10.94%，比上一年上升 0.8 个百分点。从图 2-3 看，从 2009 年开始，中国科技论文数占世界份额持续大幅攀升。若不统计港澳台地区的论文，则中国发表的论文数为 143600 篇，比 2010 年增加 18.2%，占世界总数的份额为 9.5%，比上一年增加了 0.9 个百分点。如按此论文数排序，我国也排在世界第 2 位，仅次于美国，排在世界前 5 位的有美国、中国、英国、德国和日本。排在第 1 位的美国，其论文数量为 419407 篇，占世界份额的 27.7%，是我国的 2.9 倍。

表 2-4　2002—2011 年 SCI 收录中国科技论文数增长情况

年份	论文数（篇）	比前一年增长数（篇）	比前一年度增长比例（%）	占 SCI 收录总数比例（%）	在世界所处位次
2002	40758	5073	14.22	4.18	6
2003	49788	9030	22.20	4.48	6
2004	57377	7589	15.24	5.43	5
2005	68226	10849	18.91	5.25	5
2006	71184	2958	4.34	5.87	5
2007	89147	17963	25.20	7.00	5
2008	95506	6359	7.13	6.60	4
2009	127532	32026	33.53	8.84	2
2010	143769	16237	12.73	10.12	2
2011	165818	22049	15.34	10.94	2

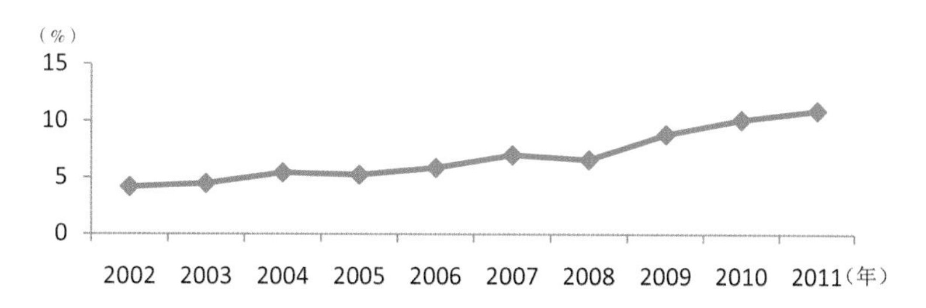

图 2-3　2002—2011 年 SCI 收录中国科技论文数占世界份额的变化情况

从表 2-5 看，2007—2011 年，美国 SCI 论文数年均增长率为 2.02%，日本为 -0.48%，只有我国 SCI 论文数年均增长率最高，达 16.78%，增长速度远远高于其他几个国家；按论文数排序，从 2009 年开始，中国论文数就已经位居世界第 2 位，在美国之后，但与美国论文数的差距还很大。

表 2-5 2007—2011 年 SCI 收录的部分国家科技论文数

国家	2007年		2008年		2009年		2010年		2011年		年均增长率（%）	2011年占SCI论文总数的比例（%）
	排名	论文数（篇）	排名	论文数（篇）	排名	论文数（篇）	排名	论文数（篇）	排名	论文数（篇）		
美国	1	387172	1	406252	1	397511	1	390104	1	419407	2.02	27.66
中国	5	89147	4	95506	2	127532	2	143769	2	165818	16.78	10.94
英国	2	106805	2	113023	3	114231	3	113660	3	118356	2.60	7.81
德国	3	93852	3	105693	4	107130	4	104692	4	109210	3.86	7.20
日本	4	89333	5	91890	5	91745	5	86986	5	87624	-0.48	5.78
法国	6	63532	6	74150	6	75187	6	73290	6	76193	4.65	5.03

2.3.3 中国科技论文数被引用情况

根据 Thomson Reuters ESI 数据，2002—2012 年（截至 2012 年 11 月 1 日）我国科技人员共发表国际论文 1022597 篇，排在世界第 2 位，比 2011 年统计时增加了 22.3%，位次保持不变；论文共被引用 6653426 次，排在世界第 6 位，比上一年度统计时提升了 1 位。我国平均每篇论文被引用 6.51 次，比上年度统计时的 6.21 次提高了 4.8%。世界平均值为 10.60 次，比上年的 10.71 次有所降低。我国平均每篇论文被引用次数虽与世界平均值还有不小的差距，但提升速度相对较快。

根据 Thomson Reuters Incites 数据，2011 年，中国（不含港澳台地区）论文的篇均被引频次即论文的影响力为 0.34，被引用率为 18.13，相对影响力为 0.78，相对被引用率为 0.82（图 2-4 和表 2-6），这些指标与世界平均水平相比还有较大差距。与其他几个国家（地区）相比，中国（不含港澳台地区）论文的影响力只高于印度和俄罗斯；论文的被引用率、相对影响力和相对被引用率只高于台湾地区和俄罗斯。与英国、美国、德国、加拿大和法国等发达国家相比，还有较大差距。

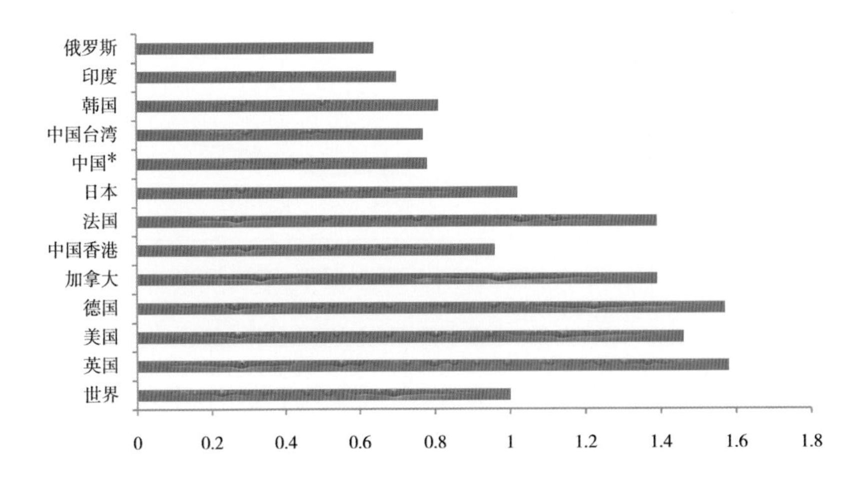

*数据统计不含港澳台地区。

图 2-4 2011 年部分国家（地区）论文的相对影响力

表 2-6　2011 年部分国家（地区）论文的影响力情况比较

国家（地区）	论文数（篇）	总被引频次	篇均被引频次	被引用率（%）	相对影响力	占全球论文总数百分比（%）	相对被引用率（%）
世界	1260892	550879	0.44	22.21	1	100	1
英国	97834	67395	0.69	29.71	1.58	7.76	1.34
美国	354486	225797	0.64	28.42	1.46	28.11	1.28
德国	93541	64000	0.68	30.11	1.57	7.42	1.36
加拿大	57263	34865	0.61	27.01	1.39	4.54	1.22
中国香港	10668	4460	0.42	21.75	0.96	0.85	0.98
法国	66283	40323	0.61	27.29	1.39	5.26	1.23
日本	76099	33921	0.45	22.51	1.02	6.04	1.01
中国*	146662	49982	0.34	18.13	0.78	11.63	0.82
中国台湾	26648	8953	0.34	17.91	0.77	0.81	0.81
韩国	44718	15833	0.35	18.21	0.81	0.82	0.82
印度	45485	13871	0.3	17.29	0.7	3.61	0.78
俄罗斯	28281	7858	0.28	13.66	0.64	2.24	0.62

注：数据取自 Thomson Reuters 的 InCites 数据库 2011 年数据。

表中指标的定义：

被引用率：在一组论文中，被引用 1 次及以上的论文数量占该组论文总数的百分比。

相对影响力：某国家/地区（或机构）发表论文的篇均被引频次与全球总体论文的篇均被引频次的比值。该值大于 1，即表明该组论文的篇均被引频次高于全球平均水平；小于 1，则低于全球平均水平。

占全球论文总数百分比：某国家/地区（或机构）发表论文数占全球发表论文总数的百分比。

相对被引用率：某国家/地区（或机构）发表论文的被引用率与全球总体论文被引用率的比值。

*数据统计不含港澳台地区。

2.3.4　CPCI-S 收录中国科技会议论文数情况

2011 年，CPCI-S 收录的世界科技会议论文总数为 300631 篇，比上一年减少 1683 篇，降幅为 0.56%（表 2-7 和附表 3）。CPCI-S 收录的中国作者论文 52757 篇，比上一年增加 39.64%，占世界科技会议论文总数的 17.55%，所占份额比上一年的 12.50 % 上升了 5.1 个百分点，虽然 CPCI-S 收录论文数变化波动较大，但最近几年，中国论文数一直位于美国之后，稳居世界第 2 位，2011 年排在世界前五位的国家分别是美国、中国、德国、英国和日本。

若不统计港澳台地区的论文，CPCI-S 收录 2011 年发表的中国会议论文共计 51736 篇。其中第一作者单位为中国的共计 50435 篇，占总数的 97.5%，仍排在世界第 2 位。

2011 年我国科技人员共参加了在 71 个国家召开的 1465 个国际会议。

2011 年我国科技人员发表国际会议论文数最多的 10 个学科分别为：电子通信与自动控制、计算技术、材料、土木建筑、基础医学、能源、物理、化学、临床医学和经济。

表 2-7 2007—2011 年 CPCI-S 收录的世界科技会议论文总数和中国科技会议论文数增长情况

年份	世界科技论文数（篇）	比前一年增长数（篇）	比前一年增长比例（%）	中国科技论文数（篇）	比前一年增长数（篇）	比前一年增长比例（%）
2007	449918	59194	13.70	43131	7478	21.00
2008	517154	67236	14.94	64824	21693	50.30
2009	427632	-89522	-17.31	54749	-10075	-15.54
2010	302314	-125318	-29.31	37780	-16969	-30.99
2011	300631	-1683	-0.56	52757	14977	39.64

2.3.5 Ei 收录中国科技论文数情况

2011 年，Ei 收录的世界科技论文总数为 478914 篇，比 2010 年减少 1453 篇，下降 0.3%。同年，Ei 收录的中国论文数为 127420 篇，比 2010 年增加 6.74%，占世界论文总数的份额为 26.61%，比 2010 年上升了 1.76 个百分点，其中中国内地共计发表第一作者论文 125467 篇，比 2010 年增长 5.1%，占世界总数的份额为 26.2%，较上一年度提高了 2.6 个百分点，若以此数据排名，中国也排在世界第 1 位（表 2-8 和附表 4）。

表 2-8 2007—2011 年 Ei 收录的世界科技论文总数和中国科技论文数增长情况比较

年份	世界科技论文数（篇）	比前一年增长数（篇）	比前一年增长比例（%）	中国科技论文数（篇）	比前一年增长数（篇）	比前一年增长比例（%）
2007	399681	-44776	-10.07	75587	10546	16.20
2008	396767	-2914	-0.73	89377	13790	18.20
2009	409378	12611	3.18	97877	8500	9.50
2009	409378	12611	3.18	97877	8500	9.50
2010	480367	70989	17.34	119374	21497	21.96
2011	478914	-1453	-0.30	127420	8046	6.74

2.4 讨论

2011 年，三系统收录的中国论文数继续增长，中国论文数的增长率明显高于世界平均增长率，中国论文数占世界论文数的份额逐年增加，2011 年已达 15.1%，仅次于美国。中国在论文数量上已经处于世界领先地位，2011 年，中国论文数在 SCI、CPCI-S 和 Ei 三大检索系统中的排名均位居前列，SCI 收录我国论文数排名位居第 2 位，CPCI-S 收录我国论文数位居世界第 2 位，Ei 收录我国论文数位居世界第 1 位。但中国论文的影响力与世界平均值还有差距，根据 Thomson Reuters Incites 数据，2011 年，中国论文的篇均被引频次即论文的影响力为 0.34，而世界平均值为 0.44；中国论文的被引用率为 18.13，世界平均被引用率为 22.21 中国论文的相对影响力为 0.78，相对被引用率为 0.82，而世界平均值为 1。与英国、美国、德国、加拿大、法国等发达国家相比，中国内地论文的影响力、被引用率、相对影响力和相对被引用率等指标还有较大差距。

参考文献

[1] David A King The scientific impact of nations. Nature, 2004, 430（6997）: 311～316

[2] Geoffrey C Bowker. Measurement and Statistics on Science and Technology: 1920 to the Present. Isis, 2007, 98(2):403

[3] National Science foundation. Science and Engineering Indicators 2010. Research Technology Management, 2010, 53(3): 67

[4] Netherlands Observatory for Science and Technology. 2010Rapport. http: //www.nowt.nl/nieuwste_rapport.php

[5] Business，Innovation and Skills（2011）. Interational Comparative Performance of the UK Research Base-2011

[6] 中国科学技术信息研究所. 2010 年度中国科技论文统计与分析（年度研究报告）[M]. 北京: 科学技术文献出版社，2012

[7] Thomson Reuters Essential Science Indicators. http: //esi.webofknowledge.com/home.cgi

[8] Thomson Reuters. 2012 InCites.http: //incites.isiknowledge.com/

3 中国科技论文学科分布情况分析

美国著名高等教育专家伯顿·克拉克认为，主宰学者工作生活的力量是学科而不是所在院校，学科建设与发展是科学技术的基础，具有战略性、全局性和系统性的特点。了解学科的地位、作用、相互关系，学科现状和发展前沿，国际上的发展趋势，对于加强中国的科学技术发展，实现科学技术的跨越式发展，促进知识创新、技术创新与经济发展，提高中国的综合国力和在国际上的竞争能力，推动人类文明进步有着十分重要的意义。本章运用科学计量学方法，通过对各学科被国际重要检索系统 SCI、SSCI、Ei、CPCI-S 和 CSTPCD 收录论文的统计，各学科论文国际对比研究与学科关键词的分析，阐述了学科的特点，优先发展领域、趋势、前沿以及中国的研究现状，学科间的相互关系，学科的国际地位等。

3.1 引言

学术系统中的核心成员单位是以学科为中心的，学科指一定科学领域或一门科学的分支，如自然科学中的化学、物理学；社会科学中的法学、社会学等。学科是人类科学文化成熟的知识体系和物质体现，学科发展水平既决定着一所研究机构人才培养质量和科学研究水平，也是一个地区乃至一个国家知识创新力和综合竞争力的重要表现。学科的发展和变化无时不在进行，新的学科分支和领域也在不断涌现，这给许多学术机构的学科建设带来了一些问题，比如重点发展的学科以及学科内的发展方向。因此，详细分析了解学科的发展状况将有助于解决这些问题。

3.2 数据和方法

3.2.1 数据来源

（1）CSTPCD

中国科技论文与引文数据库（CSTPCD）是中国科学技术信息研究所在 1987 年建立的，收录我国各学科重要科技期刊，其收录期刊称为“中国科技论文统计源期刊”，即中国科技核心期刊。该数据库目前已稳定、连续地运行了 26 年，收集了超过 500 万篇中国科技论文和引文信息。基于该数据库，中国科学技术信息研究所每年发布的科技论文统计结果是各单位（科技部、中国科协、基金委、中科院以及研究机构、高等院校等）进行科研管理的主要依据，被广泛用于科技产出评价，是国家科学技术指标的数据来源。2011 年 CSTPCD 收录 1998 种中国科技期刊，它们共发表以我国作者为第一作者的论文 530087 篇，与 2010 年相比减少了 0.1%。海外作者为第一作者在中国期刊发表论文 4018 篇。

（2）SCI 与 SSCI

汤森路透集团（Thomson Reuters）开发的 Web of Science 包含三个引文数据库、两个会议录文献引文数据库和两个化学数据库，其中最著名的是科学引文索引数据库（Science Citation Index Expanded，SCI）和社会科学引文索引数据库（Social Sciences Citation Index，SSCI）。目前，SCI 数据库收录了全球自然科学、工程技术、临床医学等领域内 8200 多种最具影响力的学术期刊，论文 3600 多万篇；SSCI 数据库收录了社会科学领域内 2800 多种最具影响力的学术期刊，论文 660 多万篇。

（3）ESI

基于 SCI 数据库和 SSCI 数据库，按照 22 个学科领域分类，汤森路透集团于 2001 年建立了基础科学指标数据库（Essential Science Indicators，ESI），该数据库一般以 10 年来统计计算数据，每两个月滚动更新一次。ESI 从引文分析的角度，针对 22 个专业领域，分别对国家、研究机构、期刊、论文以及科学家进行统计分析和排序，主要指标包括：论文数、引文数、篇均被引频次。用户可以从该数据库中了解在一定排名范围内的科学家、研究机构（大学）、国家（城市）和学术期刊在某一学科领域的发展和影响力，确定关键的科学发现，评估研究绩效，掌握科学发展的趋势和动向。ESI 中的数据包括基于引文分析的高被引率作者的排名（前 1%）、机构排名（前 1%）、论文排名（前 1%）、国家排名（前 50%）和期刊排名（前 50%）。另外，ESI 还包括高被引论文、平均被引频次和研究前沿。ESI 进行数据统计的范围仅限于 ISI 中做了索引的期刊的文章，不包括图书及其章节或 ISI 中未做索引的期刊中刊登的文章，也不对其出版数量和引文数量进行统计。

（4）Ei

《工程索引》（The Engineering Index，Ei）创刊于 1884 年，是美国工程信息公司（Engineering information Inc.）出版的著名工程技术类综合性检索工具。Ei 每月出版 1 期，文摘 1.3 万至 1.4 万条；每期附有主题索引与作者索引；每年还另外出版年卷本和年度索引，年度索引还增加了作者单位索引。收录文献几乎涉及工程技术各个领域，例如，动力、电工、电子、自动控制、矿冶、金属工艺、机械制造、土建、水利等。它具有综合性强、资料来源广、地理覆盖面广、报道量大、报道质量高、权威性强等特点。

（5）CPCI-S

CPCI-S（Conference Proceedings Citation Index-Science），原名 ISTP。《科技会议录索引》（Index to Scientific & Technical Proceedings，ISTP）创刊于 1978 年，由美国科学情报研究所（现为汤森路透集团）编辑出版。该索引收录生命科学、物理与化学科学、农业、生物和环境科学、工程技术和应用科学等学科的会议文献，包括一般性会议、座谈会、研究会、讨论会、发表会等。其中工程技术与应用科学类文献约占 35%，其他涉及学科基本与 SCI 所占比例相同。

3.2.2 学科分类

《中华人民共和国学科分类与代码国家标准》（简称《学科分类与代码》，标准号是“GB/T 13745—92”）经国家技术监督局批准，由原国家科委与国家技术监督局共同提出，中国标准化与信息分类编码研究所、西安交通大学、中国社会科学院文献情报中心负责起草，原国家科委综合计划司、中国科学院计划局、国家自然科学基金委员会综合计划局、国家教育委员会科学技术司、国家统计局科学技术司、中国科协、中国科协干部管理培训中心等单位参加起草。国家技术监督局于1992年11月1日正式在北京发布该标准，1993年7月1日起实施此标准。《学科分类与代码》共设五个门类、58个一级学科、573个二级学科、近6000个三级学科。我们根据《学科分类与代码》并结合工作实际制定本书的学科分类体系，见表3-1所示。

表3-1 中国科学技术信息研究所学科分类体系

学科名称	分类代码	学科名称	分类代码
数学	O1A	工程与技术基础学科	T3
信息、系统科学	O1B	矿业	TD
力学	O1C	能源科学技术	TE
物理	O4	冶金、金属	TF
化学	O6	机械工程	TH
天文	PA	动力与电气	TK
地学	PB	核科学技术	TL
生物	Q	电子、通信与自动控制	TN
预防、卫生	RA	计算技术	TP
基础医学	RB	化工	TQ
药物学	RC	轻工纺织	TS
临床医学	RD	食品	TT
中医学	RE	土木建筑	TU
军事医学与特种医学	RF	水利	TV
农学	SA	交通运输	U
林学	SB	航空航天	V
畜牧兽医	SC	安全科学技术	W
水产	SD	环境科学	X
测绘技术	T1	管理学	ZA
材料科学	T2	其他	ZB

3.3 研究分析和结论

3.3.1 2011年中国各学科收录论文的分布情况

我们对不同数据库收录的中国论文按照学科分类进行分析，主要分析各数据库中排名前10位的学科。

（1）SCI

2011 年 SCI 收录中国论文数居前的 10 个学科占所有论文的 88.6%，其中排名第 1 位的化学占总数的 20.4%。收录论文最多的 10 个学科分别是：化学、临床医学、物理、生物、材料科学、基础医学、数学、药物学、环境科学以及工程与技术基础学科。其中化学、临床医学、物理、生物、材料科学收录论文数均超过了 10000 篇（表 3-2）。

表 3-2 2011 年发表 SCI 论文较多的 10 个学科

排名	学科	论文数（篇）	排名	学科	论文数（篇）
1	化学	29260	6	基础医学	8337
2	临床医学	18305	7	数学	7198
3	物理	17901	8	药物学	5164
4	生物	17355	9	环境科学	5071
5	材料科学	13890	10	工程与技术基础学科	4749

（2）Ei

2011 年 Ei 收录中国论文数居前的 10 个学科占所有论文的 74.5%，其中排名第 1 位的材料科学占总数的 10.6%。收录论文最多的 10 个学科分别是：材料科学，物理，数学，土木建筑，电子、通信与自动控制，化学，信息、系统科学，计算技术，生物及机械工程。其中材料科学、物理、数学、土木建筑收录论文数均超过了 10000 篇（表 3-3）。

表 3-3 2011 年发表 Ei 论文较多的 10 个学科

排名	学科	论文数（篇）	排名	学科	论文数（篇）
1	材料科学	13560	6	化学	9678
2	物理	13114	7	信息、系统科学	8642
3	数学	11014	8	计算技术	7813
4	土木建筑	10075	9	生物	5597
5	电子、通信与自动控制	9872	10	机械工程	5564

（3）CPCI-S

2011 年 CPCI-S 收录中国论文数居前的 10 个学科占所有论文的 89.03%，其中排名第 1 位的材料科学占总数的 28.52%。收录论文最多的 10 个学科见表 3-4。

表 3-4 2011 年发表 CPCI-S 论文较多的 10 个学科

排名	学科	论文数（篇）	排名	学科	论文数（篇）
1	材料科学	14391	6	基础医学	1574
2	电子、通信与自动控制	12070	7	能源科学技术	1550
3	计算技术	6316	8	机械工程	901
4	物理	3545	9	化学	858
5	土木建筑	3005	10	临床医学	715

（4）CSTPCD

2011 年 CSTPCD 收录中国论文数居前的 10 个学科占所有论文的 67.2%，其中排名第 1 位的临床医学占总数的 31.8%。收录论文最多的 10 个学科分别是：临床医学，计算技术，电子、通信与自动控制，中医学，农学，预防、卫生，基础医学，生物，化工及土木建筑。其中临床医学，计算技术，电子、通信与自动控制，中医学，农学，预防，卫生收录论文数均超过了 20000 篇（表 3-5）。

表 3-5 2011 年发表 CSTPCD 论文较多的 10 个学科

排名	学科	论文数（篇）	排名	学科	论文数（篇）
1	临床医学	168279	6	预防、卫生	20075
2	计算技术	35309	7	基础医学	19018
3	电子、通信与自动控制	25053	8	生物	14926
4	中医学	24620	9	化工	13481
5	农学	22239	10	土木建筑	13255

综合以上各数据库，可以看出，生物是唯一在 5 个数据库中都排进了前 10 位的学科。临床医学、基础医学及电子、通信与自动控制 3 个学科出现了 4 次，说明它们在 4 个数据库中都排在了前 10 位。物理、土木建筑、数学、计算技术、化学及材料科学 6 个学科出现了 3 次，说明它们在 3 个数据库中都排在了前 10 位。中医学、信息、系统科学、农学、机械工程、化工和地学 6 个学科只出现了一次。

3.3.2 各学科产出论文数量及影响与世界平均水平比较分析

我国各学科论文数量及被引用次数及其占世界的比例，有 14 个学科论文被引用次数进入世界前 10 位，比上一年度统计时增加了 2 个，其中化学、材料科学、工程技术、数学等 4 个领域论文的被引用次数排名世界第 2 位，被引用次数排名进入世界前 5 位的还有计算机科学、物理学和地学（表 3-6）。与 2011 年相比，有 11 个学科领域的论文被引用频次排位有所上升，其中跃升 3 位的是免疫学，另有 4 个学科领域上升了 2 位。

表 3-6 2002—2012 年我国各学科产出论文与世界平均水平比较

主题学科	论文		被引用次数				篇均被引用次数	
	数量（篇）	占世界份额（%）	次数	占世界份额（%）	世界排名	位次变化趋势	次数	与世界平均值的差距
农业科学	14624	6.31	80435	4.8	8	↑2	5.5	–1.74
生物与生物化学	40941	7.01	339502	3.52	8	↑1	8.29	–8.21
化学	229021	17.66	1802435	12.02	2	—	7.87	–3.69
临床医学	91392	4.01	711633	2.47	14	—	7.79	–4.83
计算机科学	31797	11.07	84436	7.22	4	—	2.66	–1.41

主题学科	论文		被引用次数				篇均被引用次数	
	数量（篇）	占世界份额（%）	次数	占世界份额（%）	世界排名	位次变化趋势	次数	与世界平均值的差距
工程技术	115093	12.47	524179	11.3	2	—	4.55	-0.47
环境与生态学	25359	8.29	189779	5.46	7	↑1	7.48	-3.88
地学	33135	10.56	241058	7.93	5	↑1	7.28	-2.4
免疫学	5800	4.37	50666	1.81	13	↑3	8.74	-12.36
材料科学	112155	21.82	648604	16.63	2	—	5.78	-1.81
数学	40247	13.78	128751	12.47	2	—	3.2	-0.33
微生物学	11628	6.37	90923	3.32	10	↑2	7.82	-7.2
分子生物学与遗传学	19322	6.27	190928	2.64	12	↑2	9.88	-13.61
综合类	2386	13.12	7056	5.07	7	↓3	2.96	-4.7
神经科学与行为学	12892	4.03	110226	1.84	13	↑1	8.55	-10.21
药学与毒物学	17794	8.56	130558	5.2	6	↑2	7.34	-4.75
物理学	151535	15.23	926646	10.88	4	↑1	6.12	-2.44
植物学与动物学	36194	6.09	215943	4.69	9	—	5.97	-1.79
精神病学与心理学	4477	1.67	34116	1.13	16	↑1	7.62	-3.67
空间科学	9133	6.94	67173	3.5	15	—	7.35	-7.21

注：统计时间截至 2012 年 11 月。“↑”表示位次上升；“↓”表示位次下降；“—”表示位次未变。

3.3.3 学科的质量与影响力分析

（1）引文分析

科研活动具有继承性和协作性，几乎所有科研成果都是以已有成果为前提的。学术论文、专著等科学文献是传递新学术思想、成果的最主要的物质载体，它们之间并不是孤立的，而是相互联系的，突出表现在相互引用的关系上，这种关系体现了科学工作者们对以往的科学理论、方法、经验及成果的借鉴和认可。论文之间的相互引证，能够反映学术研究之间的交流与联系。通过论文之间的引证与被引证关系，我们可以了解某个理论与方法是如何得到借鉴和利用的，某些技术与手段是如何得到应用和发展的。从横向的对应性上，我们可以看到不同的实验或方法之间是如何互相参照和借鉴的。我们也可以将不同的结果放在一起进行比较，看它们之间的应用关系。从纵向的继承性上，我们可以看到一个课题的基础和起源是什么，我们也可以看到一个课题的最新进展情况是怎样的。关于反面的引用，它反映的是某个学科领域的学术争鸣。论文间的引用关系能够有效地阐明学科结构和学科发展过程，确定学科领域之间的关系，测度学科影响。

国际被引用论文篇数较多的 10 个学科主要集中在基础学科和医学领域。被引用次数较多的 10 个学科是：化学，生物学，物理学，材料科学，临床医学，基础医学，环境科学，地学，数学及电子、通信与自动控制（表 3-7）。其中化学以较大优势领先其他学科。一般来说收录论文数较多的学科其学科的被引频次也较高。

表 3-7 2011 年国际被引用论文篇数较多的 10 个学科

排名	学科	被引用次数	排名	学科	被引用次数
1	化学	219173	6	基础医学	21661
2	生物学	65372	7	环境科学	19565
3	物理学	51746	8	地学	11691
4	材料科学	31574	9	数学	6645
5	临床医学	22106	10	电子、通信与自动控制	8409

在 CSTPCD 被引用次数较多的 10 个学科中，临床医学遥遥领先于其他学科，农学，地学，生物学，电子、通信与自动控制，中医学，基础医学，计算技术，环境科学，预防、卫生等分列第 2～10 位（表 3-8）。

表 3-8 2011 年 CSTPCD 国内论文被引用次数较多的 10 个学科

排名	学科	被引用次数	排名	学科	被引用次数
1	临床医学	413446	6	中医学	67785
2	农学	134143	7	基础医学	65793
3	地学	105256	8	计算技术	62213
4	生物学	87423	9	环境科学	61102
5	电子、通信与自动控制	74037	10	预防、卫生	56780

比较国际被引与 CSTPCD 被引前 10 位的学科可以看出，在国际被引进入前 10 位的数学、化学、材料科学及物理学未进入 CSTPCD 被引的前 10 位，取而代之的为计算技术，农学，预防、卫生及中医学。

（2）表现不俗论文的分布

若在每个学科领域内，按统计年度的论文被引用次数世界均值划一条线，高于均线的论文为“表现不俗”的论文，即论文发表后的影响超过其所在学科的一般水平。以科学引文索引数据库（SCI）统计，2011 年，我国机构作者为第一作者的论文共 14.36 万篇，其中表现不俗的论文数为 42927 篇，占论文总数的 29.8%，较 2010 年上升了 10 个百分点。

按文献类型分，97%是原创论文，3%是述评类文章。其中，化学、材料科学、生物学、物理学、临床医学、数学、基础医学、工程与技术基础科学、药学、农学等 10 个学科表现不俗的论文数量最多（表 3–9）。而按各学科产出的表现不俗的论文占其全部论文的比例排序，能源科学技术、材料科学、化工、食品、农学、水利、林学、矿山工程技术、力学、水产学等 10 个学科达到 30%以上。

表 3-9 2011 年表现不俗论文产出较多的学科

排名	学科	表现不俗的论文数（篇）	占本学科论文的比例（%）
1	化学	8800	32.54
2	材料科学	6615	52.50
4	生物学	4244	28.66

排名	学科	表现不俗的论文数（篇）	占本学科论文的比例（%）
3	物理学	3408	21.41
7	临床医学	2445	16.58
5	数学	1674	26.23
8	基础医学	1592	24.13
6	工程与技术基础科学	1344	33.91
9	药学	1290	28.70
10	农学	1207	42.62

3.3.4　学科的关键词分析

总体来说，2011 年频次较多的 20 个关键词集中在医学和信息技术、计算技术等领域（表 3-10）。高效液相色谱法、体层摄影术、磁共振成像等关键词频次进入前 20 位，表明医学方法技术的研究得到了加强。糖尿病、高血压等是严重危害中国人民健康的常见疾病，是科研工作者十分关心的领域。数值模拟是当前研究前沿，并且是很多学科共同关心的问题，是当前比较热门的研究领域。

表 3-10　2011 年 CSTPCD 中出现频次较多的 20 个关键词

关键词	频次	关键词	频次
护理	5285	高效液相色谱法	1915
治疗	3921	高血压	1903
诊断	3507	细胞凋亡	1757
儿童	3294	老年人	1649
数值模拟	3275	体层摄影术，X 线计算机	1625
大鼠	2665	仿真	1569
糖尿病	2359	免疫组织化学	1569
预后	2338	疗效	1553
磁共振成像	2052	力学性能	1535
危险因素	2048	合成	1529

从表 3-11 列出的各学科 20 大关键词大致可以看出 2011 年各学科最活跃的研究领域。如数学中研究稳定性、时滞、正解、周期解、不动点、收敛性等比较集中。信息、系统科学中对数值模拟、爆炸力学、有限元、稳定性等的研究比较集中。力学中对仿真、遗传算法、线性矩阵不等式、供应链、稳定性、粒子群优化等研究比较集中。物理学中对量子光学、非线性光学、电子结构、薄膜、密度泛函理论及第一性原理等的研究比较集中。化学中对合成、晶体结构、高效液相色谱、密度泛函理论、离子液体及光催化等的研究比较集中。地学中比较热门的研究领域是地球化学、数值模拟，以及气候变化、滑坡、暴雨、地震等地质灾害研究，特别是汶川地震以来，对其的研究

很集中，研究的热点地区是青藏高原、新疆、鄂尔多斯盆地、塔里木盆地等，这与当前找油热潮有密切关系。医学领域比较热门的研究领域是严重威胁人们的重大疾病如糖尿病、高血压、肿瘤等，医学中较常出现的技术方法有：磁共振成像、体层摄影术、X线计算机、高效液相色谱法、腹腔镜。农学中较热门的研究领域是：水稻、玉米、小麦、大豆、棉花等作物。材料科学领域中热门的研究领域集中在力学性能、复合材料、显微组织、稀土、镁合金等方面。能源科学技术领域比较热门的领域是数值模拟、水平井、鄂尔多斯盆地等，这与现在能源危机背景密切相关。电子、通信与自动控制领域较热门的研究领域是仿真、遗传算法等。计算技术领域比较热门的研究领域是：遗传算法、仿真、数据挖掘等。航空航天领域的热门研究领域是数值模拟、航空发动机、遗传算法、无人机、航天器、仿真、优化设计、固体火箭发动机等。环境科学领域比较热门的研究领域是重金属、土壤、废水处理、污水处理、环境工程学等，如何在发展经济的同时保护生态环境是环境科学永恒的课题。

表3-11　2011年CSTPCD中各学科出现频次较多的20个关键词

学科	20大关键词（括号中数字为出现频次）
数学	稳定性（159），时滞（89），正解（88），周期解（86），不动点（79），收敛性（72），存在性（66），特征值（60），非线性（47），平衡点（47），全局收敛性（47），误差估计（45），不动点定理（43），边值问题（41），数值模拟（40），锥（40），精确解（38），BANACH空间（36），亚纯函数（34），运筹学（34）
信息、系统科学	数值模拟（138），爆炸力学（108），有限元（49），稳定性（44），固体力学（40），应力强度因子（37），有限元法（32），非线性（30），振动与波（30），流固耦合（25），混沌（24），流体力学（24），固有频率（23），裂纹（21），分岔（19），侵彻（19），非线性振动（18），混凝土（18），冲击波（17），解析解（17）
力学	仿真（57），遗传算法（45），线性矩阵不等式（44），供应链（27），稳定性（26），粒子群优化（25），支持向量机（24），复杂网络（23），神经网络（23），无线传感器网络（23），非线性系统（22），网络控制系统（20），多目标优化（19），滑模控制（19），自适应控制（19），粒子群算法（18），故障诊断（17），建模（17），鲁棒控制（17），蚁群算法（15）
物理	量子光学（75），非线性光学（73），电子结构（70），薄膜（67），密度泛函理论（65），第一性原理（61），磁控溅射（55），光子晶体（55），光致发光（53），数值模拟（46），光谱学（43），等离子体（38），测量（36），光学性质（36），光学设计（35），太赫兹（35），物理光学（31），掺杂（30），量子点（30），量子纠缠（27）
化学	合成（735），晶体结构（329），高效液相色谱（195），密度泛函理论（180），离子液体（179），光催化（170），吸附（152），高效液相色谱法（147），分光光度法（130），固相萃取（121），测定（106），荧光光谱（103），表征（98），碳纳米管（91），气相色谱法（89），水热合成（88），催化（86），应用（85），制备（84），催化化学（83）
天文	暗能量（11），暗物质（9），黑洞（6），脉冲星（6），月球（6），活动星系核（5），宇宙学（5），方法：数值（4），辐射机制：非热（4），类星体（4），微波背景辐射（4），银河系（4），GPS（3），X射线脉冲星导航（3），测量（3），嫦娥一号（3），地球（3），方法：解析（3），辐射机制（3），伽马射线暴：普通（3）
地学	地球化学（262），数值模拟（220），气候变化（201），降水（136），地质特征（122），汶川地震（105），青藏高原（96），流体包裹体（94），地下水（92），新疆（89），气温（87），滑坡（85），泥石流（81），塔里木盆地（79），暴雨（78），鄂尔多斯盆地（72），沉积环境（71），沉积相（70），西藏（68），地震（66）

学科	20大关键词（括号中数字为出现频次）
生物	克隆（172），新种（170），原核表达（170），表达（149），基因克隆（143），序列分析（142），水稻（133），遗传多样性（133），纯化（131），基因表达（130），鉴定（127），大鼠（125），多样性（121），群落结构（96），拟南芥（95），细胞凋亡（92），小鼠（85），生物信息学（80），温度（78），筛选（77）
预防、卫生	医院感染（647），影响因素（456），管理（396），监测（354），分析（352），调查（327），健康教育（324），危险因素（296），对策（294），儿童（292），医院（247），流行病学（224），护士（186），消毒（176），医院管理（173），社区卫生服务（160），公立医院（150），军队医院（149），学生（146），艾滋病（144）
基础医学	大鼠（597），耐药性（583），骨髓间充质干细胞（258），细胞凋亡（255），小鼠（251），凋亡（248），组织工程（229），病原菌（199），学生（196），医院感染（168），动物模型（166），增殖（164），生物力学（156），感染（150），心理健康（142），抗菌药物（141），间充质干细胞（133），铜绿假单胞菌（133），免疫组织化学（126），生物相容性（125）
药物学	高效液相色谱法（873），含量测定（486），合理用药（477），抗菌药物（367），不良反应（314），药动学（255），药品不良反应（238），大鼠（230），临床药师（213），分析（209），合成（196），药代动力学（161），血药浓度（157），高效液相色谱（153），细胞凋亡（151），稳定性（141），疗效（134），HPLC（123），生物等效性（123），质量控制（123）
临床医学	护理（4794），治疗（3463），诊断（3086），儿童（2615），预后（2175），糖尿病（1802），磁共振成像（1792），危险因素（1622），高血压（1536），腹腔镜（1387），免疫组织化学（1347），老年人（1344），并发症（1311），体层摄影术，X线计算机（1259），疗效（1206），超声检查（1107），冠心病（1050），乳腺癌（1001），肿瘤（980），大鼠（963）
中医学	高效液相色谱法（664），大鼠（572），针刺（486），含量测定（464），化学成分（457），中医药疗法（442），中药（438），电针（307），辨证论治（282），正交试验（262），针灸疗法（251），针刺疗法（240），提取工艺（238），HPLC（234），疗效观察（231），细胞凋亡（231），小鼠（218），针灸（218），中医药（214），中西医结合（209）
军事医学与特种医学	体层摄影术，X线计算机（291），磁共振成像（126），体层摄影术（102），诊断（97），X线计算机（95），CT（55），血管造影术（50），辐射剂量（47），多层螺旋CT（46），卫勤保障（40），骨折（36），螺旋CT（36），儿童（33），护理（33），大鼠（32），腰椎（31），放射摄影术（27），预后（26），放射治疗（25），冠状动脉（24）
农学	产量（1223），玉米（690），水稻（663），小麦（544），品质（472），烤烟（394），品种（369），棉花（328），大豆（299），土壤（271），选育（271），冬小麦（264），遗传多样性（261），番茄（210），栽培技术（192），烟草（167），油菜（166），土壤养分（165），黄瓜（164），苹果（160）
林学	生物量（92），油茶（78），马尾松（65），物种多样性（63），人工林（48），毛竹（42），杨树（39），遗传多样性（39），油松（37），土壤养分（35），无性系（33），橡胶树（33），杉木（32），光合作用（31），生长（31），桉树（30），多样性（28），生长量（28），组织培养（28），碳储量（27）
畜牧兽医	奶牛（230），猪（211），生产性能（210），生长性能（195），序列分析（112），鸡（93），鉴定（93），断奶仔猪（85），克隆（85），肉鸡（85），原核表达（80），家蚕（74），牛（71），分离（68），饲料（67），仔猪（66），绵羊（63），蛋鸡（62），检测（62），单克隆抗体（59）

学科	20大关键词（括号中数字为出现频次）
水产	生长（130），生长性能（45），草鱼（41），凡纳滨对虾（41），盐度（34），温度（32），嗜水气单胞菌（29），营养成分（29），遗传多样性（28），胚胎发育（26），微卫星（26），非特异性免疫（25），异育银鲫（22），罗非鱼（21），氨基酸（20），脂肪酸（20），克氏原螯虾（19），克隆（18），牙鲆（18），鉴定（16）
测绘技术	GIS（133），GPS（128），地理信息系统（95），遥感（54），WEBGIS（45），精度（45），坐标转换（44），DEM（42），数据库（38），ARCGIS（36），地理信息（36），精度分析（33），土地利用（32），全球定位系统（29），数据处理（28），全站仪（27），数字高程模型（25），变形监测（24），空间分析（24），测绘（23）
材料科学	力学性能（321），复合材料（240），显微组织（162），稀土（146），性能（108），镁合金（100），腐蚀（99），耐蚀性（98），微观结构（97），热处理（91），微观组织（84），碳纳米管（78），制备（76），组织（66），磁性能（65），硬度（62），吸附（61），环氧树脂（59），应用（58），合成（57）
工程与技术基础学科	复合材料（147），计量学（123），力学性能（80），数值模拟（59），声学（58），碳纳米管（45），可靠性（44），有限元（44），纳米复合材料（32），制备（31），热工学（30），有限元分析（30），光催化（28），性能（28），不确定度（27），振动与波（27），溶胶-凝胶法（25），优化设计（25），有限元法（25），薄膜（23）
矿业	数值模拟（191），浮选（148），煤矿（132），矿井（69），煤与瓦斯突出（57），采矿工程（51），磁选（50），采空区（48），液压支架（48），PLC（44），带式输送机（43），稳定性（38），瓦斯（37），采煤机（36），应用（35），瓦斯抽采（33），冲击地压（32），综采工作面（32），预测（29），大采高（28）
能源科学技术	数值模拟（195），水平井（165），鄂尔多斯盆地（113），塔里木盆地（102），催化剂（75），天然气（75），影响因素（67），碳酸盐岩（65），成岩作用（62），准噶尔盆地（62），钻井液（57），稠油（56），固井（55），管道（54），页岩气（54），烃源岩（53），低渗透油藏（52），煤层气（51），四川盆地（51），催化裂化（50）
冶金、金属	力学性能（517），数值模拟（458），显微组织（370），微观组织（229），镁合金（208），组织（194），铝合金（184），热处理（179），有限元（126），温度场（125），机械制造（124），性能（124），硬度（122），耐磨性（102），激光熔覆（91），钛合金（91），耐蚀性（90），焊接（89），显微硬度（88），激光技术（87）
机械工程	仿真（247），有限元（222），故障诊断（215），数值模拟（213），有限元分析（207），液压系统（157），优化设计（151），滚动轴承（122），模态分析（121），遗传算法（114），ANSYS（111），设计（108），优化（100），有限元法（96），医疗设备维修（86），物理化学（84），动态特性（74），PLC（67），建模（66），振动（64）
动力与电气	数值模拟（297），电力系统（256），锂离子电池（188），风力发电（183），柴油机（165），智能电网（141），仿真（138），配电网（124），电能质量（118），输电线路（105），风电场（95），故障诊断（95），遗传算法（89），正极材料（78），太阳能（77），优化（75），分布式电源（74），生物质（73），局部放电（72），高压直流输电（70）
核科学技术	核电厂（17），核电站（16），蒙特卡罗方法（13），铀（13），数值模拟（12），严重事故（12），优化设计（12），蒸汽发生器（11），FPGA（10），高温气冷堆（10），探测效率（10），ITER（9），探测器（9），医疗设备维修（9），直线加速器（9），中子（9），自然循环（9），MCNP（8），X射线（8），氚（8）
电子、通信与自动控制	FPGA（258），仿真（220），激光技术（170），变压器（168），正交频分复用（155），认知无线电（147），激光器（130），逆变器（127），合成孔径雷达（126），矢量控制（118），永磁同步电机（114），小波变换（111），无线传感器网络（109），故障诊断（101），光纤光学（98），有限元（91），现场可编程门阵列（87），变换器（86），遗传算法（85），光通信（84）

学科	20 大关键词（括号中数字为出现频次）
计算技术	无线传感器网络（735），遗传算法（627），支持向量机（456），神经网络（401），仿真（395），FPGA（351），数据挖掘（322），故障诊断（312），图像分割（293），数据采集（284），特征提取（278），图像处理（259），单片机（258），小波变换（253），PLC（236），云计算（229），蚁群算法（215），嵌入式系统（206），模糊控制（205），自适应（200）
化工	合成（361），力学性能（339），改性（253），聚丙烯（253），复合材料（225），性能（180），环氧树脂（178），应用（168），吸附（166），数值模拟（157），催化剂（131），制备（128），动力学（124），聚氨酯（100），优化（93），表征（87），正交试验（83），表面改性（77），离子液体（77），阻燃（76）
轻工纺织	染色（103），棉织物（94），烤烟（65），活性染料（62），染整（60），性能（39），棉纤维（37），针织物（36），织物（34），应用（33），烟草（32），改性（30），卷烟（30），化学成分（27），纺织品（26），聚对苯二甲酸乙二酯纤维（26），测试（25），分散染料（23），废水处理（22），壳聚糖（20）
食品	提取（217），发酵（164），抗氧化（132），响应面法（129），稳定性（127），品质（125），应用（115），工艺（110），抗氧化活性（106），多糖（98），优化（96），食品（93），检测（88），响应面（87），提取工艺（85），乳酸菌（81），超声波（78），酶解（77），高效液相色谱（75），壳聚糖（72）
土木建筑	数值模拟（295），混凝土（248），抗震性能（224），风景园林（218），有限元分析（206），有限元（179），承载力（154），加固（133），岩石力学（133），钢结构（126），试验研究（117），深基坑（113），节能（112），设计（98），稳定性（95），强度（94），高层建筑（93），模型试验（92），极限承载力（86），抗压强度（85）
水利	数值模拟（125），水资源（80），模型试验（46），三峡工程（45），三峡水库（39），水电站（37），水工结构（37），水利工程（35），数学模型（33），有限元（32），水库（29），土石坝（29），面板堆石坝（28），混凝土（27），泸定水电站（26），有限元法（25），重力坝（25），设计（24），大坝（23），碾压混凝土（23）
交通运输	道路工程（226），城市轨道交通（217），数值模拟（184），桥梁工程（167），有限元（165），设计（161），仿真（157），隧道（142），施工（137），高速公路（134），斜拉桥（125），城市交通（123），交通工程（122），有限元分析（122），隧道工程（114），地铁（103），沥青混合料（101），有限元法（96），优化（95），高速铁路（92）
航空航天	数值模拟（189），航空发动机（88），遗传算法（80），无人机（73），航天器（69），仿真（60），数值仿真（57），优化设计（55），固体火箭发动机（46），复合材料（43），高超声速飞行器（38），故障诊断（37），卫星（37），气动弹性（36），直升机（36），卡尔曼滤波（35），气动特性（35），优化（33），姿态控制（33），计算流体力学（32）
安全科学技术	自然灾害（10），地质灾害（9），地理信息系统（8），应急救援（7），脆弱性（4），风险管理（4），风险区划（4），洪涝灾害（4），GIS（3），防灾减灾（3），防治对策（3），风暴潮灾害（3），稳定性（3），暴雨内涝（2），地震（2），地震应急（2），对策（2），风险（2），风险分析（2），风险评估（2）
环境科学	重金属（422），吸附（341），土壤（278），沉积物（198），数值模拟（154），废水处理（135），动力学（134），影响因素（132），富营养化（121），降解（112），污水处理（112），多环芳烃（110），镉（108），磷（106），氨氮（101），人工湿地（101），生物降解（101），评价（97），环境工程学（92），水质（92）
管理学	护理管理（45），护士（29），复杂网络（25），仿真（24），管理（24），群决策（22），多属性决策（20），供应链（18），科技论文（18），自然科学（15），层次分析法（14），护理（14），综合评价（14），护理质量（13），数据包络分析（13），复杂系统（12），满意度（12），遗传算法（12），科技期刊（11），突发事件（11）

3.4 讨论

（1）中国学科发展情况

我国近10年来的学科发展相当迅速，不仅论文的数量有明显的增加，并且被引频次也有所增长。但是数据显示我国的学科发展呈现一种不均衡的态势，有些学科的论文篇均被引频次的水平已经接近世界平均水平，但仍有一些学科的该指标值与世界平均水平差距较大。

（2）中国相对优势学科

综合考虑各学科发表论文数、论文被引用情况、学科产出论文数国际对比情况等数据，可以发现中国在国际上相对优势的学科是：化学，物理，材料科学，数学，电子、通信与自动控制等。

（3）学科的质量分析

从论文的被引情况以及表现不俗的论文分布来看，我国学科发展不均衡，其中，地学，电子、通信与自动化控制，环境科学，基础医学，临床医学和生物在国际被引和国内被引中都进入了前10名，表现较好。在表现不俗的中国论文中，化学、材料科学、生物、物理、临床医学等5个学科论文数较多。综合起来可以看出，生物、临床医学的学科质量较高。

（4）关键词的分析

从学科发展的关键词来看，数值模拟、遗传算法、力学性能、合成、仿真等是当前研究前沿，并且是很多学科共同关心的问题，是学科交叉点。糖尿病、高血压等疾病以及细胞、基因等是医学领域中的热点，研究对象多集中于儿童与老年人，实验的对象多用大鼠，各种疾病的护理、治疗和诊断是医疗工作者关注的领域，医疗的技术手段集中于磁共振成像；高效液相色谱法；体层摄影术，X线计算机等。农学中较热门的研究领域是：水稻、玉米、小麦、大豆、棉花等作物。材料科学领域中热门的研究领域集中在力学性能、复合材料、显微组织、稀土、镁合金等方面。

（5）加快学科结构调整，鼓励自主创新

目前，我们正在建设创新型国家，应该在加强相对优势学科领域的同时，资源重点向农学、卫生医药、高新技术等领域倾斜。

参考文献

[1] 王占军.学科发展决定学术组织命运[OL]. http: //www.antpedia.com/news/71/n-168371.html
[2] 互动百科.学科. http: //www.baike.com/wiki/%E5%AD%A6%E7%A7%91
[3] 中国科学技术信息研究所. 2006年度中国科技论文统计与分析（年度研究报告）[M].北京：科学技术文献出版社，2008
[4] 中国科学技术信息研究所. 2007年度中国科技论文统计与分析（年度研究报告）[M].北京：科学技术文献出版社，2009

[5] 中国科学技术信息研究所. 2008 年度中国科技论文统计与分析（年度研究报告）[M].北京：科学技术文献出版社，2010
[6] 中国科学技术信息研究所. 2009 年度中国科技论文统计与分析（年度研究报告）[M].北京：科学技术文献出版社，2011
[7] 中国科学技术信息研究所. 2010 年度中国科技论文统计与分析（年度研究报告）[M].北京：科学技术文献出版社，2012
[8] Thomson Scientific，2011 ISI ESSENTIAL SCIENCE INDICATORS

4 中国科技论文地区分布情况分析

本研究运用文献计量学方法对中国2011年的国际和国内科技论文的地区分布、近3年平均增长水平和影响力进行了分析，并结合国家统计局科技经费数据及国家知识产权局专利统计数据对各地区科研经费投入及产出进行了分析。研究识别出了我国科技论文的高产地区、快速发展地区和高影响力地区，同时分析了各地区的国际权威期刊论文和中国百种杰出学术期刊情况，从不同角度反映了中国科技论文在本年度的地区特征。

4.1 引言

科技论文是科技活动产出的一种重要形式，能够反映基础研究、应用研究等方面的情况。对全国各地区的科技论文产出分布进行统计与分析，可以从一个侧面反映出该地区的科技实力、该地区的科技发展潜力，是了解区域优势及科技环境的决策参考因素之一。

本章通过对我国31个省市、自治区（不含港澳台地区）的国际国内科技论文产出数量、论文被引用情况、科技论文数近3年平均增长率、论文被引用篇数近3年增长率、各地区科技经费投入、论文产出与发明专利产出状况等数据的分析与比较，反映中国科技论文在本年度的地区特征。

4.2 数据和方法

数据来源包括：（1）国内科技论文数据来自中国科学技术信息研究所自行研制的中国科技论文与引文数据库（CSTPCD）；（2）国际论文数据采集自SCI、Ei、CPCI-S、Meline和SSCI检索系统；（3）各地区国内发明专利数据来自国家知识产权局2011年专利统计年报；（4）各地区R&D经费投入数据来自国家统计局全国科技经费投入统计公报。其中论文的选取原则与论文的归属判定原则见本书第1章的1.2～1.3节。

本研究运用文献计量学方法对我国2011年的国际科技论文和中国国内论文的地区分布、论文数增长变化、论文影响力状况进行了比较分析，并结合国家统计局全国科技经费投入数据及国家知识产权局专利统计数据对2011年我国各地区科研经费的投入及产出进行了分析。

4.3 研究分析和结论

4.3.1 国际论文产出分析

（1）国际论文数较多的地区

本文所统计的国际论文数据主要取自国际上颇具影响的文献数据库：SCI、Ei 和 CPCI–S。国际论文数（SCI、Ei、CPCI–S 三大检索论文总数）进入前 10 位的地区与 2010 年的相同，但从各省的具体位次排名情况来看，却发生了一些微妙变化。国际论文数居于前 10 位的地区中相比 2010 年而言，只有北京、陕西、山东和四川的位次保持不变，其位次分别是 1、4、9、10，另外，上海与江苏、湖北与浙江、辽宁与广东的位次发生了互换，见表 4–1。

表 4–1　2011 年中国国际论文数居前 10 位的地区

排名	地区	论文数（篇）	增长率（%）
1	北京	57008	–7.01
2	江苏	27946	–2.73
3	上海	27672	–6.48
4	陕西	17320	–3.50
5	浙江	16149	–1.15
6	湖北	15181	–14.16
7	广东	14331	–3.04
8	辽宁	13936	–9.33
9	山东	13491	–6.02
10	四川	12119	–4.69

一直以来中国高等院校和研究机构都是我国国际论文产出的主要力量，高等院校和研究机构越发达、越集中的地区，国际论文数一般就越高。随着各地科研实力的不断提高以及积极参与国际学术活动，向国际期刊投稿，中国国际论文数呈平稳增长态势。根据近几年的统计结果显示，北京、上海和江苏三地的国际论文数始终保持在全国前三甲行列，成为中国国际论文产出的主力军；此外，陕西、浙江、湖北、广东、辽宁、山东、四川、湖南和黑龙江 9 省的国际论文数也都达到了万篇以上，其科研实力不容小觑。

（2）近 3 年国际论文数增长较快的地区

科技论文数量的增长率可以反映该地区科技发展的活跃程度。2009—2011 年各地区的国际科技论文数都有不同程度的增长。我们可以把增长较快的地区分为两个部分。第一部分，论文基数较大的地区，这些地区的论文增长绝对值相对较大，但由于基数较大，所以要保持高增长率是十分不易的，例如重庆等。第二部分，论文基数较小的地区，因而有较大的增长空间，例如宁夏、西藏、海南、内蒙古和新疆等地，这些地区的科研水平不是很高，但是具有很大的发展潜力（图 4-1 和表 4-2）。

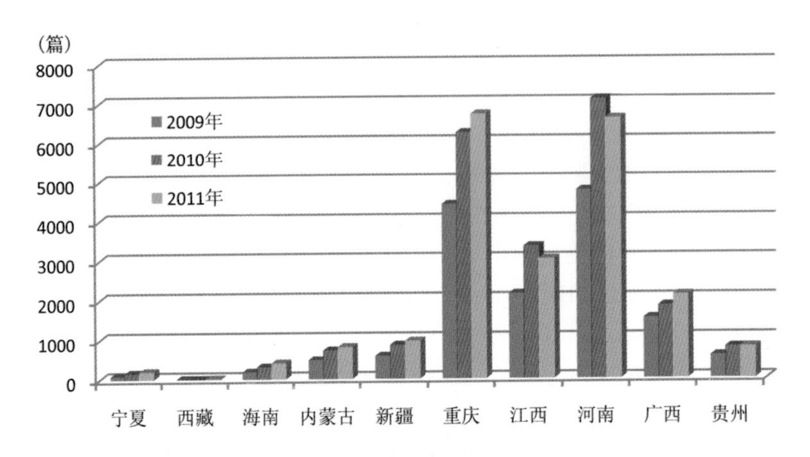

图 4-1 2009—2011 年 3 年间国际论文数增长较快的 10 个地区论文数对比

表 4-2 2009—2011 年 3 年间国际论文数增长较快的 10 个地区的论文情况

地区	国际科技论文数（篇）			年均增长率（%）
	2009 年	2010 年	2011 年	
宁夏	81	155	193	54.36
西藏	8	8	18	50.00
海南	183	309	407	49.13
内蒙古	481	732	813	30.01
新疆	586	865	966	28.39
重庆	4423	6257	6726	23.32
江西	2152	3351	3033	18.72
河南	4774	7107	6613	17.70
广西	1535	1847	2113	17.33
贵州	581	799	798	17.20

注：“国际科技论文数”指 SCI、Ei 和 CPCI-S 三大检索系统收录的我国科技人员发表的论文数之和。

年均增长率=（$\sqrt{\frac{2011年国际科技论文数}{2009年国际科技论文数}}-1$）×100%

（3）国际论文高影响力地区

论文被他人引用数量的多少是表明论文影响力的重要指标。一个地区的论文被引数量不仅可以反映该地区论文的受关注程度，同时也是该地区科学研究活跃度和影响力的重要指标。2011 年度国际论文被引篇数较多的 10 个地区的论文被引频次都超过了 1 万次，见表 4-3。其中北京的国际论文被引频次出现新高，超过了 11 万次，以绝对优势位于首位，稳居全国科研活动的中心地位。

表 4-3　2011 年国际论文被引用篇数与次数较多的 10 个地区

地区	论文被引用篇数		被引用次数	被引用次数/国际论文数	影响力排名
	数量（篇）	排名			
北京	33358	1	112480	3.37	3
上海	19885	2	66166	3.33	4
江苏	13975	3	42071	3.01	7
浙江	9100	4	26126	2.87	8
湖北	8869	5	27252	3.07	6
广东	7783	6	24378	3.13	5
辽宁	6784	7	23197	3.42	2
山东	6625	8	18572	2.80	9
吉林	5974	9	23418	3.92	1
陕西	5930	10	14438	2.43	10

各个地区的国际论文被引用次数与该地区国际论文总数的比值是衡量一个地区国际论文质量的重要指标之一。该值消除了论文数量对各个地区的影响，篇均被引值可以反映出各地区论文的平均影响力。从论文的国际化影响力来看，各省的排名顺序依次是吉林、辽宁、北京、上海、广东、湖北、江苏、浙江、山东和陕西。吉林和辽宁两省的国际论文总量虽然较少但被引频次却很高，说明这两个省份的国际论文质量、科技水平等都得到了国际同行的认可，并为中国科技论文国际化做出了较大贡献。

4.3.2　国内论文产出分析

（1）国内论文数较多的地区

据 CSTPCD 统计，2011 年共发表以我国作者为第一作者的论文共 53.00 万篇，与 2010 年相比减少了 0.1%。进入国内论文数排名前 10 位的地区与 2010 年数据相比也出现较大变化。其中最引人注目的是前 10 位中出现了新成员——河南省，其 2011 年的国内论文数超过了 2.11 万篇，并且增长率在这 10 个地区中也是最高的，达到了 3.34%。除去论文数排名前 4 位的地区和四川省位次保持不变外，其他各省的具体位次均发生了一些微妙变化。例如，陕西和浙江、山东和湖北的位次都发生了互换，见表 4-4。从国际论文数的增长率来看，除了新晋榜单的河南省，以及江苏省与陕西省 2011 年国内论文数保持增长外，榜单中的其他省份的论文数都出现了不同程度的下滑。

表 4-4　2011 年中国国内论文数居前 10 位的地区

排名	地区	论文数（篇）	增长率（%）
1	北京	68281	−0.44
2	江苏	49769	2.55
3	广东	36271	−4.03
4	上海	31803	−3.67

排名	地区	论文数（篇）	增长率（%）
5	陕西	27165	1.86
6	浙江	26237	−2.35
7	湖北	25139	−0.01
8	山东	24663	−4.00
9	四川	21537	−2.24
10	河南	21119	3.34

（2）近 3 年国内论文数增长较快的地区

科技论文数量的增长率可以反映该地区科技发展的活跃程度。2009—2011 年各地区的国内科技论文数都有不同程度的增长。同上文，我们可以把增长较快的地区分为两个部分。第一部分，论文基数较大的地区，这些地区的论文增长绝对值相对较大，但由于基数较大，所以要保持高增长率是十分不易的，例如福建等。第二部分，论文基数较小的地区，因而有较大的增长空间，例如宁夏、西藏和新疆等地，这些地区的科研水平不是很高，但是具有很大的发展潜力（表 4–5）。

表 4–5　2009—2011 年 3 年间国内论文数增长较快的 10 个地区的论文情况

地区	国内科技论文数（篇）			三年平均增长率（%）
	2009 年	2010 年	2011 年	
宁夏	1365	1862	2065	23.00
西藏	190	225	246	13.79
新疆	5688	6632	7038	11.24
山西	6757	7829	7735	6.99
贵州	4946	5044	5501	5.46
甘肃	7856	8631	8669	5.05
云南	7101	7515	7828	4.99
内蒙古	3214	3303	3497	4.31
海南	2726	2816	2946	3.96
福建	9075	9274	9622	2.97

此外，通过与 3 年间国际论文数增长较快的前 10 位地区相比发现，国内论文数 3 年平均增长较快的地区也可大致分为两个部分。第一部分，包括宁夏、西藏、新疆、内蒙古和海南，这 5 省（自治区）不仅国际论文总数 3 年平均增长率位居全国前 10 位，而且国内论文总数 3 年平均增长率亦是如此。这表明，3 年间，这些地区的科研产出水平和科研产出质量都取得了快速的发展。第二部分，包括山西、贵州、甘肃、云南和福建，这 5 省的国内论文总数 3 年平均增长率也大多保持了较高水平，这也是值得肯定的。

（3）国内论文高影响力地区

论文被他人引用数量的多少是表明论文影响力的重要指标。一篇论文的被引用次数可以直接反映出该论文的被关注程度。一个地区的论文被引数量不仅可以反映该地区论文的受关注程度，同时也是该地区科学研究活跃度和影响力的重要指标。我们用一个地区的论文被引用次数来反映该地区论文的影响力大小，说明该地区论文产出环境的适宜度、论文质量和水平的高低等状况。

在表 4–6 中，按国内论文的被引用次数排列出的前 10 个地区，与 2010 的排序基本相同，只是被引次数均有所增加，这表明国内各地区论文的被引用情况也是平稳增加的。2011 年度国内论文被引篇数较多的 10 个地区的论文被引频次都超过了 6 万次。其中北京的国内论文被引频次出现新高，超过了 32 万次，以绝对优势位于首位，稳坐中国科研活动的中心地位。另外，江苏、上海和广东的国内论文被引用次数也都超过了 10 万次。

表 4–6　2011 年国内论文被引用次数较多的 10 个地区

排名	地区	被引用次数	被引用次数/国内论文数	影响力排名
1	北京	326964	4.79	1
2	江苏	150929	3.03	10
3	上海	119345	3.75	2
4	广东	118693	3.27	4
5	湖北	85322	3.39	3
6	陕西	84289	3.10	6
7	浙江	80222	3.06	8
8	山东	79613	3.23	5
9	四川	65811	3.06	9
10	辽宁	62772	3.07	7

各个地区的国内论文被引用次数与该地区国内论文总数的比值是衡量一个地区国内论文质量的重要指标之一。该值消除了论文数量对各个地区的影响，篇均被引值可以反映出各地区论文的平均影响力。从国内论文的影响力来看，各省的排名顺序依次是北京、上海、湖北、广东、山东、陕西、辽宁、浙江、四川和江苏。湖北和山东两省的国内论文总量虽然较少但被引频次却很高，说明这两个省份的国内论文质量、科技水平等都得到了同行的认可。

4.3.3　各地区 R&D 经费投入产出分析

据国家统计局全国科技经费投入统计公报中定义研究与试验发展（R&D）经费是指该统计年度内全社会实际用于基础研究、应用研究和试验发展的经费。包括实际用于研究与试验发展活动的人员劳务费、原材料费、固定资产购建费、管理费及其他费用支出。基础研究指为了获得关于现象和可观察事实的基本原理的新知识（揭示客观事物的本质、运动规律，获得新发展、新学说）而进行的实验性或理论性研究，它不以任何专门或特定的应用或使用为目的。应用研究指为了确定基础研究成果可能的用途，或是为达到预定的目标探索应采取的新方法（原理性）或新途径而进行的创造性研究。应用研究主要针对某一特定的目的或目标。试验发展指利用从基础研究、应用研究和实际经验所获得的现有知识，为产生新的产品、材料和装置，建立新的工艺、系统和服务，以及对已产生和建立的上述各项作实质性的改进而进行的系统性工作。

2010 年，我国共投入 R&D 经费 7062.6 亿元，比上年增加 1260.5 亿元，增长 21.7%；R&D 经费投入强度（与国内生产总值之比）为 1.76%，比上年的 1.70%有所提高。按 R&D 人员（全时工作量）计算的人均经费为 27.7 万元，比上年增加 2.3 万元。其中用于基础研究的经费投入为 324.5 亿元，比上年增长 20.1%；应用研究经费 893.8 亿元，比上年增长 22.3%；试验发展经费 5844.3 亿元，比上年增长 21.7%。其中代表原创性研究的基础研究和应用研究经费所占比重为 17.2%，连续 3 年保持稳定。

从地区分布看，R&D 经费超过 300 亿元的有江苏、北京、广东、山东、浙江和上海 6 个省（市），共投入经费 4136.5 亿元，占全国经费投入总量的 58.6%。R&D 经费投入强度（与地区生产总值之比）达到或超过全国水平的有北京、上海、天津、陕西、江苏、浙江和广东 7 个省（市）。

科学研究与试验发展（R&D）经费投入可以作为评价国家或地区科技投入、规模和强度的指标，同时科技论文和专利又是 R&D 产出的两大组成部分。充足的 R&D 经费投入可以为地区未来几年科技论文产出、发明专利活动提供良好的经费保障。

从 2009—2010 年 R&D 经费与 2011 年的科技论文和专利授权情况看（表 4-7），经费投入量较大的江苏、北京、广东、山东、上海、浙江等地，论文产出和专利授权数较多。2009—2010 年江苏省在 R&D 经费投入方面超过北京市成为新晋的全国第一，其国际与国内论文发表总数和国内发明专利授权数分别位居全国各省市排名中第 2、3 位。而北京市在经费投入和论文产出方面虽然稍稍落后江苏省位列全国第 2 位，但其国际与国内论文发表总数则位居第 1 位，而国内发明专利授权数也是全国各省市排名中的第 2 位。此外，广东省国内发明专利授权数最多，仍然位列全国第 1 位，这也反映了该省专利意识的领先和专利活动的蓬勃发展。

表 4-7 2011 年各地区论文数、专利数与 R&D 经费比较

地区	国际国内论文总数		国内发明专利授权数		R&D 经费投入（亿元）			
					2009 年	2010 年	2009—2010 年合计	
	数量（篇）	排名	数量（件）	排名			经费	排名
北京	125848	1	15880	2	668.6	821.8	1490.4	2
天津	20851	16	2528	12	178.5	229.6	408.1	10
河北	23482	14	1469	18	134.8	155.4	290.2	16
山西	10480	22	1114	20	80.9	89.9	170.8	19
内蒙古	4302	27	364	26	52.1	63.7	115.8	22
辽宁	34617	9	3164	8	232.4	287.5	519.9	7
吉林	17923	18	1202	19	81.4	75.8	157.2	21
黑龙江	24991	13	1953	15	109.2	123	232.2	17

地区	国际国内论文总数		国内发明专利授权数		R&D 经费投入（亿元）			
					2009 年	2010 年	2009—2010 年合计	
	数量（篇）	排名	数量（件）	排名			经费	排名
上海	59817	3	9160	4	423.4	481.7	905.1	5
江苏	78222	2	11043	3	702.0	857.9	1559.9	1
浙江	42596	6	9135	5	398.8	494.2	893.0	6
安徽	21881	15	2026	14	136.0	163.7	299.7	15
福建	14665	19	1945	16	135.4	170.9	306.3	14
江西	9840	24	679	22	75.9	87.2	163.1	20
山东	37736	8	5856	6	519.6	672	1191.6	4
河南	27673	12	2462	13	174.8	211.2	386.0	12
湖北	40957	7	3160	9	213.4	264.1	477.5	9
湖南	30473	11	2606	11	153.5	186.6	340.1	13
广东	50472	4	18242	1	653.0	808.7	1461.7	3
广西	12486	21	634	23	47.2	62.9	110.1	23
海南	3348	28	272	28	5.8	7	12.8	30
重庆	20498	17	1865	17	79.5	100.3	179.8	18
四川	33991	10	3270	7	214.5	264.3	478.8	8
贵州	6284	26	596	24	26.4	30	56.4	26
云南	10166	23	1006	21	37.2	44.2	81.4	24
西藏	266	31	27	31	1.4	1.5	2.9	31
陕西	44661	5	3139	10	189.5	217.5	407.0	11
甘肃	13169	20	552	25	37.3	41.9	79.2	25
青海	1416	30	70	30	7.6	9.9	17.5	29
宁夏	2245	29	103	29	10.4	11.5	21.9	28
新疆	7973	25	302	27	21.8	26.7	48.5	27

注：“国际论文”指 SCI、Ei 和 CPCI-S 三个检索系统收录的我国科技人员发表的论文数之和。
“国内论文”指中国科技信息技术研究所研制的“中国科技论文与引文数据库（CSTPCD）”收录的论文。
此表专利数据来源：2011 年国家知识产权局统计数据。
R&D 经费数据来源：2009 年、2010 年全国科技经费投入统计公报。

图 4-2 为 2011 年我国各地区的 R&D 经费投入及论文和专利产出情况。从图 4-2 不难看出，目前我国各地区的论文产出水平和专利产出水平仍很不平衡，存在较大差距。论文总数显著高过发明专利数，反映出专利产出能力依旧薄弱的状况。加强中国专利的生产能力是值得我们重视的问题。此外，一些省市 R&D 经费投入虽然不是很大，但相对的科技产出量还是比较大的，如陕西、湖北这两个地区的投入量分别排在第 11 位与第 9 位，论文和专利产出分别排在第 5 位、第 10 位和第 7 位、第 9 位，与投入相当。

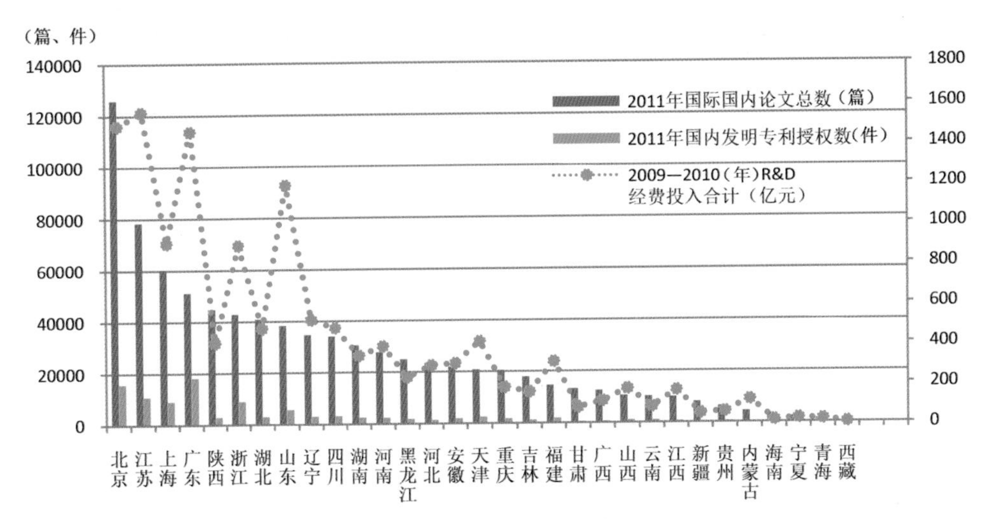

图 4-2 2011 年各地区的 R&D 经费投入及论文与专利产出情况

4.3.4 各地区科研产出结构分析

（1）国际国内论文比

国际国内论文比是某地区当年的国际论文总数除以该地区的国内论文数，该比值能在一定程度上反映该地区的国际交流能力以及影响力。

2011 年中国国际国内论文比居前 10 位的地区大部分与 2010 年相同，如表 4-8 所示。总体上，这 10 个地区的国际论文产量在所有科技论文中的比重越来越大。其中，与 2010 年中国国际国内论文比前 10 位地区不同的是，前 10 位排名中出现了新成员——湖南省，其 2011 年的国际国内论文比为 0.63，与湖北省相同，排名第 7 位。

表 4-8 2011 年中国国际国内论文比居前 10 位的地区

地区	国际国内论文比	排名	地区	国际国内论文比	排名
吉林	0.94	1	陕西	0.64	6
上海	0.88	2	湖南	0.63	7
北京	0.84	3	湖北	0.63	7
黑龙江	0.84	4	浙江	0.62	9
辽宁	0.69	5	天津	0.62	10

（2）国际权威期刊载文分析

Nature、Science 和 Cell 上是国际公认的三个享有最高学术声誉的科技期刊。发表在这三大名刊上的论文，基本上都是经过世界范围内知名专家层层审读、反复修改而成的高质量、高水平的论文。2011 年以上三种期刊共刊登论文 5894 篇，其中中国论文为 141 篇，排在世界第 10 位，论文数减少了 4 篇，比 2010 年下降了 1 位。

按第一作者地址统计，2011 年中国第一作者在三大名刊上发表的论文（文献类型只统计了 Article 和 Review）共 34 篇，其中在 Nature 上发表 18 篇，Science 上发表 14 篇，Cell 上发表 3 篇。这 34 篇论文的第一作者单位共 21 个，分属 10 个不同省份。

从表 4-9 中可以看出，北京和上海依然是我国高水准国际论文的主要产出地，它们几乎囊括了超过 60%的中国第一作者发表在国际三大名刊的论文。此外，辽宁 2011 年的国际论文总数虽然只排在全国的第 8 位，但其三大名刊论文发表数却排在全国前列，其表现令人刮目相看。

表 4-9 2011 年中国内地第一作者发表在三大名刊上的论文地区分布

地区	机构总数	论文总数	地区	机构总数	论文总数
北京	7	14	广东	1	1
上海	3	7	湖北	1	1
辽宁	3	4	山东	1	1
江苏	1	2	天津	1	1
陕西	2	2	浙江	1	1

注：“机构总数”指在 Nature、Science 和 Cell 上发表论文的第一作者单位属于该地区的机构总数。

（3）中国百种杰出学术期刊地区分布

中国科学技术信息研究所每年出版的《中国科技期刊引证报告（核心版）》定期公布中国科技论文与引文数据库收录的中国科技论文统计源期刊的二十余个科学计量指标。1999 年开始，以此指标为基础，研制了中国科技期刊综合评价指标体系。采用层次分析法，由专家打分确定了重要指标的权重，并分学科对每种期刊进行综合评定。2002 年公布了第一届中国百种杰出学术期刊名单，自此以后，连续每年公布中国百种杰出学术期刊。百种杰出期刊的选取以学科分类为基础，按学科内期刊数量分配比例。学科期刊数量占中国科技核心期刊比例为 3.5%以上的学科，每个学科选取 4 种期刊，其比例为 3%～5%的学科，每个学科选取 3 种期刊，其比例为 1.75%～3%的学科，选取 2 种期刊，其他每个学科选取 1 种期刊。

表 4-10 统计了 2011 年中国百种杰出学术期刊的地区分布情况。可以看出，北京共有 59 个，几乎占总数的 60%；上海共有 8 个，占总体的 8%；其余各省份大都只有 2～5 个。

通过对比 2009—2010 年全国各省的 R&D 经费投入（表 4-7）情况发现，2009—2010 年 R&D 经费投入最多的 10 个省份，也基本都获有百种杰出学术期刊称号。但陕西 2009—2010 年 R&D 经费投入 407.0 亿元，与第 10 位的天津相差无几，排在第 11 位，却有 3 种期刊获得 2011 中国百种杰出期刊称号。此外，重庆 2009—2010 年 R&D 经费投入未超过 200 亿元，仅排在全国的第 18 位，仍有 2 种期刊获得 2011 中国百种杰出学术期刊称号。

表 4-10 2011 年中国百种杰出学术期刊地区分布

地区	百种杰出学术期刊数	排名	地区	百种杰出学术期刊数	排名
北京	59	1	湖北	3	6
上海	8	2	广东	3	7
江苏	5	3	四川	3	8
天津	4	4	陕西	3	9
辽宁	4	5	重庆	2	10

4.4 讨论

2011 年中国科技人员共发表国际论文 345995 篇。北京、江苏、上海、陕西、浙江、湖北、广东、辽宁、山东和四川省仍为我国的国际论文高产地区，情况与 2010 年相同，但具体位次发生了微妙变化。上海与江苏、湖北与浙江、辽宁与广东的位次分别发生互换。宁夏、西藏、海南、内蒙古和新疆各省（自治区）3 年间国际论文总数平均增长率位居全国前列，重庆在论文基数较大的情况下仍保持了较高的增长率，这些地区是 2011 年国际论文快速发展地区。吉林和辽宁两省的国际论文总量虽然较少，但被引频次却很高，为中国科技论文国际化做出了较大贡献。

2011 年中国科技人员共发表国内论文 530087 篇。北京、江苏、广东、上海、陕西、浙江、湖北、山东、四川和河南为我国的国内论文高产地区，情况与 2010 年略有不同，出现了新成员——河南省。此外，上海与江苏、湖北与浙江、辽宁与广东的位次分别发生互换。宁夏、西藏、新疆、内蒙古和海南各省（自治区）3 年间国内论文总数平均增长率亦位居全国前列，是 2011 年国内论文快速发展地区。2011 年国内论文被引篇数较多的 10 个地区的论文被引频次都超过了 6 万次。北京的国内论文被引频次最高，超过了 32 万次。国内论文影响力前 10 位的地区排序依次为：北京、上海、湖北、广东、山东、陕西、辽宁、浙江、四川和江苏。

2009—2010 年 R&D 经费投入量较大的有江苏、北京、广东、山东、上海、浙江等地，其 2011 年的科技论文和专利授权数也较多。其中，江苏 2009—2010 年 R&D 经费投入最多，北京国际与国内论文发表总数最多，广东国内发明专利授权数最多。

国际论文产量在所有科技论文中的比重越来越大。2011 年中国第一作者在三大名刊上发表的论文共 34 篇，分属 10 个不同省份或直辖市。其中北京和上海的三大名刊论文数最多，北京的百种杰出学术期刊几乎占总体的 60%。2009—2010 年 R&D 经费投入最多的 10 个省份中有 8 个也获有 2011 年中国百种杰出学术期刊称号。

参考文献

[1] 中国科学技术信息研究所. 2010 年度中国科技论文统计与分析（年度研究报告）[M].北京：科学技术文献出版社, 2012

[2] 中国科学技术信息研究所. 2009 年度中国科技论文统计与分析（年度研究报告）[M].北京：科学技术文献出版社, 2011

[3] 中华人民共和国科学技术部. http: //www.most.gov.cn/kjbgz/201109/t20110927_89857.htm

5 中国科技论文机构分布情况分析

5.1 引言

本章基于国际上 3 个重要检索系统（SCI、Ei、CPCI-S）和中国科技论文与引文数据库（CSTPCD）收录第一作者单位为中国内地的 835100 篇论文，首先简要描述下 2011 年四大检索系统收录中国科技论文的概况，然后对 2011 年四大检索系统收录中国科技论文的机构分布情况进行分析，并与 2010 年四大检索系统收录中国科技论文的机构分布情况进行横向比较。

5.2 数据和方法

5.2.1 中国内地 SCI 和 CPCI-S 论文数据的获取与分析方法

首先从 ISI 的 SCIE（Science Citation Index Expanded）和 CPCI-S（原称为 ISTP）数据库中分别下载中国在 2011 年发表的 SCI 和 CPCI-S 论文数据；然后利用自编的程序分离出所有论文作者单位数据中的第一作者单位，并将所有第一作者单位翻译成中文，标上单位代码、单位类型代码（比如高等院校标 H），以及单位所在的地区代码；最后基于处理好的 SCI 和 CPCI-S 论文数据，我们根据单位所在地区代码和文献类型统计出 2011 年第一作者单位为中国内地的 SCI 论文 137021 篇（指 Article 和 Review 两类文献）和 CPCI-S 论文 50435 篇，基于这些数据，我们根据标识的单位类型代码统计出 2011 年中国四大类机构（包括高等院校、研究机构、医疗机构和企业）所发 SCI 论文和 CPCI-S 论文的机构分布情况，并与 2010 年中国四大类机构 SCI 论文和 CPCI-S 论文的分布情况进行比较分析。2010 年中国四大类机构 SCI 论文和 CPCI-S 论文的分布情况来自《2010 年度中国科技论文统计与分析（年度研究报告）》。

5.2.2 中国内地 Ei 论文数据的获取与分析方法

首先从 Ei 工程索引数据库中下载中国在 2011 年发表的 Ei 论文数据；然后利用自编的程序分离出所有论文作者单位数据中的第一作者单位，并将所有第一作者单位翻译成中文，标上单位代码、单位类型代码，以及单位所在的地区代码；最后基于处理好的 Ei 数据，根据单位所在地区代码统计出 2011 年第一作者单位为中国内地的 Ei 论文 116343 篇，基于这 116343 篇 Ei 论文和标识的单位类型代码，统计出 2011 年中国四大类机构所发 Ei 论文的机构分布情况，并与 2010 年中国四类机构 Ei 论文的分布情况进行比较分析。

5.2.3 中国内地CSTPCD论文数据的获取与分析方法

首先从中国科技论文与引文数据库（CSTPCD）中下载中国作者2011年发表的论文数据，然后将第一作者单位分离出来，并标上单位代码、单位类型代码和单位所在地区代码；最后基于处理好的CSTPCD论文数据，根据单位所在地区代码统计出2011年第一作者单位为中国内地的CSTPCD论文530000篇，基于这530000篇CSTPCD论文和标识的单位类型代码，统计出2011年中国四大类机构所发CSTPCD论文的分布情况，并与2010年中国四大类机构CSTPCD论文的分布情况进行比较分析。

5.3 研究分析和结论

5.3.1 2010年和2011年SCIE收录中国科技论文的机构分布情况

2010年和2011年SCIE收录中国科技论文的机构分布情况如表5-1所示。其中2010年的论文数据是基于Article、Review、Letter、Editorial Material四类文献进行统计的，而2011年的数据是基于Article和Review两类文献进行统计的。高等院校的论文数包括其附属医院发表的论文，研究机构的数据不仅包括其附属医院的数据，也包含企业类研究机构的论文数。

表5-1 2010年和2011年SCIE收录中国科技论文的机构分布情况

机构类型	2010年		2011年		增长率（%）
	论文数（篇）	份额（%）	论文数（篇）	份额（%）	
高等院校	100772	82.9	113481	83.17	12.62
研究机构	18941	15.6	20685	15.16	9.21
医疗机构	1340	1.1	1687	1.24	25.90
企业	342	0.2	433	0.32	26.61
其他	135	0.1	159	0.12	17.78
总计	121530	100.0	136445	100.00	12.75

从表5-1可以看出：（1）2011年中国共发表了136445万篇SCIE论文，与2010年发表的121530篇SCIE论文相比，增加了14915篇，增长率达到12.28%。（2）在2011年中国内地发表的136445篇SCIE论文中，高等院校仍然是中国高水平科技论文的主要贡献者，发表了113481篇，占总量的83.17%，比去年的100772篇多出了12709篇，增长率达到12.62%，占总量的份额比2010年的82.9%相差不大。（3）除了高等院校的重大贡献外，研究机构也是中国高水平科技论文产出的主力军，2011年产出了20685篇SCIE论文，占总量的15.16%，位列第2位，比2010年发表的18941篇，增加了1744篇，增长率为9.21%。（4）尽管高等院校和研究机构是中国高水平科技论文产出的主要贡献者，但医疗机构和企业的论文贡献也在快速增长，2011年医疗机构和企业分别发表了1687篇和433篇SCIE论文，与2010年两类机构发表的1340篇和342篇SCIE论文相比，分别增加了347篇和91篇，增长率分别达到25.90%和26.61%。

5.3.2　2010 年和 2011 年 CPCI-S 收录中国科技论文的机构分布情况

2011 年 CPCI–S 共收录第一作者单位为中国的会议论文 5.04 万篇，论文的机构分布情况及其与 2010 年所发论文机构分布情况的比较结果如表 5–2 所示。

表 5-2　2010 年和 2011 年 CPCI-S 收录中国科技论文的机构分布情况

机构类型	2010 年		2011 年		增长率（%）
	论文数（篇）	份额（%）	论文数（篇）	份额（%）	
高等院校	78233	90.2	45042	89.31	–42.43
研究机构	6020	6.9	3991	7.91	–33.70
医疗机构	771	0.9	408	0.81	–47.08
企业	1313	1.5	538	1.07	–59.03
其他	340	0.4	456	0.90	34.12
总计	86677	100.0	50435	100.00	–41.81

从表 5–2 可以看出：（1）2011 年 CPCI–S 收录第一作者单位为中国的论文数量与 2010 年收录的论文数量相比，大幅下降。比如：2011 年 CPCI–S 共收录中国的会议论文 50435 万篇，与 2010 年收录的 86677 篇相比，下降了 41.81%。我们认为出现严重下降的原因可能是：国内举办的很多国际会议录用门槛低、收录数量大、稿件质量低和会议费过高，导致一些高等院校不鼓励发表会议论文，另外也可能与 CPCI–S 滞后收录一些会议论文有关。然而，不可否认的是，会议仍然是学术交流的主要渠道，学术交流是开阔学术视野，提升学术水平的重要途径。（2）2011 年中国高等院校发表了 45042 篇 CPCI–S 论文，占总量 89.31%，仍然是最高的，与 2010 年收录的 78233 篇相比，减少了 42.43%，但占总量的份额相差不大。（3）研究机构 2011 年发表了 3900 多篇 CPCI–S 论文，占总量的 7.91%，比 2010 年收录的论文数量减少了 33.7%。（4）2011 年 CPCI–S 数据库收录医疗机构和企业论文数分别为 408 篇和 538 篇，分别占总量 0.81%和 1.07%，论文数量比 2010 年分别减少 47.08%和 59.03%。

5.3.3　2010 年和 2011 年 Ei 收录中国科技论文的机构分布情况

2011 年 Ei 收录第一作者单位为中国的论文 116343 篇，论文的机构分布情况及其与 2010 年中国作者发表的 Ei 论文机构分布情况的比较结果如表 5–3 所示。

表 5-3　2010 年和 2011 年 Ei 收录中国科技论文的机构分布情况

机构类型	2010 年		2011 年		增长率（%）
	论文数（篇）	份额（%）	论文数（篇）	份额（%）	
高等院校	96416	86.08	101459	87.21	5.23
研究机构	13072	11.67	13757	11.82	5.24
医疗机构	74	0.07	74	0.06	0.00

机构类型	2010年		2011年		增长率（%）
	论文数（篇）	份额（%）	论文数（篇）	份额（%）	
企业	2197	1.96	718	0.62	-67.32
其他	251	0.22	335	0.29	33.47
总计	112010	100.00	116343	100.00	3.87

从表5-3可以看出：（1）2011年Ei收录中国第一作者论文116343篇，比2010年收录的112010篇，增加了4333篇，增长率为3.87%。（2）2011年四大类机构发表的Ei论文数量，与2010年四大类机构发表的论文数量相比，高等院校和研究机构都有所增长，医疗机构保持未变，而企业下降较多。如：2011年，高等院校和研究机构分别发表了101459篇和13757篇论文，与2010年发表的96416篇和13072篇论文相比，分别增加了5043篇和685篇，增长率分别为5.23%和5.24%。医疗机构2011年和2010年发表的Ei论文数量一样，都为74篇，企业2011年发表了718篇论文，与2010年的2197篇相比，减少了1479篇，下降幅度为67.32%。（3）从四大类机构所发Ei论文占总量的份额来看，高等院所仍是2011年中国Ei论文总量的最主要贡献者，占87.21%的份额，与2010年一样，位居第1位，份额比去年略有增加。研究机构以11.82%的份额位居第2位，与2010年排名一致，份额比2010年略有增加。医疗机构所发Ei论文数量占总量的份额为0.06%，比2010年略有减少，仍是对中国Ei论文总量贡献最少的机构类别。企业的Ei论文数量占总量份额的0.62%，与2010年的1.96%相比下降很多，但按份额排名，仍与2010年的排名一致，位居第3位。

5.3.4 2010年和2011年CSTPCD收录中国科技论文的机构分布情况

2011年CSTPCD收录中国1998种科技期刊发表的中国作者为第一作者的论文530087篇，论文的机构分布情况与2010年中国作者发表的CSTPCD论文机构分布情况的比较结果如表5-4所示。

表5-4 2010和2011年CSTPCD收录中国科技论文的机构分布情况

机构类型	2010年		2011年		增长率（%）
	论文数（篇）	份额（%）	论文数（篇）	份额（%）	
高等院校	343027	64.6	335907	63.4	-2.08
研究机构	57022	10.7	58160	11.0	2.00
医疗机构	89372	16.8	91793	17.3	2.71
企业	19925	3.8	21164	4.0	6.22
其他	21289	4.0	23063	4.3	7.92
总计	530635	100.0	530087	100.0	-0.12

从表5-4可以看出：（1）2011年CSTPCD收录中国1998种科技期刊发表的中国作者为第一作者的论文530087篇，比2010年收录的530635篇，减少了548篇，下降了

0.11%。（2）2011 年四大类机构发表的 CSTPCD 论文数量，与 2010 年四大类机构发表的论文数量相比，2011 年只有高等院校发表的论文数量略有下降，其他类机构发表的论文数量都有所增加。2011 年，高等院校发表了 335907 篇论文，与 2010 年发表的 343027 篇论文相比，减少了 7120 篇，下降率为 2.08%，尽管如此，高等院校仍然是中国 CSTPCD 论文的主要贡献者。研究机构 2011 年发表了 58160 篇，比 2010 年发表的 57022 篇论文相比，增加了 1138 篇，论文数量占总量的 11%，对中国 CSTPCD 论文总量的贡献略低于医疗机构的贡献，排在第 3 位。（3）医疗机构 2011 年发表了 91793 篇 CSTPCD 论文，比 2010 年发表的 89372 万篇增加了 2421 篇，增长 2.71%。企业 2011 年发表了 21164 篇 CSTPCD 论文，与 2010 年发表的 19925 篇相比，增加 1239 篇，增长 6.22%，是四大类机构中增长最快的，不过占 CSTPCD 论文总量的份额仍然是最小的。

5.3.5 各检索系统中的机构论文分布情况

5.3.5.1 高等院校

（1）高等院校在 SCI 中的机构论文分布情况

2011 年，我国有 807 所高等院校在 SCI 源期刊上发表论文 113481 篇。发表论文 1～2 篇的高等院校数量为 155 所，占有论文发表高等院校总数的 19.21%；发表论文数量为 1～50 篇的高等院校有 540 所，占有论文发表高等院校总数的 66.91%；发表 50 篇以上（不含 50 篇）论文的高等院校数量为 267 所，占有论文发表高等院校总数的 33.09%；发表论文数量 100 篇以上（含 100 篇）的高等院校 189 所，占有论文发表高等院校总数的 23.42%。2011 年发表 SCI 论文数量居前 10 位的高等院校发文情况及其与 2010 年发文情况的比较如表 5-5 所示。

表 5-5 2011 年发表 SCI 论文数量居前 10 位的高等院校发文情况及其与 2010 年发文情况的比较

单位名称	2010 年		2011 年		增长率（%）
	论文数（篇）	排名	论文数（篇）	排名	
浙江大学	3928	1	4221	1	7.46
上海交通大学	3258	2	3515	2	7.89
清华大学	2897	3	3064	3	5.76
北京大学	2821	4	2763	4	-2.06
四川大学	2355	5	2448	5	3.95
复旦大学	2299	6	2392	6	4.05
中山大学	1778	11	2071	7	16.48
山东大学	1824	10	2067	8	13.32
华中科技大学	1864	9	2039	9	9.39
南京大学	1937	7	2025	10	4.54

从表 5-5 可以看出：2011 年 SCI 论文量居前 10 位的高等院校基本上都是综合类的院校，其中浙江大学、上海交通大学、清华大学、北京大学、四川大学和复旦大学这

6所院校在2010年和2011年一直保持前6位的位置，排名位次没有变化，与2010年相比，除了北京大学减少2.06%外，其他5所院校的论文数都有所增长，增长率分别为7.46%、7.89%、5.76%、3.95%和4.05%。与2010年相比，中山大学和山东大学2011年SCI论文数量增长最快，增长率分别为16.48%和13.32%，中山大学的排名也从2010年的第11位上升到第7位，山东大学从2010年的第10位上升到第8位。华中科技大学和南京大学的论文量也有所增长，其中华中科技大学的排名没有变化，南京大学与2010年相比，排名从第7位下降到第10位。

（2）高等院校在CPCI-S中的机构论文分布情况

2011年，我国有870所高等院校发表国际会议论文45042篇。其中发表论文1～2篇的高等院校数量为233所，占有论文发表高等院校总数的26.78%；发表论文数量为1～50篇的高等院校有657所，占有论文发表高等院校总数的75.52%；发表50篇以上（不含50篇）论文的高等院校数量为213所，占有论文发表高等院校总数的24.48%；发表论文数量100篇以上（含100篇）的高等院校119所，占有论文发表高等院校总数的13.68%。2011年发表CPCI-S论文量居前10位的高等院校发文情况及其与2010年发文情况的比较如表5-6所示。

表5-6 2011年发表CPCI-S论文量居前10位的高等院校发文情况及其与2010年发文情况的比较

单位名称	2010年		2011年		增长率（%）
	论文数（篇）	排名	论文数（篇）	排名	
哈尔滨工业大学	1687	2	917	1	-45.64
清华大学	1784	1	822	2	-53.92
浙江大学	1268	6	733	3	-42.19
北京航空航天大学	1208	8	668	4	-44.70
东北大学	1304	4	647	5	-50.38
大连理工大学	755	22	570	6	-24.50
上海交通大学	1176	9	557	7	-52.64
华中科技大学	1108	10	545	8	-50.81
西北工业大学	969	15	510	9	-47.37
同济大学	905	17	502	10	-44.53

从表5-6可以看出：2011年CPCI-S论文量居前10位的高等院校基本上是综合类和偏理工的综合类院校，2011年这些院校的发文数量与2010年的发文数量相比，大幅下降，排名也有很大变化，其中哈尔滨工业大学和清华大学论文数量虽然有很大下降，仍居前两位，不过哈尔滨工业大学从2010年的第2位上升到2011年的第1位，清华大学则相反；浙江大学、北京航空航天大学、大连理工大学、上海交通大学、华中科技大学、西北工业大学和同济大学的CPCI-S论文数量排名分别从2010年的第6位、第8位、第22位、第9位、第10位、第15位和第17位上升到2011年的第3位、第4、第6位、第7位、第8位、第9位和第10位，而东北大学的CPCI-S论文数量排名从2010年的第4位下降到2011年的第5位。

（3）高等院校在 Ei 中的机构论文分布情况

2011 年，我国有 794 所高等院校在 Ei 源期刊上发表论文 101459 篇。其中发表论文 1～2 篇的高等院校数量为 213 所，占有论文发表高等院校总数的 26.83%；发表论文数量为 1～50 篇的高等院校有 574 所，占有论文发表高等院校总数的 72.29%；发表 50 篇以上（不含 50 篇）论文的高等院校数量为 220 所，占有论文发表高等院校总数的 27.71%；发表论文数量 100 篇以上（含 100 篇）的高等院校 149 所，占有论文发表高等院校总数的 18.77%。2011 年发表 Ei 论文量居前 10 位的高等院校发文情况及其与 2010 年发文情况的比较如表 5-7 所示。

表 5-7 2011 年发表 Ei 论文量居前 10 位的高等院校发文情况及其与 2010 年发文情况的比较

单位名称	2010 年		2011 年		增长率（%）
	论文数（篇）	排名	论文数（篇）	排名	
清华大学	3795	1	3562	1	-6.14
浙江大学	3321	3	3325	2	0.12
哈尔滨工业大学	3645	2	3234	3	-11.28
上海交通大学	2756	4	2407	4	-12.66
北京航空航天大学	2073	5	2115	5	2.03
大连理工大学	1954	6	1925	6	-1.48
重庆大学	1688	10	1867	7	10.60
中南大学	1701	9	1856	8	9.11
吉林大学	1612	13	1777	9	10.24
华中科技大学	1597	14	1767	10	10.64

从表 5-7 可以看出：2011 年 Ei 论文量居前 10 位的高等院校基本上是综合类和偏理工的综合类院校，2011 年这些院校的发文数量与 2010 年的发文数量相比，既有增加的，如浙江大学、北京航空航天大学、重庆大学、中南大学、吉林大学和华中科技大学；也有减少的，如清华大学、哈尔滨工业大学、上海交通大学和大连理工大学。从论文量排名看，清华大学、上海交通大学、北京航空航天大学和大连理工大学的排名没有变化外，浙江大学、重庆大学、中南大学、吉林大学和华中科技大学的论文量排名分别从 2010 年的第 3 位、第 10 位、第 9 位、第 13 位和第 14 位上升到 2011 年的第 2 位、第 7 位、第 8 位、第 9 位和第 10 位，仅哈尔滨工业大学一所院校的 2011 年论文量排名与 2010 年相比下降 1 位。

（4）高等院校在 CSTPCD 中的机构论文分布情况

2011 年，我国有 1738 所高等院校在 1998 种国内科技期刊上共发表论文 335907 篇。其中发表论文数 100 篇（含 100 篇）以上的高等院校有 405 所，占总量的 23.3%；论文数 50 篇（不含 50 篇）以上的高等院校有 551 所，占总量的 31.7%；发表论文数量为 1～50 篇的高等院校有 1193 所，占总量的 68.64%；而发表论文数量为 1～2 篇的高等院校有 351 所，占总量的 20.2%。从发表论文数量的分布情况可以看出，大部分高等院校的年论文发表量为1～50篇，发表论文100篇以上的高等院校数量与发表论文1～2篇的高等院校数量相差50所。2011年发表CSTPCD论文量居前10位的高等院校发文情况及其与2010年发文情况的比较如表5-8所示。

表5-8 2011年发表CSTPCD论文量居前10位的高等院校发文情况及其与2010年发文情况的比较

单位名称	2010年		2011年		增长率（%）
	论文数（篇）	排名	论文数（篇）	排名	
上海交通大学	7932	1	7545	1	-4.88
首都医科大学	6163	2	5760	2	-6.54
北京大学	4803	5	4439	3	-7.58
中南大学	5194	3	4363	4	-16.00
中山大学	4397	7	4298	5	-2.25
华中科技大学	4853	4	4132	6	-14.86
四川大学	4147	8	3923	7	-5.40
浙江大学	4406	6	3851	8	-12.60
西北工业大学	3703	10	3676	9	-0.73
同济大学	3965	9	3561	10	-10.19

从表5-8可以看出：2011年CSTPCD论文量居前10位的高等院校中，除了综合类和偏理工的综合类院校外，还有一所医药类院校首都医科大学。与2010年的CSTPCD论文数量相比，这些高等院校2011年发文数量都有所减少，其中中南大学、华中科技大学、浙江大学和同济大学的发文数量下降最多，都超过了10%，分别为16.00%、14.86%、12.60%和10.19%，论文量排名也有所下降，分别从2010年的第3位、第4位、第6位和第9位下降到2011年的第4位、第6位、第8位和第10位。中山大学和西北工业大学的发文数量下降较少，分别为2.25%和0.73%，论文量排名从2010年的第7位和第10位上升到2011年第5位和第9位。上海交通大学和首都医科大学的论文量排名没有变化，保持在前两名。

5.3.5.2 研究机构

（1）研究机构在SCI中的机构论文分布情况

2011年，我国有303所研究机构的20685篇论文被SCI数据库收录。其中发表论文1～2篇的研究机构数量为53所，占有论文发表研究机构总数的17.49%；发表论文数量为1～50篇的研究机构有195所，占有论文发表研究机构总数的64.36%；发表50篇以上（不含50篇）论文的研究机构数量为108所，占有论文发表研究机构总数的35.64%；发表论文数量100篇以上（包括100篇）的研究机构60所，占有论文发表研究机构总数的19.8%。2011年发表SCI论文量居前10位的研究机构发文情况及其与2010年发文情况的比较如表5-9所示。

表 5-9 2011 年发表 SCI 论文量居前 10 位的研究机构发文情况及其与 2010 年发文情况的比较

单位名称	2010 年		2011 年		增长率（%）
	论文数（篇）	排名	论文数（篇）	排名	
中国科学院化学研究所	651	1	734	1	12.75
中国科学院长春应用化学研究所	581	2	694	2	19.45
中国科学院合肥物质科学研究院	375	7	497	3	32.53
中国科学院大连化学物理研究所	483	3	463	4	-4.14
中国科学院物理研究所	481	4	430	5	-10.60
中国科学院金属研究所	444	5	404	6	-9.01
中国工程物理研究院	378	6	391	7	3.44
中国科学院上海硅酸盐研究所	318	10	361	8	13.52
中国科学院生态环境研究中心	334	9	349	9	4.49
中国科学院兰州化学物理研究所	266	16	347	10	30.45

从表 5-9 可以看出：2011 年这些研究机构的发文数量与 2010 年的发文数量相比，既有增加的，如中国科学院化学研究所、中国科学院长春应用化学研究所、中国科学院合肥物质科学研究院、中国工程物理研究院、中国科学院上海硅酸盐研究所、中国科学院生态环境研究中心和中国科学院兰州化学物理研究所，分别增长了 12.75%、19.45%、32.53%、3.44%、13.52%、4.49%和 30.45%；也有减少的，如中国科学院大连化学物理研究所、中国科学院物理研究所和中国科学院金属研究所，分别减少了 4.14%、10.6%和 9.01%。从论文量排名上看，中国科学院合肥物质科学研究院和中国科学院兰州化学物理研究所的排名变化最大，分别从 2010 年的第 7 位和第 16 位上升到 2011 年的第 3 位和第 10 位。

（2）研究机构在 CPCI-S 中的机构论文分布情况

2011 年，我国有 194 所研究机构发表 3991 篇国际会议论文。其中发表论文 1～2 篇的研究机构数量为 67 所，占有论文发表研究机构总数的 34.54%；发表论文数量为 1～50 篇的研究机构有 185 所，占有论文发表研究机构总数的 95.36%；发表 50 篇以上（不含 50 篇）论文的研究机构数量为 9 所，占有论文发表研究机构总数的 4.64%；发表论文数量 100 篇以上（含 100 篇）的研究机构 1 所，占有论文发表研究机构总数的 0.52%。2011 年发表 CPCI-S 论文量居前 10 位的研究机构发文情况及其与 2010 年发文情况的比较如表 5-10 所示。

表 5-10 2011 年发表 CPCI-S 论文量居前 10 位的研究机构发文情况及其与 2010 年发文情况的比较

单位名称	2010 年		2011 年		增长率（%）
	论文数（篇）	排名	论文数（篇）	排名	
中国科学院自动化研究所	223	2	126	1	-43.50
中国科学院计算技术研究所	259	1	93	2	-64.09
中国科学院遥感应用研究所	142	4	80	3	-43.66

单位名称	2010年		2011年		增长率（%）
	论文数（篇）	排名	论文数（篇）	排名	
中国科学院上海技术物理研究所	87	12	71	4	–18.39
中国科学院合肥物质科学研究院	177	3	69	5	–61.02
中国科学院西安光学精密机械研究所	28	43	69	5	146.43
中国工程物理研究院	122	6	69	5	–43.44
中国科学院上海光学精密机械研究所	117	7	59	8	–49.57
中国科学院半导体研究所	53	26	54	9	1.89
中国科学院对地观测与数字地球科学中心	87	12	46	10	–47.13

从表5–10可以看出：2011年这些研究机构的发文数量与2010年的发文数量相比，只有中国科学院西安光学精密机械研究所和中国科学院半导体研究所的论文数量有所增长，前者论文数量增长最多，增长了146.43%，排名也从2010年的第43位上升到2011年的第5位，后者论文数量增长了1.89%，排名从2010年的第26位上升到2011年的第9位。其他8个研究机构2011年的论文数量都有很大下降，其中中国科学院计算技术研究所和中国科学院合肥物质科学研究院下降最多，分别下降了64.09%和61.02%，排名从2010年的第1位和第3位下降到第2位和第5位。中国科学院上海技术物理研究所的论文数量下降最少，为18.39%，尽管有所下降，但其论文量排名从2010年的第12位上升到了2011年的第4位。

（3）研究机构在Ei中的机构论文分布情况

2011年，我国有250所研究机构的13757篇论文被Ei工程索引库收录。其中发表论文1～2篇的研究机构数量为61所，占有论文发表研究机构总数的24.4%；发表论文数量为1～50篇的研究机构有192所，占有论文发表研究机构总数的76.8%；发表50篇以上（不含50篇）论文的研究机构数量为58所，占有论文发表研究机构总数的23.2%；发表论文数量100篇以上（含100篇）的研究机构34所，占有论文发表研究机构总数的13.6%。2011年发表Ei论文量居前10位的研究机构发文情况及其与2010年发文情况的比较如表5–11所示。

表5–11 2011年发表Ei论文量居前10位的研究机构发文情况及其与2010年发文情况的比较

单位名称	2010年		2011年		增长率（%）
	论文数（篇）	排名	论文数（篇）	排名	
中国工程物理研究院	628	1	524	1	–16.56
中国科学院化学研究所	446	2	503	2	12.78
中国科学院长春应用化学研究所	400	4	464	3	16.00
中国科学院长春光学精密机械与物理研究所	341	7	442	4	29.62
中国科学院合肥物质科学研究院	387	6	437	5	12.92
中国科学院金属研究所	431	3	389	5	–9.74
中国科学院物理研究所	320	8	304	5	–5.00

单位名称	2010 年		2011 年		增长率（%）
	论文数（篇）	排名	论文数（篇）	排名	
中国科学院上海硅酸盐研究所	278	10	294	8	5.76
中国科学院半导体研究所	264	11	291	9	10.23
中国科学院大连化学物理研究所	313	9	284	10	-9.27

从表 5-11 可以看出：2011 年这些研究机构的发文数量与 2010 年的发文数量相比，论文数量增加的研究机构数量居多，有 6 所，分别为中国科学院化学研究所、中国科学院长春应用化学研究所、中国科学院长春光学精密机械与物理研究所、中国科学院合肥物质科学研究院、中国科学院上海硅酸盐研究所和中国科学院半导体研究所，而论文数量减少的有 4 所，分别为中国工程物理研究院、中国科学院金属研究所、中国科学院物理研究所和中国科学院大连化学物理研究所。中国科学院长春光学精密机械与物理研究所 2011 的 Ei 论文数量增长最快，增长了 29.62%，排名也从 2010 年的第 7 名上升到 2011 年的第 4 名，而中国工程物理研究院 2011 年的 Ei 论文数量减少最多，为 16.56%，排名没有变化。

（4）研究机构在 CSTPCD 中的机构论文分布情况

2011 年，我国有 413 所研究机构的 58160 篇论文被 CSTPCD 数据库收录。其中发表论文 1～2 篇的研究机构数量为 36 所，占有论文发表研究机构总数的 8.72%；发表论文数量为 1～50 篇的研究机构有 215 所，占有论文发表研究机构总数的 52.06%；发表 50 篇以上（不含 50 篇）论文的研究机构数量为 198 所，占有论文发表研究机构总数的 47.94%；发表论文数量 100 篇以上（含 100 篇）的研究机构 95 所，占有论文发表研究机构总数的 23%。2011 年发表 CSTPCD 论文量居前 10 位的研究机构发文情况及其与 2010 年发文情况的比较如表 5-12 所示。

表 5-12 2011 年发表 CSTPCD 论文量居前 10 位的研究机构发文情况及其与 2010 年发文情况的比较

单位名称	2010 年		2011 年		增长率（%）
	论文数（篇）	排名	论文数（篇）	排名	
中国中医科学院	1457	1	1466	1	0.62
军事医学科学院	1019	2	981	2	-3.73
中国疾病预防控制中心	901	4	942	3	4.55
中国工程物理研究院	983	3	882	4	-10.27
中国林业科学研究院	665	5	732	5	10.08
中国水产科学研究院	613	6	654	5	6.69
中国科学院长春光学精密机械与物理研究所	508	9	558	5	9.84
中国科学院地理科学与资源研究所	610	7	509	8	-16.56
江苏省农业科学院	401	10	462	9	15.21
中国热带农业科学院	519	8	455	10	-12.33

从表5-12可以看出：2011年这些研究机构的发文数量与2010年的发文数量相比，论文数量增加的研究机构有6所，分别为中国中医科学院、中国疾病预防控制中心、中国林业科学研究院、中国水产科学研究院、中国科学院长春光学精密机械与物理研究所、江苏省农业科学院，其中江苏省农业科学院的论文数量增长最多，为15.21%，而中国中医科学院增长最少，为0.62%；论文数量减少的有4所，分别为军事医学科学院、中国工程物理研究院、中国科学院地理科学与资源研究所、中国热带农业科学院，其中中国科学院地理科学与资源研究所下降最多，为16.56%，军事医学科学院下降最少，为3.73%。就排名而言，中国中医科学院和军事医学科学院在2010年和2011年一直位居前两名，而其他8个研究机构中，中国疾病预防控制中心、中国水产科学研究院和江苏省农业科学院的排名与2010年相比，分别上升1位，中国工程物理研究院和中国科学院地理科学与资源研究所分别下降1位。中国科学院长春光学精密机械与物理研究所的排名有较大变化，从2010年的第9位上升到2011年的第5位，中国热带农业科学院从2010年的第8位下降到2011年的10位。

5.3.5.3 医疗机构

（1）医疗机构在SCI中的机构论文分布情况

2011年，我国有302家医疗机构的1687篇论文被SCI收录。其中发表论文1～2篇的医疗机构数量为168所，占有论文发表医疗机构总数的55.63%；发表论文数量为1～50篇的医疗机构有297所，占有论文发表医疗机构总数的98.34%；发表50篇以上（不含50篇）论文的医疗机构数量为5所，占有论文发表医疗机构总数的1.66%；发表论文数量100篇以上（含100篇）的医疗机构2所，占有论文发表医疗机构总数的0.66%。2011年发表SCI论文量居前10位的医疗机构发文情况及其与2010年发文情况的比较如表5-13所示。

表5-13 2011年发表SCI论文量居前10位的医疗机构发文情况及其与2010年发文情况的比较

单位名称	2010年		2011年		增长率（%）
	论文数（篇）	排名	论文数（篇）	排名	
四川大学华西医院	634	1	654	1	3.15
解放军总医院	305	3	406	2	33.11
北京协和医院	205	10	280	3	36.59
浙江大学第一附属医院	286	4	277	4	-3.15
第四军医大学西京医院	313	2	270	5	-13.74
上海交通大学医学院附属瑞金医院	262	6	267	6	1.91
华中科技大学附属同济医院	226	7	267	6	18.14
南京医科大学第一附属医院	218	8	251	8	15.14
上海市第六人民医院	203	11	224	9	10.34
中山大学附属第一医院	190	15	223	10	17.37

从表 5-13 可以看出：2011 年大部分医疗机构发表的 SCI 论文数量与 2010 年相比有很大增长，其中增长最多的医疗机构是解放军总医院和北京协和医院，分别增长了 33.11%和 36.59%，排名也从 2010 年的第 3 位和第 10 位上升到 2011 年的第 2 位和第 3 位；增长最少的医疗机构是四川大学华西医院和上海交通大学医学院附属瑞金医院，分别增长了 3.15%和 1.91%，排名与 2010 年相比，没有变化。2011 年只有两所医疗机构发表的 SCI 论文数量与 2010 年相比有所下降，浙江大学第一附属医院下降了 3.15%，排名未发生变化，而第四军医大学西京医院下降了 13.74%，排名从 2010 年的第 2 位下降到 2011 年的第 5 位。

（2）医疗机构在 CSTPCD 中的机构论文分布情况

2011 年，我国有 1345 家医疗机构的 91793 篇论文被 CSTPCD 数据库收录。其中发表论文 1～2 篇的医疗机构数量为 52 所，占有论文发表医疗机构总数的 3.87%；发表论文数量为 1～50 篇的医疗机构有 1022 所，占有论文发表医疗机构总数的 75.99%；发表 50 篇以上（不含 50 篇）论文的医疗机构数量为 323 所，占有论文发表医疗机构总数的 24.01%；发表论文数量 100 篇以上（含 100 篇）的医疗机构有 119 所，占有论文发表医疗机构总数的 8.85%。2011 年发表 CSTPCD 论文量居前 10 位的医疗机构发文情况及其与 2010 年发文情况的比较如表 5-14 所示。

表 5-14　2011 年发表 CSTPCD 论文量居前 10 位的医疗机构发文情况及其与 2010 年发文情况的比较

单位名称	2010 年		2011 年		增长率（%）
	论文数（篇）	排名	论文数（篇）	排名	
解放军总医院	2741	1	2565	1	-6.42
北京协和医院	1427	2	1296	2	-9.18
四川大学华西医院	1320	3	1248	3	-5.45
南京医科大学第一附属医院	1276	5	1241	4	-2.74
华中科技大学附属同济医院	1288	4	1134	5	-11.96
南京军区南京总医院	995	8	1101	6	10.65
郑州大学第一附属医院	893	13	1001	7	12.09
南方医科大学附属南方医院	1005	7	1001	7	-0.40
中国医科大学附属盛京医院	911	12	972	9	6.70
上海交通大学医学院附属瑞金医院	981	9	956	10	-2.55

从表 5-14 可以看出：2011 年这些医疗机构发表的 CSTPCD 论文数量与 2010 年的论文数量相比，大部分医疗机构 2011 年发表的 CSTPCD 论文数量有所下降，其中华中科技大学附属同济医院发表的论文数量下降最多，达到 11.96%，论文量排名也从 2010 年的第 4 位下降到 2011 年的第 5 位。只有 3 个医疗机构的论文量有所增加，分别是南京军区南京总医院、郑州大学第一附属医院和中国医科大学附属盛京医院，其中郑州大学第一附属医院增长最多，增长了 12.09%，论文量排名也从 2010 年的第 13 位上升到 2011 年的第 7 位。

5.4 讨论

从国内外 4 个重要检索系统收录 2011 年中国科技论文的机构分布情况可以看出，国际上 3 个重要检索系统（SCI、Ei、CPCI-S）收录的中国科技论文中，高等院校始终是中国科技论文数量的最主要贡献者，其次是研究机构，医疗机构和企业的贡献也在快速增长。不过在中国科技论文与引文数据库（CSTPCD）中，医疗机构的论文数量贡献位居第 2 位，而研究机构的论文数量贡献位居第 3 位。从四大类机构在 4 个重要检索系统中的机构论文分布情况看，在 4 个检索系统中发表 1～50 篇论文的高等院校数量占总量的平均比例是 70.84%，发表至少 100 篇论文的高等院校数量占总量的平均比例是 19.79%；发表 1～50 篇论文的研究机构数量占总量的平均比例是 72.15%，发表至少 100 篇论文的研究机构数量占总量的平均比例是 14.23%。SCI 和 CSTPCD 检索系统中发表 1～50 篇论文的医疗机构数量占总量的平均比例是 87.17 %，发表至少 100 篇论文的医疗机构数量占总量的平均比例是 4.76 %。

参考文献

[1] 中国科学技术信息研究所. 2010 年度中国科技论文统计与分析（年度研究报告）[M].北京：科学技术文献出版社, 2012

[2] 胡泽文, 武夷山. 科技产出影响因素分析与预测研究——基于多元回归和 BP 神经网络的途径[J]. 科学研究, 2012, 30（07）: 992～1004

6　中国国际科技论文被引用情况分析

本研究利用 SCI 2002—2011 年的数据、SCI 光盘版 2006—2011 年的数据、基本科学指标数据库（Essential Science Indicators，简称 ESI）对中国国际论文的被引用情况进行统计与分析。采用科学计量学的方法，结合 InCites 分析工具，从国家（地区）、学科、机构和期刊等方面展开研究，并对机构的“零被引”情况进行了分析。此外还利用 Pajek 软件对学科间的互引关系进行了深入的分析。

6.1　引言

论文是科研工作产出的重要体现。对科技论文的评价方式主要有三种：基于同行评议的定性评价，基于科学计量学指标的定量评价以及二者相结合的评价方式。虽然对具体的评价方法存在诸多争议，但被引用情况仍不失为重要的参考指标。在 Nature 的一项关于计量指标的调查中，当允许被调查者自行设计评价的计量指标时，排在第 1 位的是在高影响因子的期刊上所发表的论文数量，被引用情况排在第 3 位。

据统计，2002—2012 年（截至 2013 年 1 月）中国（含香港和澳门）科技人员发表的论文共被引用 698.80 万次，排在世界第 6 位，比上一年度统计时提升了 1 位，排在前面的国家分别是：美国、德国、英格兰、日本和法国。平均每篇论文被引用次数为 6.65 次，世界平均值为 10.80，我国平均每篇论文被引用次数与世界平均水平还有不小差距。

本研究采用定量的方法，结合 InCites 和 Pajek 等分析工具从数量增长、学科和地区分布等角度分析我国国际论文的被引用情况。

6.2　数据和方法

本研究对数据的处理分为两种情况：

国际比较时：采用的是汤森路透集团（Thomson Reuters）出版的 ESI 以及 InCites 分析工具。数据包括第一作者单位和非第一作者单位的数据统计。

具体分析地区、学科和机构等分布情况时：采用的是汤森路透集团的 SCI（光盘版）和 SCI。数据仅统计第一作者单位为中国的科技论文。时限为：SCI（光盘版）：2006—2010 年 SCI（光盘版）收录的中国科技工作者作为第一作者的论文在 2011 年度 SCI（光盘版）中被引用的情况。SCI：2002—2011 年 SCI 收录的中国科技人员作为第一作者的论文累计被引用的情况。

6.3 研究分析和结论

6.3.1 国际比较

《国家中长期科学和技术发展规划纲要 2006—2020 年》中指出，到 2020 年，我国国际科学论文被引用数进入世界前 5 位。我们每年对 ESI 的数据进行跟踪，统计中国科技论文被引用次数的世界排位，从 2008—2012 年，中国（含香港和澳门）国际论文被引用次数排名每年提高 1 位，从 2008 年度的第 10 位，提高到 2012 年度的第 6 位，详见表 6-1。

表 6-1 中国各 10 年段科技论文被引用次数世界排位变化

时间	2008 年度	2009 年度	2010 年度	2011 年度	2012 年度
	1998—2008	1999—2009	2000—2010	2001—2011	2002—2012
世界排名	10	9	8	7	6

中国（含香港和澳门）篇均被引次数为 6.65，比上一统计年度的 6.21 增长了 7.1%，与其他国家（地区）相比，增长较为迅速。世界范围内，篇均被引次数最高的是百慕大，为 24.44 次，远高于第 2 位甘比亚的 17.38 次，但二者的论文总数均低于 1000 篇。为了更好地进行国际比较，我们选择发表论文数在 20 万篇以上的国家（地区）进行统计，详见表 6-2。与上一统计年度相比，发表 20 万篇以上的国家（地区）增加了 3 个，分别是：瑞士、俄罗斯和中国台湾，虽然中国（含香港和澳门）篇均被引用次数在这 17 个国家（地区）中增长最快，但排名与去年相比还是降了 1 位，排在第 14 位。瑞士不仅论文产出数量高，篇均被引用次数也高，在发文量 20 万篇以上国家（地区）中排名第 1 位，在全球所有国家（地区）中排在第 3 位。

表 6-2 2002—2012 年间发表论文数 20 万篇以上的国家（地区）
篇均被引用情况（据 ESI 数据）

篇均被引用次数排名	国家（地区）	篇均论文被引用次数	被引用总次数
1	瑞士	17.18	3516407
2	美国	16.17	53458405
3	荷兰	16.12	4555194
4	英格兰	15.42	11743027
5	德国	13.68	11773756
6	加拿大	13.62	6851197
7	法国	12.79	7845222
8	澳大利亚	12.33	4272103
9	意大利	12.32	5910449
10	西班牙	10.88	4251086
11	日本	10.64	8676265

篇均被引用次数排名	国家（地区）	篇均论文被引用次数	被引用总次数
12	中国台湾	7.49	1550261
13	韩国	7.47	2489012
14	中国（含香港和澳门）	6.65	6988048
15	巴西	6.59	1651514
16	印度	6.29	2150366
17	俄罗斯	5.08	1419492

与上一统计年度相比，中国（含香港和澳门）篇均被引用次数的排名超过巴西。从表 6-2 看，与中国（含香港和澳门）篇均被引用次数接近的是中国台湾和韩国，但即使三地均保持当前的增长速度，中国（含香港和澳门）要想超过中国台湾和韩国，至少也需要 5 年以上的时间。

中国 SCI 论文的影响力与世界平均水平有一定差距。用某国（地区）发表论文的篇均被引用次数与全球总体论文的篇均被引用次数的比值来反映相对影响力，该比值大于 1，表明该国（地区）论文的篇均被引用次数高于全球平均水平；小于 1，则低于全球平均水平。图 6-1 显示的是 2006—2010 年部分国家的 SCI 论文相对影响力水平，红色竖线代表世界平均水平。中国相对影响力指标为 0.73，低于世界平均水平，也低于被引次数高于我国的美国、德国、英国、日本及法国。

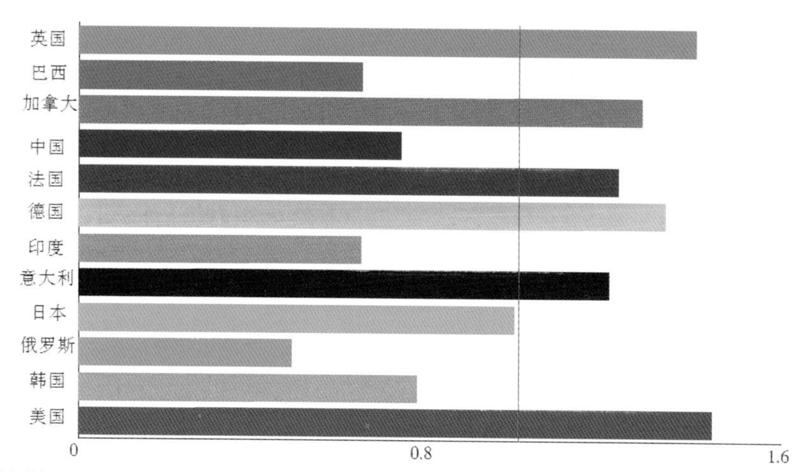

数据来源：Thomson Reuters 的 InCites。

图 6-1　2006—2010 年部分国家 SCI 论文相对影响力水平（累计量）

论文会因发表时间、所属学科以及文献类型的不同而产生不同的被引用情况。ESI 综合考虑发表时间和学科等因素，统计 10 年的高被引论文。我们对部分国家（地区）进行了检索，详见表 6-3。美国的高被引论文数为 60925，排在第 1 位，占全部高被引论文的 54.8%，中国（含香港和澳门）的高被引论文为 8386 篇，占全部高被引论文的 7.5%。这里的高被引论文指 10 年间论文被引用次数处于该学科世界排名前 1%的论文。

表 6-3 部分国家高被引论文数（据 ESI 数据）

被引用次数排名	国家（地区）	高被引论文数（篇）	被引用次数排名	国家（地区）	高被引论文数（篇）
1	美国	60925	7	日本	6250
2	英国	15776	8	意大利	6114
3	德国	13097	9	韩国	2382
4	中国（含香港和澳门）	8386	10	印度	1640
5	法国	8333	11	巴西	1270
6	加拿大	7743	12	俄罗斯	1253

2006—2010 年度，SCI（光盘版）收录的中国科技工作者作为第一作者的论文在 2011 年度 SCI（光盘版）中被引用的情况为 162829 篇，相比上一年度的 135757 篇，增加了 27072 篇，增长率为 19.9%，被引用次数为 511899 次。

2002—2011 年，中国科技人员作为第一作者发表的 SCI 论文中，有 77.2%的论文在 10 年间被引用至少 1 次，其中累计被引用次数超过 100 次的有 2588 篇，两项数据均高于上一统计年度。

6.3.2 地区分布

2006—2010 年 SCI（光盘版）收录的中国科技人员作为第一作者发表的论文，在 2011 年 SCI（光盘版）被引用篇数较多的 10 个地区见表 6-4。北京、上海和江苏仍然以较大优势排在前 3 位，但与去年同一统计数据相比，3 地占全国总被引篇数的比例下降了 1 个百分点。陕西代替安徽排进前 10 位。排在第 3 位的江苏依旧保持较高的增长速度，此外陕西和广东增速也较快。在全国范围内，增速最高的 5 个地区是：重庆、新疆、广西、黑龙江和河南。

表 6-4 2006—2010 年 SCI（光盘版）收录的中国论文在 2011 年被引用篇数最多的 10 个地区

地区	被引用篇数			被引次数
	数量（篇）	排名	增速（%）	
北京	33957	1	17.29	113992
上海	20217	2	18.20	67090
江苏	14290	3	28.70	42745
浙江	9302	4	21.28	26632
湖北	8999	5	26.75	27528
广东	8069	6	28.06	25571
山东	6849	7	23.21	19095

地区	被引用篇数			被引次数
	数量（篇）	排名	增速（%）	
辽宁	6831	8	20.45	23289
吉林	5997	9	20.64	23455
陕西	5984	10	32.51	14552

6.3.3 学科分布

2006—2010 年 SCI（光盘版）收录的中国科技人员作为第一作者发表的论文，在 2011 年 SCI（光盘版）被引用篇数的学科分布情况见图 6-2。基础学科的论文共有 106559 篇被引用，占总数比例的 65.4%，基础学科的研究成果主要以论文的形式展现，论文会被较多的引用；而工业技术和医药卫生领域的研究成果则比较多样化，部分成果直接得到应用。

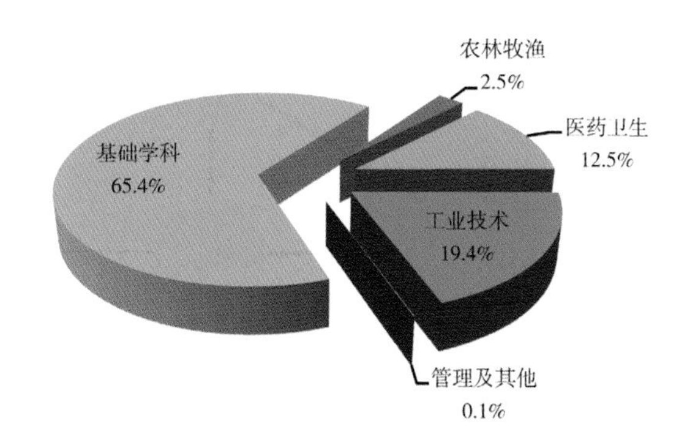

图 6-2 2011 年 SCI（光盘版）被引篇数学科分布情况

被引篇数最多的 10 个学科见表 6-5。与上一年相比，变化不大，电子、通信与自动化控制代替药学排进前 10 位。前 10 位的学科共被引用论文 142032 篇，占被引用总篇数的 87.2%。排在第 1 位的化学类论文共计 54188 篇，占总数的 33.3%。

表 6-5 国际被引用篇数最多的 10 个学科

学科	被引用篇数		被引次数
	篇数	排名	
化学	54188	1	219173
生物学	21968	2	65372
物理学	19972	3	51746
材料科学	12172	4	31574
临床医学	8661	5	22106
基础医学	7662	6	21661
环境科学	5767	7	19565

学科	被引用篇数		被引次数
	篇数	排名	
地学	4076	8	11691
数学	3783	9	6645
电子、通信与自动化控制	3783	9	8409

引文分析主要运用数学和逻辑学等方法对期刊、论文、专著等研究对象的引用和被引用现象以及规律进行分析，以便揭示其数量特征和内在规律。马峥等以“中国科技核心期刊”作为研究对象，计算学科分类中各期刊之间的互引矩阵，绘制中国科技核心期刊分类互引网络示意图。本文以类似的方法对生命科学领域论文的互引情况进行了分析，详见图 6-3。

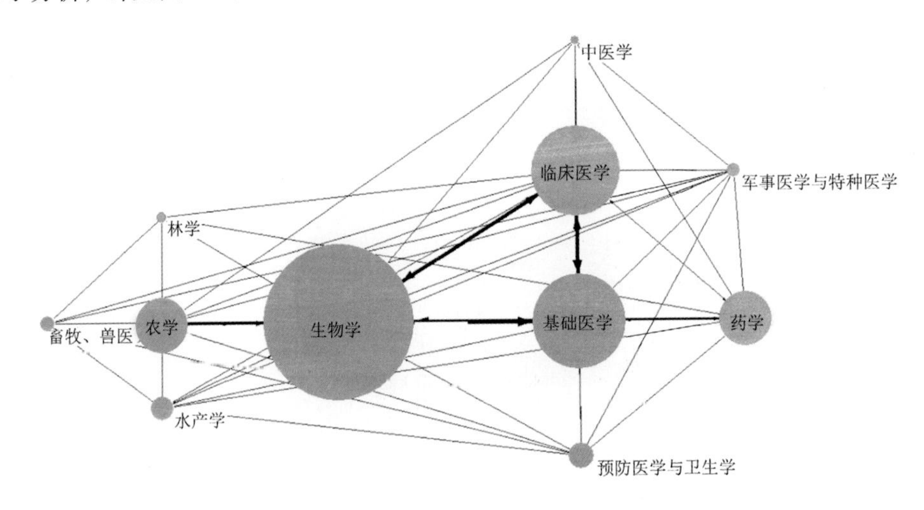

图 6-3 生命科学领域互引关系图

从互引关系图可以看出，基础研究学科的科学发现向应用学科成果的转移态势。生命科学领域以生物学为核心，研究成果不断向外围转移。图中学科圆圈面积的大小代表该学科在 SCI（光盘版）中被引用的总次数，生物学类论文被引用的次数最高，其次是临床医学和基础医学。连线的宽度表示学科之间联系的密切程度。生物学、临床医学和基础医学之间联系密切，此外农学与生物学之间也有较强的联系。

6.3.4 机构类型

表 6-6 是 2006—2010 年 SCI（光盘版）收录的中国科技人员作为第一作者发表的论文，在 2011 年 SCI（光盘版）被引用的机构类型分布情况，从被引篇数占总数的比例来看，与往年变化不大。高等院校和研究机构占被引总篇数的 97.7%。若结合发文量，来自研究机构的论文获得了更多的引用，影响力高于高等院校。

表 6-6 2006—2010 年 SCI（光盘版）收录中国各机构论文在 2011 年被引用情况

机构类型	被引篇数	被引次数	被引篇数所占比例（%）
高等院校	128035	389563	78.62
研究机构	30997	115952	19.03
医疗机构	853	2539	0.52
公司企业	467	2335	0.29
其他	2510	1531	1.54
合计	162862	511960	100.00

6.3.5 机构分布

（1）高等院校

SCI 2002—2011 年累计被引用篇数较高的 10 所高等院校的论文被引情况见表 6-7。与上一年相比，四川大学代替哈尔滨工业大学进入前 10 位；复旦大学名次上升了 2 位。浙江大学上年度紧随清华大学之后位居第 2 位，本年度则超过清华大学排名第 1 位。

表 6-7 2002—2011 年 SCI 收录论文累计被引用篇数较多的 10 所高等院校的论文被引情况

排名	单位	被引篇数	被引次数
1	浙江大学	20834	202776
2	清华大学	18427	215686
3	上海交通大学	15544	149748
4	北京大学	14945	185736
5	复旦大学	11116	137166
6	南京大学	10841	133332
7	中国科学技术大学	10562	137105
8	四川大学	8596	70947
9	山东大学	8577	76298
10	吉林大学	8018	82124

统计截止时间：2012 年 8 月。

2006—2010 年 SCI（光盘版）收录的中国科技人员作为第一作者发表的论文，在 2011 年 SCI（光盘版）被引用较多的高等院校的论文被引情况见表 6-8。四川大学和中山大学进入前 10 位。

表 6-8 2006—2010 年 SCI（光盘版）收录论文在 2011 年被引用篇数较多的 10 所高等院校的论文被引情况

排名	单位	被引篇数	被引次数
1	浙江大学	6520	19299
2	北京大学	4817	17654
3	清华大学	4650	17929
4	上海交通大学	4568	12555

排名	单位	被引篇数	被引次数
5	复旦大学	4172	15803
6	南京大学	3425	12008
7	中国科学技术大学	3254	12553
8	四川大学	2942	8449
9	中山大学	2865	9786
10	山东大学	2739	7837

选取表 6-8 中的 10 所高等院校，在 InCites 中进行检索，相对影响力水平见图 6-4。红色竖线显示的是世界平均水平。从图中可以看出，复旦大学、北京大学和中国科学技术大学的篇均被引用次数超过世界平均水平。山东大学和四川大学与世界平均水平相差较大。图中深蓝色柱形代表各高等院校的国际合著论文的相对影响力水平，10 所高等院校国际合著论文的相对影响力均超过世界平均水平。再次强调，InCites 包括对第一作者单位和非第一作者单位的统计。10 所高等院校 5 年累计零被引率集中在 20% 左右，零被引率最高的是四川大学 26.1%，最低的是复旦大学 19.2%。

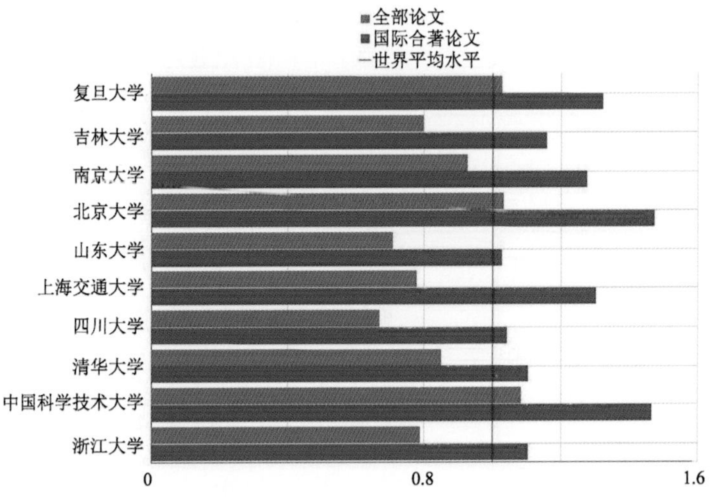

数据来源：Thomson Reuters 的 InCites。

图 6-4 2006—2010 年部分高等院校 SCI 论文相对影响力（累计量）

（2）研究机构

SCI 2002—2011 年累计被引用篇数较高的 10 所研究机构的论文被引情况见表 6-9。前 10 位的排名与去年相比变化不大。2006—2010 年 SCI（光盘版）收录论文在 2011 年被引用篇数较高的研究机构的论文被引情况见表 6-10。

表 6-9 2002—2011 年 SCI 收录论文累计被引用篇数较多的 10 所研究机构的论文被引情况

排名	单位	被引篇数	被引次数
1	中国科学院化学研究所	4818	105114
2	中国科学院物理研究所	4073	57765

排名	单位	被引篇数	被引次数
3	中国科学院长春应用化学研究所	3914	71658
4	中国科学院大连化学物理研究所	3193	54128
5	中国科学院上海生命科学研究院	3175	45768
6	中国科学院金属研究所	2930	36071
7	中国科学院上海硅酸盐研究所	2787	38404
8	中国科学院合肥物质科学研究院	2385	28536
9	中国科学院福建物质结构研究所	2228	34410
10	中国科学院上海有机化学研究所	2144	43905

统计截止时间：2012 年 8 月。

表 6-10 2006—2010 年 SCI（光盘版）收录论文在 2011 年被引用篇数较多的 10 所研究机构的论文被引情况

排名	单位	被引篇数	被引次数
1	中国科学院化学研究所	2076	12192
2	中国科学院长春应用化学研究所	1693	9179
3	中国科学院大连化学物理研究所	1299	6325
4	中国科学院物理研究所	979	4324
5	中国科学院上海生命科学研究院	973	3438
6	中国科学院上海有机化学研究所	928	5153
7	中国科学院金属研究所	921	3891
8	中国科学院上海硅酸盐研究所	901	3178
9	中国科学院生态环境研究中心	786	2985
10	中国科学院福建物质结构研究所	722	3144

（3）医疗机构

SCI 2002—2011 年累计被引用篇数较高的 10 所医疗机构的论文被引情况见表 6-11。2006—2010 年 SCI（光盘版）收录论文在 2011 年被引用篇数较高的医疗机构见表 6-12。四川大学华西医院和第四军医大学西京医院以较大优势排在前 2 位。

表 6-11 2002—2011 年 SCI 收录论文累计被引用篇数较多的医疗机构的论文被引情况

排名	单位	被引篇数	被引次数
1	四川大学华西医院	1578	11913
2	第四军医大学西京医院	1005	9274
3	解放军总医院	862	5856
4	浙江大学医学院附属第一医院	855	6696
5	上海交通大学医学院附属瑞金医院	824	8800
6	华中科技大学附属协和医院	737	4951

排名	单位	被引篇数	被引次数
7	华中科技大学附属同济医院	706	5041
8	北京大学第一医院	639	6263
9	南京医科大学第一附属医院	616	4526
10	山东大学齐鲁医院	614	4368

统计截止时间：2012年8月。

表6-12 2006—2010年SCI（光盘版）收录论文在2011年被引用篇数较多的医疗机构的论文被引情况

排名	单位	被引篇数	被引次数
1	四川大学华西医院	466	1143
2	第四军医大学西京医院	357	904
3	解放军总医院	238	528
4	浙江大学医学院附属第一医院	228	582
5	上海交通大学医学院附属瑞金医院	296	815
6	北京大学第一医院	232	595
7	南京医科大学第一附属医院	249	623
8	山东大学齐鲁医院	219	506
9	中山大学附属第一医院	224	548
10	中国医学科学院阜外心血管病医院	224	550

6.3.6 高被引论文

表6-13列举了2002—2011年被SCI收录的中国科技人员作为第一作者发表的论文中累计被引次数较高的论文，与往年相似，化学类和物理类论文居多。排在第1位的是中国科学研遗传与发育生物学研究所的于军等发表在SCIENCE上的论文，累计共被引用1450次。10年间累计被引次数超过200次的中国论文共计911篇，与去年统计数据相比，增长249篇，增长率为37.6%。

表6-13 2002—2011年累计被引超过500次的SCI收录的论文

学科	累计被引次数	第一作者单位	作者	来源
生物	1450	中国科学院遗传与发育生物学研究所	Yu，J；Hu，SN；Wang，J	SCIENCE 2002，296（5565）：79-92
材料科学	1018	中国科学院化学研究所	Feng，L；Li，SH；Li，YS	ADVANCED MATERIALS 2002，14（24）：1857-1860
化学	939	清华大学	Wang，X；Zhuang，J；Peng，Q	NATURE 2005，437（7055）：121-124
物理	902	东华大学	He，JH	INTERNATIONAL JOURNAL OF MODERN PHYSICS B 2005，6（2）：207-208

学科	累计被引次数	第一作者单位	作者	来源
物理	895	中国科学技术大学	Chen，XH；Wu，T；Wu，G	NATURE 2008，453（7196）：761-762
物理	776	中国科学院物理研究所	Ren，ZA；Lu，W；Yang，J	CHINESE PHYSICS LETTERS 2008，25（6）：2215-2216
化学	769	厦门大学	Tian，N；Zhou，ZY；Sun，SG	SCIENCE 2007，316（5825）：732-735
物理	765	中国科学院物理研究所	Wan，Q；Li，QH；Chen，YJ	APPLIED PHYSICS LETTERS 2004，84（18）：3654-3656
物理	666	中国科学院物理研究所	Chen，GF；Li，Z；Wu，D	PHYSICAL REVIEW LETTERS 2008，100（24）
化学	665	北京大学	Zhao，DB；Wu，M；Kou，Y	CATALYSIS TODAY 2002，74（1-2）：157-189
化学	655	中国科学院国家纳米科学中心	Sun，TL；Feng，L；Gao，XF	ACCOUNTS OF CHEMICAL RESEARCH 2005，8（38）：644-652
物理	628	清华大学	Nan，CW；Bichurin，MI；Dong，SX	JOURNAL OF APPLIED PHYSICS 2008，103（3）
基础医学	622	汕头大学	Li，KS；Guan，Y；Wang，J	NATURE 2004，430（6996）：209-213
化学	596	中山大学	Ye，BH；Tong，ML；Chen，XM	COORDINATION CHEMISTRY REVIEWS 2005，249（5-6）：545-565
化学	591	清华大学	Xu，YX；Bai，H；Lu，GW	JOURNAL OF THE AMERICAN CHEMICAL SOCIETY 2008，130（18）：5856
数学	591	中国科学院数学与系统科学院	Lu，JH；Chen，GR	INTERNATIONAL JOURNAL OF BIFURCATION AND CHAOS 2002，12（3）：659-661
生物	588	中国科学院生物物理研究所	Liu，ZF；Yan，HC；Wang，KB	NATURE 2004，428（6980）：287-292
生物	579	华大基因（深圳）	Qin，JJ；Li，RQ；Raes，J	NATURE 2010，464（7285）：59-U70
化学	576	北京大学	Wang，JX；Li，MX；Shi，ZJ	ANALYTICAL CHEMISTRY 2002，74（9）：1993-1997
物理	561	中国科学院高能物理研究所	Feng，B；Wang，XL；Zhang，XM	PHYSICS LETTERS B 2005，607（1-3）：35-41
化学	559	复旦大学	Wan，Y；Zhao，DY	CHEMICAL REVIEWS 2007，107（7）：2821-2860
化学	556	中国科学院化学研究所	Gao，XF；Jiang，L	NATURE 2004，432（7013）：36-36

学科	累计被引次数	第一作者单位	作者	来源
冶金、金属学	555	中国科学院金属研究所	Lu, L; Shen, YF; Chen, XH	SCIENCE 2004，304（5669）：422-426
数学	537	清华大学	Liu，BD；Liu，YK	IEEE TRANSACTIONS ON FUZZY SYSTEMS 2002，10（4）：445-450
化学	536	中国科学院大连化学物理研究所	Li，WZ；Liang，CH；Zhou，WJ	JOURNAL OF PHYSICAL CHEMISTRY B 2003，107（26）：6292-6299
工程与技术基础学科	528	东华大学	He，JH	INTERNATIONAL JOURNAL OF NONLINEAR SCIENCES AND NUMERICA 2005，6（2）：207-208
化学	512	清华大学	Wang，X；Li，YD	JOURNAL OF THE AMERICAN CHEMICAL SOCIETY 2002，124（12）：2880-2881
生物	510	厦门大学	Song，G；Ouyang，GL；Bao，SD	JOURNAL OF CELLULAR AND MOLECULAR MEDICINE 2005，9（1）：59-71
物理	504	中国科学院物理研究所	Ding，H；Richard，P；Nakayama，K	EPL 2008，83（4）
化学	504	中国科学院化学研究所	Feng，XJ；Jiang，L	ADVANCED MATERIALS 2006，18（23）：3063-3078

统计截至2012年8月；作者栏中仅列出前3位作者。

从科技论文在发表后是否立即被引用的情况可以分析出论文是否属于热点领域，以及作者在该领域的活跃程度，表6-14反映的是2011年中国科技人员作为第一作者发表的论文在发表后不久被引用次数较多的论文。被引用70次以上的论文共计17篇。

表6-14 2011年SCI收录中国论文当年被引用70次以上的论文

累计被引次数	第一作者单位	作者	来源
147	北京大学	Sun，CL；Li，BJ；Shi，ZJ	CHEMICAL REVIEWS 2011，111（3）：1293-1314
121	华南理工大学	He, ZC; Zhong, CM; Huang, X	ADVANCED MATERIALS 2011，23（40）：4636
103	复旦大学	Xu，W；Yang，H；Liu，Y	CANCER CELL 2011，19（1）：17-30
94	清华大学	Sun，YQ；Wu，QO；Shi，GQ	ENERGY & ENVIRONMENTAL SCIENCE 2011，4（4）：1113-1132

累计被引次数	第一作者单位	作者	来源
90	中国科学院化学研究所	Zhan，XW；Facchetti，A；Barlow，S	ADVANCED MATERIALS 2011，23（2）：268-284
89	清华大学	Bai，H；Li，C；Shi，GQ	ADVANCED MATERIALS 2011，23（9）：1089-1115
87	中国人民大学	Bao，W；Huang，QZ；Chen，GF	CHINESE PHYSICS LETTERS 2011，28（8）
86	浙江大学	Fang，MH；Wang，HD；Dong，CH	EPL 2011，94（2）：
86	武汉大学	Liu，C；Zhang，H；Shi，W	CHEMICAL REVIEWS 2011，111（3）：1780-1824
86	复旦大学	Zhang，Y；Yang，LX；Xu，M	NATURE MATERIALS 2011，10（4）：273-277
85	复旦大学	Fang，XS；Zhai，TY；Gautam，UK	PROGRESS IN MATERIALS SCIENCE 2011，56（2）：175-287
80	中国科学院长春应用化学研究所	Guo，SJ；Dong，SJ	CHEMICAL SOCIETY REVIEWS 2011，40（5）：2644-2672
79	中国科学院化学研究所	He，YJ；Li，YF	PHYSICAL CHEMISTRY CHEMICAL PHYSICS 2011，13（6）：1970-1983
76	中国科学技术大学	Wang，AF；Ying，JJ；Yan，YJ	PHYSICAL REVIEW B 2011，83（6）
72	清华大学	Ma，J；Hu，JM；Li，Z	ADVANCED MATERIALS 2011，23（9）：1062-1087
71	中国科学院上海生命科学院	He，YF；Li，BZ；Li，Z	SCIENCE 2011，333（6047）：1303-1307
70	北京大学	Xiao，LX；Chen，ZJ；Qu，B	ADVANCED MATERIALS 2011，23（8）：926-952

统计截至 2012 年 8 月；作者栏中仅列出前 3 位作者。

6.4 讨论

（1）2002—2012 年（截至 2013 年 1 月）中国（含香港和澳门）科技人员发表的论文共被引用 698.80 万次，排在世界第 6 位。从 2008—2012 年，该统计数据世界排名每年提高 1 位，从 2008 年度的第 10 位，提高到 2012 年度的第 6 位。

（2）中国（含香港和澳门）篇均被引次数与其他国家（地区）相比，增长迅速，但与世界平均水平差距较大，在发表 20 万篇以上的国家（地区）中排名第 14 位，名次进一步提升还需要一定的时间。

（3）2002—2011 年，中国科技人员作为第一作者发表的 SCI 论文中，有 77.2%的论文在10年间被引用至少1次，其中累计被引用次数超过100次的有2588篇。2006—2010年，SCI（光盘版）收录的中国科技工作者作为第一作者的论文在2011年度SCI（光盘版）中被引用162829篇，比上一年增长了19.9%。

（4）北京、上海和江苏仍然以较大优势排在全国被引篇数的前3位，江苏保持较高的增速。全国范围内，增速最高的五个地区是：重庆、新疆、广西、黑龙江和河南。

（5）基础学科的论文占全部被引用论文总篇数的65.4%，其中排在前3位的是：化学、生物学和物理学。学科排名前10位与去年相比，变化不大，电子、通信与自动化控制代替药学排进前10位。

（6）高等院校和研究机构占论文被引总篇数的97.7%。研究机构论文影响力高于高等院校，与发文量相比，研究机构的论文获得了更多的引用。浙江大学被引篇数最高，排在高等院校的第1位。排在前10位的高等院校中，复旦大学、北京大学和中国科学技术大学的篇均被引用次数超过世界平均水平；山东大学和四川大学与世界平均水平相差较大；各高等院校的国际合著论文影响力均超过非合作论文。

研究机构中，中国科学院旗下研究所优势比较明显；四川大学华西医院和第四军医大学西京医院以较大优势排在医疗机构的前2位。

（7）10年间累计被引次数超过200次的中国论文共计911篇，与去年统计数据相比，增长249篇，增长率为37.6%。

参考文献

[1] Alison Abbott ，David Cyranoski ，Nicola Jones, ete. Quirin Schiermeier & Richard Van Noorden. Metrics: Do metrics matter?[J]. Nature. 2001，465: 860～862

[2] 中华人民共和国国务院. 国家中长期科学和技术发展规划纲要（2006 -2012年）[EB/OL].http://www.gov.cn/jrzg/2006- 02/09/content_183787.htm

[3] 邱均平. 信息计量学（九）：文献信息引证规律和引文分析法[J]. 情报理论与实践，2001，24（3）：236～240

[4] 马峥，王娜，周国臻，等.中国科技核心期刊分类互引网络模式研究[J]. 科学学研究，2012，30（7）：983

7 中国各类基金资助产出论文情况分析

本研究以 2011 年 CSTPCD 和 SCI 为数据来源，对中国各类基金资助产出论文情况进行了统计分析，主要分析了基金资助来源、基金论文的机构分布、学科分布、地区分布以及其合著情况，此外，还对 4 种国家级科技计划项目的投入产出效率进行了分析。统计分析表明，中国各类基金资助产出的论文处于不断增长的趋势之中，且已形成了一个以国家自然科学基金、科技部计划项目资助为主，其他部委和地方基金、机构基金、公司基金、个人基金和海外基金为补充的、多层次的基金资助体系。在 2011 年的统计分析工作中，对 SCI 数据库收录论文的基金资助项目采取了与 CSTPCD 相同的方式进行标引。对比分析发现，CSTPCD 和 SCI 数据库收录的基金论文在基金资助来源、机构分布、学科分布、地区分布上存在一定的差异，但整体上保持了相似的分布格局。

7.1 引言

早在 17 世纪之初，弗兰西斯·培根就曾在《学术的进展》一书中指出，学问的进步有赖于一定的经费支持。科学基金制度的建立和科学研究资助体系的形成为这种支持的连续性和稳定性提供了保障。新中国成立以来，我国已经初步形成了国家（国家自然科学基金，科技部 973、863 计划和科技支撑计划等）为主，地方（各省级基金）、机构（大学、研究机构基金）、公司（各公司基金）、个人（私人基金）、海外基金等为补充的多层次的资助体系。这种资助体系作为科学研究的一种运作模式，为推动我国科学技术的发展发挥了巨大作用。

由基金资助产出的论文称为基金论文，对基金论文的研究具有重要意义：基金资助课题研究都是在充分论证的基础上展开的，其研究内容一般都是国家目前研究的热点问题；基金论文是分析基金资助投入与产出效率的重要基础数据之一；对基金资助论文产出的研究，是不断完善我国基金资助体系的重要支撑和参考依据。

中国科学技术信息研究所自 1989 年起每年定期在其年度分析报告中对我国的各类基金资助产出论文情况进行统计分析，其分析具有数据质量高、更新及时、信息量大的特征，是及时了解相关动态的最重要的信息来源。此外，中国科学技术信息研究所论文统计组成员撰写了一系列与基金论文相关的文章，从理论和实证两种不同的角度做出了探索。如，以基金标注的规范化为出发点，郭红选取了 25 种期刊为样本，对国内外期刊基金资助项目标注现状进行了调研；翟丽华则从标注条件、标注位置、标注内容、规范化监督主体等 4 个方面对基金项目的规范化标注给出了建议。作为年度报告的重要补充，以基金资助来源为主要关注点，郭红等对 2000—2009 年间国家自然科学基金资助产出论文的学科分布、地区分布以及国家自然科学基金资助论文被引用情况等进行分析，揭示了国家自然科学基金资助产出论文的情况和存在的问题；以特定学科领域为主要关注点，郭红等对国家自然科学基金在 2000—2009 年间资助产出的医学领域的论文进行了计量分析。

7.2 数据和方法

本研究中的基金论文主要来源于两个数据库：CSTPCD 和 SCI 网络版。本研究中所指的中国各类基金资助限定于省部级以上的基金，详见附表 42。

CSTPCD 2011 年延续了 2010 年对基金资助项目的标引方式，最大程度地保持统计项目、口径和方法的延续性。SCI 数据库自 2009 年起其原始数据中开始有基金字段，中国科学技术信息研究所也自 2009 年起开始对 SCI 收录的基金论文进行统计。SCI 数据的标引采用了与 CSTPCD 相一致的基金项目标引方式。

CSTPCD 和 SCI 数据库分别收录符合其遴选标准的中国和世界范围内的科技类期刊，CSTPCD 收录论文以中文为主，SCI 收录论文以英文为主。两个数据库收录范围互为补充，能更加全面地反映中国各类基金资助产出科技期刊论文的全貌。值得指出的是，由于 CSTPCD 和 SCI 收录期刊存在少量重复现象，所以在宏观的统计中其数据加和具有一定的科学性和参考价值，但是用于微观的计算时两者基金论文不能做简单的加和。在后文的统计分析中，笔者以节为单位，对这两个数据库收录的基金论文进行了统计分析，必要时对比归纳了两个数据库收录基金论文在对应分析维度上的异同。文中的“全部基金论文”指所论述的单个数据库收录的全部基金论文。

本研究主要使用了统计分析的方法，对 CSTPCD 和 SCI 收录的中国各类基金资助产出论文的基金资助来源、机构分布、学科分布、地区分布、合著情况进行了分析，并在最后计算了 4 种国家级科技计划项目的投入产出效率。

7.3 研究分析和结论

7.3.1 中国各类基金资助产出论文的总体情况

7.3.1.1 CSTPCD 收录基金论文的总体情况

根据 CSTPCD 数据库的数据统计，2011 年，中国各类基金资助产出论文共计 232744 篇，占当年全部论文总数（530087 篇）的 43.9%。与 2010 年相比，2011 年基金论文总数减少了 5087 篇，基金论文增长率在全部论文增长率为负的大背景下也出现了负增长的局面，减少了 2.1%（表 7-1）。

表 7-1 2007—2011 年 CSTPCD 收录中国各类基金资助产出论文情况

年份	论文总数（篇）	基金论文数（篇）	基金论文比（%）	全部论文增长率（%）	基金论文增长率（%）
2007	463122	179753	38.8	14.4	6.4
2008	472020	195358	41.4	1.9	8.7
2009	521327	226907	43.5	10.4	16.1
2010	530635	237831	44.8	1.8	4.8
2011	530087	232744	43.9	-0.1	-2.1

7.3.1.2 SCI 收录基金论文的总体情况

2011 年，SCI 收录中国科技论文总数为 143636 篇，其中 100829 篇是在基金资助下产生，基金论文比为 70.2%。如表 7-2 所示，2011 年中国全部 SCI 论文总量较上年下降了 0.1%，但是基金论文总数与上年相比增加了 4543 篇，增长率为 4.7%。

表 7-2 2009—2011 年 SCI 收录中国各类基金资助产出论文情况

年份	论文总数（篇）	基金论文数（篇）	基金论文比（%）	全部论文增长率（%）	基金论文增长率（%）
2009	127532	79097	62.0	—	—
2010	143769	96286	67.0	12.7	21.7
2011	143636	100829	70.2	-0.1	4.7

7.3.1.3 中国各类基金资助产出论文的历时性分析

图 7-1 以红色系柱状图和折线图分别给出了 2007—2011 年 CSTPCD 收录基金论文的数量和基金论文比；以紫色系柱状图和折线图分别给出了 2009—2011 年 SCI 收录基金论文的数量和基金论文比。综合表 7-1、表 7-2 及图 7-1 可知，CSTPCD 收录中国各类基金资助产出的论文数和基金论文比在 2007—2010 年间都保持了较为平稳的上升态势，2011 年基金论文数和基金论文比都稍有回落。SCI 收录的中国各类基金资助产出的论文数和基金论文比在 2009—2011 年间一直平稳上升。

总体来说，随着中国科技事业的发展，中国的科技论文数量有较大的提高，基金论文的数量也平稳增长，基金论文在所有论文中所占比重也在不断增长，基金资助正在对中国科技事业的发展发挥越来越大的作用。

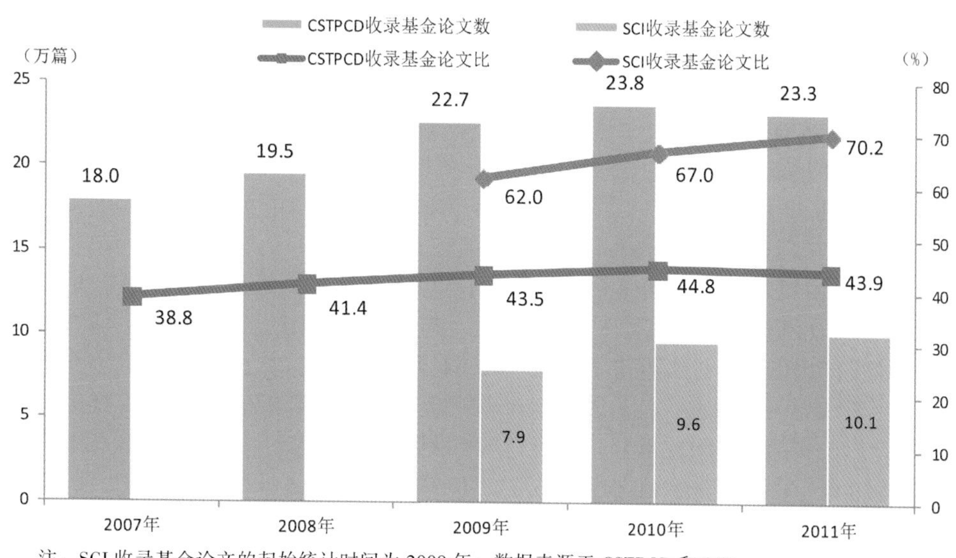

注：SCI 收录基金论文的起始统计时间为 2009 年；数据来源于 CSTPCD 和 SCI。

图 7-1 2007—2011 年基金资助产出论文的历时性变化

7.3.2 基金资助来源分析

7.3.2.1 CSTPCD 收录基金论文的基金资助来源分析

附表 42 列出了 2011 年 CSTPCD 所统计的中国各类基金与资助产出的论文数及占全部基金论文的比例。表 7-3 列出了 2011 年产出基金论文较多的前 10 位的国家级和各部委基金资助来源及其产出论文的情况，其中不包括省级各项基金项目资助。

表 7-3 2011 年产出论文前 10 位的国家级和各部委基金资助来源（数据来源：CSTPCD）

基金资助来源	2011 年			2010 年		
	基金论文数（篇）	占全部基金论文的比例（%）	排名	基金论文数（篇）	占全部基金论文的比例（%）	排名
国家自然科学基金委员会	82471	35.4	1	78590	33.0	1
科学技术部	48283	20.7	2	54269	22.8	2
教育部	7022	3.0	3	8371	3.5	3
农业部	4976	2.1	4	2817	1.2	4
国务院国有资产监督管理委员会	2109	0.9	5	2031	0.9	5
中国科学院	2039	0.9	6	1894	0.8	6
国家国防科技工业局	1554	0.7	7	1487	0.6	7
军队系统基金	1511	0.6	8	1150	0.5	9
人力资源和社会保障部	1164	0.5	9	1209	0.5	8
国土资源部	1105	0.5	10	928	0.4	12

由表 7-3 可以看出，在 CSTPCD 数据库中，2011 年中国各类基金资助产出论文排在首位的仍然是国家自然科学基金委员会，其次是科学技术部，由这两类基金资助来源产出的论文占到了全部基金论文的半数以上。

根据 CSTPCD 的数据统计，2011 年由国家自然科学基金委员会资助产出论文共计 82471 篇，占全部基金论文的 35.4%，这一比例较上年增长了 2.4 个百分点。与 2010 年相比，2011 年由国家自然科学基金委员会资助产出的基金论文增加了 3881 篇，增长了 4.9%。

2011 年由科学技术部的基金资助产出论文共计 48283 篇，占全部基金论文的 20.7%，这一比例较去年下降了 1.1 个百分点。与 2010 年相比，2011 年由科学技术部的基金资助产出的基金论文减少了 5986 篇，减幅为 11.0%。

省一级地方（包括省、自治区、直辖市）设立的地区科学基金产出论文是全部基金资助产出论文的重要组成部分。根据 CSTPCD 数据统计，2011 年省级基金资助产出论文 72019 篇，占全部基金论文产出数量的 30.9%。如表 7-4 所示，广东省、江苏省、上海市基金资助产出论文数量均超过了 5000 篇，在全国 31 个省级基金资助中分列前 3 位。地区科学基金的存在，有力地促进了中国科技事业的发展，丰富了中国基金资助体系层次。

表 7-4 2011 年产出论文前 10 位的省级基金资助来源（数据来源：CSTPCD）

基金资助来源	2011 年			2010 年		
	基金论文数（篇）	占全部基金论文的比例（%）	排名	基金论文数（篇）	占全部基金论文的比例（%）	排名
广东	5787	2.5	1	6046	2.5	1
江苏	5754	2.5	2	5700	2.4	3
上海	5190	2.2	3	5727	2.4	2
浙江	4336	1.9	4	4196	1.8	4
河南	3534	1.5	5	3376	1.4	5
河北	3223	1.4	6	3013	1.3	10
山东	3139	1.3	7	3052	1.3	8
北京	3118	1.3	8	3110	1.3	7
陕西	3094	1.3	9	2721	1.1	13
广西	2999	1.3	10	3014	1.3	9

中国的科技计划主要包括：国家自然科学基金、国家重点基础研究发展计划（973 计划）、国家科技支撑计划、高技术研究发展计划（863 计划）、科技基础条件平台建设、政策引导类计划等。此外，教育部、卫生部等部委以及各省级政府科技厅、教育厅、卫生厅都分别设立了不同的项目以支持科学研究。表 7-5 列出了 2011 年产出基金论文前 10 位的基金资助计划（项目）。根据 CSTPCD 的数据统计，2011 年产出论文数超过 10000 篇的基金资助计划（项目）有 4 个，依次是国家自然科学基金项目、国家科技支撑计划、国家高技术研究发展计划（863 计划）、国家重点基础研究发展计划（973 计划）。其中，国家自然科学基金项目以产出 82471 篇论文遥居首位，其余 3 个基金资助计划产出论文数在 11000～13000 篇。

表 7-5 2011 年产出基金论文前 10 位的基金资助计划（项目）（数据来源：CSTPCD）

排名	基金资助计划（项目）	基金论文数（篇）	占全部基金论文的比例（%）
1	国家自然科学基金项目	82471	35.4
2	国家科技支撑计划	12674	5.4
3	国家高技术研究发展计划（863 计划）	11248	4.8
4	国家重点基础研究发展计划（973 计划）	11035	4.7
5	国家科技重大专项	8135	3.5
6	广东省科学技术委员会基金项目	2353	1.0
7	上海市科学技术委员会基金项目	1984	0.9
8	高等院校博士学科点专项科研基金	1788	0.8
9	上海市教育委员会基金项目	1663	0.7
10	江苏省教育委员会基金项目	1661	0.7

7.3.2.2 SCI 收录基金论文的基金资助来源分析

2011 年，SCI 收录中国各类基金资助产出论文共计 100829 篇。表 7–6 列出了产出基金论文前 10 位的国家级和各部委基金资助来源。其中，国家自然科学基金委员会以支持产生 60258 篇论文，高居首位，占全部基金论文的 59.8%；排在第 2 位的是科学技术部，在其支持下产生了 21241 篇论文，占全部基金论文的 21.1%；教育部以支持产生 3116 篇论文位列第 3 位。

表 7–6 2011 年产出基金论文前 10 位的国家级和各部委基金资助来源（数据来源：SCI）

排名	基金资助来源	基金论文数（篇）	占全部基金论文的比例（%）
1	国家自然科学基金委员会	60258	59.8
2	科学技术部	21241	21.1
3	教育部	3116	3.1
4	中国科学院	2019	2.0
5	农业部	679	0.7
6	人力资源和社会保障部	589	0.6
7	卫生部	159	0.2
8	国务院国有资产监督管理委员会	131	0.1
9	国家国防科技工业局	128	0.1
10	国家林业局	72	0.1

根据 SCI 的数据统计，2011 年省一级地方（包括省、自治区、直辖市）设立的地区科学基金产出论文 11907 篇，占全部基金论文的 11.8%。表 7–7 列出了 2011 年产出基金论文前 10 位的省级基金资助来源，其中上海市以支持产生 1731 篇基金论文位居第 1 位，其后分别是浙江省和江苏省，分别支持产生 1223 篇和 1207 篇基金论文。

表 7–7 2011 年产出基金论文前 10 位的省级基金资助来源（数据来源：SCI）

排名	基金资助来源	基金论文数（篇）	占全部基金论文的比例（%）	排名	基金资助来源	基金论文数（篇）	占全部基金论文的比例（%）
1	上海	1731	1.7	6	北京	560	0.6
2	浙江	1223	1.2	7	湖南	456	0.5
3	江苏	1207	1.2	8	黑龙江	400	0.4
4	广东	953	0.9	9	河南	365	0.4
5	山东	903	0.9	10	陕西	363	0.4

根据 SCI 的数据统计，2011 年有 2 种基金资助计划（项目）产出论文数超过了 10000 篇，分别是国家自然科学基金委员会项目产出 60258 篇论文，占全部基金论文数的 59.8%；国家重点基础研究发展计划（973 计划）产出 11431 篇论文，占全部基金论文数的 11.3%。排在其后的是国家高技术研究发展计划（863 计划）产出 4287 篇论文，占总数的 4.3%。产出论文数超过 1000 篇的基金资助计划（项目）还有国家科技重大专项和国家科技支撑计划，分别产出 1957 篇和 1647 篇基金论文（表 7–8）。

表 7-8　2011 年产出基金论文前 10 位的基金资助计划（项目）（数据来源：SCI）

排名	基金资助计划（项目）	基金论文数（篇）	占全部基金论文的比例（%）
1	国家自然科学基金委员会项目	60258	59.8
2	国家重点基础研究发展计划（973 计划）	11431	11.3
3	国家高技术研究发展计划（863 计划）	4287	4.3
4	国家科技重大专项	1957	1.9
5	国家科技支撑计划	1647	1.6
6	国家重点实验室	776	0.8
7	新世纪优秀人才支持计划	757	0.8
8	上海市科学技术委员会项目	716	0.7
9	人力资源和社会保障部博士后科学基金	571	0.6
10	山东省教育委员会项目	530	0.5

7.3.2.3　CSTPCD 和 SCI 收录基金论文的基金资助来源的异同

通过对 CSTPCD 和 SCI 收录基金论文的分析可以看出，目前我国已经形成了一个以国家（国家自然科学基金，科技部 973 计划、863 计划和科技支撑计划等）为主，地方（各省级基金）、机构（大学、研究机构基金）、公司（各公司基金）、个人（私人基金）、海外基金等为补充的多层次的资助体系。无论是 CSTPCD 收录的基金论文或者是 SCI 收录的基金论文，都是在这一资助体系下产生，所以其基金资助来源必然呈现出一定的一致性，这种一致性主要表现在：

（1）国家自然科学基金在中国的基金资助体系中占据了重要地位。在 CSTPCD 数据库中，由国家自然科学基金资助产出的论文占该数据库全部基金论文的 35.4%；在 SCI 数据库中，国家自然科学基金资助产出的论文更是占到了高达 59.8%的比例。

（2）科学技术部在中国的基金资助体系中发挥了极为重要的作用。在 CSTPCD 数据库中，科学技术部资助产出的论文占该数据库全部基金论文的 20.7%；在 SCI 数据库中，科学技术部资助产出的论文占 21.1%。

（3）省一级地方（包括省、自治区、直辖市）是中国基金资助体系的有力补充。在 CSTPCD 数据库中，由省一级地方基金资助产出的论文占该数据库基金论文总数的 30.9%；在 SCI 数据库中，省一级地方基金资助产出的论文占 11.8%。

由于 CSTPCD 收录论文来源于中国的期刊，以中文为主；SCI 收录论文来源于全球的期刊，以英文为主，收录范围的语种差异以及不同的作者投稿时的偏好也必然造成这两个数据库的基金论文在基金资助来源上具有各自的特征：

（1）在两个数据库中，各项基金资助来源产出论文在数量上存在巨大差别。如，在 CSTPCD 数据库中国家自然科学基金支持产出 78590 篇论文，科学技术部支持产出 54269 篇论文，支持产出论文超过 1000 篇的基金资助来源有 8 个；而在 SCI 数据库中，国家自然科学基金支持产出 60258 篇论文，科学技术部支持产出 21241 篇论文，支持产出论文超过 1000 篇的基金资助来源仅有 4 个。

（2）在两个数据库中，进入榜单“产出论文前 10 位的国家级和各部委基金资助来源”、“产出论文前10位的省级基金资助来源”、“产出基金论文前10位的基金资助计划（项目）”的名单均存在一定差异。

7.3.3 基金论文的机构分布

7.3.3.1 CSTPCD收录基金论文的机构分布

2011年，CSTPCD收录中国各类基金资助产出论文在各类机构中的分布情况见附表43和图7-2。多年来，高等院校一直是基金论文产出的主体力量，由其产出的基金论文占全部基金论文的比例长期保持在80%左右呈小幅波动态势。从CSTPCD的统计数据可以看到，2011年仍然有78.9%的基金论文产自高等院校。自2009年起，高等院校产出基金论文连续3年保持在了18万篇以上的水平。基金论文生产的第二力量来自研究机构，2011年由研究机构生产的基金论文共计30957篇，占全部基金论文的13.3%。

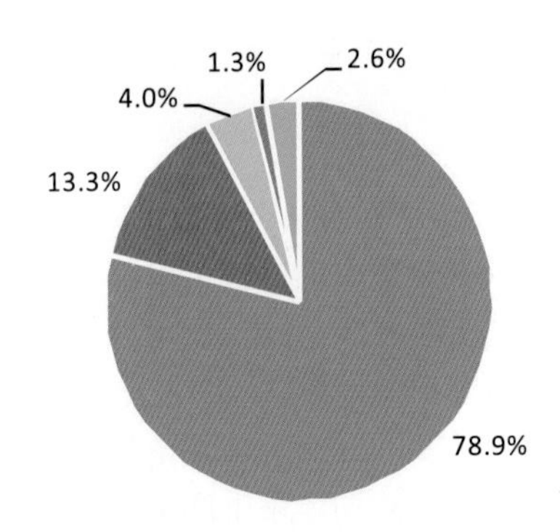

注：医疗机构数据不包括高等院校附属医院。

图7-2 2011年CSTPCD收录中国各类基金资助产出论文在各类机构中的分布

各类型机构产出基金论文数占该类型机构产出论文总数的比例，称之为该种类型机构的基金论文比。根据CSTPCD的数据统计，2011年不同类型机构的基金论文比仍存在一定差异。如表7-9所示，高等院校和研究机构的基金论文比较为接近，分别是54.6%和53.2%，二者明显高于其他类型的机构。这一现象与在科研中高等院校和研究机构是主体力量、基金资助在这两类机构的科研人员中有更高的覆盖率的事实是一致的。

表7-9 2011年各类型机构的基金论文比（数据来源：CSTPCD）

机构类型	基金论文数（篇）	总论文数（篇）	基金论文比（%）
高等院校	183552	335907	54.6
研究机构	30957	58160	53.2
医疗机构	9207	91793	10.0
公司企业	2918	21164	13.8
管理部门及其他	6110	23063	26.5
合计	232744	530087	43.9

注：医疗机构数据不包括高等院校附属医院。

根据 CSTPCD 的数据统计，中国高等院校 2011 年产出基金论文前 50 位的机构见附表 46。表 7-10 列出了产出基金论文前 10 位的高等院校。与 2010 年相比，进入前 10 位的高等院校名单基本没有发生变化，只有西北工业大学和中山大学取代华南理工大学和哈尔滨工业大学进入前 10 位。在 2011 年国内论文与基金论文整体微减的背景下，多数高等院校的基金论文都出现了不同程度的下降，2010 年有 9 家高等院校产生基金论文数超过了 2000 篇，2011 年产生基金论文数超过 2000 篇的高等院校仅 4 家。

表 7-10　2011 年产出基金论文前 10 位的高等院校（数据来源：CSTPCD）

排名	机构名称	基金论文数（篇）	占全部基金论文的比例（%）
1	上海交通大学	3099	1.3
2	中南大学	2532	1.1
3	浙江大学	2457	1.1
4	重庆大学	2110	0.9
5	华中科技大学	1954	0.8
6	同济大学	1948	0.8
7	吉林大学	1882	0.8
8	西北工业大学	1862	0.8
9	中山大学	1823	0.8
10	清华大学	1803	0.8

根据 CSTPCD 数据库的统计，中国研究机构 2011 年产出基金论文前 50 位的机构见附表 47。表 7-11 列出了产出基金论文前 10 位的研究机构。与 2010 年相比，进入前 10 位的研究机构没有发生太大变化，只有军事医学科学院和中国科学院寒区旱区环境与工程研究所分别取代中国热带农业科学院和中国科学院地质与地球物理研究所进入前 10 位。2010 年，中国中医科学院和中国林业科学研究院的基金论文数均超过了 600 篇；2011 年，基金论文数量超过 600 篇的仅中国中医科学院 1 家。

表 7-11　2011 年产出基金论文前 10 位的研究机构（数据来源：CSTPCD）

排名	机构名称	基金论文数（篇）	占全部基金论文的比例（%）
1	中国中医科学院	699	0.3
2	中国林业科学研究院	570	0.2
3	军事医学科学院	532	0.2
4	中国水产科学研究院	505	0.2
5	中国科学院地理科学与资源研究所	476	0.2
6	中国疾病预防控制中心	452	0.2
7	江苏省农业科学院	409	0.2
8	中国科学院长春光学精密机械与物理研究所	397	0.2
9	中国工程物理研究院	324	0.1
10	中国科学院寒区旱区环境与工程研究所	313	0.1

7.3.3.2 SCI 收录基金论文的机构分布

2011 年，SCI 收录中国各类基金资助产出论文在各类机构中的分布情况见图 7-3。根据 SCI 的数据统计，2011 年高等院校共产出基金论文 83513 篇，占 82.8%；研究机构共产出基金论文 16373 篇，占 16.2%；医疗机构、公司企业、管理部门等基金论文数量均不足总数的 1%。

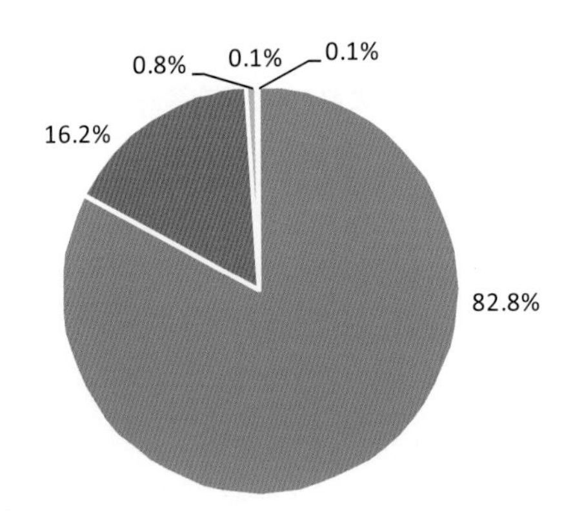

注：医疗机构数据不包括高等院校附属医院。

图 7-3 2011 年 SCI 收录中国各类基金资助产出论文在各类机构中的分布

如表 7-12 所示，不同类型机构的基金论文比存在一定差异的现象同样存在于 SCI 数据库中。根据 SCI 的数据统计，医疗机构、公司企业、管理部门等的基金论文比明显低于高等院校和研究机构。前三者的基金论文比均在 30%左右，而后两者的基金论文比均超过了 70%。其中，研究机构产出论文的基金论文比为 76.0%，比高等院校高出 5.8 个百分点。

表 7-12 2011 年各类型机构的基金论文比（数据来源：SCI）

机构类型	基金论文数（篇）	总论文数（篇）	基金论文比（%）
高等院校	83513	118929	70.2
研究机构	16373	21550	76.0
医疗机构	764	2514	30.4
公司企业	119	464	25.6
管理部门及其他	60	179	33.5
合计	100829	143636	70.2

注：医疗机构数据不包括高等院校附属医院。

表 7-13 列出了根据 SCI 数据库统计出的 2011 年中国产出基金论文前 10 位的高等院校。在高等院校中，浙江大学是基金论文最大的产出单位，共产出 3226 篇，占全部基金论文的 3.2%；其次是上海交通大学，共产出 2553 篇，占全部基金论文的 2.5%；排在第 3 位的是清华大学，共产出 2341 篇，占全部基金论文的 2.3%。

表 7-13　2011 年中国产出基金论文前 10 位的高等院校（数据来源：SCI）

排名	机构名称	基金论文数（篇）	占全部基金论文的比例（%）
1	浙江大学	3226	3.2
2	上海交通大学	2553	2.5
3	清华大学	2341	2.3
4	北京大学	2101	2.1
5	复旦大学	1818	1.8
6	山东大学	1673	1.7
7	南京大学	1660	1.6
8	四川大学	1653	1.6
9	中山大学	1571	1.6
10	华中科技大学	1500	1.5

表 7-14 列出了根据 SCI 数据库统计出的 2011 年中国产出基金论文前 10 位的研究机构。在研究机构中，中国科学院化学研究所是基金论文最大的产出单位，共产出 640 篇，占全部基金论文的 0.6%；其次是中国科学院长春应用化学研究所，共产出 596 篇，占全部基金论文的 0.6%；排在第 3 位的是中国科学院合肥物质科学研究所，共产出 379 篇，占全部基金论文的 0.4%。

表 7-14　2011 年产出基金论文前 10 位的研究机构（数据来源：SCI）

排名	机构名称	基金论文数（篇）	占全部基金论文的比例(%）
1	中国科学院化学研究所	640	0.6
2	中国科学院长春应用化学研究所	596	0.6
3	中国科学院合肥物质科学研究院	379	0.4
4	中国科学院物理研究所	374	0.4
5	中国科学院大连化学物理研究所	372	0.4
6	中国科学院生态环境研究中心	327	0.3
7	中国科学院兰州化学物理研究所	324	0.3
8	中国科学院金属研究所	315	0.3
9	中国科学院上海硅酸盐研究所	295	0.3
10	中国科学院福建物质结构研究所	279	0.3

7.3.3.3　CSTPCD 和 SCI 收录基金论文机构分布的异同

长期以来，高等院校和研究机构一直是中国科学研究的主体力量，也是中国各类基金资助的主要资金流向。高等院校和研究机构的这一主体地位反应在基金论文上便是：无论是在 CSTPCD 还是在 SCI 数据库中，高等院校和研究机构产出的基金论文数量最多，所占的比例也最大。2011 年，CSTPCD 数据库收录高等院校和研究机构产出的基金论文共 214509 篇，占该数据库收录基金论文总数的 92.2%；SCI 数据库收录高等院校和研究机构产出的基金论文共 99886 篇，占该数据库收录基金论文总数的 99.1%。

CSTPCD 和 SCI 这两个数据库收录我国基金论文的机构分布情况不同，如：

（1）在两个数据库中 2011 年产出基金论文前 10 位的高等院校和研究机构的名单存在较大差异。

（2）SCI 数据库中，基金论文集中在少数机构中产生，而在 CSTPCD 数据库中，基金论文的机构分布更加分散。这种集中或分散的趋势分别表现为：SCI 收录的基金论文，前 50.1%的论文集中由 49 家机构产出，前 80.1%的论文由 179 家机构产出；CSTPCD 收录的基金论文，前 50.1%的论文由 131 家机构产出，前 80.1%的论文则由 602 家机构产出。

7.3.4 基金论文的学科分布

7.3.4.1 CSTPCD 收录基金论文的学科分布

根据 CSTPCD 的数据统计，2011 年中国各类基金资助产出论文在各学科中的分布情况见附表 44。表 7-15 所示为基金论文前 10 位的学科，进入该名单的学科与 2010 年相比变化不大，排名略有微调，此外环境科学取代化工进入前 10 位。

表 7-15 2011 年基金论文数量前 10 位的学科（数据来源：CSTPCD）

学科	2011 年			2010 年		
	基金论文数（篇）	占全部基金论文的比例（%）	排名	基金论文数（篇）	占全部基金论文的比例（%）	排名
临床医学	28955	12.4	1	25260	10.6	1
计算技术	21327	9.2	2	20388	8.6	3
农学	16313	7.0	3	23219	9.8	2
生物学	11439	4.9	4	11259	4.7	5
电子、通信与自动控制	10200	4.4	5	11329	4.8	4
中医学	9951	4.3	6	10211	4.3	7
地学	9598	4.1	7	9858	4.1	8
基础医学	9031	3.9	8	10840	4.6	6
环境科学	8903	3.8	9	7122	3.0	11
化学	8519	3.7	10	8372	3.5	9

各学科的基金论文数占该学科论文数的比例，称之为该学科的基金论文比。2011 年各学科的基金论文比及其与 2010 年相比的变化情况见图 7-4。横坐标轴内侧数据为各学科基金论文比变化情况。读图可知，2011 年各学科基金论文比存在一定变化，除个别学科如安全科学技术（基金论文比上升 20.9 个百分点）、测绘科学技术（基金论文比上升 12.1 个百分点）外，其余学科变化并不显著。

本报告中所讨论的 39 个学科按照其学科属性可以划分为基础学科、医药卫生、农林牧渔、工业技术及管理学这 5 个较大的类别。除管理学自成一类外，如图 7-4 所示，各学科基金论文比按其所归属类别的不同大致划分为 4 个不同的大类：基础学科、医药卫生、农林牧渔、工业技术。

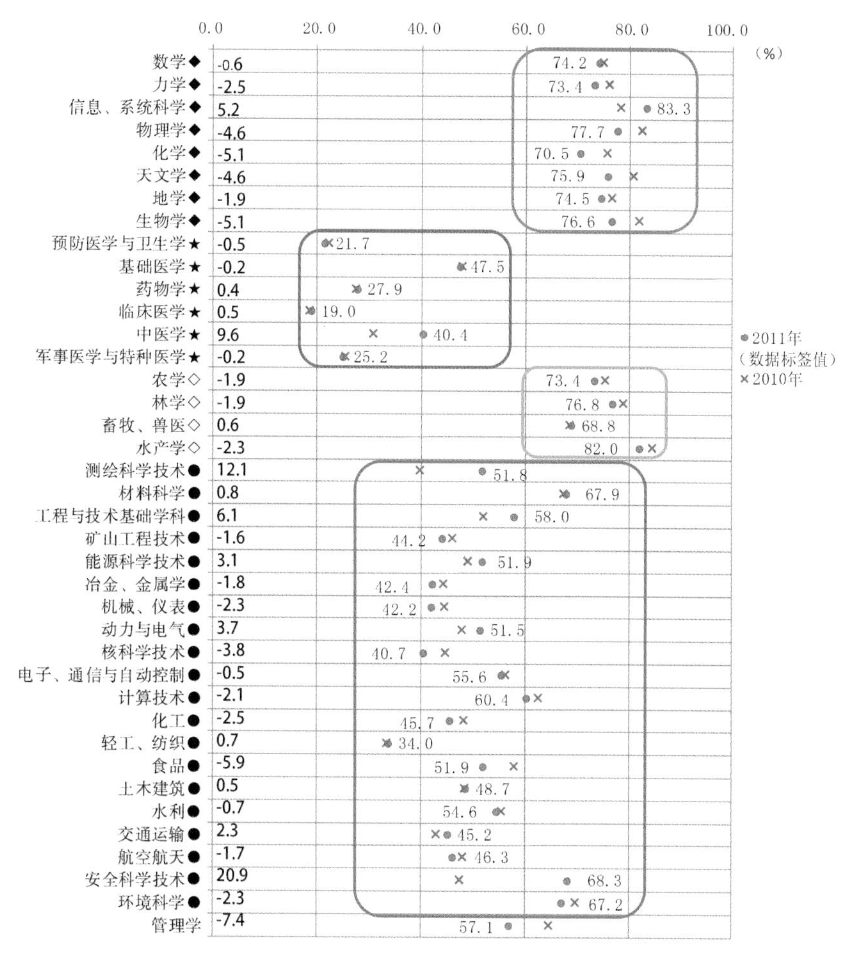

注：◆代表基础学科；★代表医药卫生；◇代表农林牧渔；●代表工业技术。

图 7-4　2010—2011 年各学科基金论文比变化情况（数据来源：CSTPCD）

7.3.4.2　SCI 收录基金论文的学科分布

根据 SCI 的数据统计，2011 年中国各类基金资助产出论文在各学科中的分布情况见表 7-16。基金论文最多的来自于化学领域，共计 19413 篇，占全部基金论文的 19.3%；其次是物理学，12705 篇基金论文来自该领域，占全部基金论文的 12.6%；排在第 3 位的是生物学，11828 篇基金论文来自该领域，占全部基金论文的 11.7%。

表 7-16　2011 年各学科基金论文数及基金论文比（数据来源：SCI）

排名	学科	基金论文数（篇）	占全部基金论文的比例（%）	总论文数（篇）	基金论文比（%）
1	化学	19413	19.3	27045	71.8
2	物理学	12705	12.6	16788	75.7
3	生物学	11828	11.7	14883	79.5
4	材料科学	9862	9.8	12565	78.5

排名	学科	基金论文数（篇）	占全部基金论文的比例（%）	总论文数（篇）	基金论文比（%）
5	临床医学	5838	5.8	14752	39.6
6	数学	5031	5.0	6634	75.8
7	基础医学	4260	4.2	6598	64.6
8	环境科学	3518	3.5	4249	82.8
9	药物学	3053	3.0	4494	67.9
10	地学	2552	2.5	3702	68.9
11	计算技术	2444	2.4	3299	74.1
12	电子、通信与自动控制	2425	2.4	3425	70.8
13	农学	2367	2.3	2832	83.6
14	冶金、金属学	2078	2.1	3668	56.7
15	化工	1805	1.8	2308	78.2
16	工程与技术基础学科	1619	1.6	2201	73.6
17	能源科学技术	1552	1.5	2092	74.2
18	机械、仪表	1240	1.2	1677	73.9
19	食品	979	1.0	1314	74.5
20	力学	899	0.9	1185	75.9
21	天文学	788	0.8	1006	78.3
22	信息、系统科学	742	0.7	1050	70.7
23	水产学	623	0.6	733	85.0
24	预防医学与卫生学	620	0.6	1302	47.6
25	水利	418	0.4	595	70.3
26	土木建筑	347	0.3	514	67.5
27	管理学	332	0.3	437	76.0
28	畜牧、兽医	298	0.3	399	74.7
29	中医学	250	0.2	368	67.9
30	动力与电气	222	0.2	343	64.7
31	航空航天	150	0.1	227	66.1
32	林学	143	0.1	188	76.1
33	交通运输	128	0.1	207	61.8
34	核科学技术	115	0.1	241	47.7
35	矿山工程技术	78	0.1	102	76.5

排名	学科	基金论文数（篇）	占全部基金论文的比例（%）	总论文数（篇）	基金论文比（%）
36	军事医学与特种医学	62	0.1	124	50.0
37	安全科学技术	25	0.0	34	73.5
38	测绘科学技术	3	0.0	3	100.0
39	轻工、纺织	0	0.0	2	0.0
	其他	17	0.0	50	—
	合计	100829	100.0	143636	70.2

如图 7–5 所示，根据 SCI 的数据统计，基金论文比按基础学科、医药卫生、农林牧渔、工业技术划分为 4 个大类的现象也同样存在。

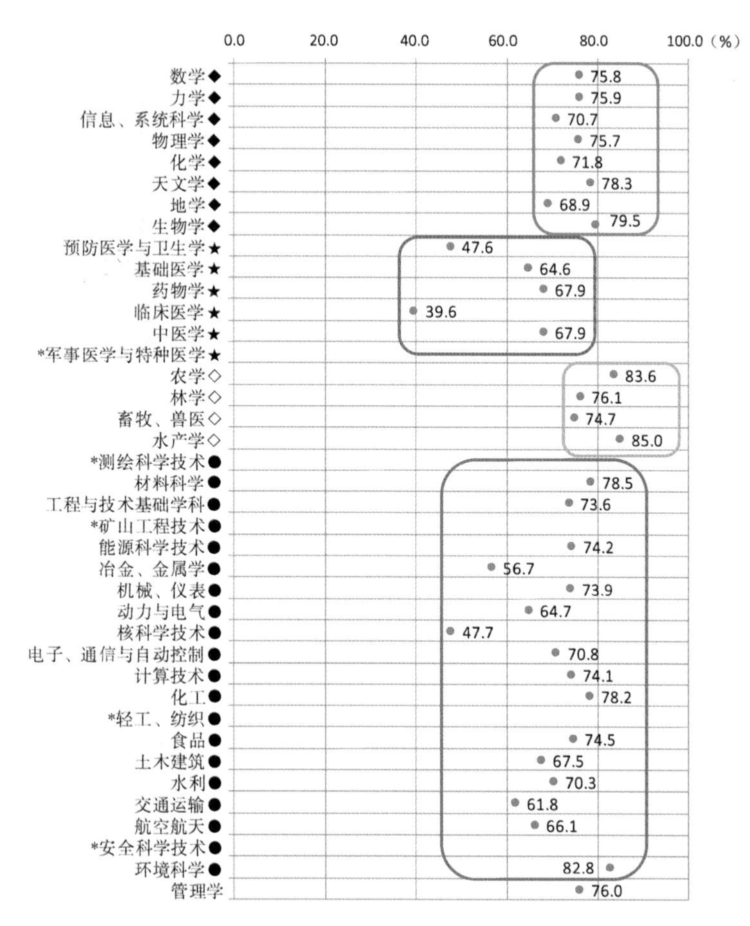

注：加注“*”表示军事医学与特种医学，测绘科学与技术，矿山工程技术，轻工、纺织，安全科学与技术由于基金论文数量较少，仅在图中列出该学科名称，其基金论文比的值不显示在图中；◆代表基础学科；★代表医药卫生；◇代表农林牧渔；●代表工业技术。

图 7–5　2011 年各学科基金论文比（数据来源：SCI）

7.3.4.3 CSTPCD 和 SCI 收录基金论文学科分布的异同

通过以上两节的分析可以看出，CSTPCD 和 SCI 数据库收录基金论文在学科分布上存在较大差异：

（1）CSTPCD 收录基金论文的比例前 3 位的学科分别是临床医学、计算机和农学；SCI 收录基金论文的比例前 3 位的学科分别是化学、物理学和生物学。

（2）与 CSTPCD 数据库相比，SCI 数据库收录的基金论文在学科分布上呈现了更明显的集中趋势。在 CSTPCD 数据库中，基金论文数量排名前 8 位的学科集中了 50.2%的基金论文；前 21 位的学科集中了 82.2%的基金论文。在 SCI 数据库中，基金论文数量排名前 4 位的学科集中了 53.4%的基金论文；前 12 位的学科集中了 82.2%的基金论文。

与此同时，两个数据库收录的基金论文在学科分布上也具有一些共同点：无论是在 CSTPCD 还是在 SCI 数据库中，基金论文比按基础学科、医药卫生、农林牧渔、工业技术划分为 4 个大类的现象同样存在。

7.3.5 基金论文的地区分布

7.3.5.1 CSTPCD 收录基金论文的地区分布

CSTPCD 2011 年收录各类基金资助产出论文的地区分布情况见附表 45。表 7-17 给出了 2011 年基金资助产出论文数量前 10 位的地区。根据 CSTPCD 的数据统计，2011 年基金论文数居首位的仍然是北京，产出 31940 篇，占全部基金论文的 13.7%。排在第 2 位的是江苏，产出 21523 篇基金论文，占全部基金论文的 9.2%。位列其后的上海、广东、陕西、山东的基金论文产量也都超过了 10000 篇。

表 7-17 2011 年产出基金论文数量前 10 位的地区（数据来源：CSTPCD）

地区	2011 年			2010 年		
	基金论文数（篇）	占全部基金论文的比例（%）	排名	基金论文数（篇）	占全部基金论文的比例（%）	排名
北京	31940	13.7	1	33301	14.0	1
江苏	21523	9.2	2	21344	9.0	2
上海	14523	6.2	3	15591	6.6	3
广东	13829	5.9	4	14405	6.1	4
陕西	13828	5.9	5	14057	5.9	5
山东	10256	4.4	6	10570	4.4	6
湖南	9744	4.2	7	10417	4.4	8
辽宁	9662	4.2	8	9605	4.0	9
浙江	9545	4.1	9	9449	4.0	10
湖北	9531	4.1	10	10462	4.4	7

各地区的基金论文数占该地区全部论文数的比例，称之为该地区的基金论文比。2010—2011 年各地区产出基金论文比与基金论文变化情况见表 7-18。2011 年基金论文

比最高的地区是黑龙江，其基金论文比为 52.8%；最低的地区是河北，其基金论文比为 32.2%。与 2010 年相比，多数地区的基金论文比变化并不显著，其中变化最大的是海南，其基金论文比由 2010 年的 43.1%下降至了 2011 年的 37.4%，下降了 5.7 个百分点。

表 7-18　2010—2011 年各地区基金论文比与基金论文变化情况（数据来源：CSTPCD）

地区	基金论文比（%）		基金论文比变化（百分点）	基金论文数（篇）		基金论文年增长率（%）
	2011 年	2010 年		2011 年	2010 年	
北京	46.8	48.6	−1.8	31940	33301	−4.1
天津	41.5	44.4	−2.9	5343	5697	−6.2
河北	32.2	31.6	0.6	5992	5723	4.7
山西	42.8	41.4	1.4	3308	3239	2.1
内蒙古	45.8	50.0	−4.3	1601	1653	−3.1
辽宁	47.3	47.5	−0.2	9662	9605	0.6
吉林	52.0	53.5	−1.5	4809	4978	−3.4
黑龙江	52.8	54.5	−1.7	7182	7760	−7.4
上海	45.7	47.2	−1.6	14523	15591	−6.9
江苏	43.2	44.0	−0.7	21523	21344	0.8
浙江	36.4	35.2	1.2	9545	9449	1.0
安徽	46.3	47.6	−1.3	6557	6463	1.5
福建	50.5	51.8	−1.3	4858	4806	1.1
江西	51.6	49.0	2.6	3528	3423	3.1
山东	41.6	41.1	0.4	10256	10570	−3.0
河南	37.2	38.2	−1.0	7854	7801	0.7
湖北	37.9	41.6	−3.7	9531	10462	−8.9
湖南	52.2	50.6	1.6	9744	10417	−6.5
广东	38.1	38.1	0.0	13829	14405	−4.0
广西	45.6	44.0	1.6	4736	4657	1.7
海南	37.4	43.1	−5.7	1101	1213	−9.2
重庆	50.3	51.6	−1.3	6971	7136	−2.3
四川	40.9	42.0	−1.1	8812	9259	−4.8
贵州	50.6	52.4	−1.8	2781	2643	5.2
云南	44.2	45.0	−0.9	3457	3384	2.2
西藏	43.9	48.9	−5.0	108	110	−1.8
陕西	50.9	52.7	−1.8	13828	14057	−1.6
甘肃	50.4	50.2	0.1	4365	4337	0.6

地区	基金论文比（%）		基金论文比变化（百分点）	基金论文数（篇）		基金论文年增长率（%）
	2011 年	2010 年		2011 年	2010 年	
青海	33.5	28.5	5.0	430	342	25.7
宁夏	44.6	43.3	1.3	920	806	14.1
新疆	44.3	46.2	−1.9	3116	3063	1.7
不详	—	—	—	534	137	—
合计	43.9	44.8	−0.9	232744	237831	—

如表 7–18 所示，2011 年全国 15 个地区的基金论文数出现了不同程度的下降，降幅最明显的是海南，基金论文由 2010 年的 1213 篇降至 2011 年的 1101 篇，减少了 9.2%。其余 16 个地区的基金论文数出现了不同程度的增加，增幅最明显的是青海，由 2010 年的 342 篇增加至 2011 年的 430 篇，增长了 25.7%。

7.3.5.2 SCI 收录基金论文的地区分布

根据 SCI 数据统计，2011 年中国各类基金资助产出论文的地区分布情况见表 7–19。2011 年，中国各类基金资助产出论文最多的地区是北京，产出 19066 篇，占全部基金论文的 18.9%；其次是上海，产出 10730 篇，占全部基金论文的 10.6%；排在第 3 位的是江苏，产出 9513 篇，占全部基金论文的 9.4%。北京和上海这两个地区的基金论文比分别为 69.9%和 69.7%，均略低于全国的平均水平（70.2%）。

表 7–19 2011 年中国各类基金资助产出论文的地区分布情况（数据来源：SCI）

排名	地区	基金论文数（篇）	占全部基金论文的比例（%）	论文数（篇）	基金论文比（%）
1	北京	19066	18.9	27261	69.9
2	上海	10730	10.6	15400	69.7
3	江苏	9513	9.4	13514	70.4
4	广东	5777	5.7	8392	68.8
5	浙江	5728	5.7	8065	71.0
6	湖北	5114	5.1	7041	72.6
7	山东	5008	5.0	6730	74.4
8	陕西	4737	4.7	6817	69.5
9	辽宁	3793	3.8	5560	68.2
10	四川	3593	3.6	5809	61.9
11	湖南	3261	3.2	4537	71.9
12	安徽	3026	3.0	3848	78.6
13	吉林	2905	2.9	4258	68.2
14	天津	2811	2.8	3824	73.5
15	黑龙江	2539	2.5	3759	67.5

排名	地区	基金论文数（篇）	占全部基金论文的比例（%）	论文数（篇）	基金论文比（%）
16	福建	2150	2.1	2771	77.6
17	甘肃	1938	1.9	2486	78.0
18	重庆	1829	1.8	2865	63.8
19	河南	1762	1.7	2619	67.3
20	河北	1082	1.1	1618	66.9
21	云南	1046	1.0	1398	74.8
22	山西	812	0.8	1214	66.9
23	江西	812	0.8	1200	67.7
24	广西	669	0.7	908	73.7
25	新疆	360	0.4	552	65.2
26	贵州	305	0.3	424	71.9
27	内蒙古	197	0.2	311	63.3
28	海南	143	0.1	229	62.4
29	青海	56	0.1	81	69.1
30	宁夏	55	0.1	85	64.7
31	西藏	0	0.0	3	0.0
	不详	12	—	57	—
	合计	100829	100.0	143636	70.2

7.3.5.3 CSTPCD 与 SCI 收录基金论文地区分布的异同

两个数据库收录基金论文地区分布的相同点主要表现在：无论是在 CSTPCD 还是在 SCI 数据库中，产出基金论文数量前 3 位的地区都是北京、江苏、上海，只是位次稍有差异。

两个数据库收录基金论文地区分布的不同点主要表现为：SCI 数据库中基金论文的地区分布更为集中。如，在 CSTPCD 数据库中，基金论文数量前 9 位的地区产出了 53.8%的基金论文，基金论文数量前 16 位的地区产出了 80.7%的基金论文；在 SCI 数据库中，基金论文数量前 4 位的地区产出了 50.4%的基金论文，基金论文前 13 位的地区产出了 81.6%的基金论文。

7.3.6 基金论文的合著情况分析

7.3.6.1 CSTPCD 收录基金论文合著情况分析

如图 7-6 所示，2011 年 CSTPCD 收录基金论文 232744 篇，其中 223037 篇是合著论文，合著论文比例为 95.8%，这一值较 CSTPCD 收录所有论文的合著比例（88.0%）高出 7.8 个百分点。

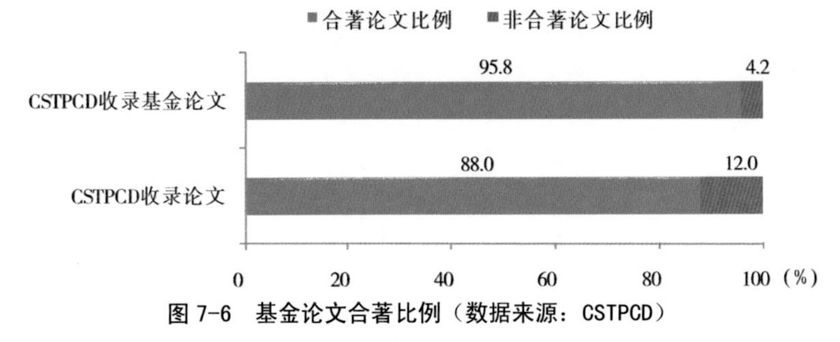

图 7-6 基金论文合著比例（数据来源：CSTPCD）

2011 年，CSTPCD 收录所有论文的篇均作者数为 3.73 人/篇，该数据库收录基金论文篇均作者数为 4.22 人/篇，基金论文的篇均作者数较所有论文的篇均作者数高出 0.49 人/篇。

如表 7-20 所示，CSTPCD 收录基金论文中的合著论文以 4 作者论文最多，共计 50584 篇，占全部基金论文总数的 21.7%；3 作者论文所占比例与其相当，共计 49543 篇，占全部基金论文总数的 21.3%；排在第 3 位的是 5 作者论文，共计 38693 篇，占全部基金论文的 16.6%。

表 7-20 2011 年不同作者数的基金论文数量（数据来源：CSTPCD）

作者数	基金论文数（篇）	占全部基金论文的比例（%）	作者数	基金论文数（篇）	占全部基金论文的比例（%）
1	9707	4.2	7	12929	5.6
2	32774	14.1	8	6818	2.9
3	49543	21.3	9	3158	1.4
4	50584	21.7	10	1521	0.7
5	38693	16.6	≥11	1635	0.7
6	25382	10.9	总计	232744	100.0

表 7-21 列出了基金论文的合著论文比例与篇均作者数的学科分布。根据 CSTPCD 数据的统计，各学科基金论文中合著论文比例最高的是材料科学，为 99.2%；畜牧兽医、动力电气、航空航天、食品、核科学技术、化学、药学这 7 个学科基金论文的合著论文比例也都超过了 98.0%；数学学科基金论文的合著比例最低，为 83.0%；排在倒数第 2 位的是天文学，该学科基金论文的合著比例为 85.2%。

如表 7-21 所示，各学科篇均作者数在 2.84～5.66 人/篇，篇均作者数最高的是畜牧兽医，为 5.66 人/篇；其次是医学与特种医学，为 5.58 人/篇；排在第 3 位的是核科学技术和临床医学，都是 5.31 人/篇；数学学科基金论文的篇均作者数最低，为 2.84 人/篇。

表 7-21 基金论文的合著论文比例与篇均作者数的学科分布（数据来源：CSTPCD）

学科	基金论文数（篇）	合著论文数（篇）	合著论文比例（%）	篇均作者数（人/篇）
数学	5456	4529	83.0	2.84
力学	1685	1615	95.8	3.46
信息、系统科学	2042	1953	95.6	3.21
物理学	5195	4963	95.5	4.47
化学	8519	8363	98.2	4.50

学科	基金论文数（篇）	合著论文数（篇）	合著论文比例（%）	篇均作者数（人/篇）
天文	277	236	85.2	3.82
地学	9598	9289	96.8	4.44
生物学	11439	11169	97.6	4.78
预防医学与卫生学	4356	4148	95.2	5.27
基础医学	9031	8799	97.4	5.27
药学	4418	4335	98.1	5.00
临床医学	28955	27571	95.2	5.31
中医学	9951	9549	96.0	4.74
军事医学与特种医学	891	871	97.8	5.58
农学	16313	15959	97.8	4.98
林学	2959	2884	97.5	4.57
畜牧兽医	4607	4551	98.8	5.66
水产学	1495	1460	97.7	5.01
测绘科学技术	1570	1512	96.3	3.61
材料科学	4966	4925	99.2	4.52
工程与技术基础学科	2302	2251	97.8	3.99
矿业工程技术	2120	1967	92.8	3.94
能源科学技术	2848	2665	93.6	4.54
冶金、金属学	5052	4941	97.8	4.15
机械、仪表	4757	4589	96.5	3.71
动力电气	5385	5313	98.7	4.09
核科学技术	404	397	98.3	5.31
电子、通信与自动控制	10200	9907	97.1	3.94
计算技术	21327	20289	95.1	3.38
化工	6155	6017	97.8	4.39
轻工、纺织	792	761	96.1	3.92
食品	3888	3826	98.4	4.48
土木建筑	6461	6167	95.4	3.51
水利	1723	1667	96.7	3.61
交通运输	4529	4322	95.4	3.51
航空航天	2137	2104	98.5	3.59
安全科学技术	71	68	95.8	3.81
环境科学	8903	8666	97.3	4.44
管理学	906	796	87.9	3.09
其他	9061	7643	—	—
合计	232744	223037	95.8	4.22

7.3.6.2　SCI 收录基金论文合著情况分析

如图 7-7 所示，2011 年 SCI 收录基金论文 139198 篇，其中 98741 篇是合著论文，合著论文比例为 97.9%，这一值较 SCI 收录所有论文的合著比例高出 1.0 个百分点。

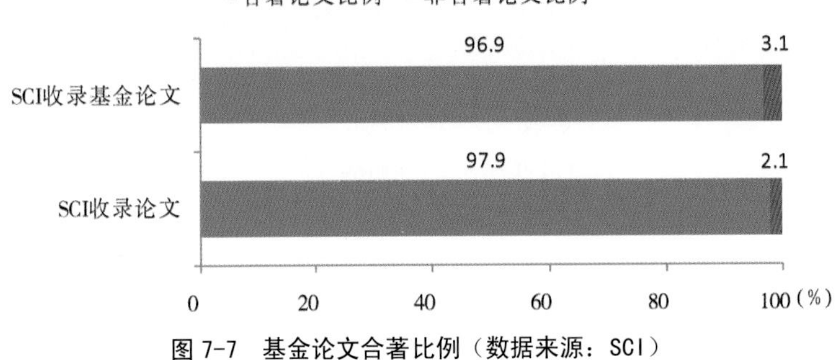

图7-7 基金论文合著比例（数据来源：SCI）

2011年，SCI收录论文的篇均作者数为5.04人/篇，其基金论文篇均作者数为5.18人/篇，基金论文的篇均作者数较所有论文的篇均作者数高出0.14人/篇。

如表7-22所示，SCI收录基金论文中的合著论文以4位作者最多，共计18152篇，占全部基金论文总数的18.0%；其次是5位作者论文，共计17526篇，占全部基金论文总数的17.4%；排在第3位的是3位作者论文，共计15508篇，占全部基金论文总数的15.4%。

表7-22 2011年不同作者数的基金论文数量（数据来源：SCI）

作者数	基金论文数（篇）	占全部基金论文的比例（%）	作者数	基金论文数（篇）	占全部基金论文的比例（%）
1	2081	2.1	8	5798	5.8
2	9717	9.6	9	3574	3.5
3	15508	15.4	10	2321	2.3
4	18152	18.0	11	1309	1.3
5	17526	17.4	12	798	0.8
6	13801	13.7	≥13	1221	1.2
7	9023	8.9	总计	100829	100.0

表7-23列出了基金论文的合著论文比例与篇均作者数的学科分布。根据SCI数据的统计，基金论文数超过100篇的学科中，合著论文比例最高的是林学，该学科143篇基金论文均为合著论文；其次是预防医学与卫生学、基础医学和临床医学，该学科基金论文中合著论文比例均达到了99.8%。

如表7-23所示，各学科篇均作者数在2.41～7.27人/篇，篇均作者数最高的是预防医学与卫生学和基础医学，为7.27人/篇；其次是天文学，为7.26人/篇；数学学科基金论文的篇均作者数最低，为2.41人/篇。

表7-23 基金论文的合著论文比例与篇均作者数的学科分布（数据来源：SCI）

学科	基金论文数（篇）	合著论文数（篇）	合著论文比例（%）	篇均作者数（人/篇）
数学	5031	4274	85.0	2.41
力学	899	866	96.3	3.23
信息、系统科学	742	710	95.7	3.28
物理学	12705	12263	96.5	4.70
化学	19413	19212	99.0	5.11

学科	基金论文数（篇）	合著论文数（篇）	合著论文比例（%）	篇均作者数（人/篇）
天文	788	735	93.3	7.26
地学	2552	2486	97.4	4.58
生物学	11828	11761	99.4	6.17
预防医学与卫生学	620	619	99.8	7.27
基础医学	4260	4253	99.8	7.27
药学	3053	3043	99.7	6.74
临床医学	5838	5825	99.8	7.10
中医学	250	246	98.4	5.92
军事医学与特种医学	62	62	100.0	5.92
农学	2367	2358	99.6	5.55
林学	143	143	100.0	5.46
畜牧兽医	298	297	99.7	6.48
水产学	623	621	99.7	5.09
测绘科学技术	3	3	100.0	3.33
材料科学	9862	9811	99.5	5.15
工程与技术基础学科	1619	1571	97.0	4.63
矿业工程技术	78	75	96.2	4.38
能源科学技术	1552	1533	98.8	4.81
冶金、金属学	2078	2062	99.2	4.53
机械、仪表	1240	1226	98.9	4.40
动力电气	222	218	98.2	3.99
核科学技术	115	111	96.5	4.60
电子、通信与自动控制	2425	2367	97.6	3.73
计算技术	2444	2345	95.9	3.50
化工	1805	1795	99.4	4.83
轻工、纺织	0	0	—	—
食品	979	975	99.6	5.38
土木建筑	347	344	99.1	3.54
水利	418	416	99.5	4.42
交通运输	128	125	97.7	3.76
航空航天	150	147	98.0	3.31
安全科学技术	25	25	100.0	4.48
环境科学	3518	3503	99.6	5.26
管理学	332	305	91.9	2.89
其他	17	17	—	—
合计	100829	98748	97.9	5.18

7.3.7 中国国家级科技计划项目投入与论文产出的效率

根据 CSTPCD 数据库统计，2011 年产出论文数量超过 10000 篇的科技计划（项目）

有 4 个，分别是国家自然科学基金项目、国家科技支撑计划、国家高技术研究发展计划（863 计划）、国家重点基础研究发展计划（973 计划）。下文以这 4 个国家科技计划（项目）作为统计的样本。

根据 CSTPCD 数据库统计，2011 年这 4 个国家级科技计划（项目）论文产出效率如表 7-24 所示。一般说来，国家科技计划项目资助时间大约在 1～3 年时间。我们以统计当年以前 3 年的投入总量作为产出的成本，计算中国科技论文的产出效率，即用 2011 年基金项目论文数量除以 2008—2010 年基金项目投入的总额。从表中可以看到，2008—2010 年期间，国家自然科学基金项目的投入最多，在 2011 年产出的论文数量也最多，同时基金论文产出效率也是最高的，达到 358.34 篇/亿元。国家科技支撑计划和863计划的经费投入规模几乎相同，论文产出数量和产出效率比较接近，分别为84.12 篇/亿元和 72.15 篇/亿元。973 计划的投入规模尽管相对其他 3 个基金项目比较小，但是基金论文产出效率相对较高，为 129.82 篇/亿元。

表 7-24　2011 年 4 个国家级科技计划项目国内论文产出效率

基金资助项目	2011 年论文数（篇）	资助总额（亿元）				基金论文产出效率（篇/亿元）
		2008 年	2009 年	2010 年	总计	
国家自然科学基金项目	82471	63.08	70.54	96.53	230.15	358.34
国家科技支撑计划	12674	50.66	50.00	50.00	150.66	84.12
国家高技术研究发展计划（863 计划）	11248	53.59	51.15	51.15	155.89	72.15
国家重点基础研究发展计划（973 计划）	11035	19.00	26.00	40.00	85.00	129.82

注：2011 年论文数的数据来源于 CSTPCD。

根据 SCI 数据库统计，2011 年产出论文数量超过 10000 篇的科技计划（项目）有 2 个，分别是：国家自然科学基金项目、国家重点基础研究发展计划（973 计划）。下文以这 2 个国家科技计划（项目）作为统计的样本。

根据 SCI 数据库统计，2011 年这 2 个国家级科技计划（项目）论文产出效率如表 7-25 所示。2008—2010 年期间，国家自然科学基金项目的投入产出效率为 261.82 篇/亿元。973 计划的投入产出效率为 134.48 篇/亿元。

表 7-25　2011 年 4 个国家级科技计划项目 SCI 论文产出效率

基金资助项目	2011 年论文数（篇）	资助总额（亿元）				基金论文产出效率（篇/亿元）
		2008 年	2009 年	2010 年	总计	
国家自然科学基金委员会项目	60258	63.08	70.54	96.53	230.15	261.82
国家重点基础研究发展计划（973 计划）	11431	19.00	26.00	40.00	85.00	134.48

注：2011 年论文数的数据来源于 SCI。

7.4 讨论

本年度的研究报告首次对 SCI 收录基金论文的情况进行了细致的分析，并增加了基金论文合著情况分析的内容。主要得到了以下结论：

（1）中国各类基金资助产出论文数量在整体上保持了上升的态势，基金论文在所有论文中所占比重也在不断增长，基金资助正在对中国科技事业的发展发挥越来越大的作用。

（2）中国目前已经形成了一个以国家自然科学基金、科技部计划项目资助为主，其他部委基金和地方基金、机构基金、公司基金、个人基金和海外基金为补充的多层次的基金资助体系。

（3）CSTPCD 收录基金论文在机构分布、学科分布、地区分布上与往年保持了一定的相似性。SCI 收录基金论文在机构分布和地区分布上与 CSTPCD 数据库表现出了许多相近的特征，如高等院校和研究机构是基金论文产出的主体力量；北京、江苏、上海这 3 个地区基金论文产量位居前列等。在学科分布上，SCTPCD 和 SCI 差异较大，CSTPCD 收录基金论文的比例前 3 位的学科分别是临床医学、计算机和农学；SCI 收录基金论文的比例前 3 位的学科分别是化学、物理学和生物学。

（4）基金论文的合著论文比例和篇均作者数高于平均水平，这一现象同时存在于两个数据库中。

（5）2011 年以产出论文超过 10000 篇的 4 个国家级科技计划项目为例，继续研究我国科技投入和论文产出的效率。数据显示，国家自然科学基金项目的资助规模、论文产出数量和效率都是最高的，以 2008—2010 年基金投入总额计算，2011 年 4 个国家级科技计划项目的论文产出效率在 70～360 篇/亿元。

参考文献

[1] 培根. 学术的进展[M]. 刘运同，译. 上海：上海人民出版社, 2007
[2] 中国科学技术信息研究所.1999 年度中国科技论文统计与分析（年度研究报告）, 2000
[3] 郭红.科技期刊基金标注的规范化现状和存在的问题及建议[J]. 数字图书馆论坛, 2013（3）
[4] 翟丽华.科技期刊论文的基金标注规范化调查研究[J].数字图书馆论坛, 2013（3）
[5] 郭红，潘云涛，马峥，等.国家自然科学基金资助产出论文计量分析[J].科技导报，2011，29（27）：61～66
[6] 郭红，潘云涛，马峥，等.国家自然科学基金资助产出医学论文的计量分析[J].科技管理研究，2012，32（10）：46～50
[7] 中国科学技术信息研究所. 2010 年度中国科技论文统计与分析（年度研究报告）[M]. 北京：科学技术文献出版社, 2012
[8] 中国科学技术信息研究所. 2009 年度中国科技论文统计与分析（年度研究报告）[M].北京：科学技术文献出版社, 2011
[9] 中华人民共和国科学技术部.“十一五” 科技计划简介[EB/OL]. http://www.most.gov.cn/kjjh/

8 中国科技论文合著情况统计分析

科技合作是科学研究工作发展的重要模式。随着科技的进步、全球化趋势的推动，以及先进通信方式的广泛应用，科学家能够克服地域的限制，参与合作的方式越来越灵活，合著论文的数量一直保持着增长的趋势。中国科技论文统计与分析项目自 1990 年起对中国科技论文的合著情况进行了统计分析。2011 年合著论文所占比例和篇均作者数量与前一年度相比变化很小，均有所下降，合著论文的数量较之上一年度涨幅有所下降。2011 年度数据显示，无论西部地区还是其他地区，都十分重视并积极参与科研合作。各个学科领域内的合著论文比例与其自身特点相关。同时，对国内论文和国际论文的统计分析表明，中国与其他国家和地区的合作论文情况总体保持稳定。

8.1 CSTPCD 2011 收录的合著论文统计与分析

8.1.1 概述

《2011 年中国科技论文与引文数据库》(CSTPCD 2011) 收录了中国论文 530553 篇，这些论文的作者总人次达到 1975173 人次，平均每篇论文由 3.72 个作者完成，其中合著论文总数为 466880 篇，所占比例为 88.0%，比 2010 年的 88.2%减少了 0.2 个百分点。在 CSTPCD 2011 收录的中国论文中，有 63673 篇是由 1 位作者独立完成的，数量比 2010 年的 62778 篇有所增加，同时在全部中国论文中所占的比例为 12%，与 2010 年的 11.8%相比，基本持平。

表 8-1 列出了 1992—2011 年 CSTPCD 论文数、作者数、篇均作者、合著论文数及比例的变化情况。从表中可以看出，2006 年以前篇均作者的数值一直都保持着增长的趋势，2007 年出现波动，数值有所下降，但是在 2008 年之后又返回到增长的状态。如图 8-1 所示，合著论文的数量在持续快速增长，但是在 2008 年合著论文数量的变化幅度明显小于相邻年度。这主要是 2008 年论文总数增长幅度也比较小，比 2007 年仅增长 8898 篇，增幅只有 2%，因此导致尽管合著论文比例增加，但是数量增幅较小。而在 2009 年，随着论文总数增幅的回升，在比例保持相当水平的情况下，合著论文数量的增幅也有较明显的回升。2009 年以后，合著论文的增减幅度基本持平。相对 2010 年，2011 年合著论文减少了 977 篇，降幅约为 0.2%。

从表 8-1 还可以看出，合著论文的比例在 2005 年以后一般都保持在 88%以上，而在 2007 年略有下降，但是在 2008 年以后又开始回升，保持在 88%以上的水平波动，2011 年的合著论文的比例相比 2010 年略有下降。

表 8-1 CSTPCD 1992—2011 年论文作者数及合作情况

年份	论文数（篇）	作者数（人）	篇均作者（人）	合著论文数（篇）	合著比例（%）
1992	98575	259495	2.63	66880	67.8
1993	101983	272495	2.67	70478	69.1
1994	107492	295125	2.75	76556	71.2
1995	107991	304651	2.82	81110	75.1
1996	116239	340473	2.93	88673	76.3
1997	120851	366473	3.03	95510	79.0
1998	133341	413989	3.10	107989	81.0
1999	162779	511695	3.14	132078	81.5
2000	180848	580005	3.21	151802	83.9
2001	203299	662536	3.25	169813	83.5
2002	240117	796245	3.32	203152	84.6
2003	274604	929617	3.39	235333	85.7
2004	311737	1077595	3.46	272082	87.3
2005	355070	1244505	3.50	314049	88.4
2006	404858	1430127	3.53	358950	88.7
2007	463122	1615208	3.49	403914	87.2
2008	472020	1702949	3.61	419738	88.9
2009	521327	1887483	3.62	461678	88.6
2010	530635	1980698	3.73	467857	88.2
2011	530087	1975173	3.73	466880	88.1

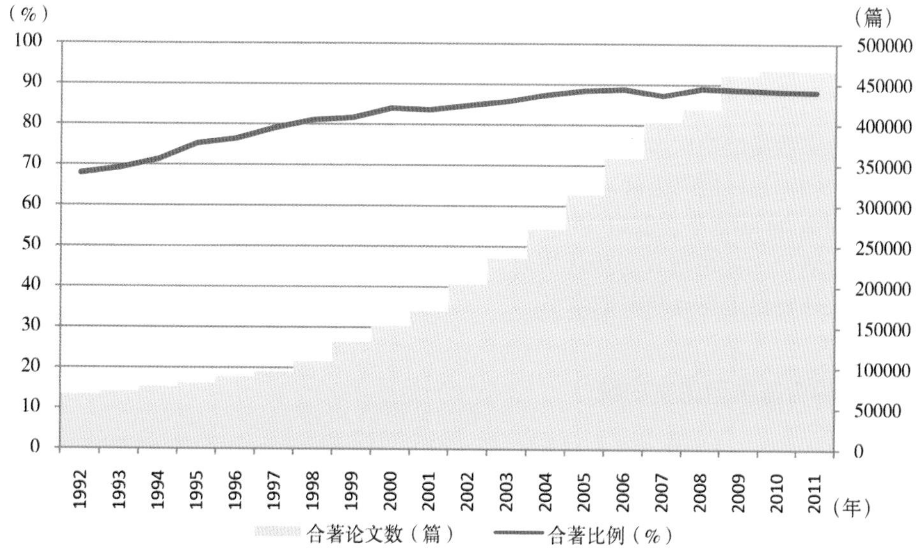

图 8-1 CSTPCD 1992—2011 年中国科技论文合著论文数量和合著论文比例的变化

图 8-2 所示为 CSTPCD 1992—2011 年中国科技论文合著论文数量和合著论文比例的变化情况。CSTPCD 收录的论文数量由于收录的期刊数量增加而持续增长，特别是在 2001—2008 年，每年增幅一直持续保持在 15%左右；2008 年以后增长的幅度趋缓，2010 年的增幅约为 1.8%。论文篇均作者数量的曲线显示，尽管在 2007 年出现下降，但是从整体上看仍然呈现缓慢增长的趋势，至 2009 年以后呈平稳趋势。2011 年论文篇均作者数量是 3.72 人，与 2010 年的 3.73 人基本持平。

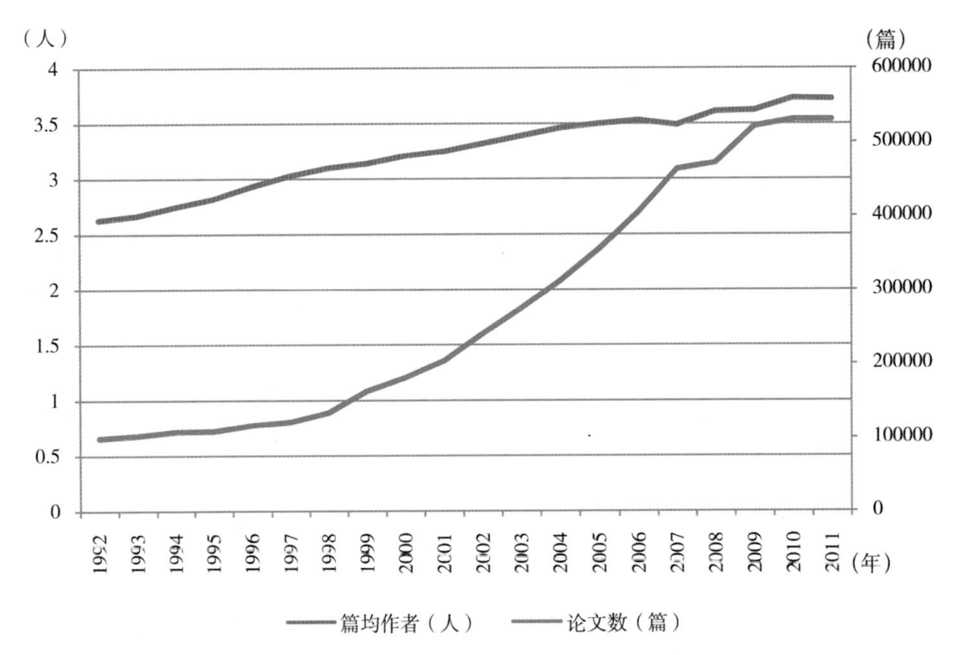

图 8-2 CSTPCD 1992—2011 年中国科技论文论文数量和篇均作者的变化

论文体现了科学家进行科研活动的成果，近年的数据显示大部分的科研成果由愈来愈多的科学家参与完成，并且这一比例还保持着增长的趋势。这表明中国的科学技术研究活动，越来越依靠科研团队的协作，同时数据也反映出合作研究有利于学术发展和研究成果的产出。2007 年数据显示，合著论文的比例和篇均作者的数量开始下降，这是由于论文数量的快速增长导致这些相对指标的数值降低。2007 年合著论文比例和篇均作者数两项指标同时下降，到了 2008 年又开始回升，而在 2009 年和 2010 年，数值又恢复到 2006 年水平，2011 年基本与 2010 年的数值持平。这种数据的波动有可能是达到了合著论文比例增长态势从快速上升转变为相对稳定的信号，也就是说合著论文的比例大体将稳定在近 90%的水平。

8.1.2 各种合著类型论文的统计

与往年一样，我们将中国作者参与的合著论文按照参与合著的作者所在机构的地域关系进行了分类，按照 4 种合著类型分别统计。这 4 种合著类型分别是：同机构合著、同省合著、省际合著和国际合著。表 8-2 分类列出了 2009—2011 年不同合著类型论文的数量和在合著论文总数中所占的比例。

表 8-2　CSTPCD 2009—2011 年中各种类型合著论文数量和比例

合作类型	论文数（篇）			占合著论文总数的百分比（%）		
	2009 年	2010 年	2011 年	2009 年	2010 年	2011 年
同机构合著	302005	314544	304379	65.4	67.2	65.2
同省合著	90270	83995	94346	19.6	18.0	20.2
省际合著	64724	64680	63695	14.0	13.8	13.6
国际合著	4679	4638	4460	1.0	1.0	1.0
总数	461678	467857	466880	100	100	100

通过 3 年数值的对比，可以看出各种合著类型所占比例大体保持稳定。图 8-3 显示了各种合著类型论文所占比例，从中可以看出 2010 年与 2009 年相比，论文数量和各种类型论文的比例几乎没有变化，增减的幅度都在 0.1～0.2 个百分点，而 2011 年的同机构合著的比例较之前两年略有减少，同时同省合著的比例较之前两年略有上升，2011 年国际合著的比例与前两年相比保持不变。同一机构内部人员合著的论文产出仍然占据主导地位，所占的比例超过 65%，占据绝对多数；同省合著论文的比例保持在近 20%的水平；省际合著论文所占比例保持在 14%左右。

同时从表 8-2 中还可以看出同机构合著和同省合著类型的论文数量略有起伏，而省际合著和国际合著论文数量和比例变化却呈现出趋弱的态势。2011 年国际合著论文的数量比 2010 年减少了 178 篇。国际合著论文数量继续保持略有下降的趋势。

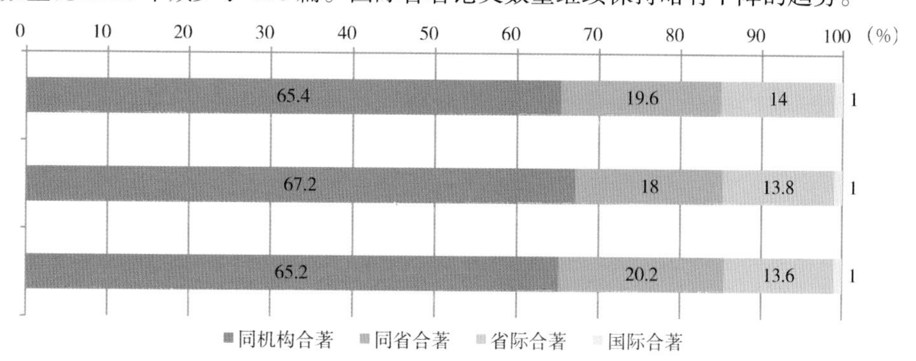

图 8-3　CSTPCD 2009—2011 年 4 种合著类型论文的比例

CSTPCD 2011 收录中国科技论文合著关系的学科分布详见本书附表 48，地区分布详见本书附表 49。

以下分别详细分析论文的各种类型的合著情况。

（1）同机构合著情况

同机构合著论文在全部论文中所占的比例达到了 57.4%，与 2010 年的 57.3%相比略有增加，在各个学科和各个地区的统计中，同机构合著论文所占比例同样是最高的。

通过附表 48 中的数据可以看到，同机构合著数值最高的学科是航空航天，比例数值为 70.7%，也就说该学科论文有 7 成是同机构的作者合著完成，这与航空航天领域内尖端技术和自主研发成果较为密集的特点相吻合。其后的学科分别是工程与技术基础学科、材料学科和计算技术，比例数值都超过了 60%。从附表 48 中还可以看到这一类型合作论文比例最低的学科与往年一样，仍然是能源科学技术，数值为 37.3%。与

2010年相比，同机构合著论文比例略有下降。

在附表49中可以看到，同机构合著论文所占比例最高的为上海，为62%。这一比例数值较高的地区还有陕西、黑龙江、重庆和湖北，这些地区的数值都超过了60%。这一比例数值最小的地区仍然是青海省，数值为43.4%。同时从附表49还可以看出，同一机构合著论文比例数值较小的地区大都为整体科技实力相对薄弱的西部地区。

（2）同省合著论文情况

同省内不同机构间的合著论文占全部论文总数的17.8%。

从附表48可以看出，药物学，中医学，农学，林学，畜牧、兽医科学和基础医学的同省合著论文比例比较高，最高的药物学达到了29.0%；比例最低的是航空航天，为8.7%。

附表49显示，各个省的同省合著论文比例数值大都集中在10%～20%的范围。比例数值最高的省份是宁夏，达到26.6%，数值排名靠前的地区还有新疆、吉林、河北、山东、云南和贵州；最低的是西藏，比例数值为10.6%。

（3）省际合著论文情况

不同省区的科研人员合著论文占全部论文总数的14.2%。

附表48中还列出了不同学科的省际合著论文比例。可以看到，能源科学技术是省际合著比例最高的学科，比例数值达到33.2%，是总体比例14.2%的两倍多。比例数值超过四分之一的学科还有地学和安全科学技术。比例最低的学科是临床医学，仅为7.1%。同时从表中还可以看出，医学领域这个比例数值普遍较低，中医学和预防医学与卫生学等学科的比例数值不足10%。不同学科省际合著论文比例的差异与各个学科论文总数以及研究机构的地域分布有关系。也就是说，研究机构地区分布较广的学科，省际合作的机会比较多，省际合著论文比例就会比较高，例如地学、矿山工程技术和林学。而医学领域的研究活动的组织方式具有地域特点，这使得其同单位的合作比例最高，同省次之，省际合作的比例较少。

附表49中所列出的各省省际合著论文比例最高的是西藏，比例最低的是广东。大体上可以看出这样的规律：科技论文产出能力比较强的地区省际合著论文比例低一些，反之论文产出数量较少的地区省际合著论文比例就高一些。这表明科技实力较弱的地区在科研产出上，对外依靠的程度相对高一些。但是对比北京、江苏、广东和上海这几个论文产出数量较多的地区，可以看到北京省际合著论文比例为14.5%，明显高于江苏的11.1%、广东的9.0%、上海的9.2%。

（4）国际合著论文情况

国际合著论文比例最高的学科是天文学，比例数值达到3.2%，其后是力学和物理学，都超过了2.5%。从数量上看，最多的是临床医学，达到了785篇，远远超过其他学科。

国际合著论文比例最高的地区是北京和上海，达到了1.3%。北京地区的国际合著论文数量超过918篇，远远领先于其他省区。上海、江苏和广东的国际合著论文数量都超过了300篇，列在第2阵营。青海虽然国际合著论文数量不多，但是国际合著论文所占比例较高。

有关国际合著论文的情况，将在第8.1.4节做专门分析。

（5）西部地区合著论文情况

交流与合作是西部地区科技发展与进步的重要途径。将各省的省际合著论文比例与国际合著论文比例的数值相加，作为考察各地区与外界合作的指标。图 8-4 对比了西部地区和其他地区的这一指标值，可以看出西部地区和其他地区之间并没有显出差异，13 个西部地区省际合著论文比例与国际合著论文比例的数值超过 15%的有 4 个，山西、甘肃、宁夏和新疆等地区也十分接近 15%，特别是西藏地区对外合著的比例明显高于其他省区。而其他 18 个地区中也只有 3 个达到 15%。这表明西部地区由于科技实力相对较弱而科技发展需求较强，与外界合作的势头还要强一些。

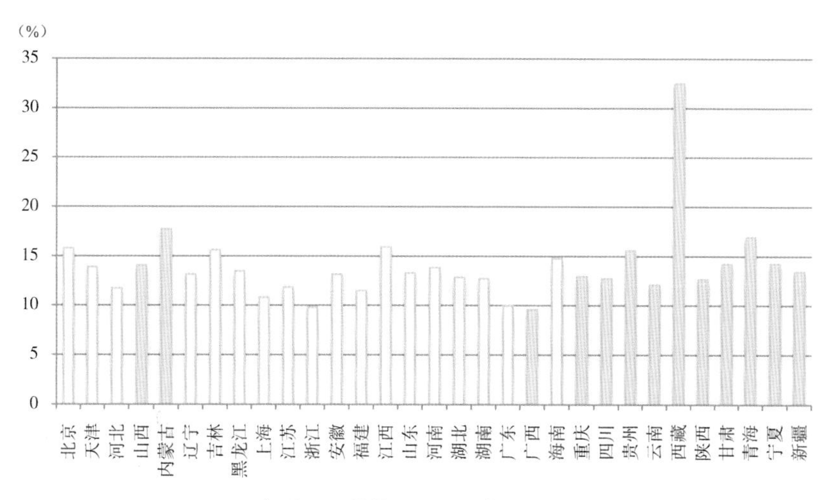

图 8-4 西部地区和其他地区对外合作论文比例的比较

图 8-5 是各省的合著论文数比例与论文总数对照的散点图。从横坐标方向数据点分布可以看到，西部地区的合著论文产出数量明显少于其他地区；但是从纵坐标方向数据点分布看，西部地区数据点的分布在纵坐标方向整体上与其他地区没有十分明显的差异。除去个别省区，西部地区合著产生的论文比例超过 85%，接近或超过全部合著论文的 89.1%，新疆地区合作论文比例最高，达到 93%，超过了 90%的省区还有西藏和甘肃，进入了全国各省区合著论文排名的前列。

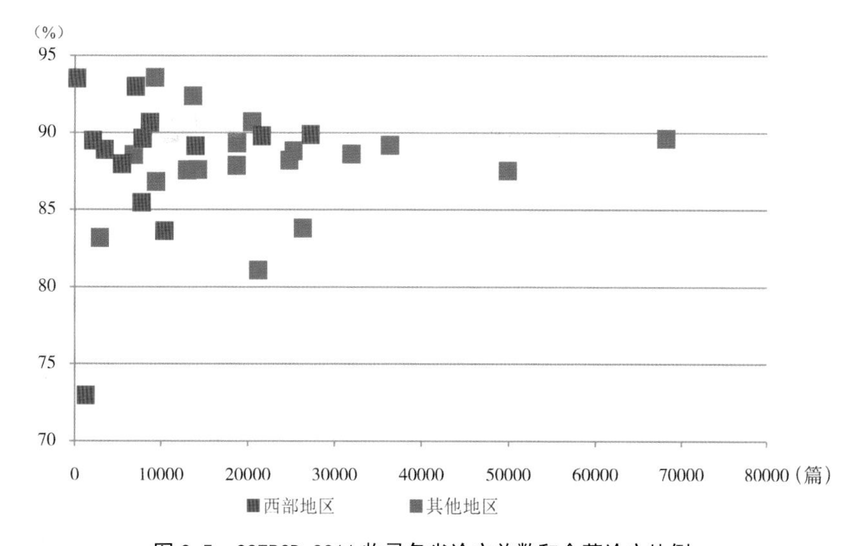

图 8-5 CSTPCD 2011 收录各省论文总数和合著论文比例

表8-3列出了西部各省区的各种合著类型论文比例的分布数值。从数值上看，大部分西部省区的各种类型合著论文的分布情况与全部论文计算的数值差别并不是很大，但国际合著论文的比例数值普遍低于整体水平。

表8-3 2011年西部各省区的各种合著类型论文比例

地区	单一作者（%）	同机构合著（%）	同省合著（%）	省际合著（%）	国际合著（%）
山西	14.5	54.8	16.6	13.7	0.3
内蒙古	11.1	50.5	20.6	17.0	0.7
广西	16.4	56.6	17.5	9.2	0.4
重庆	10.9	60.4	15.8	12.1	0.8
四川	10.2	59.7	17.3	12.0	0.7
贵州	12.0	51.5	20.9	14.8	0.8
云南	10.4	55.7	21.8	11.3	0.8
西藏	6.5	50.4	10.6	32.5	0.0
陕西	10.1	61.5	15.7	12.0	0.7
甘肃	9.4	55.9	20.5	13.6	0.6
青海	27.0	43.4	12.7	15.9	1.0
宁夏	10.5	48.6	26.6	13.7	0.6
新疆	7.0	53.4	26.1	12.8	0.6
全部论文	11.9	57.4	17.8	12.0	0.8

8.1.3 不同类型机构之间的合著论文情况

表8-4列出了CSTPCD 2011收录的不同机构之间各种类型的合著论文数量，反映了各类机构合作伙伴的分布。数据显示，高等院校之间的合著论文数量最多，而且无论是高等院校主导、其他类型机构参与的合作，还是其他类型机构主导、高等院校参与的合作，论文产出量都很多。研究机构和高等院校的合作也非常紧密，而且更多地依赖于高等院校。高等院校主导、研究机构参加的合著论文数超过了研究机构之间的合著论文数，更比研究机构主导、高等院校参加的合著论文数量多出了1倍多。农业机构合著论文的数据和公司企业合著论文的数据也体现出类似的情况，也是高等院校在合作中发挥重要作用。医疗机构之间的合著论文数比较多，这与其专业领域比较集中的特点有关。同时，由于高等院校中有一些医学专业院校和附属医院，在医学和相关领域的科学研究中发挥重要作用，所以医疗机构和高等院校合作产生的论文数量也很多。

表8-4 CSTPCD 2011收录的不同机构之间各种类型的合著论文数量

机构类型	高等院校	研究机构	医疗机构	农业机构	公司企业
高等院校*	45291	21628	11480	900	14361
研究机构*	9583	6789	785	552	2982
医疗机构*	13066	1111	8253	1	335
农业机构*	163	147	3	217	39
公司企业*	3158	1262	83	19	2571

*表示在发表合著论文时作为第一作者。

8.1.4 国际合著论文的情况

CSTPCD 2011 收录的中国科技人员为第一作者参与的国际合著论文总数 4460 为篇，与 2010 年的 4638 篇相比略有减少，减少了 178 篇。

（1）地区和机构类型分布

2011 年在中国科技人员作为第一作者发表的国际合著论文中，有 918 篇论文的第一作者分布在北京地区，在中国科技人员作为第一作者的 4460 篇国际合著论文中所占比例达到 20.6%。

对比表 8-5 中所列出的各省数量和比例，可以看到，与往年的统计结果情况一样，北京远远高于其他的省区，其他各省区中最高为上海的 416 篇，所占比例也仅有 9.5%，不及北京地区的一半。这一方面是由于北京的高等院校和大型研究机构比较集中，论文产出的数量比其他省区多很多；另一方面北京作为全国科技教育文化中心，有更多的机会参与国际科技合作。在北京之后，所占比例较高的地区还有上海、江苏和广东，它们所占的比例均超过了 8%。而不足 15 篇的地区包括青海、宁夏和海南。2011 年西藏的国际合作论文数为 25 篇，相比 2010 年的 3 篇有大幅上升。

表 8-5 CSTPCD 2011 收录的中国科技人员作为第一作者的国际合著论文按国内地区分布情况

地区	第一作者		地区	第一作者	
	论文数（篇）	比例（%）		论文数（篇）	比例（%）
北京	918	20.6	福建	86	2.0
上海	416	9.5	河南	67	1.5
江苏	376	8.6	云南	65	1.5
广东	358	8.1	河北	64	1.5
辽宁	200	4.5	甘肃	51	1.2
陕西	187	4.3	新疆	44	1.0
浙江	168	3.8	贵州	42	1.0
山东	161	3.7	广西	40	0.9
湖南	158	3.6	江西	37	0.8
四川	157	3.6	山西	26	0.6
湖北	148	3.4	内蒙古	25	0.6
黑龙江	124	2.8	西藏	25	0.6
重庆	117	2.7	青海	13	0.3
天津	104	2.4	宁夏	12	0.3
安徽	103	2.3	海南	7	0.2
吉林	98	2.2			

2011 年国际合著论文的机构类型分布如表 8-6 所示，依照第一作者单位的机构类型统计，高等院校仍然占据最主要的地位，所占比例超过 3/4；与 2010 年相比，合著

论文数量和所占比例数值基本持平。高等院校和医疗机构国际合作论文的数量和比例与前一年相比略有下降，研究机构和公司企业国际合著论文的数量和比例都与前一年基本持平。

表 8-6 CSTPCD 2011 收录的中国科技人员作为第一作者的国际合著论文按机构分布情况

机构类型	合著论文数量（篇）	比例（%）
高等院校	3348	75.1
研究机构	745	16.7
医疗机构	180	4.0
公司企业	52	1.2
其他机构	133	3.0

就 CSTPCD 2011 年收录的中国国际合著论文而言，其国际合著伙伴分布在 93 个国家和地区，覆盖范围比 2010 年有所增加。表 8-7 列出了国际合著论文数量较多的国家和地区的合著论文情况。从表中可以看到，与中国合著论文的数量超过 100 篇的国家和地区有 11 个。与此同时，还有另外 4 个国家和地区的合著论文数超过 60 篇，另外 3 个国家和地区的合著论文数超过 40 篇。与 2010 年的数据相比基本持平。按照合作论文数量排序，合著论文数和名次居前 10 位的国家和地区与 2010 年相同。其中与美国的合作以 1726 篇合著论文列在第 1 位，比 2010 年减少了 7.4%；中国与日本的合著论文数量为 906 篇，也比 2010 年略有减少，列第 2 位。中国大陆与香港特别行政区的合著论文数量同样略有下降，为 606 篇，比 2010 年减少了 78 篇。上述这 3 个国家和地区的作者参与的合著论文数量远远多于其他国家和地区的合著论文数量，中国内地作者与这 3 个国家和地区的作者合著论文的数量加在一起，在全部中国国际合著论文中的比例超过了 70%，因此这 3 个国家和地区是中国科技合作的主要伙伴。2011 年，中国大陆作为第一作者与台湾的合著论文共有 75 篇，与澳门特别行政区的合著论文共有 76 篇。

表 8-7 2011 年我国国际合著伙伴的地区分布情况

国家（地区）	国际合著论文数（篇）	国家（地区）	国际合著论文数（篇）
美国	1726	新加坡	124
日本	906	俄罗斯	100
中国香港	606	中国澳门	76
英国	382	中国台湾	75
澳大利亚	295	意大利	67
加拿大	294	荷兰	64
德国	247	瑞典	53
法国	170	比利时	45
韩国	135	丹麦	40

（2）学科分布

从 CSTPCD 2011 收录的中国国际合著论文分布（表 8-8）来看，所有 39 个学科中都有中国作为第一作者发表的国际合著论文，其中数量最多的学科是临床医学（785篇），远远高于其他学科，在所有国际合著论文中所占的比例为15.2%。合著论文数量比较多的还有生物学和地学，这2个学科的国际合著论文数量都超过了300篇，详见表8-8。从表中可以看到还有8个学科的国际合著论文数量不足20篇。

表8-8 CSTPCD 2011 收录的中国国际合著论文学科分布

学科	论文数（篇）	比例（%）	学科	论文数（篇）	比例（%）
数学	81	1.8	工程与技术基础学科	60	1.3
力学	59	1.8	矿山工程技术	29	0.7
信息、系统科学	30	0.6	能源科学技术	22	0.5
物理学	166	5.1	冶金、金属学	84	1.9
化学	138	3.5	机械、仪表	33	0.7
天文学	12	0.9	动力与电气	39	0.9
地学	313	7.6	核科学技术	13	0.3
生物学	357	6.5	电子、通信与自动控制	245	5.5
预防医学与卫生学	145	2.7	计算技术	295	6.6
基础医学	209	5.6	化工	77	1.7
药学	3	2.9	轻工、纺织	16	0.4
临床医学	785	15.2	食品	44	1.0
中医学	104	2.3	土木建筑	176	3.9
军事医学与特种医学	26	0.2	水利	18	0.4
农学	200	5.8	交通运输	76	1.7
林学	62	0.9	航空航天	18	0.4
畜牧、兽医	58	0.9	安全科学技术	1	0.0
水产学	22	0.5	环境科学	167	3.7
测绘科学技术	27	0.1	管理学	2	0.0
材料科学	86	1.9	其他	162	3.6

（3）发表国际合著论文的科技期刊

CSTPCD 2011 收录的中国科技论文统计源期刊共有2041种，其中有1245种期刊发表了中国作者为第一作者的国际合著论文，所占比例为61.0%。

有17种期刊的国际合著论文比例超过了10%，JOURNAL OF SYSTEMATICS AND EVOLUTION、ADVANCES IN ATMOSPHERIC SCIENCES、APPLIED MATHEMATICS AND MECHANICS和INSECT SCIENCE这4种期刊的国际合著论文比例超过了20%。上述17种期刊包括8种英文刊；有17种期刊的国际合著论文数量超过了20篇。

CSTPCD 2011 收录国际合著规模最大的论文是“Burden of celiac disease in the Mediterranean area”，发表于WORLD JOURNAL OF GASTROENTEROLOGY。这篇论文由来自12个国家和地区的13名作者共同署名。

8.1.5 CSTPCD 2011 海外作者发表论文的情况

CSTPCD 2011 中还收录了一部分海外作者在中国科技期刊上作为第一作者发表的论文（表 8-9），这些论文同样可以起到增进国际交流的作用，促进中国的研究工作进入全球的科技舞台。

表 8-9 CSTPCD 2011 收录的海外作者论文分布情况

国家（地区）	论文数（篇）	国家（地区）	论文数（篇）
美国	591	澳大利亚	89
印度	306	巴基斯坦	73
伊朗	262	澳门	67
日本	198	加拿大	64
韩国	162	土耳其	64
中国台湾	159	马来西亚	55
中国香港	149	西班牙	53
德国	115	荷兰	52
意大利	112	法国	45
英国	102	埃及	42

CSTPCD 2011 共收录了海外作者发表的论文 3552 篇，比 CSTPCD 2010 的数量减少了 185 篇。3552 篇论文分布在 595 个科技期刊中，其中包括 57 种英文期刊。也就是说 CSTPCD 2011 中收录的全部 58 种英文期刊中，98%具有吸引海外作者发表论文的能力。有 31 种期刊的海外论文数量超过了 20 篇。

这些海外作者来自于 89 个国家和地区，表 8-9 列出了 CSTPCD 2011 年收录的论文数量较多的国家和地区，其中美国作者在中国独立发表的论文数量最多，其次是印度、伊朗和日本的作者。这几个国家也是国际合著论文数量比较多的伙伴国家，表明中国与这几个国家和地区的合作最密切。特别是印度的论文数量较 2010 年增加非常显著，已经超越日本位列第 2 位。

CSTPCD 2011 收录海外作者论文学科分布也十分广泛，3552 篇论文几乎覆盖了全部学科，只有安全科学技术 1 个学科没有海外作者论文。表 8-10 列出了各个学科的论文数量和所占比例，从中可以看到，临床医学的论文数量最多，达 1022 篇，所占比例为 28.8%；超过 100 篇的学科共有 8 个，其中数量较多的学科还有生物学，论文数超过 300 篇，所占比例也超过了 10%。

表 8-10 CSTPCD 2011 收录的海外论文学科分布情况

学科	论文数（篇）	比例（%）	学科	论文数（篇）	比例（%）
数学	115	3.2	工程与技术基础学科	28	0.8
力学	80	2.3	矿山工程技术	10	0.3
信息、系统科学	4	0.1	能源科学技术	19	0.5
物理学	164	4.6	冶金、金属学	74	2.1

学科	论文数（篇）	比例（%）	学科	论文数（篇）	比例（%）
化学	256	7.2	机械、仪表	28	0.8
天文学	25	0.7	动力与电气	6	0.2
地学	65	1.8	核科学技术	3	0.1
生物学	362	10.2	电子、通信与自动控制	112	3.2
预防医学与卫生学	71	2.0	计算技术	85	2.4
基础医学	98	2.8	化工	87	2.4
药学	1	0.0	轻工、纺织	11	0.3
临床医学	1022	28.8	食品	10	0.3
中医学	68	1.9	土木建筑	127	3.6
军事医学与特种医学	12	0.3	水利	8	0.2
农学	78	2.2	交通运输	43	1.2
林学	57	1.6	航空航天	4	0.1
畜牧、兽医	55	1.5	安全科学技术	0	0.0
水产学	10	0.3	环境科学	95	2.7
测绘科学技术	9	0.3	管理学	4	0.1
材料科学	130	3.7	其他	116	3.3

8.2 SCI 2011 收录的中国国际合著论文

据 SCI 数据库统计，2011 年收录的中国论文中，国际合作产生的论文为 40297 篇，比 2010 年增加了 7490 篇，增长了 22.8%。国际合著论文占我国发表论文总数的 27.6%。

2011 年中国作者为第一作者的国际合著论文共计 22847 篇，占我国全部国际合著论文的 56.6%，合作伙伴涉及 105 个国家（地区）；其他国家作者为第一作者、我国作者参与工作的国际合著论文为 17450 篇，合作伙伴涉及 93 个国家（地区）。

8.2.1 合作国家（地区）分布

中国作者作为第一作者的 SCI 合著论文 22847 篇，涉及的国家（地区）数为 118 个，合作伙伴排名前 6 位与 2010 年一致，分别是：美国、日本、英国、澳大利亚、加拿大和德国（表 8-11）。

表 8-11 SCI 2011 收录中国作者作为第一作者发表的论文的合作者国家（地区）分布

排名	国家（地区）	论文数（篇）	排名	国家（地区）	论文数（篇）
1	美国	13521	4	澳大利亚	2165
2	日本	2733	5	加拿大	1987
3	英国	2326	6	德国	1689

中国参与工作、其他国家作者为第一作者的 SCI 合著论文 17450 篇，涉及 90 个国家（地区），合作伙伴排名前 6 位的是：美国、日本、德国、英国、加拿大和澳大利亚，其中与美国的合著论文数量上升较快（表 8-12）。

表 8-12 SCI 2011 收录中国作者作为参与者发表的论文的第一合作者国家（地区）分布

排名	国家（地区）	论文数（篇）	排名	国家（地区）	论文数（篇）
1	美国	5959	4	英国	756
2	日本	1213	5	加拿大	739
3	德国	826	6	澳大利亚	677

图 8-6 所示为 SCI 2011 收录的中国作者作为第一作者和作为参与方产出合著论文较多的合作国家（地区）的分布情况。表 8-13 所示为 SCI 2011 收录的中国合著科技论文的国际合作形式的分布情况。

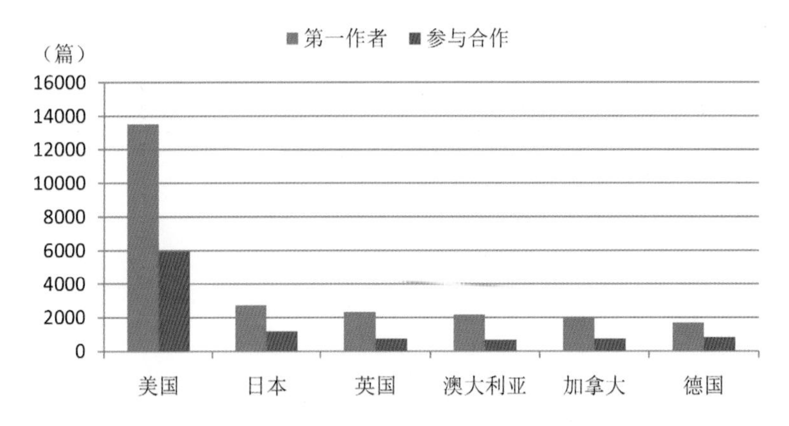

图 8-6 SCI 2011 收录的中国作者作为第一作者和作为参与方产出合著论文较多的合作国家（地区）

表 8-13 SCI 2011 收录的中国合著科技论文的国际合作形式分布

	中国第一作者（篇）	比例（%）
双边合作	20218	89.41
三方合作	2032	8.99
多方合作	363	1.61

注：双边指 2 个国家参与合作，三方指 3 个国家参与合作，多方指 3 个以上国家参与合作的论文。

8.2.2 国际合著论文的学科分布

表 8-14 和表 8-15 显示了 SCI 2011 收录的中国国际合著论文较多的学科的论文情况。

表 8-14　SCI 2011 收录的中国作者为第一作者的国际合著论文数较多的 6 个学科及论文情况

学科	论文数（篇）	占本学科论文比例（%）
生物学	2522	15.17
化学	2469	8.60
物理学	2031	11.44
临床医学	1656	12.46
材料科学	1634	11.82
基础医学	1331	17.81

表 8-15　SCI 2011 收录的中国作者参与的国际合著论文数较多的 6 个学科及论文情况

学科	论文数（篇）	占本学科论文比例（%）
生物学	1853	11.14
物理学	1498	8.43
化学	1498	5.22
临床医学	1439	10.83
基础医学	1049	14.04
材料科学	870	6.29

8.2.3　国际合著论文的国内地区分布

表 8-16 显示了 SCI 2011 收录的中国作者为第一作者的国际合著论文数较多的地区的论文情况。

表 8-16　SCI 2011 收录的中国作者为第一作者的国际合著论文数较多的 6 个地区及论文情况

地区	论文数（篇）	占本地区论文比例（%）
北京	5077	19.31
上海	2624	17.81
江苏	1940	14.79
浙江	1202	15.19
广东	1186	14.97
湖北	1072	15.62

8.2.4　中国已具备参与国际大科学合作能力

“大科学”研究一般来说是指具有投资强度大、多学科交叉、实验设备复杂、研究目标宏大等特点的研究活动。“大科学”工程是科学技术高度发展的综合体现，是显示各国科技实力的重要标志。

近年来，通过参与国际热核聚变实验堆（ITER）计划、国际综合大洋钻探计划、全球对地观测系统等一系列大科学计划，中国与美、欧、日、俄等主要科技大国开展平等合作，为参与制定国际标准、解决全球性重大问题做出了应有贡献。陆续建立起来的5个国家级国际创新园、33个国家级国际联合研究中心、222个国际科技合作基地，成为中国开展国际科技合作的重要平台。随着综合国力和科技实力的增强，中国已具备参与国际大科学和大科学合作的能力。

根据SCI数据统计，2011年我国发表的论文中，作者数大于3000人、合作机构数大于150个的论文共有50篇，作者数超过100人且合作机构数量大于30个的论文共计262篇。这些论文涉及的主题学科有20个，但是约90%以上的论文集中分布在高能物理、核物理、生命科学、工程技术基础学科和大型仪器仪表等领域。262篇论文中，第一作者单位为中国的论文，即以我国为主进行的合作研究产出的论文，共计12篇，全是由中科院高能物理研究所牵头的涉及高能物理领域的研究产出，国内参与的单位有清华大学、北京大学、中国科技大学等16个大学和研究机构。合作国家包括美国、俄罗斯、荷兰、德国、日本、意大利、巴基斯坦、韩国等国家。总体来看，在“大科学”的研究领域中，以中国科研人员为第一作者的国际论文数量较少，在中国科研人员参加的所有论文中所占比例较低，还要增强这方面的研究力量。

8.3 小结

通过对CSTPCD 2011和SCI 2011收录的中国科技人员参与的合著论文情况的分析，我们可以看到，更加广泛和深入的合作仍然是科学研究方式的发展方向。中国的合著论文数量及其在全部论文中所占的比例显示出趋于稳定的趋势。约有60%的中国科技论文统计源期刊发表了国际合著论文。

各种合著类型的论文所占比例与往年相比变化不大，同机构内的合作仍然是主要的合著类型。

不同地区由于其具体情况不同，合著情况有所差别。但是从整体上看，西部地区和其他地区相比，尽管在合著论文数量上有一定的差距，但是在合著论文的比例上并没有明显的差异。而且在用国际合著和省际合著的比例考查地区对外合作情况时，西部地区的合作势头还略强一些。

由于研究方法和学科特点的不同，不同学科之间的合著论文的数量和规模差别较大，基础学科的合著论文数量往往比较多，应用工程和工业技术方面的合著论文相对较少。

参考文献

[1] 中国科学技术信息研究所. 2003年度中国科技论文统计与分析（年度研究报告）[M]. 北京：科学技术文献出版社，2005

[2] 中国科学技术信息研究所. 2004年度中国科技论文统计与分析（年度研究报告）[M]. 北京：科学技术文献出版社，2006

[3] 中国科学技术信息研究所. 2005 年度中国科技论文统计与分析（年度研究报告）[M]. 北京: 科学技术文献出版社，2007
[4] 中国科学技术信息研究所. 2007 年版中国科技期刊引证报告（核心版）[M]. 北京: 科学技术文献出版社，2007
[5] 中国科学技术信息研究所. 2006 年度中国科技论文统计与分析（年度研究报告）[M]. 北京: 科学技术文献出版社，2008
[6] 中国科学技术信息研究所. 2008 年版中国科技期刊引证报告（核心版）[M]. 北京: 科学技术文献出版社，2008
[7] 中国科学技术信息研究所. 2007 年度中国科技论文统计与分析（年度研究报告）[M]. 北京: 科学技术文献出版社，2009
[8] 中国科学技术信息研究所. 2009 年版中国科技期刊引证报告（核心版）[M]. 北京: 科学技术文献出版社，2009
[9] 中国科学技术信息研究所. 2008 年度中国科技论文统计与分析（年度研究报告）[M]. 北京: 科学技术文献出版社，2010
[10] 中国科学技术信息研究所. 2010 年版中国科技期刊引证报告（核心版）[M]. 北京: 科学技术文献出版社，2010
[11] 中国科学技术信息研究所. 2011 年版中国科技期刊引证报告（核心版）[M]. 北京: 科学技术文献出版社，2011
[12] 中国科学技术信息研究所. 2012 年版中国科技期刊引证报告（核心版）[M]. 北京: 科学技术文献出版社，2012

9　表现不俗论文的统计与分析

9.1　引言

根据 SCI、Ei、CPCI-S、SSCI 等国际权威检索数据库的统计结果，中国的国际论文数量排名均位于世界前列，经过多年的努力，我国已经成为科技论文产出大国。但也应清楚地看到，我国国际论文的质量和影响与一些科技强国相比仍存在一定差距，所以，需要不断加强对我国的论文进行更深入的分析和评定，才能真正实现中国科技论文从“量变”向“质变”的转变。

2009 年，我们首次采用表现不俗论文这一指标进行论文评价，统计结果受到国内外学术界的普遍关注。若在每个学科领域内，按统计年度的论文被引用次数世界均值划一条线，高于均线的论文我们将之称为“表现不俗”的论文，即论文发表后的影响超过其所在学科的一般水平。表现不俗论文的数量可以反映国际论文的影响力。

据 SCI 统计，2011 年，中国为第一作者的论文共 14.36 万篇，其中表现不俗的论文为 42929 篇，占论文总数的 29.8%，较 2010 年上升了 10 个百分点。按文献类型分，97%是原创论文，3%是评论类论文。

从 2009 年开始，我们在每年的年度报告中都增加了这一部分的内容。表现不俗论文统计结果的发布，将对我国高影响论文的发表起到一定的推动作用。以下我们将对 2011 年度我国表现不俗论文的学科、地区、机构、期刊、基金和合著等方面的情况进行统计与分析。

9.2　研究分析和结论

9.2.1　表现不俗论文与学科影响力关系分析

2011 年，我国表现不俗论文主要分布在 37 个学科中（表 9-1），与 2010 年保持一致，其中，76%以上的学科中表现不俗论文数超过 100 篇，该比例比 2010 年增加 6 个百分比；表现不俗论文达千篇及以上的学科数量由 2010 年的 8 个增加为 14 个；同时，表现不俗论文 500 篇以上的学科数量也有所增加，由 13 个增加为 19 个。

表 9-1　我国表现不俗论文的学科分布（据 SCIE 2011）

学科	表现不俗论文（篇）	全部论文（篇）	2011 表现不俗论文占全部论文的比例（%）	2010 表现不俗论文占全部论文的比例（%）
数学	1738	7471	23.3	23.2
力学	414	1351	30.6	36.9
信息科学	256	1162	22.0	22.3

学科	表现不俗论文（篇）	全部论文（篇）	2011 表现不俗论文占全部论文的比例（%）	2010 表现不俗论文占全部论文的比例（%）
物理	3677	18926	19.4	17.4
化学	8800	29260	30.1	15.8
天文	205	1378	14.9	24.8
地学	765	4444	17.2	14.0
生物	4282	17444	24.5	15.3
预防医学卫生学	235	1853	12.7	16.9
基础医学	1592	8337	19.1	21.2
药学	1290	5164	25.0	21.7
临床医学	2445	18306	13.4	16.4
中医药	49	445	11.0	2.8
特种医学	26	158	16.5	17.8
农学	1207	3195	37.8	35.7
林学	75	220	34.1	22.2
畜牧兽医	85	425	20.0	22.3
水产	259	834	31.1	33.6
材料科学	6609	13852	47.7	31.0
工程基础	713	2664	26.8	22.9
矿业	39	119	32.8	37.7
能源	1145	2355	48.6	36.1
金属冶金	637	3791	16.8	15.3
机械仪表	553	1976	28.0	27.0
动力电器	103	415	24.8	37.5
核技术	73	296	24.7	16.9
电子、通信与自动控制	1106	4091	27.0	25.7
计算机技术	1098	4099	26.8	24.7
化工	1147	2482	46.2	38.2
食品科学	594	1451	40.9	28.5
建筑	178	752	23.7	21.1
水利	247	688	35.9	35.6
交通运输	46	276	16.7	30.0
航空航天	39	234	16.7	19.8
安全科学技术	8	36	22.2	25.0
环境	1084	5071	21.4	21.5
管理	110	675	16.3	0.5

表现不俗论文的数量一定程度上可以反映学科影响力的大小，表现不俗论文越多，表明该学科的论文越受到关注，我国在该学科的影响力也就越大。

对全部论文大于千篇的学科进行分析，表现不俗论文占学科全部论文比例大于20%的学科有 16 个，其中，表现不俗的论文占其全部论文的比例高于 40%的学科有 4 个，分别是能源、材料科学、化工和食品科学。

表现不俗论文数达千篇的 14 个学科中，能源、材料科学和化工三个学科的表现不俗论文比例最高，分别为 48.6%、47.7%和 46.2%；农学和化学两个学科的不俗论文比例也较高，分别达到 37.8%和 30.1%。说明我国在这 5 个学科领域产出的国际论文不但数量上较多，影响力也较高。

9.2.2 中国各地区表现不俗论文的分布特征

2011 年，我国 31 个省（市）SCI 论文及表现不俗论文的发表情况如表 9-2 所示，与 2010 年相比，除西藏外，其他各省（市）的表现不俗论文数都有较大幅度增加。

表 9-2 表现不俗论文的地区分布及增长情况（据 SCIE 2011）

地区	表现不俗论文数	年增长率（%）	全部论文数	比例（%）	地区	表现不俗论文数	年增长率（%）	全部论文数	比例（%）
北京	8404	71.76	27413	30.66	湖北	2166	75.95	7070	30.64
天津	1272	79.92	3850	33.04	湖南	1281	84.58	4548	28.17
河北	349	65.40	1622	21.52	广东	2437	93.57	8449	28.84
山西	292	121.21	1217	23.99	广西	230	96.58	909	25.30
内蒙古	54	86.21	312	17.31	海南	35	94.44	230	15.22
辽宁	1678	66.97	5586	30.04	重庆	761	89.30	2874	26.48
吉林	1467	112.61	4265	34.40	四川	1502	90.85	5825	25.79
黑龙江	1140	62.86	3771	30.23	贵州	108	129.79	424	25.47
上海	4921	68.01	15493	31.76	云南	374	61.21	1408	26.56
江苏	4050	76.93	13557	29.87	西藏	0	–	3	0.00
浙江	2467	84.66	8113	30.41	陕西	1851	83.27	6830	27.10
安徽	1324	86.22	3866	34.25	甘肃	852	85.62	2487	34.26
福建	964	97.14	2796	34.48	青海	18	157.14	82	21.95
江西	258	67.53	1203	21.45	宁夏	12	100.00	85	14.12
山东	1931	79.96	6756	28.58	新疆	104	85.71	552	18.84
河南	613	107.80	2624	23.36					

按发表数量计，百篇以上的省市为 24 个；千篇以上的省市有 9 个，其中，北京、上海和江苏 3 省的表现不俗论文数所占全部论文的比均超过全国的平均值，另有 6 个省该比例未达到全国平均值。表现不俗论文数少的省市依旧是科技欠发达的地区或边远地区。

按发表数量计，百篇以上的省市为 26 个；千篇以上的省市有 15 个，其中，有 10 个省市的不俗论文数所占全部论文的比例超过全国的平均值。表现不俗论文数少的省市依旧是科技欠发达的地区或边远地区。

按表现不俗论文数占全部论文数的百分比例看，大于 10%（未计入不俗论文数低于 10 篇的地区）的省市为 30 个，其中，87%的省该比例大于 20%，居前 3 位的是：福建、吉林和甘肃，不俗论文占全部论文比例分别为 34.48%、34.40%和 34.26%。

9.2.3 不同机构表现不俗论文的机构分布特征

2011 年我国 42929 篇表现不俗论文数中，高等院校发表 35274 篇，研究机构 7253 篇，医疗机构 292 篇，其他部门 110 篇，机构分布见图 9-1 所示。与 2010 年相比，高等院校的表现不俗论文占表现不俗论文总数的比例略有上升，由 2010 年的 81.6%上升为 82.1%，而研究机构则有所下降，由 2010 年的 17.5%降为 16.9%，医疗机构则基本保持不变，其表现不俗论文比例为 0.7%。

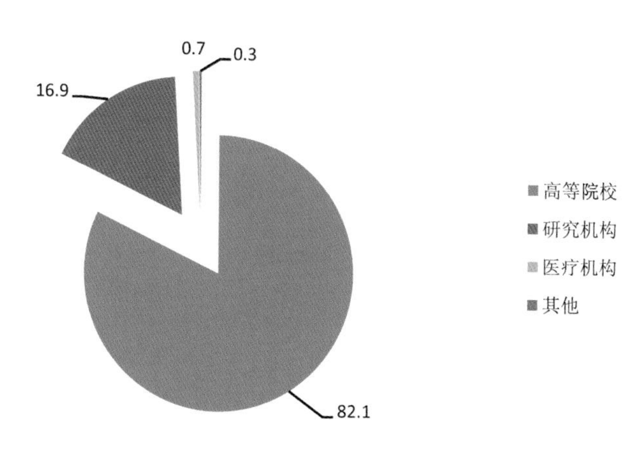

图 9-1 2011 年我国表现不俗论文的机构分布

（1）高等院校

2011 年，共有 600 所高等院校有表现不俗论文产出，与 2010 年的 527 所高等院校相比，增加 13.8%。其中，表现不俗论文超过千篇的有 4 所高等院校，分别为：浙江大学、清华大学、上海交通大学和北京大学。大于 500 篇的有 14 所高等院校，与 2010 年的 5 所高等院校相比，数量有较大提高。表现不俗论文数居前 20 位的高等校中（表 9-3），有 65%的表现不俗论文占本校全部 SCI 论文的比例超过 30%。

表 9-3 表现不俗论文数居前 20 位的高等院校（据 SCIE 2011）

单位名称	表现不俗论文（篇）	全部论文（篇）	表现不俗论文占全部论文的比例（%）
浙江大学	1453	4432	32.78
清华大学	1171	3151	37.16
上海交通大学	1126	3830	29.40
北京大学	1008	3049	33.06

单位名称	表现不俗论文（篇）	全部论文（篇）	表现不俗论文占全部论文的比例（%）
复旦大学	885	2671	33.13
南京大学	734	2133	34.41
四川大学	732	2660	27.52
中山大学	697	2372	29.38
中国科学技术大学	697	1691	41.22
山东大学	694	2138	32.46
哈尔滨工业大学	692	2053	33.71
华中科技大学	635	2149	29.55
吉林大学	621	2172	28.59
大连理工大学	555	1573	35.28
西安交通大学	496	1787	27.76
南开大学	493	1188	41.50
华南理工大学	488	1259	38.76
中南大学	486	1725	28.17
武汉大学	485	1390	34.89
华东理工大学	480	1198	40.07

（2）研究机构

2011年，共有252个研究机构有表现不俗论文产出，比2010年的235个略有增加。其中，大于100篇的有15个，比2010年的9个增加了6个。在表现不俗论文数居前20位的研究机构（表9-4）中，占本研究机构全部论文数的比例超过50%的有9个，其中，国家纳米科学中心的表现不俗论文比例最高，为60%。

表9-4 表现不俗论文数居前20位的研究机构（据SCIE 2011）

单位名称	表现不俗论文（篇）	全部论文（篇）	表现不俗论文占全部论文的比例（%）
中国科学院长春应用化学研究所	421	713	59.05
中国科学院化学研究所	418	743	56.26
中国科学院大连化学物理研究所	235	483	48.65
中国科学院物理研究所	219	433	50.58
中国科学院金属研究所	213	409	52.08
中国科学院上海硅酸盐研究所	177	362	48.90
中国科学院兰州化学物理研究所	175	349	50.14
中国科学院合肥物质科学研究院	164	499	32.87
中国科学院上海生命科学研究院	158	354	44.63

单位名称	表现不俗论文（篇）	全部论文（篇）	表现不俗论文占全部论文的比例（%）
中国科学院福建物质结构研究所	157	298	52.68
中国科学院上海有机化学研究所	157	289	54.33
中国科学院生态环境研究中心	136	378	35.98
中国科学院过程工程研究所	109	206	52.91
中国科学院理化技术研究所	106	238	44.54
中国科学院半导体研究所	106	292	36.30
中国科学院地质与地球物理研究所	94	285	32.98
中国科学院海洋研究所	90	261	34.48
中国科学院植物研究所	90	203	44.33
军事医学科学院	87	339	25.66
国家纳米科学中心	87	145	60.00

（3）医疗机构

2011 年，共有 319 个医疗机构有表现不俗论文产出，与 2010 年的 210 个相比增加 51.9%。其中，表现不俗论文最多的医疗机构是四川大学华西医院，共产出表现不俗论文 180 篇，大于 50 篇的有 13 个，与 2010 年相比增加 10 个。在表现不俗论文数居前 20 位的医疗机构（表 9-5）中，占本医疗机构全部论文数的比例超过 20%的有 11 个。

表 9-5 表现不俗论文数居前 20 位的医疗机构（据 SCIE 2011）

单位名称	表现不俗论文（篇）	全部论文（篇）	表现不俗论文占全部论文的比例（%）
四川大学华西医院	180	816	22.06
第四军医大学西京医院	86	332	25.90
解放军总医院	83	478	17.36
南京医科大学第一附属医院	75	303	24.75
上海交通大学附属瑞金医院	75	363	20.66
浙江大学附属第一医院	63	349	18.05
北京协和医院	63	370	17.03
复旦大学附属华山医院	58	256	22.66
复旦大学附属中山医院	58	294	19.73
华中科技大学附属同济医院	54	300	18.00
第二军医大学第一附属医院	53	237	22.36
上海交通大学附属仁济医院	51	168	30.36
第三军医大学第一附属医院	50	250	20.00

单位名称	表现不俗论文（篇）	全部论文（篇）	表现不俗论文占全部论文的比例（%）
中山大学附属第一医院	49	322	15.22
中国医科大学附属第一医院	49	269	18.22
华中科技大学附属协和医院	46	261	17.62
上海交通大学附属第九人民医院	46	228	20.18
山东大学齐鲁医院	45	222	20.27
上海市第六人民医院	45	253	17.79
中南大学湘雅医院	43	230	18.70

9.2.4 表现不俗论文的期刊分布

2011 年，我国的表现不俗论文共发表在 3807 种期刊中，其中在中国编辑出版的期刊 116 种，共 2617 篇，占全部表现不俗论文数的 6.1%，比 2010 年下降 1.8 个百分点。我国共有 134 种期刊被 SCI 收录，其中，有 18 种期刊中没有表现不俗论文。在发表不俗论文的全部期刊中，200 篇以上的期刊有 21 种，见表 9-6。其中在中国编辑出版的期刊有 1 种：CHINESE SCIENCE BULLETIN（《中国科学通报》）。发表表现不俗论文数大于 50 篇的我国科技期刊共 8 种，见表 9-7。

表 9-6 发表表现不俗论文大于 200 篇的国际科技期刊

期刊名称	论文数（篇）
JOURNAL OF MATERIALS CHEMISTRY	722
CHEMICAL COMMUNICATIONS	710
JOURNAL OF ALLOYS AND COMPOUNDS	566
APPLIED SURFACE SCIENCE	500
PLOS ONE	384
JOURNAL OF PHYSICAL CHEMISTRY C	380
BIORESOURCE TECHNOLOGY	330
MATERIALS LETTERS	305
CRYSTENGCOMM	304
APPLIED PHYSICS LETTERS	283
ORGANIC LETTERS	243
JOURNAL OF POWER SOURCES	235
CHEMISTRY-A EUROPEAN JOURNAL	232
JOURNAL OF HAZARDOUS MATERIALS	220
ANGEWANDTE CHEMIE-INTERNATIONAL EDITION	218

期刊名称	论文数（篇）
MATERIALS SCIENCE AND ENGINEERING A-STRUCTURAL MATERIALS PROPERTIES MICROSTRUCTURE AND PROCESSING	216
CHINESE SCIENCE BULLETIN	210
DALTON TRANSACTIONS	208
LANGMUIR	204
CHEMICAL ENGINEERING JOURNAL	200
ELECTROCHIMICA ACTA	200

表 9-7　发表表现不俗论文大于 50 篇的我国科技期刊

期刊名称	论文数（篇）
CHINESE SCIENCE BULLETIN	210
ACTA PHYSICA SINICA	180
CHINESE PHYSICS B	162
SCIENCE CHINA-TECHNOLOGICAL SCIENCES	94
CHINESE PHYSICS LETTERS	83
TRANSACTIONS OF NONFERROUS METALS SOCIETY OF CHINA	70
ACTA METALLURGICA SINICA	56
ACTA PHYSICO-CHIMICA SINICA	51

9.2.5　表现不俗论文的国际合作情况分析

2011 年，合作研究产生的表现不俗论文为 28739 篇，占全部表现不俗论文的 66.9%，比 2010 年的 65%略有上升。其中，高等院校合作产生 22844 篇，占合作产生的表现不俗论文的 79.5%；研究单位 5579 篇，占 19.4%。高等院校合作产生的表现不俗论文占高等院校表现不俗论文（35274 篇）的 81.5%，而研究机构的合作表现不俗论文占研究机构表现不俗论文（7253 篇）的比例是 76.9%。与 2010 年相比，高等院校在全部合作论文中的比例略有增加，而研究机构所占比例则略有下降，但两者的合作表现不俗论文占各自表现不俗论文的比例均有所上升。

从以我国为主的国际合作的表现不俗论文地区分布看（表 9-8），数量超过 100 篇的省市为 18 个，数量最多的是北京和天津，国际合作的表现不俗论文分别为 1960 和 199 篇。国际合作表现不俗论文占表现不俗论文比大于 20%的有 7 个省（均只计表现不俗论文数大于 10 篇的省市）。

从以我国为主的国际合作的表现不俗论文学科分布看（表 9-9），数量超过 100 篇的学科为 18 个；超过 300 篇的学科为 11 个，其中，数量最多的为化学，国际合作表现不俗论文数为 1202 篇，其次是材料科学、生物和物理，国际合作表现不俗论文分别为 969 篇、917 篇和 800 篇。国际合作表现不俗论文占表现不俗论文比大于 20%（只计表现不俗论文大于10篇的学科）的有20个学科，大于30%的学科为10个。

表9-8 以我国为主的表现不俗国际合作论文的地区分布

地区	国际合作论文篇数（A）	表现不俗论文总篇数(B)	A/B（%）	地区	国际合作论文篇数（A）	表现不俗论文总篇数(B)	A/B（%）
北京	1960	8404	23.32	河南	72	613	11.75
天津	199	1272	15.64	湖北	407	2166	18.79
河北	45	349	12.89	湖南	225	1281	17.56
山西	31	292	10.62	广东	538	2437	22.08
内蒙古	1	54	1.85	广西	20	230	8.70
辽宁	358	1678	21.33	海南	5	35	14.29
吉林	186	1467	12.68	重庆	134	761	17.61
黑龙江	217	1140	19.04	四川	263	1502	17.51
上海	1106	4921	22.48	贵州	26	108	24.07
江苏	803	4050	19.83	云南	88	374	23.53
浙江	470	2467	19.05	陕西	379	1851	20.48
安徽	247	1324	18.66	甘肃	106	852	12.44
福建	168	964	17.43	青海	2	18	11.11
江西	36	258	13.95	宁夏	3	12	25.00
山东	303	1931	15.69	新疆	15	104	14.42

表9-9 以我国为主的表现不俗国际合作论文的学科分布

学科	国际合作表现不俗论文篇数（A）	表现不俗论文总篇数（B）	A/B（%）	学科	国际合作表现不俗论文篇数（A）	表现不俗论文总篇数（B）	A/B（%）
数学	317	1738	18.24	工程基础	174	713	24.40
力学	66	414	15.94	矿业	5	39	12.82
信息科学	66	256	25.78	能源	207	1145	18.08
物理	800	3677	21.76	冶金金属	66	637	10.36
化学	1202	8800	13.66	机械	111	553	20.07
天文	100	205	48.78	动力电气	45	103	43.69
地学	339	765	44.31	核科学技术	15	73	20.55
生物	917	4282	21.42	电子、通信与自动控制	362	1106	32.73
预防医学卫生学	75	235	31.91	计算技术	407	1098	37.07
基础医学	403	1592	25.31	化工	125	1147	10.90

学科	国际合作表现不俗论文篇数（A）	表现不俗论文总篇数（B）	A/B（%）	学科	国际合作表现不俗论文篇数（A）	表现不俗论文总篇数（B）	A/B（%）
药学	189	1290	14.65	食品	90	594	15.15
临床医学	509	2445	20.82	土木建筑	59	178	33.15
中医学	8	49	16.33	水利	61	247	24.70
特种医学	7	26	26.92	交通运输	18	46	39.13
农学	276	1207	22.87	航空航天	7	39	17.95
林学	29	75	38.67	安全科学技术	1	8	12.50
畜牧兽医	3	85	3.53	环境	305	1084	28.14
水产	33	259	12.74	管理	47	110	42.73
材料科学	969	6609	14.66				

9.2.6 表现不俗论文的创新性分析

我国实行的科学基金资助体系是为了扶持我国的基础研究和应用研究，但要获得基金的资助，要求科技项目的立意具有新颖性和前瞻性，即要有创新性。由各类基金（这里所指的基金是广泛意义的、凡省部级以上的各类资助项目和各项国家大型研究和工程计划）资助产生的论文来了解科学研究中的一些创新情况。

2011 年，我国的表现不俗论文中得到省部级以上机构资助产生的论文为 38441 篇，占表现不俗论文数的 89.5%。

从表现不俗基金论文的学科分布看（表 9-10），数量较多的学科是 SCI 数量基数大的自然基础学科，如化学、材料科学、生物、物理等学科，这也是国家各类基金资助的主要对象。与 2010 年相比，表现不俗基金论文占学科表现不俗论文的比例在各个学科中均有所上升，大多在 75%以上。

表 9-10 表现不俗基金论文的学科分布（SCIE 2011）

学科	表现不俗基金论文篇数	表现不俗论文总篇数	2011 年表现不俗基金论文比（%）	2010 年表现不俗基金论文比（%）
数学	1499	1738	86.25	84.36
力学	360	414	86.96	90.85
信息科学	222	256	86.72	87.41
物理	3318	3677	90.24	92.21
化学	8208	8800	93.27	93.07
天文	203	205	99.02	91.30
地学	660	765	86.27	83.07

学科	表现不俗基金论文篇数	表现不俗论文总篇数	2011 年表现不俗基金论文比（%）	2010 年表现不俗基金论文比（%）
生物	4020	4282	93.88	87.73
预防医学卫生学	208	235	88.51	80.99
基础医学	1387	1592	87.12	84.90
药学	1155	1290	89.53	86.18
临床医学	1835	2445	75.05	69.65
中医学	43	49	87.76	25.00
特种医学	19	26	73.08	54.24
农学	1145	1207	94.86	86.24
林学	72	75	96.00	89.29
畜牧兽医	76	85	89.41	95.31
水产	249	259	96.14	90.52
材料科学	5947	6609	89.98	85.30
工程基础	636	713	89.20	88.33
矿业	35	39	89.74	79.31
能源	1010	1145	88.21	86.76
冶金金属	522	637	81.95	80.17
机械	465	553	84.09	82.96
动力电气	78	103	75.73	66.67
核科学技术	49	73	67.12	68.97
电子、通信与自动控制	942	1106	85.17	80.69
计算技术	968	1098	88.16	86.82
化工	1026	1147	89.45	90.37
食品	522	594	87.88	85.06
土木建筑	147	178	82.58	82.04
水利	210	247	85.02	88.46
交通运输	37	46	80.43	33.33
航空航天	27	39	69.23	74.60
安全科学技术	7	8	87.50	100.00

表现不俗基金论文数居前的地区仍是科技资源配置丰富、高等院校和研究机构较为集中的地区，如表现不俗基金论文数前 6 位的地区是：北京、上海、江苏、广东、

浙江和湖北。与表现不俗基金论文的学科分布情况相似，2011 年，各地区的表现不俗基金论文比均比 2010 年有所上升，大多在 80%以上。从表 9-11 所列数据也可看出，各地区表现不俗基金论文比的数值差距不是很大。

表 9-11 表现不俗基金论文的地区分布（SCIE 2011）

地区	表现不俗基金论文篇数	表现不俗论文总篇数	2011 年表现不俗基金论文比（%）	2010 年表现不俗基金论文比（%）
北京	7584	8404	90.24	88.88
天津	1153	1272	90.64	88.12
河北	310	349	88.83	88.63
山西	256	292	87.67	81.82
内蒙古	49	54	90.74	96.55
辽宁	1468	1678	87.49	85.17
吉林	1323	1467	90.18	89.86
黑龙江	968	1140	84.91	79.14
上海	4368	4921	88.76	86.31
江苏	3659	4050	90.35	87.37
浙江	2165	2467	87.76	87.72
安徽	1249	1324	94.34	92.69
福建	905	964	93.88	90.59
江西	232	258	89.92	90.26
山东	1743	1931	90.26	88.26
河南	548	613	89.40	81.36
湖北	1979	2166	91.37	88.55
湖南	1127	1281	87.98	85.30
广东	2227	2437	91.38	87.21
广西	199	230	86.52	84.62
海南	31	35	88.57	88.89
重庆	682	761	89.62	87.06
四川	1250	1502	83.22	81.07
贵州	106	108	98.15	87.23
云南	352	374	94.12	90.09
陕西	1595	1851	86.17	81.68
甘肃	786	852	92.25	87.58
青海	16	18	88.89	100.00
宁夏	12	12	100.00	100.00
新疆	91	104	87.50	85.71

9.3 讨论

从我国表现不俗论文的地区、学科、机构等方面看，各类情况都与我国被国际检索系统所收录的论文相同，因此，要得到更多的表现不俗论文，就需有较多的论文被收录，就需坚持在国际上有影响的学术期刊中发表论文。

2011 年，我国作者发表表现不俗论文的期刊共 3807 种，其中在中国编辑出版的期刊 116 种，共收录 2617 篇表现不俗论文，占全部表现不俗论文数的 6.1%。我国共有 134 种期刊被 SCI 收录，还有 18 种期刊没有发表表现不俗论文。发表 200 篇及以上表现不俗论文的期刊有 21 种，其中在中国编辑出版的期刊有 1 种。我们应继续坚持办好我国编辑出版的科技期刊，以产生更多更好的在国际上有影响的论文。

从 SCI、Ei、CPCI-S 等重要国际检索系统收录的论文数看，我国经过多年的努力，已经成为论文的产出大国。以 SCI 数据为例，2002—2012 年的 10 年间，SCI 收录我国论文 102.26 万篇，排在世界第 2 位。2011 年，SCI 收录我国科技论文（不包括港澳台地区）14.36 万篇，占世界的比重为 9.5%，排在了世界第 2 位，仅次于美国。我国已进入论文大国的行列，但是从学术影响和学术指标看，还远远不是论文强国。2002—2012 年，我国论文被引用 665.34 万次，排在世界第 6 位，比 2001—2011 年上升 1 位。但按篇均被引用次数计，我国论文篇均被引用次数仅为 6.51 次，与世界平均值 10.60 次相比，还有很大差距。从表现不俗的论文看，2011 年，我国机构作者为第一作者的论文共 14.36 万篇，其中表现不俗的论文数为 42929 篇，占论文总数的 29.8%，较 2010 年上升了 10 个百分点。总的来看，2011 年我国的表现不俗论文数量增加较大，占全部论文的比例已将近 30%。

表现不俗论文，主要是指在各学科领域，论文被引次数高于世界均值的论文。因此要提高这类论文的数量，关键是继续加大对基础研究工作的支持力度，以产生好的创新成果，从而产生优秀论文和有影响的论文，增加国际和国内同行的引用。从文献计量角度看，文献能不能获得引用，与很多因素有关，比如文献类型、语种、期刊的影响、合作研究情况等。我们深信，在我国广大科技人员不断潜心钻研和锐意进取的过程中，我国论文的国际影响力会越来越大，表现不俗的论文会越来越多。

（注：本文数据主要采集自可进行国际比较，并能进行学术指标评估的 SCI 数据。以上文字和表格中所列数据，是笔者根据这些系统提供的数据加工整理产生的。）

参考文献

[1] Thomson Scientific 2011.ISI Web of Knowledge: Web of Science[DB/OL]. http: //portal.isiknowledge.com/web of science

[2] Thomson Scientific 2011.ISI journal citation reports 2010[DB/OL]. http: //portal.isiknowledge.com/journal citation reports

[3] Web of science. Journal selection process[DB/OL]. http: //www.thomsonscientific.com.cn/

[4] 中国科学技术信息研究所.2010 年度中国科技论文统计与分析（年度研究报告）[M].北京：科学技术文献出版社，2012

[5] 张玉华，潘云涛.科技论文影响力相关因素研究[J]. 编辑学报，2007（1）：1～4

10 中国科技论文引用文献与被引文献情况分析

本章根据 CSTPCD 中的论文和引文数据，详细分析了中国科技论文引用文献与被引用文献的具体情况。按照文献类型的不同，分别进行了学科分布、地区分布、机构分布等方面的分析。2011 年度在论文发表数量略小于上一年度的情况下，引用文献数量却有较大的增长。期刊论文仍然是被引用文献的主要来源，图书文献和会议论文也是重要的引文来源。对学位论文、技术标准和网络资源的引用有所增加。在期刊论文的引用方面，上一年度引文量较大的几个领域如医学、计算技术、电子通讯等依旧保持原有水平。基础自然科学的引用情况符合其学科特点，较为平稳并有所增长。而北京地区则仍是科技论文发表数量和引用文献数量方面的领头羊。高等院校、研究机构和医疗机构在文献被引用方面表现出了不同的情况。高等院校的论文发表和引用综合情况较好，并较上年有所增长。而研究机构则在所属的领域表现突出，医疗机构则表现平稳。

10.1 引言

学术科学研究通常是有延续性的，研究人员只有对前人的研究进行学习和继承，或者是反驳和批判，才能在研究的领域做出改进和创新。科研人员们产出的学术作品如论文和专著等都会在文末标注参考文献，表明在学术研究过程中对某一著作或论文的参考或借鉴，即在文章之间形成一种联系。论文中标注参考文献，一方面可以看出该文章是从哪些学术支线中传承下来的，看出这篇文章的研究路线，另一方面也是作者对前人研究的一种尊重。

与此同时，一篇文章的被引情况也从某种程度上体现出了文章的受关注程度，以及该文献的影响和价值。随着数字化程度的不断加深，文献的可获得性越来越强，一篇文章被引用的机会也大大增加。分学科领域、分机构和文献类型来考察文献的被引情况，也可以看出学科领域的发展趋势、机构的发展和知识载体的变化等。

因此在科学技术的研究中，人们是很重视文献的施引和被引情况的。总被引频次和以此衍生出的各种指标如期刊影响因子等，在科学计量、科技评价中有非常重要的作用。

本章较为系统地分析了文献的施引和被引情况，根据 CSTPCD 中的引文数据，详细分析了中国科技论文的参考文献情况和中国科技文献被引用的情况。重点分析了不同学科、地区、机构、作者的科技论文的被引用情况，包括了对图书文献、网络文献和专利文献的被引情况分析。

10.2 数据和方法

本章所涉及的数据主要来自2002—2011年度CSTPCD论文与引文数据库。在数据的处理过程中，对长年累积的数据进行了大量清洗和处理的工作。在信息匹配和关联的过程中，由于CSTPCD收录的是中国科技论文统计源期刊，是学术水平较高的期刊，因而并没有覆盖所有的科技期刊，以及限于部分著录信息不规范、不完善等客观原因，并非所有的引用和被引信息都足够完整。

本章使用Microsoft Visual FoxPro和Excel软件进行了统计分析。

10.3 研究分析和结论

10.3.1 概况

CSTPCD 2011共收录论文53.00万篇，较上年相比减少了0.1%，而CSTPCD 2011引用的2011年度发表文章的数量为25813篇，被引93602次。

根据CSTPCD 2011引文数据显示，2011年发表的文章对各类文献的援引达到6586065次，比2010年增长了6.13%。篇均引文数量达到12.42篇，比2010年的11.69篇有所增加。如图10-1所示，从1995年到2011年，篇均引文量逐年增加。2011年的篇均引文量较1995年增加了108%，可见这十几年来科研人员越来越重视对参考文献的引用。同时，各类学术文献的可获得性的增加也是篇均引文量增加的一个原因。

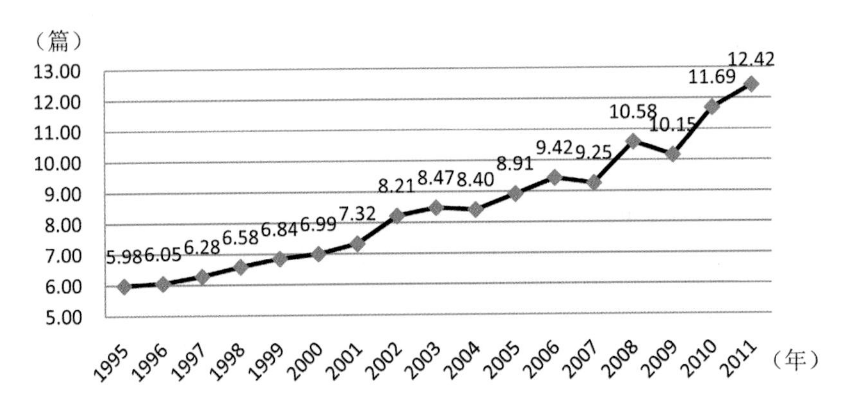

图10-1 CSTPCD 1995—2011年论文篇均引文量

图10-2显示了2011年发表的论文所引用的文献的类型分布，主要包括期刊论文、专著、会议论文、学位论文、技术标准、研究报告、图表、专利和网络资源等。从图中可以看出，期刊论文还是被引用最多的文献，并且其所占比例较上年有所增加。专著和会议论文的引用有小幅下降，学位论文和技术标准的被引较之前有所增加。

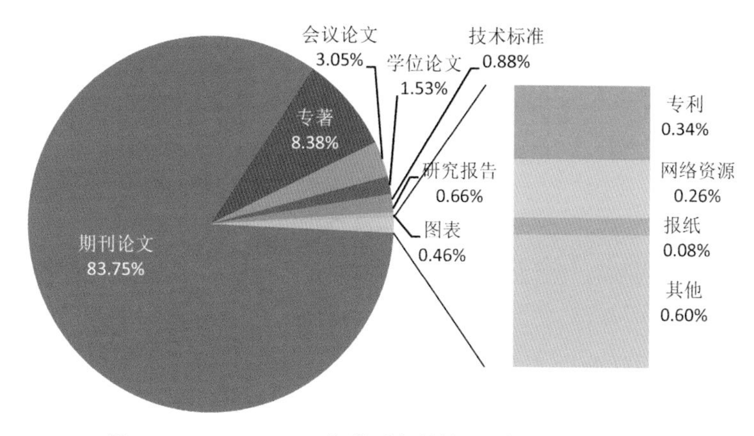

图 10-2 CSTPCD 2011 各类型文献被引次数及其所占比例

10.3.2 引用文献的学科和地区分布情况

表 10-1 列出了 CSTPCD 2011 中各学科的引文总数和中文引文数。从表中可以看出，篇均引文数排前 5 位的学科是天文学、地学、生物学、水产学和化学。外文引文所占比例较高的 4 个学科是天文学、物理学、化学和基础医学等学科，外文引文比例超过 70%。

表 10-1 2011 年 CSTPCD 数据库中各学科参考文献数量

学科	论文总数（篇）	引文总数（篇）(A)	篇均引文数（篇）	中文引文总数（篇）(B)	中文引文占引文总数的比例（%）(B/A)
数学	7354	83438	11.35	25132	30.1
力学	2297	31927	13.90	12832	40.2
信息、系统科学	2450	35280	14.40	10740	30.4
物理学	6686	121424	18.16	15724	12.9
化学	12088	232764	19.26	42280	18.2
天文学	365	10673	29.24	829	7.8
地学	12879	296123	22.99	161340	54.5
生物学	14926	329140	22.05	100142	30.4
预防医学与卫生学	20075	172928	8.61	111729	64.6
基础医学	19018	278133	14.62	80660	29.0
药物学	15848	175856	11.10	78337	44.5
临床医学	152601	1695812	11.11	670214	39.5
中医学	24620	226455	9.20	167547	74.0
军事医学与特种医学	3537	39445	11.15	15700	39.8
农学	22239	359998	16.19	225933	62.8
林学	3854	74057	19.22	44971	60.7

学科	论文总数（篇）	引文总数（篇）（A）	篇均引文数（篇）	中文引文总数（篇）（B）	中文引文占引文总数的比例（%）（B/A）
畜牧、兽医	6693	101496	15.16	45927	45.3
水产学	1823	39555	21.70	19951	50.4
测绘科学技术	3028	29030	9.59	19147	66.0
材料科学	7311	110547	15.12	50456	45.6
工程与技术基础学科	3971	50932	12.83	24790	48.7
矿山工程技术	4792	41643	8.69	33716	81.0
能源科学技术	5488	63907	11.64	48175	75.4
冶金、金属学	11923	111180	9.32	66165	59.5
机械、仪表	11284	92170	8.17	61742	67.0
动力与电气	10453	126302	12.08	73760	58.4
核科学技术	993	9213	9.28	4751	51.6
电子、通信与自动控制	18351	199633	10.88	92521	46.3
计算技术	35309	392251	11.11	179915	45.9
化工	13481	171383	12.71	95114	55.5
轻工、纺织	2331	23979	10.29	16469	68.7
食品	7485	102251	13.66	62233	60.9
土木建筑	13255	127831	9.64	87777	68.7
水利	3157	30595	9.69	23344	76.3
交通运输	10011	90091	9.00	64300	71.4
航空航天	4618	48662	10.54	22371	46.0
安全科学技术	104	1392	13.38	961	69.0
环境科学	13247	220640	16.66	115934	52.5
管理学	1588	22560	14.21	10779	47.8
其他	18554	215368	11.61	139291	64.7

为了更清楚地看到中文文献和外文文献在施引上的不同，将 SCI 收录的中国论文的施引情况和 CSTPCD 2011 中文论文的施引情况作了一个对比，如表 10-2 所示。

表 10-2 2011 年 SCI 和 CSTPCD 收录的中国学科论文和参考文献数量的对比

学科	SCI 2011（篇）			CSTPCD 2011（篇）		
	论文数	参考文献数	篇均参考文献数	论文数	参考文献数	篇均参考文献数
数学	7470	138033	18.48	7354	83438	11.35
力学	1351	29964	22.18	2297	31927	13.90
信息、系统科学	1162	23630	20.34	2450	35280	14.40

学科	SCI 2011（篇）			CSTPCD 2011（篇）		
	论文数	参考文献数	篇均参考文献数	论文数	参考文献数	篇均参考文献数
物理学	18926	419735	22.18	6686	121424	18.16
化学	29260	927340	31.69	12088	232764	19.26
天文学	1378	44211	32.08	365	10673	29.24
地学	4444	156361	35.18	12879	296123	22.99
生物学	17444	508259	29.14	14926	329140	22.05
预防医学与卫生学	1853	29808	16.09	20075	172928	8.61
基础医学	8337	220012	26.39	19018	278133	14.62
药物学	5164	143528	27.79	15848	175856	11.10
临床医学	18306	330607	18.06	152601	1695812	11.11
中医学	445	10635	23.90	24620	226455	9.20
军事医学与特种医学	158	3110	19.68	3537	39445	11.15
农学	3195	96813	30.30	22239	359998	16.19
林学	220	7458	33.90	3854	74057	19.22
畜牧、兽医	425	9892	23.28	6693	101496	15.16
水产学	834	27430	32.89	1823	39555	21.70
测绘科学技术	3	104	34.67	3028	29030	9.59
材料科学	13850	354796	25.62	7311	110547	15.12
工程与技术基础学科	2664	49375	18.53	3971	50932	12.83
矿山工程技术	119	2460	20.67	4792	41643	8.69
能源科学技术	2355	62435	26.51	5488	63907	11.64
冶金、金属学	3791	68632	18.10	11923	111180	9.32
机械、仪表	1976	37948	19.20	11284	92170	8.17
动力与电气	415	7529	18.14	10453	126302	12.08
核科学技术	296	5007	16.92	993	9213	9.28
电子、通信与自动控制	4091	69698	17.04	18351	199633	10.88
计算技术	4099	95082	23.20	35309	392251	11.11
化工	2482	73624	29.66	13481	171383	12.71
轻工、纺织	2	17	8.50	2331	23979	10.29
食品	1451	40440	27.87	7485	102251	13.66
土木建筑	752	11603	15.43	13255	127831	9.64
水利	688	18159	26.39	3157	30595	9.69
交通运输	276	5212	18.88	10011	90091	9.00
航空航天	234	5074	21.68	4618	48662	10.54

学科	SCI 2011（篇）			CSTPCD 2011（篇）		
	论文数	参考文献数	篇均参考文献数	论文数	参考文献数	篇均参考文献数
安全科学技术	36	898	24.94	104	1392	13.38
环境科学	5071	151249	29.83	13247	220640	16.66
管理学	675	12703	18.82	1588	22560	14.21
其他	120	1356	11.30	18554	215368	11.61

各省市地区发表的论文的引文量也有一些差异。如表 10-3 所示，北京、甘肃及上海的篇均引文数比其他地区要多一些。多数地区篇均引文量为 12～13 篇。

表 10-3 2011 年 CSTPCD 数据库中各地区参考文献数量

地区	论文总数（篇）	引文总数（篇）	篇均引文数（篇）
北京	68281	989338	14.49
甘肃	8669	123522	14.25
上海	31803	451742	14.2
福建	9622	133826	13.91
重庆	13860	187502	13.53
云南	7828	104376	13.33
湖南	18678	244999	13.12
安徽	14154	184957	13.07
江苏	49769	630290	12.66
山东	24663	310963	12.61
天津	12879	162033	12.58
新疆	7038	88408	12.56
内蒙古	3497	43804	12.53
吉林	9248	115582	12.5
江西	6836	85170	12.46
四川	21537	268207	12.45
黑龙江	13601	167588	12.32
广东	36271	444444	12.25
辽宁	20430	250122	12.24
陕西	27165	325310	11.98
湖北	25139	299103	11.9
浙江	26237	310854	11.85
贵州	5501	64686	11.76

地区	论文总数（篇）	引文总数（篇）	篇均引文数（篇）
西藏	246	2870	11.67
海南	2946	33865	11.5
广西	10380	115687	11.15
山西	7735	85012	10.99
青海	1283	13603	10.6
河北	18622	192978	10.36
河南	21119	217796	10.31
宁夏	2065	20832	10.09

10.3.3 期刊论文被引用情况

期刊论文占所有的被引文献的83%以上，较上一年度的82.94%提高了0.8个百分点，可以说期刊论文是目前最重要的一种学术科研知识传播和交流载体。CSTPCD 2011共引用期刊论文5515829次，本节将对被引用的期刊论文从学科分布、机构分布、地区分布等几个角度进行分析，并对基金论文、合著论文的被引情况进行了大致的描述。

（1）各学科期刊论文被引情况

由于各个学科的发展历史和学科特点的不同，论文的数量和引文数量都有较大的差异。表10-4列出的是被CSTPCD 2011引用最多的10个学科，临床医学由于其实践性高、应用性强的学科特点，依然是被引最多的学科；农学、地学和生物学的被引次数也依然排名靠前；而预防医学与卫生学则取代了化学，进入了前10位。

表10-4 被CSTPCD 2011引用论文总次数较多的10个学科

学科	被引用总数	
	次数	排名
临床医学	412419	1
农学	134152	2
地学	105256	3
生物学	87423	4
电子、通信与自动控制	73540	5
中医学	67785	6
基础医学	65793	7
计算技术	62214	8
环境科学	61102	9
预防医学与卫生学	56780	10

（2）各地区期刊论文被引情况

统计全国各省市地区的论文被引情况，并以其被引次数进行排名，可以看出（表

10–5),北京地区的被引次数是全国最多的,并且比排名第 2 位的江苏要多出将近一倍。排名第 3～第 10 位的地区分别是上海、广东、湖北、陕西、浙江、山东、四川和辽宁。而就篇均被引来说，排名第 1 位的仍是北京，排名第 2～第 5 位的是甘肃、西藏、上海和江苏。广东、浙江、青海、新疆和陕西紧跟其后，并且这几个地区的篇均被引水平相当。北京无论是在被引总次数还是被引文章的篇数上都是全国最高，其科研论文的数量和质量都是全国领先的。

表 10-5　被 CSTPCD2011 引用的 2002—2011 年各地区论文情况

地区	被引次数	被引次数排名	被引文章数量（篇）	篇均被引次数
北京	326964	1	174999	1.87
天津	37712	17	24994	1.51
河北	41284	14	27876	1.48
山西	17331	23	11838	1.46
内蒙古	8060	27	5325	1.51
辽宁	62772	10	40631	1.54
吉林	30216	18	19436	1.55
黑龙江	42950	13	27589	1.56
上海	119345	3	73233	1.63
江苏	150929	2	92801	1.63
浙江	80222	7	50993	1.57
安徽	38641	16	25047	1.54
福建	28280	20	18606	1.52
江西	15074	25	10421	1.45
山东	79613	8	51729	1.54
河南	45409	12	30968	1.47
湖北	85322	5	55211	1.55
湖南	59529	11	38912	1.53
广东	118693	4	75184	1.58
广西	21025	21	14445	1.46
海南	5051	28	3528	1.43
重庆	40427	15	25830	1.57
四川	65811	9	42791	1.54
贵州	12413	26	8131	1.53
云南	20220	22	13395	1.51
西藏	666	31	402	1.66
陕西	84289	6	53722	1.57

地区	被引次数	被引次数排名	被引文章数量（篇）	篇均被引次数
甘肃	28975	19	16872	1.72
青海	3391	29	2159	1.57
宁夏	3347	30	2188	1.53
新疆	16282	24	10371	1.57

（3）各类型机构的论文被引情况

从 CSTPCD 2011 所显示各类型机构的论文被引情况来看，高等院校还是占据了被引的绝大部分比例，并且比上一年度还有增加。但是研究机构和医疗机构的实力也不容小觑（图 10–3）。

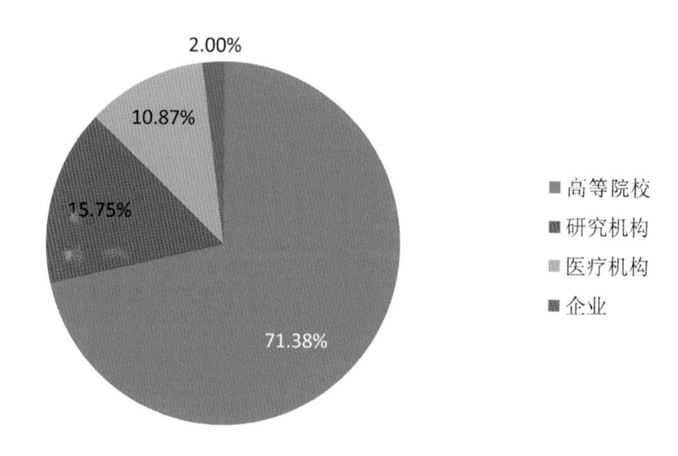

图 10–3 各类型机构发表的期刊论文被 CSTPCD 2011 引用所占比例

表 10–6 显示了被引情况排名前 50 位的高等院校以及相应的论文发表情况。上海交通大学、北京大学和浙江大学一直在论文的发表和被引次数上名列前茅。而 2011 年 CSTPCD 收录的上海交通大学发表的论文篇数高于北京大学和浙江大学，其被引次数也高于这两所大学。但是相对于上海交通大学发表论文的高数量，其被引总次数和北京大学以及浙江大学的差距并没有那么大。从整体情况来看，被引次数排名靠前的大学的论文发表情况也较好，并且更多的是被引的情况比论文发表的情况更好。可以说高等院校，尤其是国家重点高等院校所发表的论文质量还是非常好的，能够在科研和学术中起到领头羊的作用。

表 10–6 期刊论文被 CSTPCD 2011 引用较多的前 50 所高等院校

高等院校名称	2011 年论文发表情况		2011 年论文被引用情况	
	篇数	排名	次数	排名
上海交通大学	7545	1	31608	1
北京大学	4439	3	30992	2
浙江大学	3851	8	28733	3
华中科技大学	4132	6	22650	4

高等院校名称	2011 年论文发表情况		2011 年论文被引用情况	
	篇数	排名	次数	排名
清华大学	2657	20	21675	5
中山大学	4298	5	21126	6
首都医科大学	5760	2	20704	7
中南大学	4363	4	19373	8
复旦大学	3260	12	18101	9
四川大学	3923	7	17962	10
南京大学	2963	13	16900	11
同济大学	3561	10	16093	12
武汉大学	2819	15	13315	13
吉林大学	3359	11	13060	14
西安交通大学	2139	27	12477	15
哈尔滨工业大学	2348	24	12261	16
山东大学	2394	23	12036	17
第二军医大学	1955	33	11083	18
中国农业大学	1289	63	11036	19
南京农业大学	1351	57	10862	20
西北农林科技大学	1942	34	10719	21
中国地质大学	1590	47	10628	22
第三军医大学	1921	35	10209	23
西北工业大学	3676	9	10106	24
华南理工大学	2675	19	9886	25
中国石油大学	1971	32	9854	26
天津大学	1610	46	9761	27
东南大学	1812	39	9328	28
南方医科大学	2214	26	9094	29
重庆大学	2861	14	8957	30
中国医科大学	2690	17	8122	31
大连理工大学	1670	43	7624	32
北京航空航天大学	1874	38	7574	33
中国矿业大学	2094	28	7506	34
重庆医科大学	2653	21	7452	35
第四军医大学	1655	44	7394	36

高等院校名称	2011 年论文发表情况		2011 年论文被引用情况	
	篇数	排名	次数	排名
南京医科大学	1724	41	7225	37
国防科学技术大学	2044	29	7037	38
安徽医科大学	2689	18	6686	39
南京航空航天大学	1884	37	6297	40
郑州大学	2730	16	6221	41
电子科技大学	1310	62	6119	42
天津医科大学	2457	22	6107	43
河北医科大学	1887	36	6104	44
苏州大学	2330	25	6091	45
北京师范大学	732	127	6011	46
东北大学	1421	54	5859	47
暨南大学	1542	49	5835	48
山东农业大学	790	115	5679	49
兰州大学	1343	59	5589	50

研究机构在论文发表和被引用方面则表现出了被引因子非常高的情况。被引次数排名前 50 位的研究机构并非都是论文发表数量排名非常靠前的机构。尤其是在生物学、地学领域这一现象更为明显。论文发表数量虽然不是特别大，但是被引情况却较好（表 10-7）。

研究机构不同于高等院校，很多高等院校都是综合性的，而研究机构则专攻一个领域，其研究领域的特点比较突出。因此，实际上研究机构论文的发表情况和被引用情况都与所属的学科领域的状况及发展有较大的关系。其中地学领域的机构占到被引前 20 位的 10 个位置，说明我国在地学领域的研究机构的实力还是比较强的，它们所发表的论文水平和质量也是值得肯定的。

表 10-7 期刊论文被 CSTPCD 2011 引用较多的前 50 所研究机构

研究机构名称	2011 年论文发表情况		2011 年论文被引用情况	
	篇数	排名	次数	排名
中国科学院地理科学与资源研究所	509	8	7893	1
中国科学院寒区旱区环境与工程研究所	329	14	5494	2
中国科学院地质与地球物理研究所	274	17	5055	3
中国疾病预防控制中心	942	3	4991	4
中国林业科学研究院	732	5	4234	5
中国中医科学院	1466	1	4092	6
中国科学院生态环境研究中心	227	22	3997	7

研究机构名称	2011年论文发表情况		2011年论文被引用情况	
	篇数	排名	次数	排名
军事医学科学院	981	2	3794	8
中国水产科学研究院	654	6	3788	9
中国科学院南京土壤研究所	187	30	3612	10
中国科学院沈阳应用生态研究所	142	58	3330	11
中国石油勘探开发研究院	266	18	3296	12
中国科学院植物研究所	83	132	3112	13
中国科学院大气物理研究所	165	44	2953	14
中国科学院广州地球化学研究所	142	58	2728	15
中国科学院南京地理与湖泊研究所	122	76	2533	16
中国工程物理研究院	882	4	2450	17
中国科学院长春光学精密机械与物理研究所	558	7	2273	18
中国科学院东北地理与农业生态研究所	150	53	2226	19
中国科学院海洋研究所	187	30	2084	20
中国气象科学研究院	132	68	1997	21
中国电力科学研究院	233	21	1988	22
中国地质科学院地质研究所	173	38	1931	23
中国农业科学院农业资源与农业区划研究所	137	64	1917	24
中国科学院新疆生态与地理研究所	239	19	1822	25
中国农业科学院作物科学研究所	122	76	1813	26
中国科学院地球化学研究所	188	29	1809	27
江苏省农业科学院	462	9	1783	28
中国科学院水土保持与生态环境研究中心	7	449	1763	29
中国地质科学院矿产资源研究所	140	61	1708	30
中国科学院水生生物研究所	94	115	1589	31
中国地震局地质研究所	130	70	1453	32
中国科学院遥感应用研究所	136	66	1422	33
中国水利水电科学研究院	239	19	1422	33
中国热带农业科学院	455	10	1342	35
中国科学院合肥物质科学研究院	278	16	1265	36
中国科学院华南植物园	56	200	1238	37
中国科学院武汉岩土力学研究所	115	86	1236	38
中国科学院金属研究所	148	54	1231	39

研究机构名称	2011 年论文发表情况		2011 年论文被引用情况	
	篇数	排名	次数	排名
中国环境科学研究院	189	28	1222	40
中国科学院动物研究所	49	225	1179	41
中国科学院大连化学物理研究所	117	81	1142	42
中国医学科学院药用植物研究所	170	40	1124	43
中国农业科学院植物保护研究所	161	47	1121	44
中国气象局兰州干旱气象研究所	90	122	1111	45
中国科学院上海生命科学研究院	64	171	1093	46
中国科学院水利部成都山地灾害与环境研究所	99	109	1067	47
广东省农业科学院	207	25	1053	48
国家气候中心	35	279	1033	49
中国石化石油勘探开发研究院	156	50	1019	50

医疗机构发表论文和被引用情况则比较平稳。从表 10-8 可以看得出，论文发表数量较大的机构其被引用次数也比较高。被引用次数排名前 50 位的医疗机构其论文发表数量排名全部在前 100 位之内。

解放军总医院、北京协和医院和四川大学华西医院仍与上一年度一样，位居医疗机构论文发表和被引用的前 3 位。北京大学第一医院论文被引排名第 4 位，而其论文发表情况也和上一年度类似，其被引因子较高。

表 10-8 期刊论文被 CSTPCD 2011 引用较多的前 50 所医疗机构

医疗机构名称	2011 年论文发表情况		2011 年论文被引用情况	
	篇数	排名	次数	排名
解放军总医院	2565	1	12282	1
北京协和医院	1296	2	7798	2
四川大学华西医院	1248	3	5689	3
北京大学第一医院	673	28	5644	4
华中科技大学附属同济医院	1134	5	5349	5
南京军区南京总医院	1101	6	4916	6
中山大学附属第一医院	788	17	4567	7
第二军医大学第一附属医院	774	19	4556	8
上海交通大学医学院附属瑞金医院	956	10	4229	9
华中科技大学附属协和医院	727	24	3892	10
南京医科大学第一附属医院	1241	4	3833	11
第三军医大学西南医院	597	41	3813	12

医疗机构名称	2011 年论文发表情况		2011 年论文被引用情况	
	篇数	排名	次数	排名
北京大学人民医院	648	31	3725	13
南方医科大学附属南方医院	1001	7	3673	14
北京大学第三医院	649	29	3413	15
中南大学湘雅医院	588	43	3384	16
第二军医大学长征医院	542	46	3340	17
复旦大学附属华山医院	493	55	3335	18
复旦大学附属中山医院	598	40	3232	19
中南大学湘雅二医院	649	29	3168	20
第四军医大学西京医院	746	23	3137	21
中国医科大学附属第一医院	905	11	2984	22
首都医科大学宣武医院	807	16	2979	23
上海市第六人民医院	779	18	2935	24
上海交通大学医学院附属仁济医院	701	26	2916	25
中国医科大学附属盛京医院	972	9	2733	26
中国医学科学院肿瘤研究所	362	89	2626	27
中国医学科学院阜外心血管病医院	452	64	2588	28
重庆医科大学附属第一医院	881	12	2503	29
第三军医大学大坪医院	452	64	2424	30
上海交通大学医学院附属新华医院	513	52	2318	31
武汉大学人民医院	856	14	2301	32
安徽医科大学第一附属医院	868	13	2290	33
卫生部北京医院	392	82	2255	34
首都医科大学附属北京同仁医院	581	45	2236	35
首都医科大学附属北京友谊医院	718	25	2206	36
南京大学医学院附属鼓楼医院	648	31	2105	37
首都医科大学附属北京安贞医院	616	36	2081	38
上海交通大学医学院附属第九人民医院	612	38	2078	39
第三军医大学新桥医院	431	72	2053	40
首都医科大学附属北京朝阳医院	462	63	2015	41
山东大学齐鲁医院	425	74	1999	42
广西医科大学第一附属医院	761	20	1958	43
郑州大学第一附属医院	1001	7	1954	44
中山大学附属第三医院	538	47	1933	45
中山大学孙逸仙纪念医院	466	62	1929	46

医疗机构名称	2011 年论文发表情况		2011 年论文被引用情况	
	篇数	排名	次数	排名
上海市第一人民医院	589	42	1907	47
青岛大学医学院附属医院	753	21	1900	48
卫生部中日友好医院	446	68	1804	49
广州军区广州总医院	583	44	1782	50

（4）基金论文被引情况

CSTPCD 2011 共引用了 2009—2011 年的基金论文 241471 次，而 CSTPCD 2009—2011 共收录了各项基金项目资助论文 702491 篇，有 151910 篇在 CSTPCD 2011 中被引用，论文的被引因子为 0.216，大于 2009—2011 论文的整体被引因子 0.191 这一数值，也就是说基金论文较其他论文被引用得更多。

从表 10-9 中可以看出，国家自然科学基金委资助的项目覆盖面是各种基金中最广的，其被引用和在科研方面被认可程度也是最高的。国家的“五年计划”是整个国家的支撑计划项目，因此其资助的项目论文也受到高度重视。而科技部的 863、973 计划作为国家重要的高新技术研究发展计划，其资助的论文被引也是很多的。中国科学院、农业部所资助的基金论文也有较高的被引用次数。教育部所资助的重点项目和重点实验室所产出的论文在科研方面也有较为重要的地位。

表 10-9 被 CSTPCD 2011 引用较多的 2009—2011 年发表的 10 类基金项目论文

基金项目	基金论文数量		被引用情况	
	篇数	排名	次数	排名
国家自然科学基金委员会其他基金项目	45189	1	71423	1
国家科技支撑计划	12487	2	20466	2
国家重点基础研究发展计划（973 计划）	8299	4	15892	3
国家高技术研究发展计划（863 计划）	9817	3	15583	4
国家自然科学基金重点项目	2064	6	3518	5
中国科学院其他基金项目	1737	10	3294	6
农业部基金项目	2036	7	3245	7
国家科技重大专项	1803	9	2871	8
教育部其他基金项目	1968	8	2832	9
科学技术部其他基金项目	1457	11	2625	10

（5）合著论文被引情况

从 CSTPCD 2011 收录的论文来看，合著论文有 466620 篇，占所有论文的 88%以上，合著论文占了非常大的比例。CSTPCD 2011 引用 2011 年发表的合著论文 25238 次，总的来说合著论文较易被引用。如表 10-10 所示，从 2011 年发表的论文的合著作者数和论文被引用情况来看，合著作者数 3～4 人的论文被引次数最多，而合著作者数过多并没有对论文被引有明显的益处。

表 10-10 2011 年 CSTPCD 数据库中合著作者数及其被引用情况

作者数（人）	被引次数	作者数（人）	被引次数
3	5221	7	1597
4	4921	8	1063
2	4489	9	508
5	3938	10 以上	318
6	2895	10	262
1	2858	20 以上	26

（6）被引用最多的作者

根据被引用论文的作者名、机构和学科来确认作者和其归属单位，统计了每个作者在 CSTPCD 2011 中被引用的情况。表 10-11 列出了论文被引用次数居前 20 位的作者。从整体情况来看，上一年度的大部分高被引作者本年度依然出现在前 20 位。并且可以明显看出，所属医疗机构和高等院校的作者的被引情况比较高。由于医学领域的论文的被引和引用情况一直比较好，所以医疗机构作者的论文的被引次数也普遍比较多，实际上高等院校的高被引作者有很多都是医学领域的。

表 10-11 2011 年 CSTPCD 数据库中期刊论文被引较多的 20 位作者

作者	机构	被引次数
郎景和	中国协和医科大学北京协和医院	256
黎介寿	南京军区南京总医院	228
肖永红	北京大学第一医院	198
王成山	天津大学	176
汪复	复旦大学附属华山医院	146
索南加乐	西安交通大学	143
孙国祥	沈阳药科大学	143
丁明	合肥工业大学	142
季成叶	北京大学	140
周晓彬	青岛大学	138
黄志强	解放军总医院	131
方精云	北京大学	130
郭彦林	清华大学	127
王亚军	北京理工大学	126
孙继平	中国矿业大学	126
高开焰	安徽省卫生厅	125

作者	机构	被引次数
施雅风	中国科学院寒区旱区环境与工程所	114
胡大一	北京大学附属人民医院	114
聂建国	清华大学	111
江志伟	南京军区南京总医院	111
付广	大庆石油学院	111

10.3.4 图书文献被引用情况

（1）图书的总体被引情况

学术图书，是对某一学科或某一专门课题进行全面系统论述的著作，具有明确的研究性和系统连贯性，是非常重要的知识载体。尤其在年代较为久远时，图书文献在学术的传播和继承中有着十分重要和不可替代的作用。它有着较高的学术价值，可用来评估科研人员的科研能力以及研究学科发展的脉络，这种作用在社会科学领域尤为明显。但是由于图书的一些外在特征，如数量少、篇幅大、周期长等，使其在统计学意义上不占有优势，并且较难阅读分析和快速传播。

而今，随着学术交流形式的变化，图书文献的被引用次数在所有类型文献的总被引用次数中所占比例虽不及期刊论文，但数量仍然巨大。图书文献以其学术性、系统性和全面性的特点，为学术和科研中不可或缺的一部分。

在 CSTPCD 2011 数据库中，图书类型的文献总共被引 551896 次，占总被引次数的 8%以上，共有 296638 种图书文献被引用。

（2）不同学科图书的被引情况

按照不同学科引用图书文献的情况来看，学科引用图书文献次数大于学科平均值的有 15 个学科，其中临床医学的引用次数最多。计算技术，农学，地学，中医学，电子、通信与自动控制这些学科对图书文献的引用也超过了 30000 次（表 10-12）。

表 10-12 2011 年 CSTPCD 数据库中图书文献被引较多的 15 个学科

学科	引用次数	学科	引用次数
临床医学	85799	机械、仪表	18644
计算技术	45409	环境科学	18596
农学	32442	冶金、金属学	16978
地学	30891	预防医学与卫生学	15004
中医学	27693	交通运输	14506
电子、通信与自动控制	32332	数学	14207
生物学	20609	化工	13190
土木建筑	20474		

（3）被引最多的图书文献

被引的图书文献大致可以分为学术专著、教科书、标准、规程、指导手册等类型。

专著、教材类的文献由于其内容为基础理论，是研究人员的基础，比较容易被引用。标准和指导手册等类型的文献由于其用于指导实践的特殊性质，与实际工作密切关联，而较多地被科研人员使用，因此被引的次数也较多。

和往年的情况相比，乐杰主编的《妇产科学》仍然是被引次数最多的图书文献。位居第 2 位和第 3 位的依然是叶仁高主编的《内科学》和陈灏珠主编的《实用内科学》。医学领域尤其是临床医学领域对图书文献的引用和被引非常的突出（表 10-13）。

表 10-13 被 CSTPCD 2011 引用次数较多的 20 本图书文献

作者	图书文献	被引用次数
乐杰	妇产科学	2632
叶任高	内科学	1277
陈灏珠	实用内科学	1250
陆再英	内科学	946
曹泽毅	中华妇产科学	830
陈新谦	新编药物学	801
吴在德	外科学	782
鲍士旦	土壤农化分析	776
国家中医药管理局	中医病证诊断疗效标准	735
国家环境保护总局	水和废水监测分析方法	661
鲁如坤	土壤农业化学分析方法	661
李合生	植物生理生化实验原理和技术	632
胡亚美	诸福棠实用儿科学	623
张之南	血液病诊断及疗效标准	609
赵辨	临床皮肤病学	606
庄心良	现代麻醉学	587
叶应妩	全国临床检验操作规程	577
金汉珍	实用新生儿学	554
徐叔云	药理实验方法学	527
汪向东	心理卫生评定量表手册	478

10.3.5 网络资源被引用情况

在数字资源发展迅速的今天，网络中存在着大量的信息资源和学术材料。因此，对网络资源的引用也越来越多。虽然网络资源被引次数在 CSTPCD 2011 数据库中所占的比例不大，无法和期刊论文、图书文献等相比，但是网络确实是获取最新的热点和动态的一个较好的途径，互联网缩短了信息搜寻的周期，减少了信息搜索的成本。但由于网络资源引用的著录格式存在不完整、不规范的现象，因此，在统计中只能尽可能地根据所能采集到的数据进行统计。

（1）学科分布

从表 10-14 中可以看出，引用网络资源次数较多的学科主要是计算技术，临床医学和电子、通信与自动控制等。计算技术和电子、通信与自动控制这两个领域以其贴近网络的学科特点，有较多的网络资源引用是十分自然的。此外，学科变化较快、引用情况一直比较活跃的医学也是引用网络资源比较多的学科领域。

表 10-14　引用网络资源较多的 10 个学科

学科	引用网络资源次数	学科	引用网络资源次数
计算技术	3813	地学	656
临床医学	1852	农学	616
预防医学与卫生学	1015	生物学	567
电子、通信与自动控制	918	土木建筑	509
环境科学	662	基础医学	387

（2）文献格式的

与往年相比，从静态网页中获取信息并进行引用的情况有所增加。引用网络中的 pdf 格式文献的比例较往年有较大比例的增加，上一年度为 15.34%，2011 年度增加到了 29%，几乎翻了一番。doc 格式文件和 txt 格式文件也有所增加，即人们从网络资源中获得全文形式的资源的情况有所增多。图 10-4 所示是 CSTPCD 2011 所引用的网络资源的文献格式分布情况。

（3）域名

从完整标注其引用的网络资源的域名的情况来看，商业网站（.com）、机构网站（.org）、政府网站（.gov）和高等院校网站（.edu）中的信息被引的次数较多，研究机构网站（.ac）和其他的网站也有一些被引。商业网站的被引最多，达到了 5018 次，机构网站的被引次数为 3860 次，政府网站的被引次数为 3046 次，高等院校网站的被引次数为 1488 次。图 15-5 所示是 SCTPCD 2011 所引用的网络资源的域名分布情况。

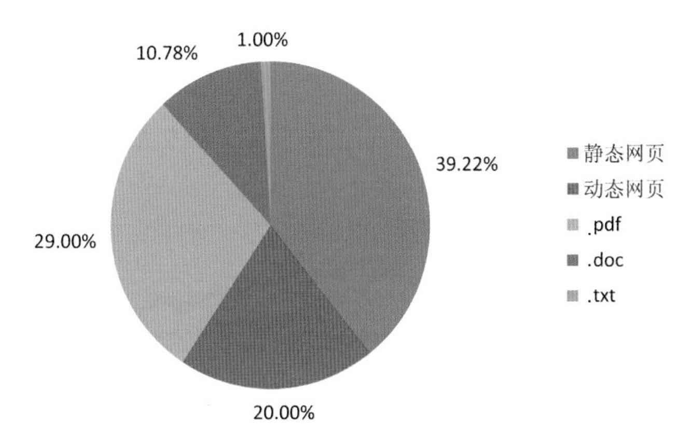

图 10-4　CSTPCD 2011 所引用的网络资源的文献格式分布

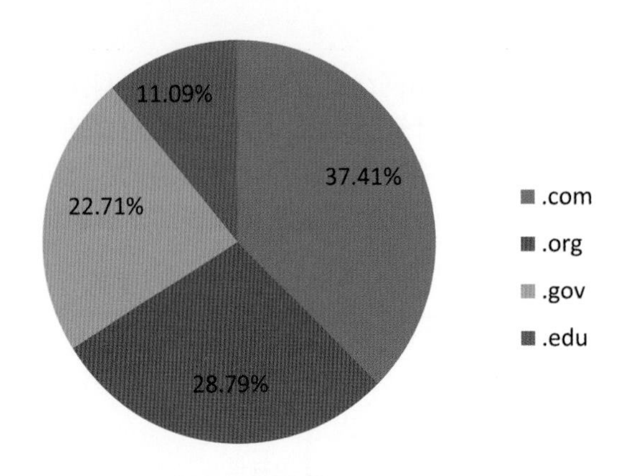

图 10-5 CSTPCD 2011 所引用的网络资源的域名分布

10.3.6 专利被引用情况

一般而言文献发表不会马上被引用，而发表时间太久远的文献也不会一直被引用。文献的引用高峰期普遍为发表后的 2～3 年。从图 10-6 所示的期刊论文和专利从 1980 年至 2011 年的被引时间分布来看，2009 年为两种文献的被引最高峰，是符合文献被引的普遍规律的。

但是专利文献的被引和期刊论文的被引还是有不同的。2000 年前后，图 10-6 中的两条曲线出现了交点。在这之前，也就是 1980—2000 年公开的专利的被引高于这段时间内期刊论文被引的次数；而 2000—2011 年期刊论文的被引次数更高一些。这体现出了期刊论文和专利文献不同的性质特点，专利技术的更新换代和变化比较强，而期刊论文作为知识或者说基础理论的承载能够比实践应用方面的文献维持更长的生命力。

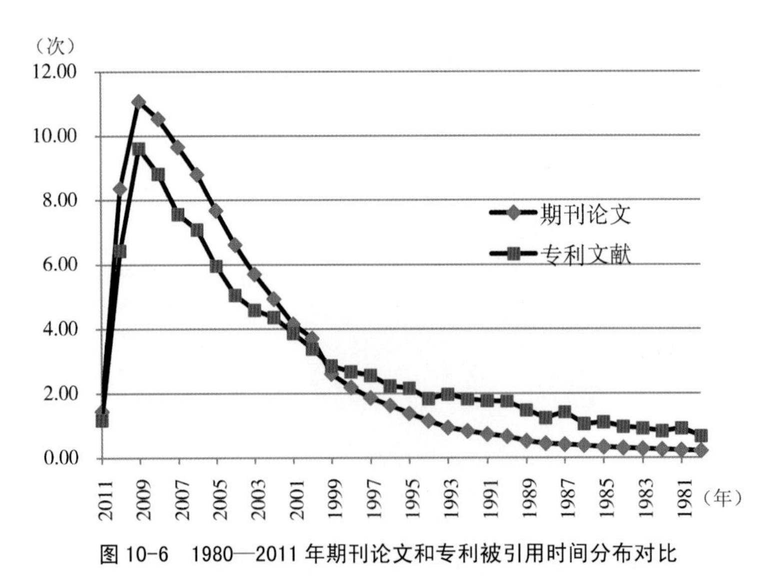

图 10-6 1980—2011 年期刊论文和专利被引用时间分布对比

10.4 讨论

从整体来看，中国科技论文的引用和被引情况都较上一年度有所增加，比较突出和活跃的一些学科如医学等也和往年相似，在引用和被引数量上保持应有的水平并稳定增长。预防医学与卫生学更是替代了化学进入了期刊论文被引的前10名。期刊论文的被引用比例有所增长，而高等院校所发表的期刊论文的被引次数更是有一个较大的增幅，研究机构的被引次数也有所增加。图书和网络资源以及专利的被引在一定程度上还是无法和期刊论文的学术影响相抗衡。

值得注意的是，被引的整体情况在向期刊论文、高等院校发表的论文、外文文献这些方面倾斜，而本年度高等院校所发表的论文数量，尤其是中文科技论文普遍有所减少。总的来说，我国发表的科技论文的整体质量有所加强。尤其是高等院校在各个领域的综合表现，研究机构和医疗机构在各自所属的专业领域的表现较往年有一些势头良好的变化。

参考文献

[1] 中国科学技术信息研究所. 1998年度中国科技论文统计与分析（年度研究报告）. 1999
[2] 中国科学技术信息研究所. 1999年度中国科技论文统计与分析（年度研究报告）. 2000
[3] 中国科学技术信息研究所. 2000年度中国科技论文统计与分析（年度研究报告）. 2001
[4] 中国科学技术信息研究所. 2001年度中国科技论文统计与分析（年度研究报告）. 2002
[5] 中国科学技术信息研究所. 2002年度中国科技论文统计与分析（年度研究报告）. 2003
[6] 中国科学技术信息研究所. 2003年度中国科技论文统计与分析（年度研究报告）[M]. 北京：科学技术文献出版社，2005
[7] 中国科学技术信息研究所. 2004年度中国科技论文统计与分析（年度研究报告）[M]. 北京：科学技术文献出版社，2006
[8] 中国科学技术信息研究所. 2005年度中国科技论文统计与分析（年度研究报告）[M]. 北京：科学技术文献出版社，2007
[9] 中国科学技术信息研究所. 2006年度中国科技论文统计与分析（年度研究报告）[M]. 北京：科学技术文献出版社，2008
[10] 中国科学技术信息研究所. 2007年度中国科技论文统计与分析（年度研究报告）[M]. 北京：科学技术文献出版社，2009
[11] 中国科学技术信息研究所. 2008年度中国科技论文统计与分析（年度研究报告）[M]. 北京：科学技术文献出版社，2010
[12] 中国科学技术信息研究所. 2009年度中国科技论文统计与分析（年度研究报告）[M]. 北京：科学技术文献出版社，2011
[13] 中国科学技术信息研究所. 2010年度中国科技论文统计与分析（年度研究报告）[M]. 北京：科学技术文献出版社，2012

11 中国科技期刊统计与分析

2011 年全国共出版期刊 9849 种，平均期印数 16880 万册，总印数 32.85 亿册，总印张 192.73 亿印张，定价总金额 238.43 亿元，折合用纸量 45.28 万吨。与上年相比，期刊种数下降 0.35%，平均期印数增长 3.25%，总印数增长 2.17%，总印张增长 6.44%，定价总金额增长 9.53%。

2007—2010 年我国期刊的总量呈增长态势，2011 年期刊的总量有所下降，2007—2011 年我国期刊除平均期印数下降外，其余的总印数、总印张和期刊定价均呈增长态势。

2007—2011 年我国科技期刊数量的变化与我国期刊总量变化的态势相同，2007—2010 年科技期刊的数量均有所增长，但 2011 年科技期刊的数量有所下降。2007—2011 年我国科技期刊的数量占期刊总量的 49.78%～50.2%；从 2007—2011 年科技期刊的平均期印数、总印数和总印张的数量变化来看，5 年间，我国科技期刊的刊期变化较大，刊期进一步缩短，期刊的出版内容容量增加，与我国期刊的变化趋势相同，2010—2011 年科技期刊的平均期印数、总印数和总印张表现得尤其明显。

表 11-1　2007—2011 年我国自然科学、技术类期刊出版情况

	2007 年	2008 年	2009 年	2010 年	2011 年
自然科学、技术类期刊数量（种）	4713	4794	4926	4936	4920
期刊总数（种）	9468	9549	9851	9884	9849

11.1　中国科技论文统计源期刊

中国科学技术信息研究所受国家科学技术部委托，自 1987 年开始从事中国科技论文统计与分析工作，研制了“中国科技论文与引文数据库（CSTPCD）”，并利用该数据库的数据，每年对中国科研产出状况进行各种分类统计和分析，以年度研究报告和新闻发布的形式定期向社会公布统计分析结果。由此出版的一系列研究报告，为政府管理部门和广大高等院校、研究机构提供了决策支持。

“中国科技论文与引文数据库”选择的期刊称为中国科技论文统计源期刊，又称中国科技核心期刊。中国科技论文统计源期刊的选取经过了严格的同行评议和定量评价，选取的是中国各学科领域中较重要的、能反映本学科发展水平的科技期刊，并且对中国科技核心期刊遴选设立动态退出机制。研究中国科技论文统计源期刊的各项科学指标，可以从一个侧面反映我国科技期刊的发展状况，也可映射出我国各学科的研究力量。本章期刊指标的数据来源即为中国科技论文统计源期刊。2011 年中国科技论文与引文数据库（CSTPCD）共收录中国科技论文统计源期刊 1998 种，与 2010 年持平，但其中期刊的种类有所调整。

表 11-2 2007—2011 年我国科技论文统计源期刊收录情况

	2007 年	2008 年	2009 年	2010 年	2011 年
中国科技论文统计源期刊数量（种）	1765	1868	1946	1998	1998
科技期刊总数（种）	4713	4794	4926	4936	4920
所占比例（%）	37.45	38.97	39.51	40.48	40.61

图 11-1 显示 2011 年 1998 种中国科技论文统计源期刊的学科部类分布情况，其中工业技术类所占比例最高，为 36.19%，其次为医药卫生类，为 34.03%，再次为基础科学类，为 15.77%，其后依次为农林牧渔和综合其他类，分别为 7.71%和 6.31%。与过去 5 年比较，收录的期刊总数有所增加，工业技术类和医药卫生类期刊占中国科技核心期刊总数的比例分别增加 2 个和 4 个百分点，其余部类变化不大。

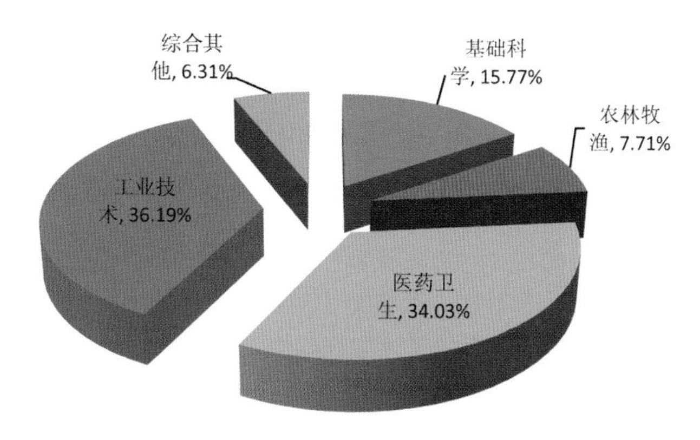

图 11-1 2011 年中国科技论文统计源期刊学科部类分布

在统计源期刊的选取时，基础科学类期刊比例较高于该类期刊在全国科技期刊中的比例，而工业技术类期刊和农林牧渔类期刊选取的比例较小于同类期刊的比例。这一方面说明基础科学类期刊的学术水平较高，整体质量好于其他类期刊，另一方面也说明工业技术类和农林牧渔类期刊的整体水平还有待提高，同时今后一个时期内我们也要对工业技术类和农林牧渔类期刊投以更大的关注。

据对 2009 年乌里希国际期刊指南的统计分析，目前世界上有生物医学类科技期刊占世界全部科技期刊的 30%左右，综合类科技期刊占 3%，与中国科技论文统计源期刊收录的期刊数相比较，我国的综合类期刊所占的比例大于世界水平，医药卫生类期刊所占的比例与世界的总体状况基本一致。

11.2 中国科技期刊引证报告

自 1997 年中国科技论文统计与分析项目组出版第一本《中国科技期刊引证报告》至今，本研究小组每年更新出版科技期刊指标的报告。《中国科技期刊引证报告》的数据取自中国科学技术信息研究所自建的“中国科技论文与引文数据库”，该数据库将中国各学科重要的科技期刊作为统计源期刊，每年进行动态调整。本课题在统计分析中国科技论文整体情况的同时，也对中国科技期刊的发展状况进行了跟踪研究，并形成了每年定期对统计源期刊的各项计量指标进行公布的制度。此外，为了促进中国科技期刊的发展，为期刊界和期刊管理部门提供评估依据，同时为选取统计源期刊做准备，自 1998 年起本所还连续出版了《中国科技期刊引证报告（扩刊版）》，2006 年起，"引证报告"（扩刊版）与万方公司共同出版，涵盖中国 6000 余种科技期刊。

11.3 中国科技期刊的整体指标分析

为了全面、准确、公正、客观地评价和利用期刊，《中国科技期刊引证报告》（核心版）在与国际评价体系保持一致的基础上，结合中国期刊的实际情况，选择了 23 项计量指标，基本涵盖和描述了期刊的各个方面。这些指标包括：

（1）期刊被引用计量指标：总被引频次、影响因子、即年指标、他引率、引用刊数、扩散因子、权威因子和被引半衰期。

（2）期刊来源计量指标：来源文献量、文献选出率、参考文献量、平均引文数、平均作者数、地区分布数、机构分布数、海外论文比、基金论文比和引用半衰期。

（3）学科分类计量指标：综合评价总分、学科扩散指标、学科影响指标、总被引频次的离均差率和影响因子的离均差率。

其中，期刊被引用计量指标主要显示该期刊被读者使用和重视的程度，以及在科学交流中的地位和作用，是评价期刊影响的重要依据和客观标准。期刊来源计量指标通过对来源文献方面的统计分析，全面描述了该期刊的学术水平、编辑状况和科学交流程度，也是评价期刊的重要依据。综合评价总分则是对期刊整体状况的一个综合描述。

表 11-3 2001—2011 年中国科技论文统计源期刊主要计量指标平均值统计

年份	2001	2002	2003	2004	2005	2006	2007	2008	2009	2010	2011
总被引频次	227	278	362	434	534	650	749	804	913	971	1022
影响因子	0.264	0.294	0.348	0.386	0.407	0.444	0.469	0.445	0.452	0.463	0.454
即年指标	0.045	0.048	0.056	0.053	0.052	0.055	0.054	0.055	0.057	0.060	0.059
基金论文比	0.34	0.36	0.38	0.41	0.45	0.47	0.46	0.46	0.49	0.51	0.53
海外论文比	0.02	0.02	0.02	0.02	0.02	0.02	0.01	0.01	0.02	0.02	0.02
篇均作者数	3.26	3.27	3.34	3.43	3.47	3.55	3.81	3.66	3.71	3.92	3.80
篇均引文数	7.36	8.21	8.81	9.27	9.91	10.55	10.01	11.96	12.64	13.41	13.97

表 11-3 显示了科技期刊主要计量指标 2001—2011 年的变化情况。可以我国科技期刊的各项重要计量指标的数值都有增长。反映科技期刊被引用情况的总被引频次和影响因子指标基本每年都有增加，2011 年我国期刊的总被引频次平均值首次突破千次，达到了 1022 次，是 2001 年的 4.5 倍，影响因子是 2001 年的 1.7 倍，这 2 个指标都是反映科技期刊影响的重要指标。即年指标，即论文发表当年的被引用率，介于 0.045～0.060。海外论文比变化不大，基本保持在 0.01～0.02。平均作者数和平均引文数均呈逐年递增之势，分别由 2001 年的 3.26 和 7.36 上升至 2011 年的 3.80 和 13.97。

图 11-2 和图 11-3 显示了中国科技论文统计源期刊总被引频次和影响因子的变化趋势。由图可见，总被引频次逐年上升，接近线性增长；影响因子 2001—2007 年逐年增长，到 2007 年达到峰值，为 0.469，2008—2011 年影响因子波动上升。图 11-4 反映了 2002—2011 年影响因子和总被引频次增长率的变化情况。由图可见，我国科技期刊的影响因子和总被引频次在保持增长态势的同时，增长速度趋缓；影响因子和总被引频次的增长率在 2003 年达到了一个高峰，从 2004 年起放慢了速度，至 2008 年增长率达到谷底，影响因子的增长率不增反跌，为-5%；2009—2011 年影响因子和总被引频次较 2008 年均有所增长，但总体仍低于过去几年的增长速度，至 2011 年影响因子又为负增长。这与期刊的扩容关系密切，许多期刊从季刊变为双月刊、月刊，或半月刊，使得影响因子一度下降或增长放缓。

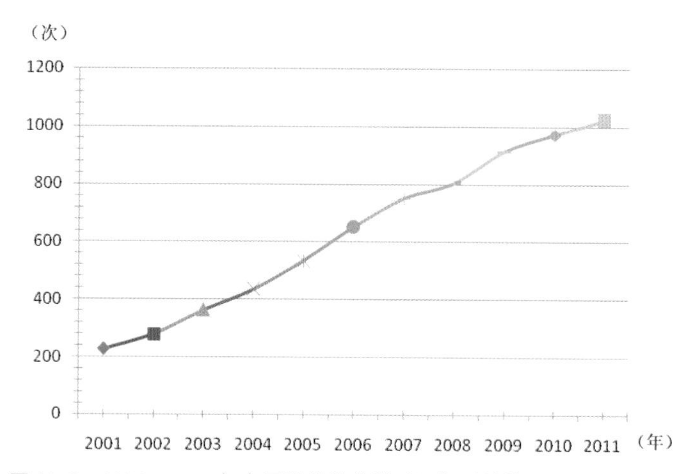

图 11-2　2001—2011 年中国科技论文统计源期刊总被引频次变化趋势

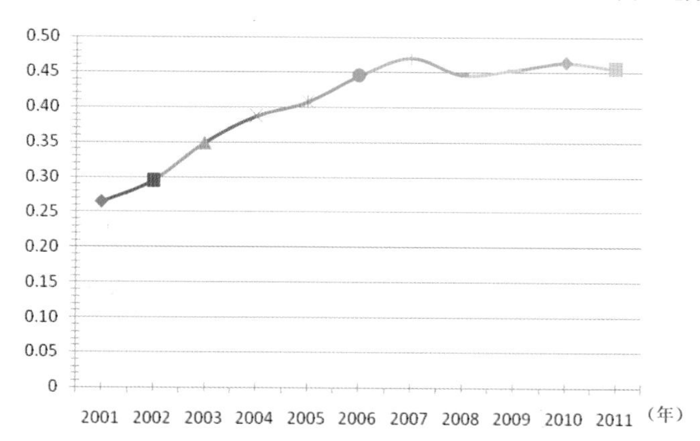

图 11-3　2001—2011 年中国科技论文统计源期刊影响因子变化趋势

从科技期刊发表的论文指标分析，科技期刊中的重要基金和资助产生的论文的数量可以从一定程度上反映期刊的学术质量和水平，特别是对学术期刊而言，这个指标显得比较重要。在这里基金论文比是指期刊一年内发表的受省部级以上项目基金或资助产生的论文数量与该刊发表的全部论文的比例。图 11-5 反映出我国科技期刊的基金资助论文比的增长趋势，从 2001 年的 0.34，增加到 2006 年的 0.47，2007—2008 年连续 2 年保持在 0.46，2009—2011 年这个指标又逐年上升，2011 年基金论文比达到了 53%

的新高度，即 2011 年中国科技论文统计源期刊发表的论文有一半是由省部级以上的项目基金或资助产生的。这与我国近年来加大科研投入密切相关。随着“十一五”计划的顺利收官，大批科研项目的结题，产生了大量的科研论文，其中一半是由省部级以上基金或资助产生的科研成果。

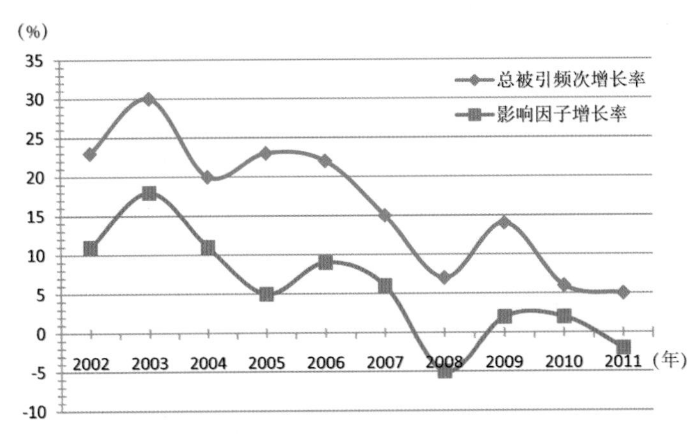

图 11-4 2002—2011 年中国科技论文统计源期刊影响因子和总被引频次增长率的变化趋势

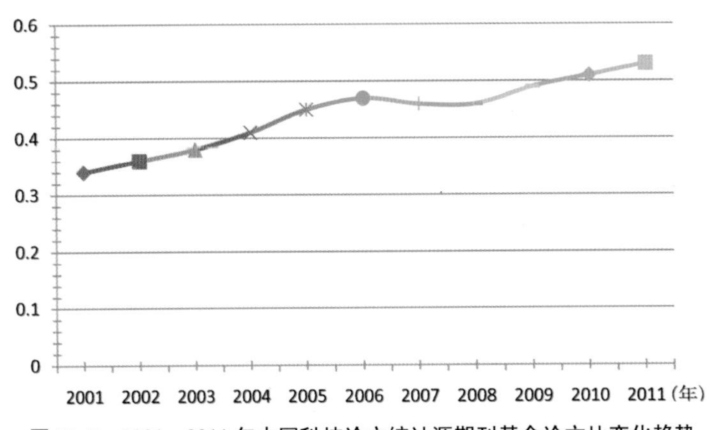

图 11-5 2001—2011 年中国科技论文统计源期刊基金论文比变化趋势

平均引文数指标是指期刊每一篇论文平均引用的参考文献数量，它是衡量科技期刊科学交流程度和吸收外部信息能力的相对指标，同时，参考文献的规范化标注，也是反映我国学术规范化程度及与国际科学研究工作接轨的一个重要指标。由表 11-3 可以看到，2001—2006 年中国科技论文统计源期刊论文的平均引文数逐年上升，2006 年首次超过了 10 篇，2007 年为 10.01 篇，到 2011 年我国论文的平均引文数为 13.97 篇，接近 14 篇。

中国科技论文统计与分析工作开展之初就倡导论文写作的规范，并对科技论文和科技期刊的著录规则进行讲解和辅导，把每年的统计结果进行公布。20 年来随着中国科技论文统计与分析工作的长期坚持开展，科技期刊评价体系的广泛宣传，以及越来越多的我国科研人员与世界学术界交往的加强，科研人员在发表论文时越来越重视论文的完整性和规范性，意识到了参考文献著录的重要性，同时，广大科技期刊编辑工作者也日益认识到保留客观完整的参考文献是期刊和学术交流的重要渠道，因此，我国论文的平均引文数有所提高。

11.4 中国科技期刊的载文状况

2011年中国科技论文与引文数据库（CSTPCD）收录1998种中国科技期刊，收录以我国作者为第一作者的论文53.41万篇，与2010年相比增长了5.55%。2011年中国科技论文统计源期刊平均每刊来源文献量为267篇左右。

来源文献量，即期刊载文量，指期刊所载信息量大小的指标，具体说就是一种期刊年发表论文的数量。需要说明的是，"中国科技论文与引文数据库"在收录论文时，对期刊论文是有选择的，我们所指的载文量是指学术性期刊中的科学论文和研究简报，技术类期刊的科学论文和阐明新技术、新材料、新工艺和新产品的研究成果论文，医学类期刊中的基础医学理论研究论文和重要的临床实践总结报告以及综述类文献。

2011年有616种期刊的来源文献量大于我国期刊来源文献量的平均值。来源文献量大于1000篇的期刊有56种，比2010年增长4种，其中医学期刊占了66.1%。另外，2011年载文量超过2000篇的期刊有14种，较2010年增长6种，其中11种为医学期刊，占78.6%。

从表11-4和图11-6可见，来源文献量在50篇以下的载文量较少的期刊所占比例基本稳定，发表论文量在100～200篇的期刊所占的比例最高，但2011年较2010年有所下降；载文量在50～100篇和100～200篇的期刊所占比例自2003年以来呈下降趋势，其余载文区间期刊所占比例均呈上升趋势。这说明，从总体趋势上看，我国科技论文统计源期刊的信息容量在不断扩大，期刊的载文量进一步增长。

表11-4 2003—2011年中国科技论文统计源期刊按载文篇数分布情况（%）

载文量（篇）	2003年	2004年	2005年	2006年	2007年	2008年	2009年	2010年	2011年
P>500	3.49	4.42	6.17	7.78	9.86	8.51	10.07	10.56	10.21
400<P≤500	2.28	3.05	4.12	4	6.46	4.76	4.98	5.13	5.01
300<P≤400	5.33	7.15	7.32	9	11.05	10.44	10.53	10.96	10.56
200<P≤300	14.53	16.23	16.59	18.17	19.77	18.52	17.93	18.00	18.12
100<P≤200	44.16	41.29	42.68	40.86	37.39	40.10	40.18	39.42	38.49
50<P≤100	27.23	25.37	20.94	18.33	13.66	15.85	14.70	14.71	15.87
P≤50	2.98	2.49	2.18	1.86	1.81	1.82	1.59	1.75	1.75

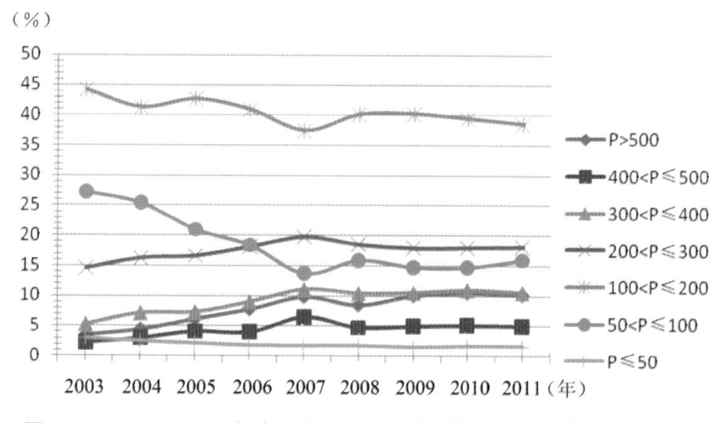

图11-6 2003—2011年中国科技论文统计源期刊来源文献量变化情况

11.5 中国科技期刊的学科分析

中国科技论文统计源期刊按国家标准学科分类与代码 GBT/13745–92F 进行分类。图 11–7 显示的是 2011 年 1998 种中国科技论文统计源期刊各学科的期刊数量。由图可见，工程与技术大学学报类期刊的数量最多为 71 种，综合类大学学报和理工大学学报、师范类大学学报占统计源期刊种数的 8%左右。这种现象可能也是中国特色，我国高等院校的学报基本上都属于综合类期刊，是中国科技期刊的一支主要力量。

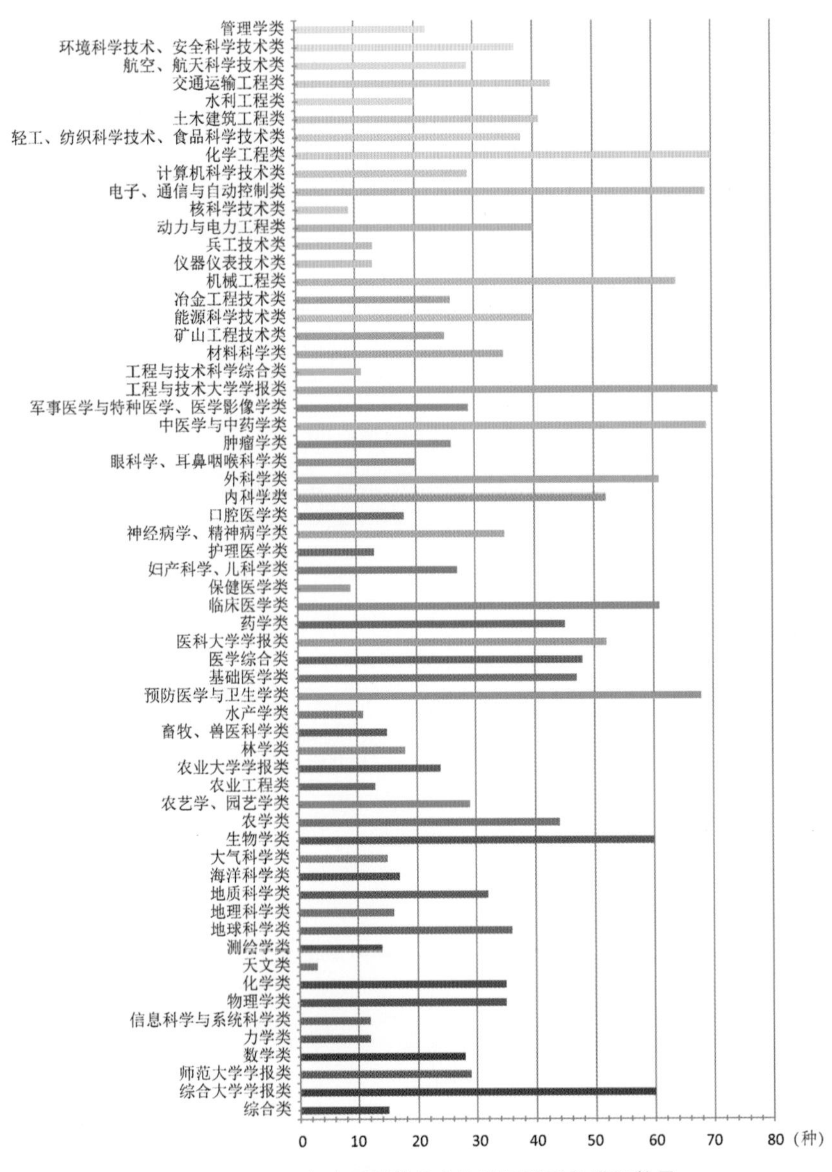

图 11–7　2011 年中国科技论文统计源期刊各学科数量

2011 年中国科技核心期刊（中国科技论文统计源期刊）的平均影响因子和平均被引频次分别为 0.454 和 1022。影响因子与学科领域的相关性很大，不同的学科其影响因子有很大的差异。由于在学科内出现数值较大的差异性，因此 2011 年以学科中值作为分析对象。2011 年各学科影响因子中值及总被引频次中值见图 11–9。

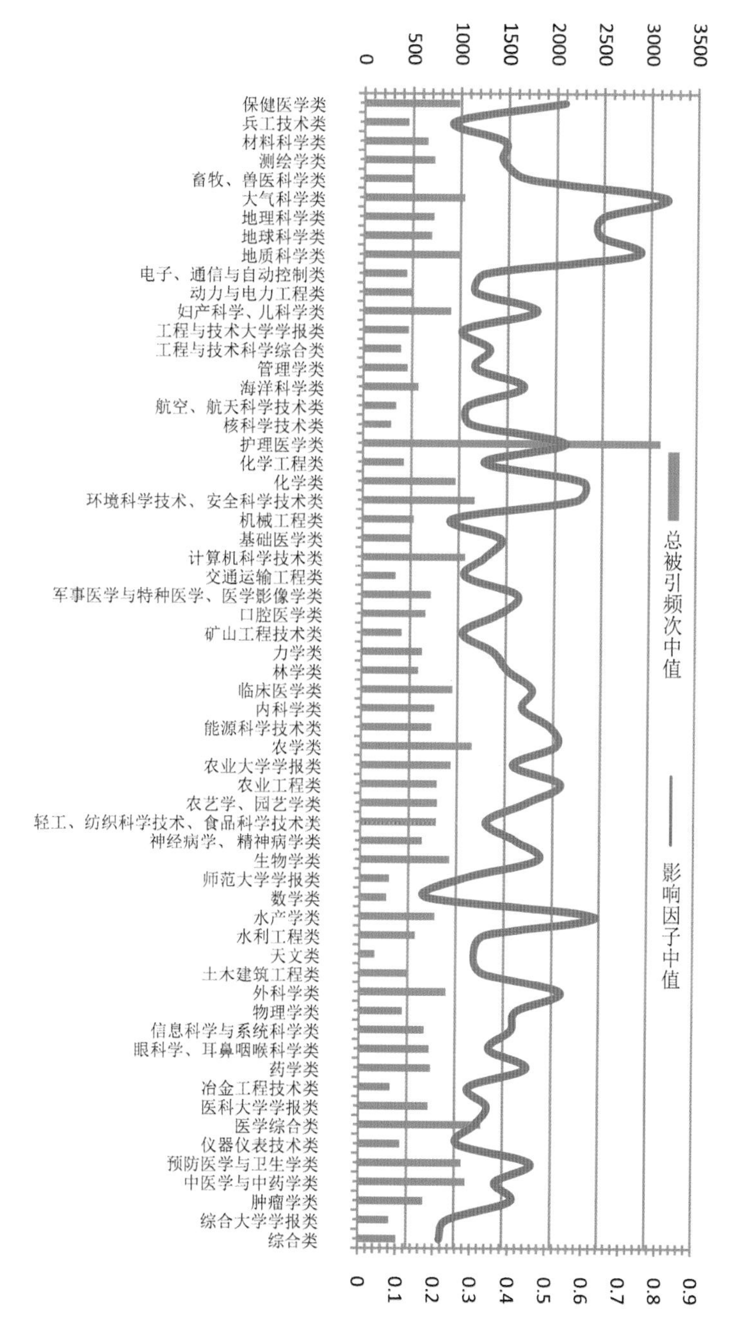

图 11-8 2011 年中国科技论文统计源期刊各学科总被引频次与影响因子中值

2011 年学科总被引频次中值超过千次的学科分别为护理医学类，医学综合类，环境科学技术，安全科学技术类，农学类，中医学与中药学类，预防医学与卫生学类，计算机科学技术类，大气科学类。

2011 年学科影响因子中值较高的有大气科学类、地质科学类、水产学类。而影响因子中值较低的学科有数学类、综合类、综合大学学报类、兵工技术类、机械工程类和仪器仪表技术类等。因此判断某一科技期刊影响因子的高低应在学科内与本学科的平均水平进行对比。

学科影响指标，是指在某学科范围内，引用被评价期刊的数量与该学科期刊数量的比值。这是一个用于评估期刊的学科影响力的相对指标，显示引用刊物在本学科的影响，《2005 年版中国科技期刊引证报告》第 1 次使用了本项指标，之后每年的引证报告中连续发布了此项指标。2011 年我国有 88 种期刊的学科影响指标达到 1.0，也就是说 2011 年 88 种期刊的影响覆盖了本学科的全部期刊，较 2010 年的 93 种有所下降，但比 2009 年的 87 种、2008 年的 75 种、2007 年的 72 种有所增加。深入分析这些期刊发现，有可能是因为它们确实是该学科领域的权威核心期刊，也有可能这些学科涉及的范围较窄，期刊集中。另有 160 种期刊的学科影响指标超过 0.9，比 2010 年的 249 种、2009 年的 220 种、2008 年的 214 种、2007 年的 173 种有所下降。

11.6 中国科技期刊载文的地区分析

地区分布数，指来源期刊登载论文作者所涉及的地区数，按全国 31 个省（市）自治区计算。

一般说来，用一个期刊的地区分布数可以判定该期刊是否是一个地区覆盖面较广的期刊，其在全国的影响力究竟如何。地区分布数大于 20 个省（市、自治区）的期刊，我们可以认为它是一种全国性的期刊。

由表 11-5 可见，2003—2011 年中国科技论文统计源期刊中地区分布数大于或等于 30 个省（市、自治区）的期刊数量持续增长，2011 年首次超过 100 种，达到了 106 种，占全部期刊的 5.31%。

表 11-5 2003—2011 年中国科技论文统计源期刊载文地区分布数的统计情况（%）

地区数	2003 年	2004 年	2005 年	2006 年	2007 年	2008 年	2009 年	2010 年	2011 年
D≥30	1.14	1.43	2.00	2.44	3.85	3.32	4.06	4.70	5.31
20≤D<30	43.53	44.96	49.88	53.51	56.71	57.92	57.91	57.56	57.86
15≤D<20	24.43	25.00	22.52	23.68	20.85	21.04	21.53	21.42	20.67
10≤D<15	17.32	17.66	17.43	13.70	12.35	11.67	11.51	10.71	10.66
D<10	13.58	10.95	8.17	6.67	6.23	6.05	4.98	5.61	5.51

由图 11-9 可见，地区分布数大于 20 个省（市、自治区）的期刊仍在增加，已经超过全部期刊的 63.17%，也就是说 2011 年超过 63%的期刊属于全国性科技期刊。地区分布数小于 10 的期刊所占的比例继续下降。

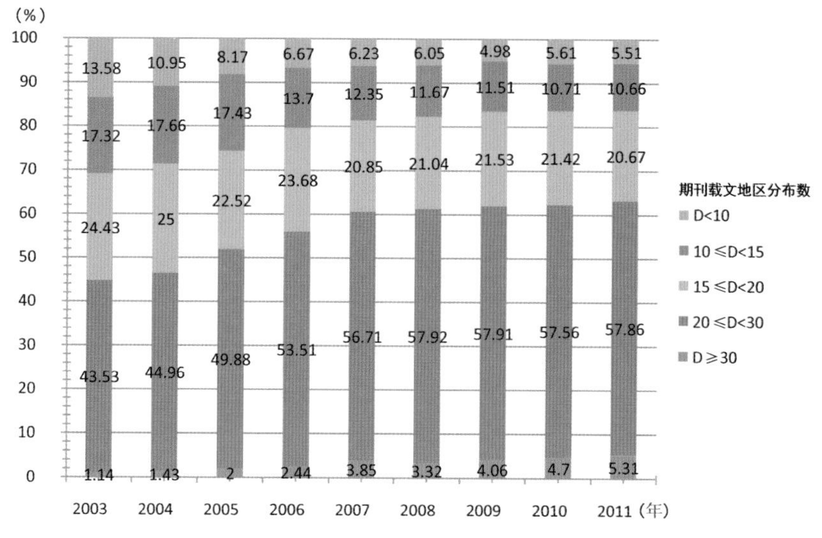

图 11-9 2003—2011 年中国科技论文统计源期刊地区分布数变化情况

11.7 中国科技期刊的出版周期

论文发表时间是科学发现优先权的重要依据，因此，一般而言，期刊的出版周期越短，吸引优秀稿件的能力越强，也更容易获得较高的影响因子。研究显示，近年来我国科技期刊的出版周期呈逐年缩短趋势。

经对 2011 年中国科技论文统计源期刊进行统计，科技期刊的出版周期进一步缩短，出版周期刊中月刊由 2007 年占总数的 28.73%逐年上升至 2011 年的 35.79%；双月刊由 2007 年占总数的 52.49%下降至 2011 年的 49.25%，有更多的双月刊转变成月刊；季刊由 2008 年占总数 13.22%下降至 2011 年的 10.66%。

图 11-10 显示出 2011 年中国科技论文统计源期刊的出版周期分布，月刊的比例又有提升，挤占了季刊等出版周期较长的期刊所占的比例，这说明从总体上看，中国科技期刊的出版周期缩短了。

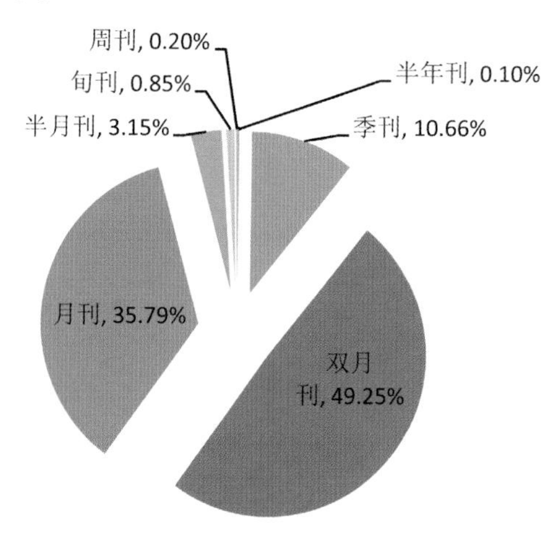

图 11-10 2011 中国科技论文统计源期刊出版周期及所占比例

与国际期刊对比，世界最大的期刊目录指南——乌利希期刊指南收录的 50443 种学术类期刊调研发现，季刊占学术期刊总量将近 30%，季刊、半年刊、双月刊、年刊和月刊这 5 种出版周期的刊物占学术刊物总量的 80.9%。这说明，对于全世界范围内的学术期刊而言，季刊是最主要的出版周期，占 29.5%，其次是半年刊、双月刊和年刊，与我国不同，双月刊并不是最主要的出版形式。

图 11-11 显示的是 JCR 收录期刊的刊期分布图，其中 29.25%为季刊，22.61%为双月刊，42.65%为月刊。月刊占的比例最大，季刊次之，然后是双月刊。

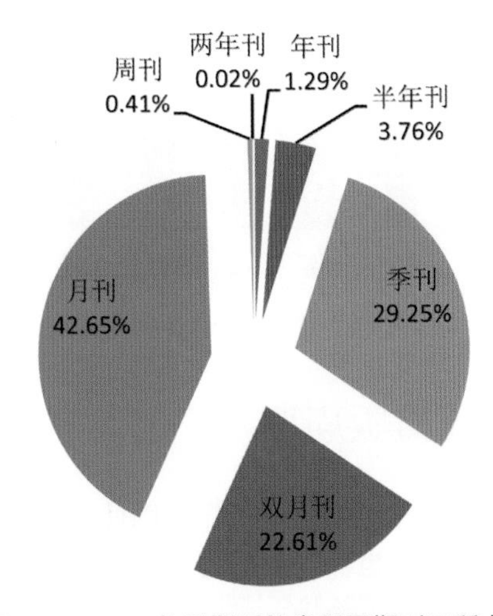

图 11-11 JCR 收录期刊的出版周期刊及所占比例

图 11-12 显示的是 2011 年 JCR 收录我国 134 种科技期刊的刊期分布，其中月刊所占比例最大，为 35.07%，其次是双月刊，为 34.33%，季刊占 27.61%，其后是半月刊和周刊；与 JCR 收录期刊的刊期分布不尽相同，我国期刊以双月刊出版的数量较多。与 2009 年 JCR 收录的我国 114 种期刊相比，双月刊的比例下降了 6.54 个百分点，月刊的比例上升了 8.11 个百分点，这说明，JCR 收录的我国期刊的刊期在缩短。

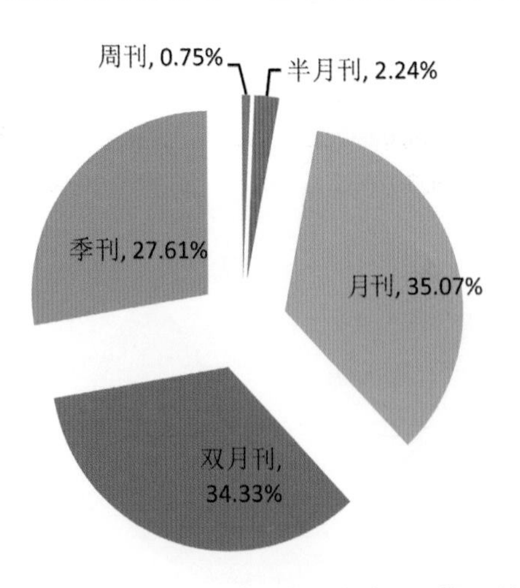

图 11-12 2011 年 JCR 收录中国期刊的出版周期及所占比例

对比中国科技论文统计源期刊的出版周期，在国内季刊明显减少的同时，我国进入 SCI 的期刊中，双月刊所占比例虽然和 2009 年相比有所下降，但与 JCR 收录期刊相比，比例仍然较高，季刊所占比例与 2009 年相比也上升了 1.52 个百分点，为 27.61%。JCR 收录的期刊被认为是学术影响较大的期刊，其收录的期刊出版周期以月刊所占比例最大。说明在一段时期内，我国科技期刊加快出刊速度是必要的，但与此同时，保证期刊质量仍是不可忽视的环节。

11.8 中国科技期刊的世界比较

2011 年美国 SCIE 中收录中国出版的期刊有 134 种。JCR 公布的主要的评价指标有被引总数（Total Cites）、影响因子（Impact Factor）、即时指数（Immediacy Index）、当年论文数（Current Articles）和被引半衰期（Cited Half-Life）等。其中有一个非常重要的指标是按照影响因子给出该期刊在本学科中的排名（Journal Rank in Categories），即对期刊的分区。某一期刊的影响因子进入该学科的 Q1 区，说明该期刊在学科中处于领先地位。按照影响因子由高到低在本学科中的位置，依次划分为 Q2、Q3 和 Q4 区。

统计 2011 年我国被 SCIE 收期刊的影响因子在各学科的位置发现，我国有 5 种期刊处于本学科的 Q1 区，与 2009 年相比，减少了 2 种；有 23 种期刊处于 Q2 区，与 2009 年相比增加了 6 种；2011 年有 28 种中国科技期刊的影响因子值处在本学科的中值以上水平，与 2009 年的 24 种相比增加了 4 种期刊。表 11-6 所示为 2011 年 处于 SCIE 的 Q1 和 Q2 区的中国科技期刊的情况。

表 11-6 2011 年处于 SCIE 的 Q1 和 Q2 区的中国科技期刊

期刊名称	ISSN	总被引频次	影响因子	位置
Journal of Molecular Cell Biology	1674-2788	298	7.667	Q1
Cell Research	1001-0602	5318	8.190	Q1
Molecular Plant	1674-2052	1632	5.546	Q1
Nano Research	1998-0124	2017	6.970	Q1
Journal of Computational Mathematics	0254-9409	617	0.978	Q1
International Journal of Oral Science	1674-2818	84	1.411	Q2
Integrative Zoology	1749-4877	177	1.208	Q2
Science China-Life Sciences	1674-7305	367	2.024	Q2
Insect Science	1672-9609	467	1.103	Q2
Cellular & Molecular Immunology	1672-7681	1255	2.992	Q2
Transactions of Nonferrous Metals Society of China	1003-6326	2288	0.751	Q2
Journal of Environmental Sciences-China	1001-0742	2771	1.660	Q2

期刊名称	ISSN	总被引频次	影响因子	位置
Chinese Physics B	1674-1056	4033	1.376	Q2
Chinese Science Bulletin	1001-6538	7080	1.321	Q2
Journal of Systematics and Evolution	1674-4918	344	1.596	Q2
Particuology	1674-2001	373	1.423	Q2
Numerical Mathematics-Theory Methods and Applications	1004-8979	66	0.692	Q2
Science China-Technological Sciences	1674-7321	425	0.747	Q2
Journal of Integrative Plant Biology	1672-9072	1783	2.534	Q2
Acta Mechanica Sinica	0567-7718	582	0.860	Q2
Acta Pharmacologica Sinica	1671-4083	4685	1.953	Q2
Chinese Journal of Catalysis	0253-9837	1529	1.171	Q2
Journal of Natural Gas Chemistry	1003-9953	653	1.348	Q2
Journal of Bionic Engineering	1672-6529	335	1.023	Q2
Journal of Materials Science & Technology	1005-0302	1213	0.738	Q2
Journal of Integrative Plant Biology	1672-9072	1783	2.534	Q2
International Journal of Minerals Metallurgy and Materials	1674-4799	174	0.691	Q2
Rare Metals	1001-0521	557	0.593	Q2

2011 年，各检索系统收录中国内地科技期刊情况如下：SCI 数据库收录 134 种；Ei 数据库收录 211 种(表 11-7)；Medline 收录 102 种；SSCI 收录 1 种，为 China & World Economy；Scopus 收录 738 种。

表 11-7 2001—2011 年 SCI 和 Ei 数据库收录中国科技期刊数量

检索系统	2001 年	2002 年	2003 年	2004 年	2005 年	2006 年	2007 年	2008 年	2009 年	2010 年	2011 年
SCI-E	67	69	78	78	78	78	104	108	115	128	134
Ei	107	108	119	152	141	163	174	197	217	210	211

中国科技期刊在国际上的认知度也经历了一个发展变化的过程，在 1987 年时，SCI 选用中国期刊仅 11 种，占世界的 0.3%，Ei 收录中国期刊 20 种。20 年多来，中国科技期刊的队伍不断壮大，在世界检索系统中的影响也越来越大。我国科技期刊经历了数量从无到有、从少到多的积累阶段，并且质量不断提升，国际检索系统对我国期刊的认可度也越来越大。我们希望中国科技期刊走向可持续发展的全面振兴阶段。

11.9 中国科技期刊综合评分

中国科学技术信息研究所每年出版的《中国科技期刊引证报告（核心版）》定期公

布 CSTPCD 收录的中国科技论文统计源期刊的各项科学计量指标。1999 年开始，以此指标为基础，研制了中国科技期刊综合评价指标体系。采用层次分析法，由专家打分确定了重要指标的权重，并分学科对每种期刊进行综合评定。2009—2011 年版的《中国科技期刊引证报告（核心版）》连续公布了期刊的综合评分，即采用中国科技期刊综合评价指标体系对期刊指标进行分类、分层次、赋予不同权重后，求出各指标加权得分后，再确定期刊在本学科内的排位。

根据综合评分的排序，结合各学科的期刊数量及学科细分后，自 2009 年起每年评选中国百种杰出学术期刊。

中国科技论文统计源期刊实行动态调整机制，每年对期刊进行评价，通过定量及定性相结合的方式，评选出各学科较重要的、有代表性的、能反映本学科发展水平的科技期刊，评选过程中对连续两年公布的综合评分排在本学科末 3 位的期刊进行淘汰。

对科技期刊的评价监测主要目的是引导，中国科技期刊评价指标体系中的各指标是从不同角度反映科技期刊的主要特征，涉及多个不同方面，为此要从整体上反映科技期刊的发展进程，必须对各个指标进行综合化处理，做出综合评价。期刊编辑出版者也可以从这些指标上找到自己的特点和不足，从而制定期刊的发展方向。

由国家科技部推动的精品科技期刊战略就是通过对科技期刊的整体评价和监测，发扬我国科学研究的优势学科，对科技期刊存在的问题进行政策引导，采取切实可行的措施，推动科技期刊整体质量和水平的提高，从而促进我国科技自主创新工作，在我国优秀期刊服务于国内广大科技工作者的同时，鼓励一部分顶尖学术期刊冲击世界先进水平。

11.10 讨论

（1）2007—2010 年我国期刊的总量呈增长态势，2011 年期刊的总量有所下降，总印数、总印张和期刊定价均呈增长态势。2007—2011 年我国科技期刊的总量变化与我国期刊总量变化的态势相同，科技期刊刊期进一步缩短，期刊的出版内容容量增加。

（2）我国科技期刊中，医药卫生类期刊所占比例较大，与过去 5 年比较，医药卫生类产生的论文数量增长较快。另外，综合类期刊所占的比例也较大。

（3）我国科技期刊的总被引频次和影响因子在保持绝对数增长态势的同时，增长速度趋缓，被引频次和影响因子的增长率在 2003 年达到了一个高峰，从 2004 年起放慢了速度，至 2008 年增长率达到谷底为负增长，2009—2011 年期刊平均被引频次和平均影响因子较 2008 年均有所增长，但仍低于过去几年的增长速度，至 2011 年平均影响因子又为负增长。这与期刊的扩容关系密切，许多期刊从季刊变为双月刊、月刊，或半月刊，使得影响因子一度下降。

（4）2011 年基金论文比为 0.53，即有大于一半的论文产出由省部级以上的基金资助。这与我国近年来加大科研投入密切相关，随着“十一五”计划的顺利收官，大批科研项目的结题，产生了大量的科研论文。

（5）2011 我国期刊的发文数量多集中在 100～200 篇，发文量超过 500 篇的期刊有所下降。

（6）根据2011年我国被JCR收录的科技期刊的影响因子在各学科的位置发现，我国有5种期刊处于本学科的Q1区，有23种期刊处于Q2区，也就是说处于本学科的中值以上水平。

参考文献

[1] 2009年全国新闻出版业基本情况.中华人民共和国新闻出版总署. 2010

[2] 中国科学技术信息研究所.2012年版中国科技期刊引证报告[M]. 科学技术文献出版社, 2012

[3] 中国科学技术信息研究所.2011年版中国期刊引证报告（扩刊版）[M]. 科学技术文献出版社, 2011

[4] 中国高等院校自然科学学报研究会.国际重要检索系统收录中国期刊一览表

[5] 贾佳，潘云涛.期刊强国的各学科顶尖学术期刊的分布情况研究[J]. 编辑学报, 2011（1）

[6] 陈理斌.乌利希期刊指南的科学计量学应用研究.学位论文, 2010

[7] Thomson Reuters. 2011 Journal Citation Reports. Science Edition 2012

12 CPCI-S 收录中国论文情况统计分析

Conference Proceedings Citation Index – Science （CPCI–S），即原来的 ISTP 数据库，涵盖了所有科技领域的会议录文献，其中包括：农业、生物化学、生物学、生物技术学、化学、计算机科学、工程学、环境科学、医学和物理学等领域。该会议录文献引文索引包括多种学科中有关重要会议、讨论会、研讨会、学术会、专题学术讨论会和大型会议的出版文献。

本章对我国科研人员 2011 年 CPCI–S 收录论文的学科、地区、机构、语种以及被引等情况进行统计分析。

12.1 引言

2011 年 CPCI–S 收录的、作者地址字段中含有“中华人民共和国”的论文共 52757 篇（包括香港和澳门特区），比 2010 年的 37780 篇，增加 14977 篇，增长 39.6%。2011 年 CPCI–S 收录的世界论文总数为 300631 篇，比 2010 年的 302314 篇，减少 1683 篇，减少 0.6%。

中国（包括香港和澳门特区）的 CPCI–S 论文总数从 2006 年一直保持国家（地区）排名的第 2 位。2011 年中国（包括香港和澳门特区）占世界论文总数的比例为 17.6%，比 2010 年的 12.5%提高了 5.1%。2011 年 CPCI–S 收录的论文中，中国（包括香港和澳门特区）的科研人员共参加了在 70 个国家（地区）召开的 1337 个会议。

12.2 CPCI–S 收录论文情况

2011 年 CPCI–S 收录的论文中，第一作者为中国，不含香港、台湾和澳门的论文共计 50458 篇，以下都是基于此数据的分析。

用英语发表的文章 49160 篇，占论文总数的 97.4%，用中文发表的论文 1298 篇，占论文总数的 2.6%。

会议论文以合作形式发表为主，合作论文共计 46433 篇，占总数的 92.0%。合作论文中，2～5 个作者的论文共计 41335 篇，占合作论文总数的 89.0%。10 个及以上作者的共计 361 篇。在学术研究中，研究人员在撰写论文时都需要借鉴前人以及同行的研究成果，图 12–1 是中国 CPCI–S 论文的引文量分布情况。引用 6～10 篇参考文献的论文共计 21708 篇，占论文总数的 43.0%；11～20 篇参考文献的论文共计 13241 篇，占论文总数的 26.2%；无参考文献的论文 2570 篇，占论文总数的 5.1%。

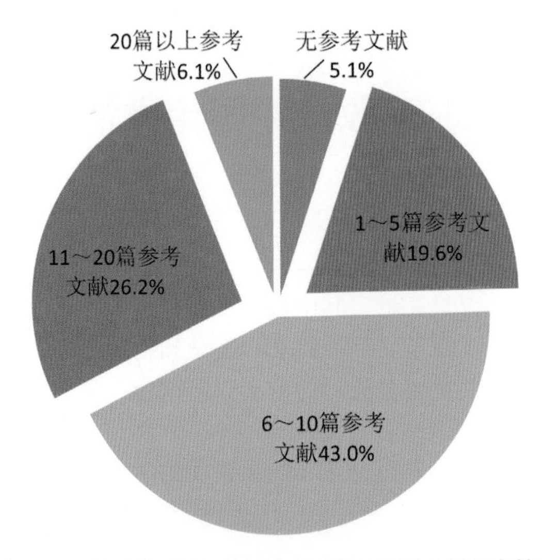

图 12-1 2011 年 CPCI-S 收录中国论文的引文量分布情况

图 12-2 是论文的篇幅（页数）分布情况，4～6 页的论文最多，共 37333 篇，占论文总数的 74.0%，1～3 页的文章共 4191 篇，占 8.3%。

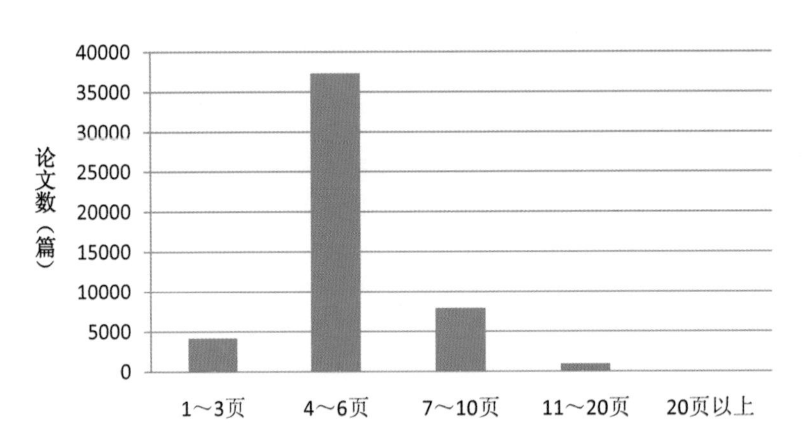

图 12-2 2011 年 CPCI-S 收录中国论文的页数分布情况

12.2.1 地区分布情况分析

2011 年 CPCI-S 收录的第一作者为中国内地的所有论文由 1250 个会议收录，其中 320 个会议地点为中国（包括香港、台湾和澳门），举办会议较多的地点见表 12-1。排在第 1 位的是北京，共举办 53 个会议，收录第一作者单位为中国的论文 4114 篇。在北京、上海举办会议的数量远高于其他城市。从表 12-1 中可以看到，在桂林、深圳举办的会议数少于其他城市，但产出的论文数却较多。国内相关部门还将进一步规范和加强管理在华举办的国际会议，这一举措将会议论文向少而精发展。

表 12-1 2011 年中国举办 CPCI-S 会议较多的 10 个城市概况

会议数排名	会议地点	会议数（个）	论文数（篇）	论文数排名	会议数排名	会议地点	会议数（个）	论文数（篇）	论文数排名
1	北京	53	4114	2	6	西安	15	437	10
2	上海	40	1757	7	7	武汉	14	2792	5
3	广州	19	4314	1	8	成都	10	1135	8
4	重庆	15	2016	6	9	桂林	8	2971	4
5	杭州	15	663	9	10	深圳	7	3094	3

CPCI–S 收录论文数较多的会议见表 12–2。收录论文数（第一作者单位为中国）超过 100 篇的会议共有 112 个，这 112 个会议中，在国外举办的有 17 个。表 12–2 中，会议论文总数是指该会议在世界范围内收录的论文总数。排在第 1 位的是由 Guangxi Univ，Guilin Univ Elect Technol，Univ Wollongong，Korea Maritime Univ，Hong Kong Ind Technol Res Ctr 主办的 2nd International Conference on Manufacturing Science and Engineering，会议共收录论文 2701 篇，其中第一作者单位为中国的论文 2494 篇，占该会议论文总数的 92.3%。从表 12–2 可以看出收录中国论文较多的 10 个会议都是在中国内地召开的。除了在三亚、济南与昆明召开的 3 个会议外，其他的会议收录的中国第一作者论文都占到会议收录论文总数的 90%以上。

表 12-2 2011 年 CPCI-S 收录论文较多的 10 个会议情况

会议名称	会议地点	论文数（篇）	会议论文总数
2nd International Conference on Manufacturing Science and Engineering	桂林	2494	2701
International Conference on Advances in Materials and Manufacturing Processes	深圳	2018	2168
International Conference on Chemical Engineering and Advanced Materials	长沙	1862	1962
International Conference on Advanced Engineering Materials and Technology （AEMT 2011）	三亚	1606	2368
International Conference on Structures and Building Materials	广州	1254	1322
IEEE International Conference on Electronics, Communications and Control （ICECC）	宁波	1125	1148
International Conference on Advanced in Control Engineering and Information Science	大理	989	1040
International Conference on Civil Engineering and Transportation （ICCET 2011）	济南	812	1527
2nd International Conference on Engineering and Business Management	武汉	790	838
International Conference on Civil Engineering and Building Materials （CEBM）	昆明	780	2621

表 12-3 是论文第一作者单位的地区分布前 10 位的情况，排名第 1 的是北京，共产出论文 8041 篇，占论文总数的 15.9%。这 10 个地区的作者共发表 CPCI-S 论文 34364 篇，占论文总数的 68.1%。

表 12-3 2011 年 CPCI-S 论文作者单位的地区分布情况

排名	地区	论文数（篇）	排名	地区	论文数（篇）
1	北京	8041	6	浙江	2794
2	江苏	3717	7	山东	2784
3	上海	3471	8	湖北	2662
4	陕西	3255	9	黑龙江	2412
5	辽宁	3064	10	广东	2164

12.2.2 被引情况分析

2011 年 CPCI-S 收录的第一作者单位为中国的论文中，有 1784 篇论文被引用至少 1 次（截至数据下载时），占论文总数的 3.5%，被引用次数最多的一篇共被引 16 次。被引论文的学科分布情况见表 12-4。电子、通信与自动控制类论文共有 661 篇被引用至少 1 次，居第 1 位；居第 2、第 3 位的分别是材料科学和计算技术。

表 12-4 被引用的论文的学科分布情况

学科类别	论文数（篇）	学科类别	论文数（篇）
电子、通信与自动控制	661	化学	153
材料科学	272	物理学	132
计算技术	181		

表 12-5 是被引论文数居前 10 位的单位，排在第 1 位的是清华大学，共有 57 篇，其次是浙江大学和哈尔滨工业大学。被引论文数居前 10 位的地区见表 12-6，前 3 名分别是：北京、上海和江苏。

表 12-5 被引论文数居前 10 位的单位

排名	单位名称	论文数（篇）	排名	单位名称	论文数（篇）
1	清华大学	57	6	西安交通大学	26
2	浙江大学	39	7	上海交通大学	25
3	哈尔滨工业大学	32	8	北京大学	25
4	华中科技大学	30	9	上海大学	24
5	大连理工大学	28	10	东南大学	23

表 12-6　被引论文数居前 10 位的地区

排名	地区	论文数（篇）	排名	地区	论文数（篇）
1	北京	351	6	湖北	98
2	上海	167	7	陕西	97
3	江苏	121	8	广东	90
4	浙江	111	9	辽宁	81
5	山东	102	10	四川	67

12.2.3　学科分布情况

图 12-3 是 2011 年第一作者为中国的 CPCI-S 论文的学科分布情况，工业技术类论文最多，共计 42813 篇，占论文总数的 84.8%。表 12-7 是 2011 年 CPCI-S 收录第一作者单位为中国的论文的学科分布情况，学科论文数排在第 1 位的是材料科学，居第 2、第 3 位的分别是电子、通信与自动控制和计算技术。前 3 名共发表论文 32777 篇，占论文总数的 62.1%。

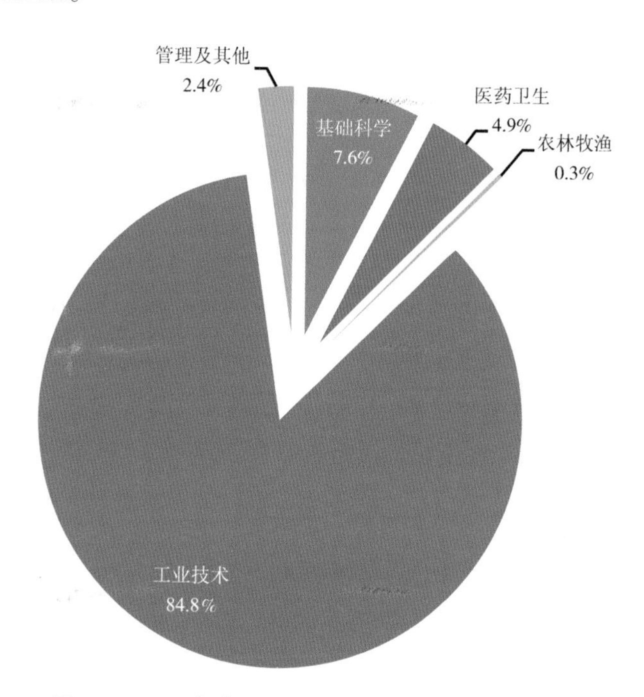

图 12-3　2011 年中国 CPCI-S 收录论文的学科分布情况

表 12-7　CPCI-S 收录论文数居前 10 位的学科

排名	学科	论文数（篇）	排名	学科	论文数（篇）
1	材料科学	14391	6	基础医学	1574
2	电子、通信与自动控制	12070	7	能源科学技术	1550
3	计算技术	6316	8	机械工程	901
4	物理	3545	9	化学	858
5	土木建筑	3005	10	临床医学	715

12.2.4 机构分布情况

表12-8是论文较多的高等院校。哈尔滨工业大学在203个会议上发表917篇论文。表12-9和12-10分别是研究机构前10位和企业前5位的分布情况。

表12-8 2011年CPCI-S收录论文数居前10位的高等院校

排名	单位	论文数（篇）	参与会议数
1	哈尔滨工业大学	917	203
2	清华大学	822	278
3	浙江大学	733	224
4	北京航空航天大学	668	170
5	东北大学	647	145
6	大连理工大学	570	157
7	上海交通大学	557	206
8	华中科技大学	545	178
9	西北工业大学	510	142
10	同济大学	502	127

表12-9 2011年CPCI-S收录论文数居前10位的研究机构

排名	单位	论文数（篇）
1	中国科学院自动化研究所	126
2	中国科学院计算技术研究所	93
3	中国科学院遥感应用研究所	80
4	中国科学院上海技术物理研究所	71
5	中国科学院合肥物质科学研究院	69
5	中国科学院西安光学精密机械研究所	69
5	中国工程物理研究院	69
8	中国科学院上海光学精密机械研究所	59
9	中国科学院半导体研究所	54
10	中国科学院对地观测与数字地球科学中心	46
10	中国科学院沈阳应用生态研究所	46
10	中国科学院长春光学精密机械与物理研究所	46
10	中国地震局工程力学研究所	46

表 12-10　2011 年 CPCI-S 收录论文数居前 5 位的企业

排名	单位	论文数（篇）
1	中芯国际集成电路制造有限公司	26
2	上海贝尔股份有限公司	26
3	攀钢集团	16
4	华为技术公司	15
5	都科摩（北京）通信技术研究中心有限公司	15

12.3　讨论

中国（包括香港和澳门特区）的 CPCI-S 论文总数从 2006 年起一直保持国家（地区）排名的第 2 位，占世界论文的比例也在逐年提高。

2011 年 CPCI-S 收录的第一作者单位为中国内地的论文中，有 1784 篇论文被引用至少 1 次（截至数据下载时），占论文总数的 3.5%。

用英语发表的文章 49160 篇，英语论文占 97.4%；合作论文占 92.0%；74.0%的文章篇幅都在 4～6 页。

中国内地举办的国际会议收录中国作者论文的比例普遍较高。

材料科学，电子、通信与自动控制和计算技术类论文占总数的 62.1%。

参考文献

[1]　中国科学技术信息研究所. 2011 年版中国科技期刊引证报告（核心版）[M].北京：科学技术文献出版社，2011

[2]　中国科学技术信息研究所. 2010 年版中国科技期刊引证报告（核心版）[M].北京：科学技术文献出版社，2010

13 Medline 收录中国论文情况统计分析

13.1 引言

MEDIN 是美国国立医学图书馆（The National Library of Medicine，NLM）开发的当今世界上最具权威性的文摘类医学文献数据库之一。《医学索引》(Index Medicus, IM）为其检索工具之一，收录了全球生物医学方面的期刊，是生物医学方面较常用的国际文献检索系统。

本章统计了我国科研人员被 Medline 2011 收录论文的机构、学科等方面的分布情况、论文发表期刊的分布以及期刊所属国家和语种分布情况，并在此基础上进行了简要的分析。

13.2 研究分析和结论

13.2.1 Medline 收录论文概况

Medline 2011 网络版共收录论文 850016 篇，比 2010 年的 802056 篇增加 6%，2005—2011 年间 Medline 收录论文情况见图 13-1。可以看出，从 2005 年到 2011 年，Medline 收录论文数呈现逐年递增的趋势，年均增长率为 4.6%。

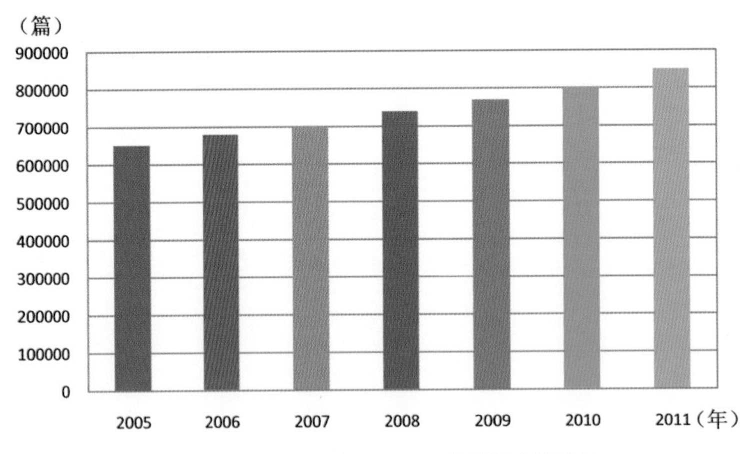

图 13-1 2005—2011 年 Medline 收录论文数统计

13.2.2 Medline 收录中国论文的基本情况

Medline 2011 网络版共收录中国科研人员发表的论文 64983 篇，比 2010 年增加

16%，与 2006 年相比，论文数量增加了 1 倍多。2006—2011 年间 Medline 收录中国论文情况见图 13-2。

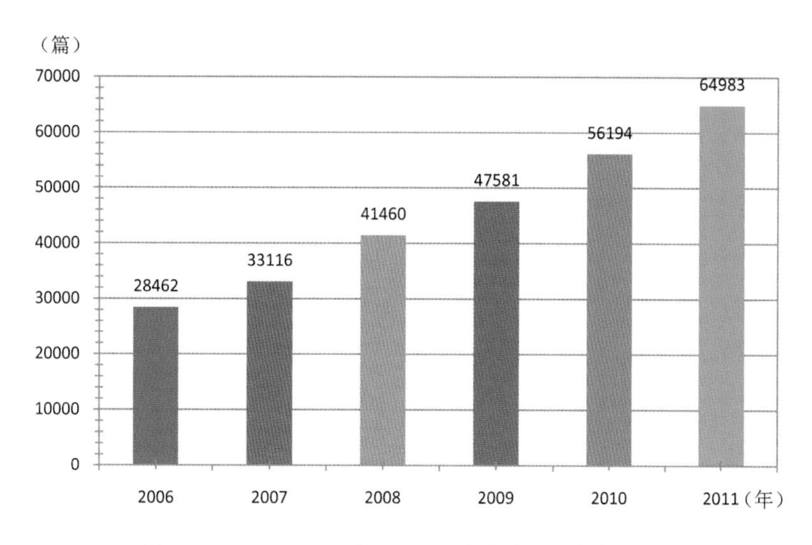

图 13-2 2006—2011 年 Medline 收录中国论文数统计

13.2.3 Medline 收录中国论文的机构分布情况

被 Medline 2011 收录的中国论文，以第一作者单位的机构类型分类，其统计结果见图 13-3。其中，高等院校所占比重最大，包括其所附属的医院等医疗机构在内，产出论文所占的份额达到 82%。医疗机构中，高等院校所属医疗机构是非高等院校所属医疗机构产出的论文数量的 4 倍多，二者之和在总量中所占比例为 27%。研究机构所占的比例为 13%，与 2010 年相比略有下降。整体看，高等院校不包括医疗机构部分所占比例在 2011 年上升 10 个百分点，其他各部分比例均有所下降。

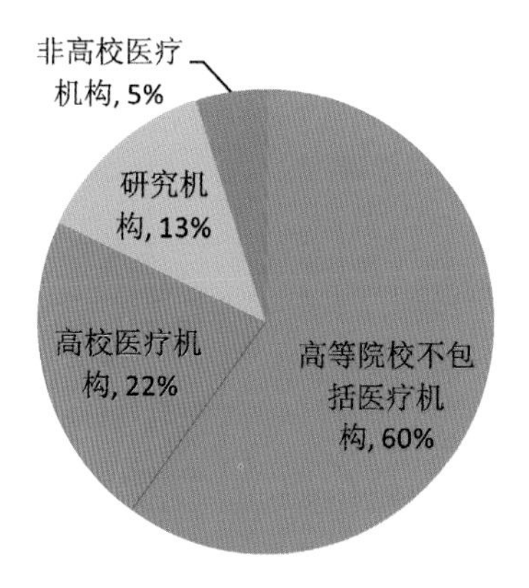

图 13-3 2011 年我国各类型机构 Medline 论文产出的比例

被 Medline 2011 收录的中国论文，以第一作者单位统计，高等院校、研究机构、医疗机构 3 类机构各自的前 20 名分别见表 13-1～表 13-3。

从表13-1中可以看到，发表论文数量较多的高等院校大都为综合类大学和整体实力较强的工科类院校，在前20名中只有5家医科专业院校。

表13-1　2011年Medline收录中国论文数居前20位的高等院校

排名	单位	论文数（篇）	排名	单位	论文数（篇）
1	浙江大学	2155	11	首都医科大学	969
2	上海交通大学	2046	12	吉林大学	770
3	北京大学	1995	13	清华大学	757
4	复旦大学	1704	14	武汉大学	747
5	四川大学	1592	15	中国医科大学	736
6	中山大学	1524	16	第二军医大学	727
7	山东大学	1148	17	第四军医大学	701
8	华中科技大学	1066	18	苏州大学	658
9	南京大学	1002	19	南方医科大学	607
10	中南大学	975	20	中国农业大学	577

从表13-2中可以看到，发表论文数量较多的研究机构中，中国科学院所属机构较多，在前20名中占据了14席，中国医学科学院则在前20名中占据2席，其他机构分别为中国疾病预防控制中心、中国中医科学院、军事医学科学院和广东省医学科学院。

表13-2　2011年Medline收录中国论文数居前20位的研究机构

排名	单位	论文数（篇）
1	中国疾病预防控制中心	375
2	中国科学院化学研究所	360
3	中国科学院长春应用化学研究所	322
4	军事医学科学院	298
5	中国科学院物理研究所	293
6	中国科学院上海生命科学研究院	284
7	中国中医科学院	257
8	中国科学院动物研究所	247
9	中国科学院大连化学物理研究所	232
10	中国科学院植物研究所	230
11	中国科学院生态环境研究中心	197
12	中国科学院海洋研究所	152
13	中国科学院上海药物研究所	150
14	中国医学科学院药物研究所	141
15	中国科学院生物物理研究所	134

排名	单位	论文数（篇）
16	中国科学院上海有机化学研究所	130
17	中国医学科学院基础医学研究所	128
18	中国科学院福建物质结构研究所	105
19	中国科学院水生生物研究所	101
20	广东省医学科学院	88

从 Medline 收录中国医疗机构发表的论文数分析，如表 13-3 所示，2011 年四川大学华西医院发表论文数量较多，以 842 篇高居榜首，其次为解放军总医院，发表论文 698 篇。发表论文在 300 篇以上的医疗机构还包括：中国医学科学院阜外心血管病医院、第四军医大学附属西京医院和浙江大学第一附属医院。在论文数较多的 20 个医疗机构中，除解放军总医院和中国医学科学院阜外心血管病医院以外，其他全部是高等院校所属的医疗机构。

表 13-3　2011 年 Medline 收录中国论文数居前 20 位的医疗机构

排名	单位	论文数（篇）
1	四川大学华西医院	842
2	解放军总医院	698
3	中国医学科学院阜外心血管病医院	419
4	第四军医大学附属西京医院	311
5	浙江大学第一附属医院	307
6	华中科技大学附属同济医院	296
7	南京医科大学第一附属医院	281
8	中南大学湘雅医院	279
9	上海交通大学附属瑞金医院	276
10	南方医科大学附属南方医院	267
11	中南大学湘雅二医院	257
12	中山大学第一附属医院	255
13	复旦大学附属中山医院	244
14	中国医科大学第一附属医院	237
15	山东大学齐鲁医院	233
16	上海交通大学附属第九人民医院	233
17	上海交通大学附属第六人民医院	222
18	北京大学第三医院	220
19	第二军医大学附属上海医院	219
20	北京大学第一附属医院	217

13.2.4 Medline 收录中国论文的学科分布情况

Medline 2011 年收录的中国论文共分布在 118 个学科中，其中，有 10 个学科的论文数在 1000 篇以上，论文数量最多的学科是生物化学与分子生物学，共有论文 8855 篇，论文数超过 100 篇的学科数量为 54，占总量的 46%。论文数量排名前 10 位的学科如表 13-4 所示。

表 13-4 2011 年 Medline 收录中国论文居前 10 位的学科

排名	学科	论文数（篇）	论文比例（%）
1	生物化学与分子生物学	8855	13.6
2	药理学及制药	5379	8.3
3	老年医学	3840	5.9
4	细胞生物学	3427	5.3
5	儿科	3405	5.2
6	遗传学与遗传	2659	4.1
7	微生物学	1668	2.6
8	免疫学	1647	2.6
9	数学	1484	2.3
10	肿瘤学	1206	1.9

13.2.5 Medline 收录中国论文的期刊分布情况

Medline 2011 收录的中国论文，发表于 3171 种期刊上，期刊总数比 2010 年增加 8.4%。收录中国论文较多的期刊数量与收录的论文数均有所增加，其中，收录中国论文超过 100 篇的期刊有 147 种，共收录 33630 篇论文，与 2010 年相比，分别增加 23.5% 和 24.7%。

收录中国论文最多的 20 种期刊见表 13-5 所示，可以看出，收录中国 Medline 论文最多的 20 个期刊中已经有 12 个为非中国期刊，国外期刊在收录中国最多的 20 种期刊中的比例已经超过一半，其中，收录论文数最多的期刊为美国出版的《PloS one》，2011 年该刊共收录中国论文 1384 篇，并且排名前三位的期刊均为国外期刊。

表 13-5 2011 年 Medline 收录中国论文较多的 20 种期刊

期刊名	期刊出版国	论文数（篇）
PloS one	美国	1384
Acta crystallographica. Section E	丹麦	982
Chem Commun （Camb）	英国	969
Chin Med J （Engl）	中国	767
光谱学与光谱分析	中国	745

期刊名	期刊出版国	论文数（篇）
中国中药杂志	中国	743
中华医学杂志	中国	665
J Hazard Mater	荷兰	539
环境科学	中国	503
南方医科大学学报	中国	494
Opt Express	美国	488
应用生态学报	中国	469
Bioresource technology	荷兰	456
J Nanosci Nanotechnol	美国	441
Molecular biology reports	荷兰	431
Dalton transactions	英国	345
Chemistry	德国	330
中国实验血液学杂志	中国	327
Organic letters	美国	320
Optics letters	美国	298

按照期刊出版地所在的国家和地区进行统计，发表中国论文数较多的 10 个国家的情况如表 13-6 所示。

表 13-6　2011 年 Medline 收录中国论文发表期刊所在国家相关统计情况

期刊出版地	期刊数量（种）	论文数量（篇）	论文比例（%）
美国	1085	19042	29.3
中国	117	15554	23.9
英国	889	13818	21.3
荷兰	236	5896	9.1
德国	188	3728	5.7
瑞士	107	1084	1.7
爱尔兰	33	1016	1.6
日本	73	685	1.1
澳大利亚	46	535	0.82
希腊	10	525	0.81

期刊所在地有 59 个国家，比 2010 年增加 18%。2011 年发表在中国出版的期刊的数量达 117 个。美国出版的期刊发表中国论文数量较多，总数量超过 1000 种期刊，论文总数也达到 19042 篇，在全部论文总数中所占比例将近 1/3。发表中国论文数量较多的期刊分布国还包括英国、荷兰和德国。

13.2.6 Medline 收录中国论文的发表语种分布情况

Medline 2011 收录的中国论文，其发表语种分布情况见表 13-7。可以看出几乎全部的论文都是用英文和中文发表的，而英文是我国科技成果在国际发表的主要语种，在全部论文中所占比例达到 80.5%。对比 2006—2011 年的语种分布情况可以发现，在我国发表的 Medline 论文中，英文论文所占的比例呈现逐年上升的趋势（图 13-4），2011 年英文论文的比重比 2006 年增加了 16.4 个百分比。

表 13-7 2011 年中国 Medline 论文发表语种统计情况

语种	论文数（篇）	百分比（%）
英文	52297	80.5
中文	12683	19.5
其他	4	0

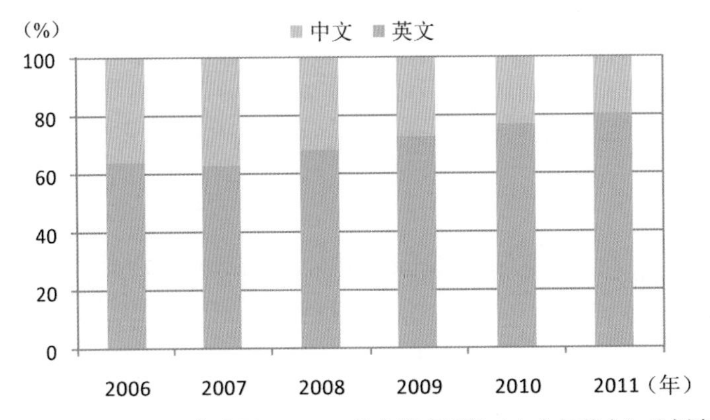

图 13-4 2006—2011 年我国 Medline 论文发表语种（中文与英文）比例变化

13.3 讨论

Medline 2011 收录我国科研人员发表的论文共 64983 篇，发表于 3171 种期刊上，其中 80.5%的论文是用英文撰写的。

根据学科统计数据，我国在生物化学与分子生物学方面的科研成果最多，其次是药理学及制药、老年医学、细胞生物学和儿科。

2006—2011 年，我国 Medline 论文数量显著增多，期刊分布更加分散化，分布的国别数稳定，收录中国论文较多的非中国期刊比例有较大提高。

参考文献

[1] 中国科学技术信息研究所. 2010 年度中国科技论文统计与分析（年度研究报告）[M]. 北京: 科学技术文献出版社，2012

[2] 中国科学技术信息研究所. 2009 年度中国科技论文统计与分析（年度研究报告）[M]. 北京: 科学技术文献出版社，2011

[3] 中国科学技术信息研究所. 2008 年度中国科技论文统计与分析（年度研究报告）[M]. 北京：科学技术文献出版社，2010
[4] 中国科学技术信息研究所. 2007 年度中国科技论文统计与分析（年度研究报告）[M]. 北京：科学技术文献出版社，2009
[5] 中国科学技术信息研究所.2006 年度中国科技论文统计与分析（年度研究报告）[M]. 北京：科学技术文献出版社，2008
[6] 中国科学技术信息研究所.2005 年度中国科技论文统计与分析（年度研究报告）[M]. 北京：科学技术文献出版社，2007

14 中国专利情况统计分析

发明专利的数量和质量能够反映一个国家的科技创新实力。本章首先基于美国专利商标局和欧洲专利局收录的中国专利数据和世界专利数据，统计分析了 2000—2012 年间中国专利产出的发展趋势，并与一些专利强国和部分金砖国家的发展趋势进行比较。然后基于德温特世界专利索引数据库（DWPI）统计分析了数据库收录中国 2011 年授权发明专利数量最多的 10 个领域、高等院校和研究机构，并与 2010 年中国获得授权发明专利最多的 10 个高等院校和研究机构进行了对比分析。

14.1 引言

在全球化知识经济时代，国家越来越重视科技进步对经济和社会全面发展的促进作用，在“十一五”期间，国家对科技研究与发展领域的投入呈指数级的速度增长，研发人员全时当量也快速增长，兴建了一批具有国际先进水平的重点实验室和技术中心。在经济持续繁荣和研发投入快速增长的作用下，我国发明专利授权量上升到世界第 3 位，国内发明专利申请量年均增长 25.7%，授权量年均增长 31%。在“十二五”期间，国家科技发展的主要目标是：“国际科学论文被引用次数进入世界前 5 位，每万人发明专利拥有量达到 3.3 件，研发人员发明专利申请量达到 12 件/百人”。在国家科技发展主要目标的引导下，中国专利产出呈现出快速增长趋势。据 2011 年美国专利商标局的国外专利授权统计，中国申请人获得 3174 件发明专利授权，占美国国外专利授权总数的 2.74%，排在第 8 位，数量比 2010 年增长了 19.5%。《德温特创新索引（Derwent Innovations Index，DII）》是以《德温特世界专利索引（Derwent World Patent Index，DWPI）》和《德温特世界专利引文索引（Patents Citation Index, PCI）》为基础形成的专利信息和专利引文信息数据库，是世界上最大的专利文献数据库。2011 年该数据库中收录中国授权发明专利 16.37 万件，比 2010 年收录的 12.98 万件相比，增加了 3.39 万篇，增长率达到 26.12%。

14.2 数据和方法

基于美国专利商标局和欧洲专利局的专利数据库分析 2000—2012 年间中国专利产出的发展趋势及其与专利强国和部分金砖国家的比较。

从《德温特世界专利索引（Derwent World Patent Index, DWPI）》中下载中国 2011 年出版的授权发明专利数据，进行机构翻译、机构代码标识和去除无效记录后，形成 2011 年中国授权发明专利数据库。我们首先按照国际专利分类号（International Patent Classification，IPC）统计出该数据库收录中国 2011 年获得授权发明专利数量最多的 10

个领域，然后基于翻译的机构名称和代码统计出中国2011年获得授权发明专利数量最多的10个高等院校和研究机构，并与2010年中国获得授权发明专利最多的10个高等院校和研究机构进行比较。

14.3 研究分析和结论

14.3.1 中国专利产出的发展趋势及其与世界各国的比较

14.3.1.1 中国在美国专利商标局授权发明专利数量的年度变化

近年来，随着中国加大科技创新力度，科技创新实力得到明显提升，表明科技创新实力的发明专利数量稳定提升。图14-1显示的是中国在2000—2011年在美国专利商标局授权发明专利数量的年度变化及其与其他国家的比较结果。

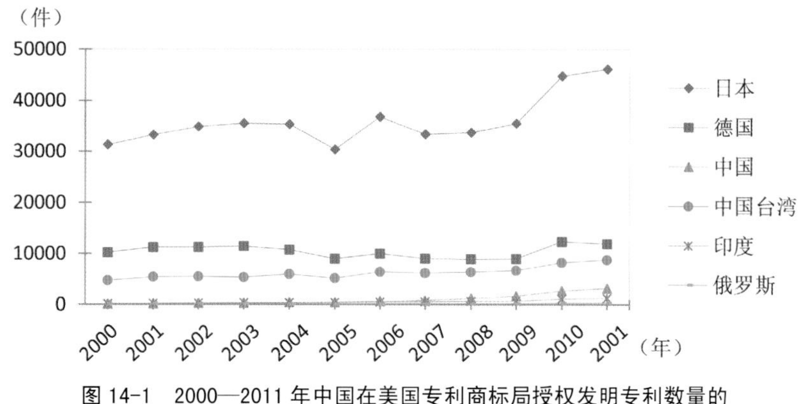

图14-1 2000—2011年中国在美国专利商标局授权发明专利数量的年度变化及其与其他国家的比较结果

从图14-1可以看出，日本仍然是科技创新实力较强的国家，也是在美国专利商标局拥有授权发明专利最多的国家，可见，日本与美国科技领域的联系较密切，并且日本的科技创新产品在美国研发、生产和销售的份额高于其他国家。中国在美国专利商标局的授权专利数量自2000年的119件，一直处于指数增长趋势（拟合优度 R^2 达到0.98），到2011年增长到3174件，增长率达到2567.23%。在2000—2011年间，中国在美国专利商标局的授权专利数量一直低于日本、德国和中国台湾，说明中国科技创新产品在美国研发、生产和销售的市场和份额不及日本、德国和中国台湾，但从2002年开始，一直高于印度和俄罗斯在美国专利商标局申请的授权发明专利数量。

14.3.1.2 中国在欧洲专利局申请专利数量和授权发明专利数量的年度变化

图14-2显示的是2002—2011年中国在欧洲专利局发明专利申请数量的年度变化及其与其他国家的比较结果。

从图14-2可以看出，中国、俄国、印度和中国台湾各年申请专利的数量与日本和德国相比，差距在10倍以上。不过2002—2011年期间中国在欧洲专利局申请专利的数量呈指数增长趋势。与印度和俄罗斯相比，增长势头更加明显。中国在欧洲专利局申请专利的数量在2006年后超过中国台湾。

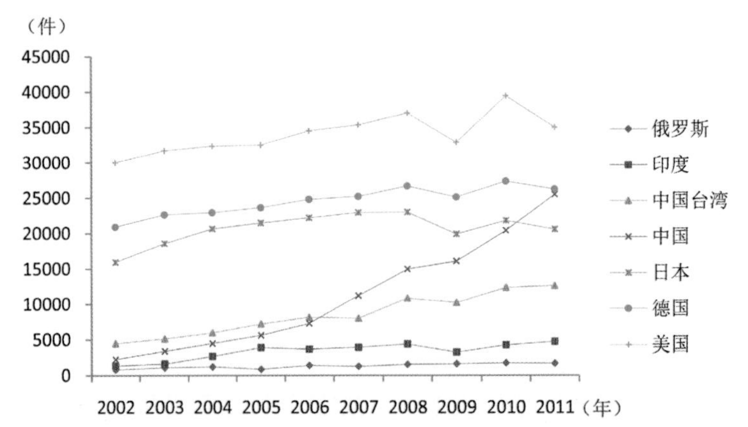

注：为了便于比较，中国、俄罗斯、印度和中国台湾申请专利的数量扩大了10倍。

图14-2 2002—2011年中国在欧洲专利局发明专利申请数量的年度变化及其与其他国家的比较结果

图14-3显示的是2002—2011年中国在欧洲专利局授权发明专利数量的年度变化及其与其他国家的比较结果。

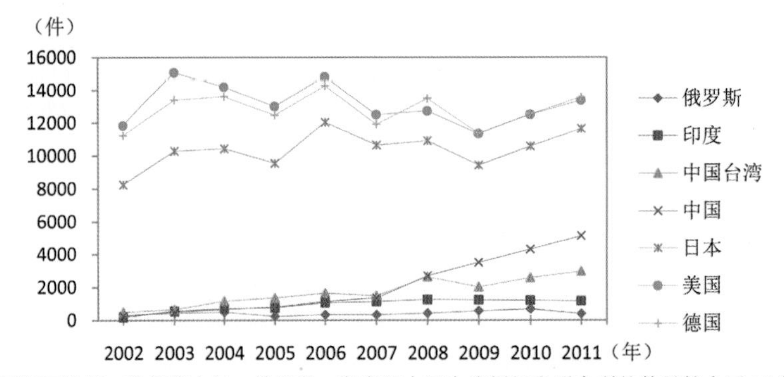

注：为了便于比较，我们将中国、俄罗斯、印度和中国台湾授权发明专利的数量扩大了10倍。

图14-3 2002—2011年中国在欧洲专利局授权发明专利数量的年度变化及其与其他国家的比较结果

从图14-3可以看出，美国、德国和日本是专利数量较多的国家，但增长趋势不明显，中国、俄罗斯、印度和中国台湾各年授权发明专利数量远低于这三个国家。2002—2011年期间中国授权发明专利的数量仍然保持指数增长趋势，与中国申请专利数量的趋势一致。2008年之后，中国在欧洲专利局授权专利数量开始领先中国台湾、俄罗斯和印度。

14.3.2 中国授权发明专利产出的领域分布情况

基于DWPI，我们按照国际专利分类号（International Patent Classification，IPC）统计出该数据库收录中国2011年授权发明专利数量较多的10个领域，如表14-1所示。

表 14-1 DWPI 收录 2011 年我国获得授权专利数量较多的 10 个领域

排名	领域类别	专利数量（件）
1	电子通信技术	16324
2	医学、兽医学和卫生学	10632
3	基本电气元件	9015
4	测量和测试	8483
5	计算、推算和计数	5386
6	有机高分子化合物	2904
7	发电、变电或配电	2478
8	有机化学	2286
9	工程元件或部件	2188
10	农业、林业、畜牧业、狩猎、诱捕、捕鱼	2174

从表 14-1 可以看出，2011 年被 DWPI 收录授权发明专利数量最多的 10 个领域分别是电子通信技术；医学、兽医学和卫生学；基本电气元件；测量和测试；计算、推算和计数；有机高分子化合物； 发电、变电或配电； 有机化学； 工程元件或部件；农业、林业、畜牧业、狩猎、诱捕、捕鱼。其中电子通信技术是中国的主导产业，是 2011 年获得授权发明专利数量最多的领域，达到 1.63 万件。2011 年获得授权发明专利数量排在第 2 位的领域是医学、兽医学和卫生学，专利数量达到 1.06 万件。值得注意的是，农林牧渔领域 2011 年获得授权发明专利 2174 件，排名第 10 位，首次进入中国获得授权发明专利最多的 10 个领域，这可能与国家对农业的政策支持有关。

14.3.3 中国授权发明专利产出的机构分布情况

14.3.3.1 2011 年中国授权发明专利产出的机构分布情况

DWPI 2011 年收录中国 4 类机构授权发明专利的分布情况如表 14-2 所示。

表 14-2 DWPI 收录 2011 年中国授权专利的机构分布情况

机构类型	2011 年	
	专利数量（件）	份额（%）
高等院校	22735	63.20
研究机构	11944	33.20
企业	1163	3.23
医疗机构	133	0.37
总计	35975	100.00

从表 14-2 可以看出，DWPI 2011 年收录中国四类机构授权发明专利 35975 万件，其中高等院校以 22735 件居首，占 63.2%的份额，而医疗机构的授权发明专利数量最少，为 133 件，占 0.37%的份额；研究机构和企业分别为 11944 件和 1163 件，分别占 33.2%和 3.23%的份额。企业的授权发明专利在 4 类机构排第 3 位，可见企业是科技创新成果转化的主体，授权发明专利的大部分贡献来自高等院校和研究机构。

14.3.3.2 2011 年中国授权发明专利产出的高等院校分布情况

基于 DWPI，我们统计出 2011 年中国获得授权专利较多的 10 所高等院校，并与 2010 年的统计结果进行比较，如表 14-3 所示。

表 14-3 DWPI 收录 2011 年我国获得授权专利较多的 10 所高等院校及与 2010 年比较的情况

2010 年			2011 年		
排名	高等院校名称	专利数量（件）	排名	高等院校名称	专利数量（件）
1	浙江大学	1049	1	浙江大学	1294
2	清华大学	784	2	清华大学	1008
3	上海交通大学	738	3	哈尔滨工业大学	769
4	哈尔滨工业大学	574	4	北京航空航天大学	664
5	北京航空航天大学	567	5	上海交通大学	630
6	东南大学	404	6	华南理工大学	450
7	天津大学	330	7	东南大学	437
8	华南理工大学	322	8	南京大学	427
9	华中科技大学	293	9	天津大学	424
10	北京大学	292	10	重庆大学	383

从表 14-3 可以看出：（1）2011 年浙江大学和清华大学获得授权发明专利数量分别为 1294 件和 1008 件，与 2010 年 2 所高等院校的 1049 件和 784 件授权发明专利相比，分别增长了 23.36%和 28.57%。2010 年和 2011 年 2 所高等院校的授权发明专利数量一直保持前 2 名，排名没有变化，说明这 2 所大学的科技创新能力和科研成果转化能力仍是中国高等院校中较强的，也是较稳定的。（2）哈尔滨工业大学、北京航空航天大学和上海交通大学 2011 年的发明专利授权数量分别为 769 件、664 件和 630 件，分别保持在第 3、第 4、第 5 位，与 2010 年的名次区间一致，但排名有所变化，其中哈尔滨工业大学和北京航空航天大学的名次上升了 1 位，而上海交通大学的名次下降了 2 位。（3）值得注意的是，进入 2010 年授权发明专利前 10 位的华中科技大学和北京大学没有进入 2011 年的前 10 位，而南京大学和重庆大学首次进入获得授权专利较多的前 10 所高等院校名单。

14.3.3.3 2011 年中国授权发明专利产出的研究机构分布情况

基于 DWPI，我们统计出 2011 年中国获得授权专利较多的 10 所研究机构，并与 2010 年的统计结果进行比较，如表 14-4 所示。

表 14-4 DWPI 收录 2011 年我国获得授权专利较多的 10 所研究机构及与 2010 年比较的情况

2010 年			2011 年		
排名	研究机构名称	专利数量（件）	排名	研究机构名称	专利数量（件）
1	中国科学院化学研究所	135	1	中国科学院计算技术研究所	158
2	中国科学院大连化学物理研究所	123	2	中国科学院大连化学物理研究所	143
3	中国科学院计算技术研究所	118	3	中国科学院半导体研究所	128

2010 年			2011 年		
排名	研究机构名称	专利数量（件）	排名	研究机构名称	专利数量（件）
4	中国科学院长春应用化学研究所	101	4	中国科学院微电子研究所	119
5	中国科学院电工研究所	93	5	中国科学院化学研究所	119
6	中国科学院上海光学精密机械研究所	89	6	中国科学院上海微系统与信息技术研究所	111
7	中国科学院微电子研究所	89	7	中国科学院长春应用化学研究所	111
8	北京有色金属研究总院	87	8	中国科学院自动化研究所	106
9	中国科学院合肥物质科学研究院	83	9	中国科学院电工研究所	101
10	中国科学院半导体研究所	83	10	中国科学院过程工程研究所	98

从表 14-4 可以看出：（1）2011 年被 DWPI 收录的授权发明专利数量排在前 10 位的全部是中国科学院的研究机构，与 2010 年的前 10 位进行比较，2010 年进入前 10 位的北京有色金属研究总院在 2011 年未进入前 10 位，可见中国科学院的科技创新实力是非常强大的。（2） 2011 年被收录授权发明专利数量排在前 2 位的是中国科学院计算技术研究所和中国科学院大连化学物理研究所，分别收录了 158 件和 143 件授权发明专利，与 2010 相比分别增长了 33.9%和 16.3%。2011 年排名前 10 位的研究机构与 2010 年排名相比存在变化，中国科学院计算研究所取代中国科学院化学研究所成为授权专利数量最多的研究机构。

14.4 讨论

2000—2011 年间，中国科技创新实力处于快速增长之中，中国在美国专利商标局和欧洲专利局获得授权发明专利的数量一直保持指数增长趋势，指数曲线拟合优度系数 R^2 达到 0.98 以上。2011 年美国专利商标局授权给中国的发明专利数量达到 3174 件，比 2000 年的 119 件增长 2567.23%，比 2010 年 2657 件增长 19.46%。2011 年中国在欧洲专利商标局申请了 2548 件发明专利，结果授权了 515 件，授权率为 20.21%，低于日本的 56.64%、德国的 51.78%、美国的 38.24%、印度的 24.68%和俄罗斯的 23.67%，但是比 2002 年的 26 件增长了 1880.77%，比 2010 年的 431 件增长了 19.49%。

2011 年 DWPI 收录中国授权发明专利较多的 10 个领域中，电子通信技术仍然是中国的主导产业，获得授权发明专利 1.63 万件，农林牧副渔领域获得 2174 件授权发明专利，位居第 10 位。

从 DWPI 2011 年收录中国四类机构授权发明专利的分布情况可以看出，高等院校和研究机构的授权发明专利数量最多，而企业和医疗机构仅排第 3 位和第 4 位，可见企业和医疗机构的科技创新实力仍不及高等院校和研究机构，应加强双方之间的科技创新合作和科技成果转化。

根据DWPI统计，收录中国2011年发明专利最多的10所高等院校中，浙江大学和清华大学分别以1294件和1008件授权发明专利，位居第1位和第2位。与此同时，2011年排名前10位的研究机构全部隶属于中国科学院。

参考文献

[1] 胡泽文，武夷山. 科技产出影响因素分析与预测研究——基于多元回归和BP神经网络的途径[J]. 科学学研究，2012，30（07）：992～1004

[2] 美国专利商标局.http: //www.uspto.gov/web/offices/ac/ido/oeip/taf/h_at.htm#PartA1_1a

[3] 中国科学技术信息研究所. 2010年度中国科技论文统计与分析（年度研究报告）[M]. 北京：科学技术文献出版社，2012

15 SSCI 收录中国论文情况统计与分析

对 2011 年 SSCI 和 JCR 数据库收录我国论文进行统计分析，以了解我国社会科学论文的地区、学科、机构分布以及发表论文的国际期刊和论文被引用等方面的情况。并利用 SSCI 2011 和 SSCI JCR 对我国社会科学研究的学科优势及在国际学术界的地位等情况做出分析。统计结果表明，我国 2011 年 SSCI 论文在高影响期刊中的发文数还不多，在国际的影响力仍有待提高。

15.1 引言

截至 2013 年 1 月，反映社会科学研究成果的大型综合检索系统《社会科学引文索引（SSCI）》已收录世界社会科学领域期刊 2966 种，另对约 1500 种与社会科学交叉的自然科学期刊中的论文选择性收录。其覆盖的领域涉及人类学、社会学、教育、经济、心理学、图书情报、语言学、法学、城市研究、管理、国际关系和健康等 56 个学科门类。通过对该系统所收录的我国论文的统计和分析研究，可以从一个侧面了解我国社会科学研究成果的国际影响和所处的国际地位。为了帮助广大社会科学工作者与国际同行进行交流与沟通，也为促进我国社会科学和与之交叉的学科的发展，从 2005 年开始，我们就对 SSCI 收录的我国社会科学论文情况做出统计和简要分析。本年度，我们继续对我国（不含港澳台地区）的 SSCI 论文情况及在国际上的地位做一简要分析。

15.2 研究分析和结论

15.2.1 SSCI 2011 年收录的我国论文的简要统计

2011 年 SSCI 收录的世界文献数共计为 24.18 万篇，与 2010 年收录的 21.97 万篇相比，增加了 2.21 万篇。收录文献数居前 10 位的国家 SSCI 论文数所占份额如表 15-1 和图 15-1。我国（含香港和澳门地区，不含台湾地区）被收录的文献数为 6409 篇，比上一年增加 968 篇，增长 17.8%，按收录数排序，我国位居世界第 8 位，与 2010 年排名一致。位居前 10 位的国家依次为：美国、英国、加拿大、澳大利亚、德国、荷兰、西班牙、中国、法国、意大利。2011 年我国社会科学论文数量与自然科学论文数相比仍然不在一个数量级别，在世界上排名也较低。究其原因，除了我国社科期刊被 SSCI 检索系统收录的数量少之外，也与我国社会科学研究人员的科研成果与国际交流较少的缘故有关。

表15-1 2011年SSCI收录文献数居前10位的国家

国家	文献数（篇）	百分比（%）	排名
美国	98867	40.9	1
英国	26424	10.9	2
加拿大	14017	5.8	3
澳大利亚	13686	5.7	4
德国	11576	4.8	5
荷兰	8790	3.6	6
西班牙	7619	3.2	7
中国	6409	2.7	8
法国	5758	2.4	9
意大利	5159	2.1	10

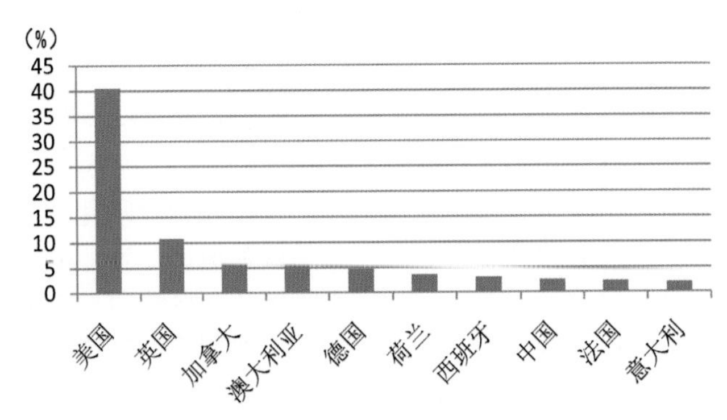

图15-1 2011年SSCI收录文献数居前10位的国家所占份额

15.2.1.1 2951篇第一作者文献的地区分布

若不计港澳台地区的论文，2011年SSCI共收录中国论文6380篇。其中，中国机构为第一署名单位的论文为2951篇，占SSCI收录中国论文总数的46.25%，分布于27个省（市）中；这些第一作者的文献数超过100的地区是：北京、上海、浙江、江苏、广东和湖北。这6个地区的文献数为2179篇，占中国机构为第一署名单位论文总数的73.84%。有3个省（自治区）没有SSCI文献，这3个省区是贵州、青海和西藏，都属于我国的边远地区或科技相对欠发达地区。各地区的SSCI文献详情见表15-2和图15-2。

表15-2 我国第一作者文献的地区分布（据SSCI 2011）

地区	排名	文献数（篇）	百分比（%）	地区	排名	文献数（篇）	百分比（%）
北京	1	1068	36.19	黑龙江	15	42	1.42
上海	2	339	11.48	吉林	16	28	0.95
浙江	3	244	8.27	重庆	17	27	0.91

地区	排名	文献数（篇）	百分比（%）	地区	排名	文献数（篇）	百分比（%）
江苏	4	219	7.42	云南	18	21	0.71
广东	5	158	5.35	山西	19	19	0.64
湖北	6	151	5.12	甘肃	20	16	0.54
陕西	7	92	3.12	河南	20	16	0.54
四川	8	87	2.95	河北	22	11	0.37
辽宁	9	86	2.91	江西	23	8	0.27
福建	10	72	2.44	广西	23	8	0.27
湖南	11	61	2.07	新疆	25	4	0.14
山东	11	61	2.07	海南	26	3	0.10
天津	13	60	2.03	内蒙古	27	2	0.07
安徽	14	47	1.59	宁夏	28	1	0.003

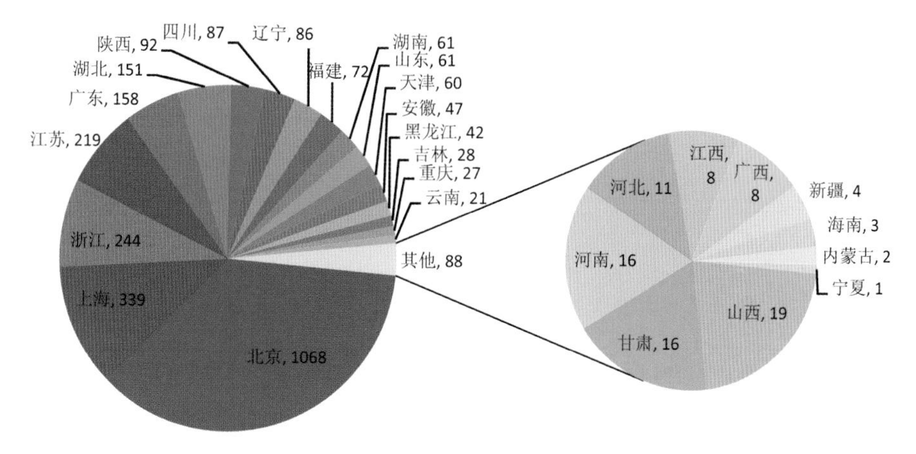

图 15-2 我国第一作者文献的地区分布（篇）

15.2.1.2 2951 篇第一作者的文献类型

如将社科文献中 Article，Review，Letter，Book Review 和 Editorial Material（这几类文献表述的内容较全面，著录格式也详细）看作论文，2011 年收录的我国第一作者的 2951 篇文献中：Article 2616 篇、Review 77 篇、Letter 20 篇、Book Review 90 篇、Editorial Material 57 篇，见表 15-3 和图 15-3。

表 15-3 我国第一作者的文献类型（据 SSCI 2011）

文献类型	文献数（篇）	所占百分比（%）	文献类型	文献数（篇）	所占百分比（%）
研究论文	2616	88.65	编辑信息	57	1.93
快报	20	0.68	评论	77	2.61
书评	90	3.05	其他*	91	3.08

*其他文献类型包括目录、书评、更正等。

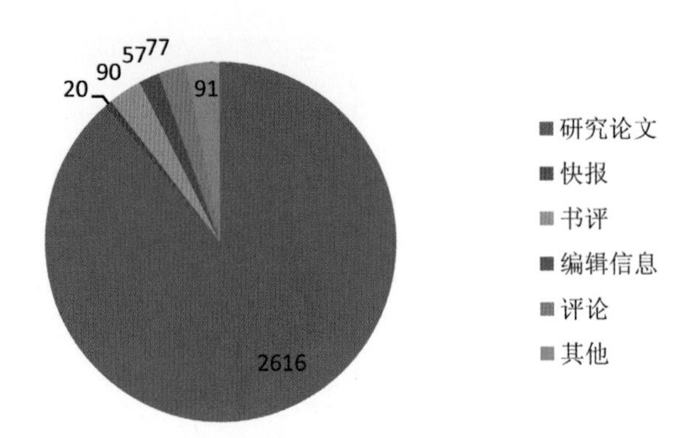

图 15-3 我国第一作者的文献类型分布（篇）

15.2.1.3 2951 篇第一作者文献的机构分布

我国 SSCI 文献的 95%以上是由高等院校和研究机构的作者产生的。见表 15-4 和图 15-4，其中，80%以上的论文是高等院校作者所著。与上一年相比，高等院校作者文献数所占比例由 83.36%上升至 85.87%；而研究机构发文数有所下降，由上一年的 14.51%下降到 12.50%。

表 15-4 我国 SSCI 文献的机构分布（据 SSCI 2011）

机构	文献数（篇）	百分比（%）
高等院校	2534	85.87
研究机构	369	12.50
公司企业	10	0.39
政府部门	15	0.51
医疗机构	23	0.78

*这里所指的医疗机构不含附属于大学的医院。

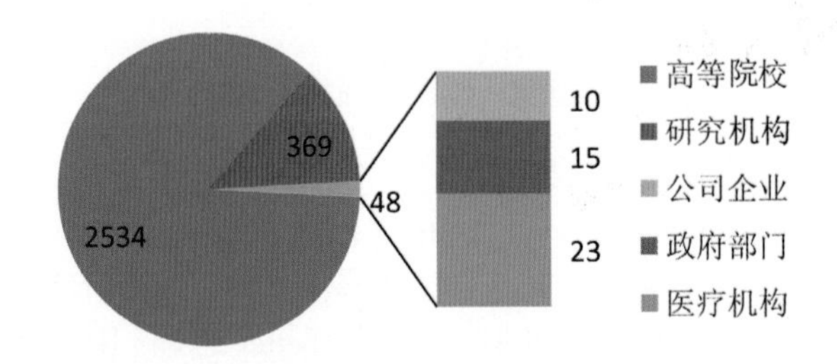

图 15-4 我国 SSCI 文献的机构分布（篇）

SSCI 2011 收录的我国第一作者文献 2951 篇，分布于 413 个单位中。10 篇及以上的单位 63 个，其中高等院校 58 所，研究机构 5 所。表 15-5 列出了文献数居前 20 位的单位，其中高等院校 19 所，研究机构 1 所。中国科学院所属机构共 243 篇，比上一年增加 26 篇；中国科学院发表 20 篇以上的研究机构有 2 个：心理研究所 91 篇，地理与资源研究所 28 篇。中国社会科学院所属机构共有 24 篇，比上一年增加了 6 篇，发表文章较多的是世界经济与政治研究所 4 篇、人口与劳动经济研究所 3 篇、亚洲太平洋研究所 3 篇。

表 15-5 SSCI 所收录的中国文献数居前 20 位的单位（据 SSCI 2011）

机构名称	文献数（篇）	机构名称	文献数（篇）
北京大学	178	华中科技大学	59
浙江大学	152	武汉大学	57
清华大学	131	西安交通大学	46
北京师范大学	95	四川大学	43
中国科学院心理研究所	91	西南大学	40
上海交通大学	88	厦门大学	40
复旦大学	82	中南大学	38
南京大学	76	东南大学	33
中国人民大学	68	对外经济贸易大学	30
中山大学	67	中央财经大学	30

15.2.1.4 2951 篇文献当年被引用情况

发表当年就被引用的文献，一般来说研究内容都属于热点或大家都较为关注的问题。2011 年我国的 2951 篇文献中，当年被引用的文献为 1028 篇（研究论文和评述占了绝大部分），被引 10 次以上的论文有 16 篇。2011 年论文最高被引数为 18 次，该篇论文产自北京理工大学的“Driver's various information process and multi-ruled decision-making mechanism：a fundamental of intelligent driving shaping model”一文。

15.2.1.5 中国 SSCI 文献的期刊分布

目前，SSCI 收录的国际期刊为 2966 种（2010 SSCI JCR 有指标的期刊数达 2731 种），另有约 1500 种期刊上的论文被选择性地收录。2011 年我国作者发表的 2951 篇文献，分布于 1064 种期刊中，比 2010 年发表论文的范围增加 149 种，发表 5 篇以上（含 5 篇）论文的社会科学的期刊为 138 种，也比 2010 年增加 48 种。

表 15-6 所示为 SSCI 收录我国作者文献的期刊分布情况，数量最多的期刊是“ENERGY POLICY”，为 63 篇。论文数 20 篇以上（含 20 篇）的有 15 种期刊，其中有 2 种是中国期刊或是报道中国情况的期刊。虽然我国作者发表文献的期刊范围与上年相比有较多的增加，但还有很多的国际社会科学期刊中没有中国作者的身影。

表 15-6 SSCI 收录我国作者文献数居前 15 位的社科期刊（据 SSCI 2011）

文献数（篇）	期刊名称
63	ENERGY POLICY
54	AFRICAN JOURNAL OF BUSINESS MANAGEMENT
48	EXPERT SYSTEMS WITH APPLICATIONS
43	PLOS ONE
30	PSYCHIATRY RESEARCH
28	ECONOMIC MODELLING
26	CHINA ECONOMIC REVIEW

文献数（篇）	期刊名称
25	NEUROSCIENCE LETTERS
24	ENERGY
24	SOCIAL BEHAVIOR AND PERSONALITY
21	CHINA & WORLD ECONOMY
21	INTERNATIONAL JOURNAL OF PRODUCTION ECONOMICS
21	PHYSICA A-STATISTICAL MECHANICS AND ITS APPLICATIONS
21	SCIENTOMETRICS
20	JOURNAL OF AFFECTIVE DISORDERS

15.2.1.6 中国期刊的影响继续扩大

2011年SJCR收录中国期刊（含在香港出版的期刊）为9种，见表15-7。期刊的出版地能够某种程度上体现出版商这个平台对于期刊发展的影响力，从表15-7中可以看出，这9种期刊只有一种是内地出版社出版的期刊，其余8种均为境外出版，较高的国（境）外出版社比例说明由于国际化程度较高使得推送期刊的平台也更广，对期刊的辐射面影响较大。从影响因子看，这9种期刊的影响因子有2种在1以上，其他刊物影响因子均在1以下，国际影响力较低。这也给我国的社会科学研究人员提出了新的挑战，如何在提高论文数量的同时，把社科期刊做强，提高国际知名度。

表15-7 SSCI收录的我国社科期刊的指标情况（据SSCI 2011）

期刊名称	出版商	总被引数	影响因子	期刊论文篇数	本学科期刊总数	本刊排名*
TRANSPORTMETRICA	TAYLOR & FRANCIS INC	120	1.062	22	24	14
ANN ECON FINANC	武汉大学出版社	77	0.471	20	321	222
CHINA REV	香港中文大学出版社	82	0.355	13	66	37
ASIA PAC LAW REV	LEXISNEXIS	8	0.075	7	136	130
CHINESE SOC ANTHROP	M E SHARPE INC	15	0.024	7	81	79
ASIA-PAC J ACCOUNT E	香港城市大学出版社	43	0.091	18	321	312
CHINA WORLD ECON	WILEY-BLACKWELL	159	0.519	42	321	205
MANAGE ORGAN REV	WILEY-BLACKWELL	379	2.441	25	168	29
PAC ECON REV	WILEY-BLACKWELL	217	0.560	22	321	100

*刊物影响因子在所在学科中的排名。

15.2.2 我国社会科学论文的国际显示度分析

15.2.2.1 国际高影响期刊中的我国社会科学论文

据2011 SJCR的统计数据，在2011年社会科学国际期刊中有2966种期刊。经评估，其期刊影响因子居前20位的期刊如表15-8所示。2011年，这20种期刊发表论文共1549篇（只统计研究论文、评述、书评），我国作者并没有在这20种期刊上发表论文。

表 15-8　影响因子居前 20 位的 SSCI 期刊的指标情况（据 SJCR 2011）

期刊名称	总被引数	影响因子	即年指标	中国论文篇数	期刊论文篇数	半衰期
PERS SOC PSYCHOL REV	2610	6.071	1	0	16	7.5
J PERS SOC PSYCHOL	46374	5.076	0.943	0	157	>10.0
ADV EXP SOC PSYCHOL	2869	4.889	0.5	0	6	>10.0
ORGAN BEHAV HUM DEC	6804	3.129	0.295	0	61	>10.0
J HEALTH SOC BEHAV	5033	2.722	0.333	0	30	>10.0
CHILD ABUSE NEGLECT	5301	2.471	0.282	0	110	9.6
J PERS	4805	2.44	0.184	0	49	>10.0
EUR J PERSONALITY	1562	2.438	0.974	0	38	8.3
J EXP SOC PSYCHOL	5661	2.313	0.365	0	192	8
PERS SOC PSYCHOL B	9384	2.217	0.233	0	129	10
EUR REV SOC PSYCHOL	182	2.176	0.5	0	2	4.1
LAW HUMAN BEHAV	1928	2.162	0.19	0	42	>10.0
PSYCHOL MEN MASCULIN	573	2.078	0.161	0	31	5.9
J RES PERS	3135	1.996	0.256	0	90	6.9
SOC PSYCHOL QUART	1785	1.892	0.111	0	18	>10.0
PERS INDIV DIFFER	10722	1.877	0.256	0	425	8.1
J NONVERBAL BEHAV	785	1.774	0.667	0	18	>10.0
BRIT J SOC PSYCHOL	2077	1.765	0.429	0	49	>10.0
POLIT PSYCHOL	1463	1.706	0.333	0	45	8
SOC COGNITION	1460	1.643	0.366	0	41	9.6

15.2.2.2　国际高被引期刊中的我国社会科学论文

总被引数居前 20 位的国际社科期刊如表 15-9，这 20 种期刊共发表论文 3134 篇，我国作者在其中的 2 种期刊共有 10 篇论文发表，全部为研究论文，占这些期刊论文总数的 0.32%，论文的发表单位及发文量是中科院心理所 3 篇、中科院自动化所 2 篇、北京师范大学 2 篇、北京大学 1 篇、上海师范大学 1 篇、宁波诺丁汉大学 1 篇。

表 15-9　总被引数居前 20 位的 SSCI 期刊指标情况（据 SJCR 2010）

期刊名称	总被引数	影响因子	即年指标	中国论文篇数	期刊论文篇数	半衰期
J PERS SOC PSYCHOL	46374	5.076	0.943	0	157	>10.0
AM J PSYCHIAT	41901	12.539	3.583	0	103	9.7
ARCH GEN PSYCHIAT	35277	12.016	2.202	0	124	>10.0
PSYCHOL BULL	28331	14.457	1.683	0	41	>10.0

期刊名称	总被引数	影响因子	即年指标	中国论文篇数	期刊论文篇数	半衰期
AM ECON REV	26525	2.693	0.793	0	237	>10.0
SOC SCI MED	25187	2.699	0.455	0	459	8.2
AM J PUBLIC HEALTH	24979	3.926	0.704	0	311	9.5
BRIT J PSYCHIAT	20364	6.619	1.383	0	128	>10.0
CHILD DEV	19847	4.718	0.878	1	139	>10.0
PSYCHOL REV	19753	7.756	1.929	0	28	>10.0
ECONOMETRICA	19659	2.976	0.688	0	48	>10.0
J APPL PSYCHOL	19647	4.308	0.409	0	93	>10.0
J AM GERIATR SOC	19257	3.737	0.617	0	287	8.3
NEUROPSYCHOLOGIA	18937	3.636	0.534	9	425	7.5
J CONSULT CLIN PSYCH	18293	4.848	0.482	0	85	>10.0
J FINANC	18293	4.218	0.983	0	60	>10.0
ACAD MANAGE J	17848	5.608	0.648	0	54	>10.0
J CLIN PSYCHIAT	17719	5.799	0.862	0	189	7.5
MANAGE SCI	17261	1.733	0.39	0	136	>10.0
ACAD MANAGE REV	16559	6.169	1.733	0	30	>10.0

15.2.2.3 我国社会科学论文的学科分布

据 SSCI 2011 统计，按照 2011 SJCR 的 56 个学科分类，中国作者论文在其中 5 个学科中的论文比大于 1%（表 15-10）。可以认为这些学科是我国社会科学研究的优势学科，但整体比例仍不高。

表 15-10 中国作者论文数占比大于 1%的各主题学科论文情况（据 SJCR 2011）

学科刊数	主题学科	总被引数	影响因子	即年指标	中国论文数（篇）A	期刊论文数（篇）B	所占比例（%）A/B
138	社会学	117400	0.963	0.183	156	4553	3.43
83	图书情报学	57407	1.235	0.279	100	3321	3.01
321	经济学	401962	1.148	0.243	453	15327	2.96
162	语言文学	68157	0.844	0.195	100	3833	2.61
168	管理学	309457	1.662	0.311	105	7064	1.49

据 2011 SJCR 和 2011 SSCI 统计，在 56 个主题学科中，中国作者论文数达到或超过 50 篇的有 6 个，见表 15-11。最多的是经济学方面的论文，共有 453 篇。

表 15-11 中国作者 SSCI 论文数 50 篇及以上的各主题学科论文情况（据 SJCR 2011）

学科刊数	主题学科	影响因子	即年指标	中国论文数（篇）
321	经济学	1.148	0.243	453
138	社会学	0.963	0.183	156
168	管理学	1.662	0.311	105
162	语言文学	0.844	0.195	100
83	图书情报学	1.235	0.279	100
206	教育科学和研究	0.913	0.156	60

15.3 讨论

（1）增加社科论文数量，提高社科论文质量

我国科技和经济实力的发展速度已经引起世界瞩目，无论是自然科学论文还是社会科学论文的数量也呈逐年翻倍增长趋势。随着社会科学研究水平的提高，我国政府也进一步重视社会科学的发展。但与自然科学论文相比，无论是论文总数、国际数据库收录期刊数还是期刊论文的影响因子、被引次数，社会科学论文都有比较大的差距，且与我国目前的国际地位和影响力并不相符。

2011 年，我国的社科论文被国际检索系统收录数较 2010 年有所增加，占 2011 年 SSCI 论文总数的 2.62%，世界排名仍居第 8 位，而自然科学论文的该项值是 10.94%，继续排在世界的第 2 位。再从收录的期刊数量看，我国社科期刊被 SSCI 收录了 9 种，仅有 1 种为大陆地区出版，而 2011 年我国自然科学期刊被 SCI 收录的达 136 种。在世界高影响因子前 20 位的社科期刊中，我国作者没有论文发表；在高被引前 20 位的期刊中，我国作者在其中 2 种期刊上发表 10 篇论文。当然，在国际高影响期刊中发表论文有一定的难度，但如果能发表，根据“马太”效应，该论文的影响也会加大。所以我国的社会科学研究人员在追求论文数量增长的同时，更要努力写出高质量、高影响力的“精品”论文。

（2）发展优势学科，加强支持力度

2011 年 SJCR 的 56 个学科分类中，我国作者在其中 42 个学科中有论文发表，而在另外的 14 个学科中没有论文。在这 42 个主题学科中，有 9 个主题学科的论文占论文总数的比例超过了 1%，假设这些学科是我国社会科学的优势学科，却没有足够多的优质期刊与论文同步发展。我们需要考虑的是如何进一步巩固优势学科的发展，并带动目前影响力稍弱的学科，比如我们可以对优势学科的期刊给予重点资助，培育更多该学科的精品期刊等方法。

参考文献

[1] ISI WEB OF SCIENCE SOCIETY SCIENCE CITATION INDEX 2011
[2] ISI SSCI JOURNAL CITATION REPORT 2011
[3] ISI SSCI PUBLICATION SOURCE 2011

16 Scopus 收录中国论文与期刊情况统计分析

本章对 Scopus 数据库收录的中国论文与期刊情况进行了详细的统计分析，以了解我国科技论文的数量、地区分布、学科分布、机构分布、被引、合作以及科技期刊的数量、SJR 指数、SNIP 指数等方面情况，并对我国论文和期刊的学科、地区、机构优势及国际地位等情况做出分析。结果表明，我国 2011 年 Scopus 论文数量可观，但质量还有待提高；科技期刊在数量上、质量上以及国际上的影响力都有待大力提升。

16.1 引言

Scopus 是全球最大的摘要和引文数据库，它由爱思唯尔公司（Elsevier）在 2004 年底正式推出，涵盖了世界上最广泛的科技和医学文献的文摘、参考文献及索引。Scopus 收录了来自于全球 5000 余家出版社的超过 19500 种文献，其中包括许多著名的期刊文献，如 Elsevier、Kluwer、Institutionof Electrical Engineers、John Wiley、Springer、Nature、Science、American Chemical Society 等。尤为重要的是，Scopus 还广泛地收录了重要的中国期刊，这也是本章进行期刊统计研究的主要对象。

本章对 2011 年 Scopus 收录我国科研人员论文和我国期刊的情况进行了统计分析，这也是中国科技论文统计与分析年度研究报告首次对 Scopus 数据库展开详细的统计分析。

16.2 数据和方法

本章采用的数据都来自爱思唯尔公司的 Scopus 数据库。论文数据时间界定为出版年（Publish Year）2011 年。由于数据下载时间是 2012 年 10 月，因此本章有关论文被引次数的统计都是截至 2012 年 10 月。本章关于学科分布的内容是按照期刊所属学科来进行统计，如果期刊属于多个学科，则该期刊在所属的每个学科都进行统计。

16.3 研究分析和结论

16.3.1 Scopus 收录中国论文情况

（1）总体情况

Scopus 数据库 2011 年收录的世界科技论文总数为 191.30 万篇，其中中国机构为第一作者第一署名机构的科技论文（以下简称中国科技论文）24.28 万篇，占世界论文总数的 12.69%，排在世界第 2 位，所占份额比 2010 年降低了 2.86 个百分点，位次与 2010 年持平。

若不统计港澳台地区的论文，则中国共计发表论文 23.46 万篇，占世界论文总数的 12.26%。如按此论文数排序，我国也排在世界第 2 位，仅次于美国。仅就数量上来看，我国已经稳居第 2 位，且明显领先于英、德、日等国家，但还远远落后于美国，见表 16-1。

表 16-1　2011 年 Scopus 收录论文数量居前 10 位的国家

排名	国家	论文数（篇）	比例（%）
1	美国	438846	22.94
2	中国	234608	12.26
3	英国	106921	5.59
4	德国	101925	5.33
5	日本	100638	5.26
6	印度	83056	4.34
7	法国	69608	3.64
8	意大利	60633	3.17
9	加拿大	59212	3.10
10	西班牙	56041	2.93

Scopus 数据库 2011 年收录的中国科技论文来源期刊涉及 72 个国家和地区，其中论文数量在 2000 篇以上的共有 7 个国家如表 16-2 所示。

表 16-2　2011 年 Scopus 收录我国论文来源期刊的国家（2000 篇以上）

排名	国家	论文数（篇）	比例（%）
1	中国	99015	42.20
2	英国	41279	17.59
3	美国	40000	17.05
4	荷兰	21416	9.13
5	德国	8771	3.74
6	韩国	2463	1.05
7	日本	2371	1.01

从表 16-2 看，期刊来源国家的前 4 位中、英、美、荷占了总数的 85.97%，仅发表在中国期刊上的论文就占比超过四成。这与 SCI 数据库中发表在美、英等以英语为母语国家的刊物占主导地位的情况大不相同，一方面这反映了 Scopus 收录的中国期刊种类非常多，另一方面也反映了我国科技论文的国际化程度仍需继续加强。

（2）地区分布情况

Scopus 数据库 2011 年收录的中国科技论文分布于我国 31 个地区（不含港澳台地

区）中。北京、江苏和上海位居全国前 3 位，为论文产出的主力军，其中北京更是以超过 4 万篇和高达 18.11%的占比遥遥领先于第 12 位，反映出其在中国的科研中心地位。论文数居前 10 位的地区有 9 个都达到了万篇以上，见表 16-3。

表 16-3 2011 年 Scopus 收录论文数量居前 10 位的地区

排名	地区	论文数（篇）	比例（%）
1	北京	42482	18.11
2	江苏	22265	9.49
3	上海	21483	9.16
4	陕西	13155	5.61
5	广东	12118	5.17
6	浙江	11702	4.99
7	湖北	11505	4.90
8	山东	10417	4.44
9	辽宁	10332	4.40
10	四川	9953	4.24

（3）学科分布情况

Scopus 数据库的学科分类体系涵盖了 27 个学科领域，其 2011 年收录的中国科技论文主要分布在工程、医学、物理学与天文学、化学、材料科学、生物遗传与分子生物学、计算机科学、农业与生物科学、地球与空间科学、化学工程等学科，见表 16-4。

表 16-4 2011 年 Scopus 收录论文数量居前 10 位的学科

排名	学科	论文数（篇）	比例（%）
1	工程	44073	18.79
2	医学	23676	10.09
3	物理学与天文学	23376	9.96
4	化学	20832	8.88
5	材料科学	17513	7.46
6	生物遗传与分子生物学	16208	6.91
7	计算机科学	15793	6.73
8	农业与生物科学	13588	5.79
9	地球与空间科学	12318	5.25
10	化学工程	8849	3.77

（4）机构分布情况

Scopus 数据库 2011 年收录的中国科技论文的发表机构排名前 20 位的高等院校和研究机构以及它们发表在国外期刊的比例分别如表 16-5 和表 16-6 所示。

排名在前 20 位的高等院校大多是综合类或理工科类名牌院校。其中复旦大学和南京大学发表在国外期刊的论文比例较高，都超过了 8 成；而中南大学、北京航空航天大学、同济大学和重庆大学其比例都不足一半。

排名在前 20 位的研究机构大多是中国科学院下属的研究机构。研究机构发表在国外期刊的比例普遍高于高等院校，很多都超过了 80%，其中中国科学院动物研究所其比例高达 95.65%。化学类研究机构的论文数量都较多，前 6 名中占了 4 个席位。

表 16-5　2011 年 Scopus 收录论文数量居前 20 位的高等院校

排名	高等院校	论文数（篇）	国外期刊比例（%）
1	浙江大学	5905	66.84
2	上海交通大学	5400	64.85
3	清华大学	4725	59.83
4	哈尔滨工业大学	3987	51.59
5	北京大学	3718	71.22
6	四川大学	3464	67.41
7	中南大学	3333	46.62
8	华中科技大学	3171	64.05
9	吉林大学	3117	58.68
10	复旦大学	3019	80.52
11	山东大学	2814	75.02
12	中山大学	2741	77.93
13	北京航空航天大学	2554	41.86
14	同济大学	2492	49.00
15	大连理工大学	2483	60.41
16	重庆大学	2438	42.08
17	东南大学	2383	58.79
18	南京大学	2371	81.57
19	武汉大学	2318	59.19
20	西安交通大学	2211	57.03

表 16-6　2011 年 Scopus 收录论文数量居前 20 位的研究机构

排名	研究机构	论文数（篇）	国外期刊比例（%）
1	中国科学院化学研究所	654	93.12
2	中国科学院长春应用化学研究所	609	90.31
3	中国工程物理研究院	377	30.24
4	中国科学院上海生命科学研究院	364	92.03
5	中国科学院兰州化学物理研究所	359	83.84

排名	研究机构	论文数（篇）	国外期刊比例（%）
6	中国科学院大连化学物理研究所	345	88.99
7	中国科学院生态环境研究中心	338	64.20
8	中国科学院半导体研究所	335	85.67
9	中国科学院金属研究所	334	79.04
10	中国科学院物理研究所	299	89.97
11	中国科学院福建物质结构研究所	281	89.68
12	中国科学院上海硅酸盐研究所	277	93.14
13	中国科学院长春光学精密机械与物理研究所	270	32.96
14	中国科学院地质与地球物理研究所	270	64.44
15	中国科学院上海光学精密机械研究所	266	63.53
16	中国科学院上海有机化学研究所	262	94.27
17	中国科学院动物研究所	230	95.65
18	中国科学院过程工程研究所	214	76.17
19	中国疾病预防控制中心	206	74.27
20	中国科学院理化技术研究所	205	79.51

（5）被引情况分析

Scopus 数据库 2011 年收录的中国科技论文的被引次数排名世界第 2 位，位于美国之后。截至 2012 年 10 月总被引 247606 次，篇均 1.055 次，其中国际合作论文篇均被引 1.936 次。被引次数排名居前 10 位的论文见表 16-7。

表 16-7 2011 年 Scopus 收录我国论文被引次数居前 10 位的论文

排名	学科
1	论文题目 Direct C–H transformation via iron catalysis 论文作者 Sun CL，Li BJ，Shi ZJ 所属机构 北京大学 来源期刊 Chemical Reviews，2011，111（3）：1293–1314 被引次数 164
2	论文题目 Simultaneous enhancement of open-circuit voltage，short-circuit current density，and fill factor in polymer solar cells 论文作者 He Z，Zhong C，Huang X 所属机构 华南理工大学 来源期刊 Advanced Materials，2011，23（40）：4636–4643 被引次数 144
3	论文题目 Oncometabolite 2-hydroxyglutarate is a competitive inhibitor of α -ketoglutarate-dependent dioxygenases 论文作者 Xu W，Yang H，Liu Y

排名	学科
3	所属机构 复旦大学 来源期刊 Cancer Cell，2011，19（1）：17–30 被引次数 114
4	论文题目 Graphene based new energy materials 论文作者 Sun Y，Wu Q，Shi G 所属机构 清华大学 来源期刊 Energy and Environmental Science，2011，4（4）：1113–1132 被引次数 114
5	论文题目 Functional composite materials based on chemically converted graphene 论文作者 Bai H，Li C，Shi G 所属机构 清华大学 来源期刊 Advanced Materials，2011，23（9）：1089–1115 被引次数 110
6	论文题目 Rylene and related diimides for organic electronics 论文作者 Zhan X，Facchetti A，Barlow S 所属机构 中科院化学研究所 来源期刊 Advanced Materials，2011，23（2）：268–284 被引次数 100
7	论文题目 Bond formations between two nucleophiles: Transition metal catalyzed oxidative cross–coupling reactions 论文作者 Liu C，Zhang H，Shi W 所属机构 武汉大学 来源期刊 Chemical Reviews，2011，111（3）：1780–1824 被引次数 96
8	论文题目 Graphene nanosheet: Synthesis, molecular engineering, thin film, hybrids, and energy and analytical applications 论文作者 Guo S，Dong S 所属机构 中科院长春应用化学研究所 来源期刊 Chemical Society Reviews，2011，40（5）：2644–2672 被引次数 95
9	论文题目 Erlotinib versus chemotherapy as first-line treatment for patients with advanced EGFR mutation-positive non-small-cell lung cancer（OPTIMAL，CTONG–0802）：a multicentre，open-label，randomised，phase 3 study 论文作者 Zhou C，Wu YL，Chen G 所属机构 同济大学 来源期刊 The Lancet Oncology，2011，12（8）：735–742 被引次数 94
10	论文题目 Nodeless superconducting gap in AxFe2Se2 （A= K，Cs） revealed by angle-resolved photoemission spectroscopy

排名	学科
10	论文作者 Zhang Y，Yang LX，Xu M 所属机构 复旦大学 来源期刊 Nature Materials，2011，10（4）：273-277 被引次数 93

（6）合作情况分析

科技合作是科学研究工作发展的重要模式，其中国际合作尤为重要。我们对 Scopus 数据库 2011 年收录的中国科技论文的合作情况进行了统计分析。

Scopus 数据库 2011 年收录的中国科技论文中，作者只有一人的论文数为 7978 篇，在单一机构内合作的论文数为 91122 篇，国内合作的论文数为 106787 篇，中国作者为第一作者的国际合著论文 28721 篇，占我国论文总数的 12.24%，还有很大的提高空间。我国科技论文的合作情况见表 16-8。

表 16-8 我国科技论文合作情况

	论文数（篇）	比例（%）
无合作（单一作者）	7978	3.40
单一机构内合作	91122	38.84
国内合作	106787	45.52
国际合作	28721	12.24

国际合著论文中，合作伙伴排名居前 10 位的都是发达国家和地区，如表 16-9 所示。与美国的合作数量最多，超过 1 万篇，且遥遥领先于第 2 位的日本。

表 16-9 合作伙伴排名居前 10 位的国家和地区

排名	国家（地区）	论文数（篇）	排名	国家（地区）	论文数（篇）
1	美国	11257	6	澳大利亚	1926
2	日本	2497	7	德国	1510
3	中国香港	2468	8	法国	999
4	英国	2364	9	新加坡	998
5	加拿大	2013	10	韩国	748

国际合著论文中，论文数较多的 10 个学科如表 16-10 所示。而国际合著比例最高的学科是心理学，高达 45.28%，比例最低的是能源科学，仅为 6.93%。

表 16-10 国际合著论文排名居前 10 位的学科

排名	学科	国际合著论文数（篇）	国际合著比例（%）
1	工程	3646	8.27
2	物理学与天文学	2960	12.66
3	农业与生物科学	2704	19.90

排名	学科	国际合著论文数（篇）	国际合著比例（%）
4	医学	2514	10.62
5	生物遗传与分子生物学	2401	14.81
6	化学	2309	11.08
7	计算机科学	2113	13.38
8	材料科学	1916	10.94
9	地球与空间科学	1842	14.95
10	数学	1421	18.09

国际合著论文中，产生论文数量较多的 10 个地区如表 16-11 所示。与表 16-3 类似的是，北京、上海和江苏占领了前 3 名的地位。国际合作比例最高的是上海，高达 15.57%，而最低的是西藏，没有国际合作论文，海南、河北、山西的国际合作比例也较低，都不足 7%。整体而言，各地区的国际合作比例都不高，还有较大的提升空间。

表 16-11 产生国际合著论文数量居前 10 位的地区

排名	地区	国际合著论文数（篇）	国际论文占地区论文比例（%）
1	北京	6344	14.93
2	上海	3345	15.57
3	江苏	2537	11.39
4	广东	1809	14.93
5	浙江	1593	13.61
6	湖北	1446	12.57
7	陕西	1338	10.17
8	辽宁	1232	11.92
9	山东	1049	10.07
10	四川	998	10.03

国际合著论文中，产生论文数量居前 20 位的高等院校如表 16-12 所示。

表 16-12 产生国际合著论文数量居前 20 位的高等院校

排名	高等院校	国际合著论文数（篇）	国际合著比例（%）
1	浙江大学	938	15.88
2	北京大学	809	21.76
3	上海交通大学	809	14.98
4	清华大学	762	16.13
5	复旦大学	586	19.41
6	哈尔滨工业大学	506	12.69

排名	高等院校	国际合著论文数（篇）	国际合著比例（%）
7	中山大学	490	17.88
8	中国科学技术大学	430	21.23
9	华中科技大学	409	12.90
10	南京大学	406	17.12
11	山东大学	404	14.36
12	中国农业大学	393	20.70
13	大连理工大学	381	15.34
14	东南大学	363	15.23
15	中南大学	356	10.68
16	同济大学	337	13.52
17	四川大学	336	9.70
18	西安交通大学	335	15.15
19	吉林大学	297	9.53
20	武汉大学	267	11.52

国际合著论文中，研究机构的国际合作比例也普遍高于高等院校，产生论文数量居前20位的研究机构如表16-13所示。

表16-13 产生国际合著论文数量居前20位的研究机构

排名	研究机构	国际合著论文数（篇）	国际合著比例（%）
1	中国科学院化学研究所	99	15.14
2	中国科学院上海生命科学研究院	95	26.10
3	中国科学院地质与地球物理研究所	88	32.59
4	中国科学院金属研究所	83	24.85
5	中国科学院动物研究所	80	34.63
6	中国科学院物理研究所	73	24.41
7	中国科学院大连化学物理研究所	73	21.16
8	中国科学院地理科学与资源研究所	64	38.32
9	中国科学院大气物理研究所	63	36.42
10	中国科学院生态环境研究中心	59	17.46
11	中国科学院植物研究所	58	33.14
12	中国疾病预防控制中心	58	28.16
13	中国科学院长春应用化学研究所	55	9.03
14	中国科学院南京土壤研究所	50	34.72
15	中国科学院广州地球化学研究所	50	30.67

排名	研究机构	国际合著论文数（篇）	国际合著比例（%）
16	中国科学院生物物理研究所	42	34.15
17	中国科学院上海硅酸盐研究所	42	15.16
18	中国科学院地球化学研究所	37	23.42
19	中国科学院上海有机化学研究所	36	13.74
20	中国科学院高能物理研究所	35	27.56

16.3.2　Scopus 收录中国期刊情况

（1）总体情况

2011 年 Scopus 数据库共收录出版物 30815 种，其中科技期刊 28964 种。表 16–14 列出了收录期刊数量居前 10 位的国家。中国出版物 743 种，其中科技期刊 737 种，排名世界第 6 位，统计了 SJR 指数的期刊数为 515 种，统计了 SNIP 指数的期刊数为 542 种。

表 16–14　2011 年 Scopus 收录期刊数量居前 10 位的国家

国家	收录期刊数（种）	占全球比例（%）
美国	8704	30.05
英国	5659	19.54
荷兰	2334	8.06
德国	2182	7.53
法国	920	3.18
中国	737	2.54
日本	704	2.43
意大利	665	2.30
瑞士	552	1.91
加拿大	483	1.67

SJR 全称 SCImago Journal Rank，是基于引文来源信息对期刊进行排名的文献计量指标，也称声望指数。该指数由西班牙 Extremadura 大学 Scimago Group 团队的 Félix de Moya 教授等 3 人提出，其核心概念源自 Google 的 PageRank 演算法，较传统影响因子的主要突破在于“将期刊间的引用给予不同的权重”，意即被声望高的期刊所引用，对声望的提升应较被一般期刊引用来得显著，反之亦然。

SNIP 全称 Source Normalized Impact per Paper，是由荷兰 Leiden 大学 Centre for Science and Technology Studies（CWTS）团队的 Henk F. Moed 教授提出，较传统影响因子的主要突破在于考量不同学科领域的引用情形，例如人文、生命科学领域的引文量一般而言较数学、工程、计算机科学等高，换言之这些高引用领域的文献被引用的潜力较高，在传统的影响因子单纯计算引用次数的取向上容易获得较高的分数，而难以在跨领域比较时达到客观。SNIP 最大的特色在于让不同领域期刊的被引情形标准化，将原始的期刊的影响因子透过其所属领域的引用潜力换算，以合理的方式将高引文领域期刊的 SNIP 值缩小、低引文领域的值放大，以利跨领域的比较。

（2）期刊 SJR 指数分析

中国科技期刊 SJR 指数平均值为 0.042，世界排名第 23 位，低于全球科技期刊 SJR 指数平均值 0.106，与科技发达国家指数相比存在一定差距。表 16-15 列出了 SJR 指数较高的国家（仅统计出版期刊数超过 50 种的国家）。

表 16-15　SJR 指数较高的国家

国家	SJR 指数平均值	统计 SJR 指数的期刊数（种）
英国	0.136	3873
荷兰	0.135	1688
美国	0.134	5275
德国	0.130	1289
阿联酋	0.123	141
瑞士	0.122	251

图 16-1 按 Scopus 所涵盖的 27 个学科列出了中国期刊的 SJR 指数以及与世界平均值的对比。

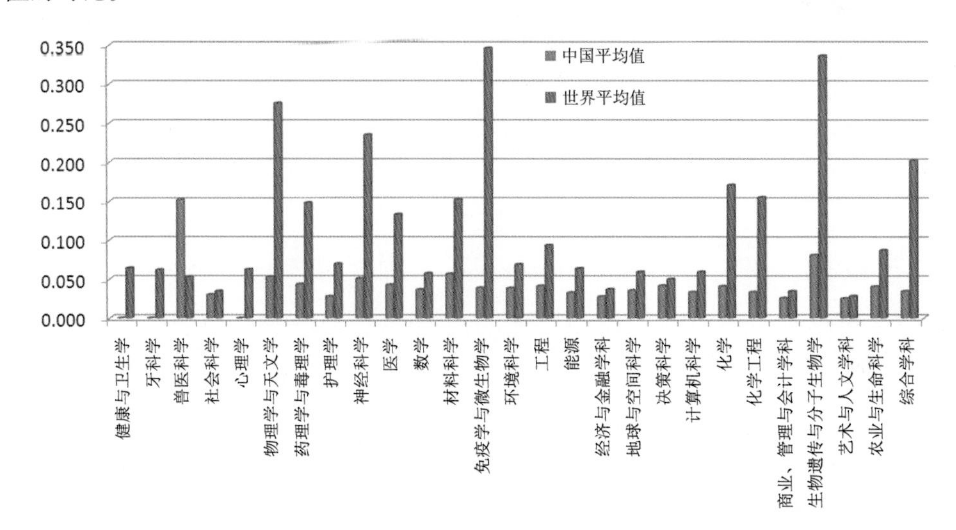

图 16-1　中国期刊按学科分类的 SJR 指数以及与世界平均值对比

从图 16-1 中可看出，SJR 指数最高的学科是兽医科学、生物遗传与分子生物学、材料科学，最低的是艺术与人文学科，商业、管理与会计学科，经济与金融学科。健康与卫生学、牙科学、心理学没有相关期刊。除了兽医科学，其他学科都比世界平均值要低。免疫学与微生物学、物理学与天文学与世界差距较大。

中国科技期刊中，SJR 指数超过世界平均值的期刊有 12 种，指数排名前 10 位的期刊见表 16-16 所示。

表 16-16 中国科技期刊中 SJR 指数排名前 10 位的期刊

期刊名称	SJR 指数
细胞研究 CELL RESEARCH	1.134
纳米研究 NANO RESEARCH	0.751
核医学杂志 JOURNAL OF NUCLEAR MEDICINE	0.592
中国光学快报 CHINESE OPTICS LETTERS	0.559
世界肠胃病学杂志 WORLD JOURNAL OF GASTROENTEROLOGY	0.189
中国激光 CHINESE JOURNAL OF LASERS	0.178
浙江大学学报 B 辑（生物医学与生物技术）JOURNAL OF ZHEJIANG UNIVERSITY-SCIENCE B	0.152
光学学报 ACTA OPTICA SINICA	0.150
生物化学与生物物理学报 ACTA BIOCHIMICA ET BIOPHYSICA SINICA	0.143
中国药理学报 ACTA PHARMACOLOGICA SINICA	0.136

（3）期刊 SNIP 指数分析

中国科技期刊 SNIP 指数平均值为 0.482，世界排名第 21 位，低于世界科技期刊 SNIP 指数平均值 0.816，与科技发达国家指数相比存在一定差距。表 16-17 列出了 SNIP 指数较高的国家（仅统计出版期刊数超过 50 个的国家）。

表 16-17 SNIP 指数较高的国家

国家	SNIP 指数平均值	统计 SNIP 指数的期刊数
荷兰	1.326	1713
美国	1.104	5447
英国	1.036	4023
新加坡	0.794	76
德国	0.689	1267
瑞士	0.666	245

图 16-2 按 Scopus 所涵盖的 27 个学科列出了中国期刊的 SNIP 指数以及与世界平均值的对比。

从图 16-2 中可看出，SNIP 指数最高的学科是计算机科学、数学、地球与空间科学，最低的是艺术与人文学科，商业、管理与会计学科，护理学。健康与卫生学、牙科学、心理学没有相关期刊。除了兽医科学，其他学科都比世界均值要低。艺术与人文学科，商业、管理与会计学科，免疫学与微生物学与世界差距较大。

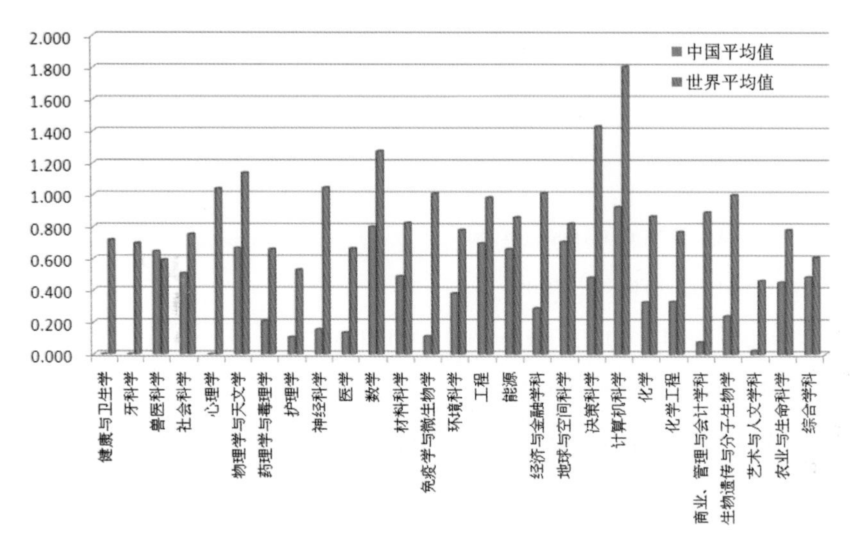

图 16-2　中国期刊按学科分类的 SNIP 指数以及与世界平均值对比

中国科技期刊中，SNIP 指数超过世界平均值的期刊有 106 种，指数排名前 10 位的期刊如表 16-18 所示。

表 16-18　中国科技期刊中 SNIP 指数排名前 10 位的期刊

期刊名称	SNIP 指数
电力系统自动化 AUTOMATION OF ELECTRIC POWER SYSTEMS	3.364
软件学报 JOURNAL OF SOFTWARE	2.737
中国电机工程学报 PROCEEDINGS OF THE CSEE	2.528
计算机学报 CHINESE JOURNAL OF COMPUTERS	2.524
核医学杂志 JOURNAL OF NUCLEAR MEDICINE	2.345
岩石力学与工程学报 CHINESE JOURNAL OF ROCK MECHANICS AND ENGINEERING	2.317
水动力学研究与进展 JOURNAL OF HYDRODYNAMICS	2.241
石油勘探与开发 PETROLEUM EXPLORATION AND DEVELOPMENT	2.115
自动化学报 ACTA AUTOMATICA SINICA	1.939
煤炭学报 JOURNAL OF THE CHINA COAL SOCIETY	1.927

16.4　讨论

我们在 2011 年度首次对 Scopus 数据库进行详细的统计分析。从收录的论文情况来看，由于 Scopus 收录的中国科技期刊有 737 种，这些期刊上的绝大多数论文都是中国科技论文（表 16-2），因此我国的论文数量比第 3 位的英国高出了很多，仅次于美国（表 16-1）。不过与美国的差距还是很大，美国的论文数量几乎是我国的 1 倍。

从收录的期刊情况来看，我国被 Scopus 收录的期刊数量排在全球第 6 位，与前 4 名的差距很大（表 16-14），但是论文数量却大大超过英、德、荷等国家，这一方面说明了我国科研工作者的产出能力非常可观，另一方面说明了我国科技期刊的国际化程度较低，大都刊登本国作者论文（中文语言的独特性也是一个需要考虑的因素）。从期刊的 SJR 指数和 SNIP 指数来看，我国的科技期刊都与发达国家有很大差距，SJR 指数超过世界平均值的期刊仅有 12 种。由此可见，我国科技期刊在数量上、质量上以及国际上的影响力都有待大力提升。

参考文献

[1] Borja González-Pereira, Vicentep, Guerrero-Boteb e Félix Moya-Anegón.The SJR indicator: A new indicator of journals' scientific prestige[J]. Retrieved March 29, 2010

[2] Moed, Henk.F. Measuring contextual citation impact of scientific journals[J]. Journal of Informetrics, 2010，4（3）: 265～277

17 中国台湾、香港和澳门科技论文情况分析

本章以 2011 年 SCI、Ei、CPCI-S 为数据来源，对我国台湾、香港特别行政区和澳门特别行政区的科技论文产出情况进行了统计分析。主要分析了 SCI、Ei、CPCI-S 三大系统中台湾、香港特区和澳门特区论文的机构分布、学科分布、期刊分布（或会议分布）、参考文献和被引用情况等，通过分析发现，澳门特区的论文产量相对较少，澳门大学是最主要的论文产出单位；无论是台湾地区还是香港特区都与中国内地及美国的合作较为频繁；台湾地区高等院校和“中央研究院”是论文产出的主要机构；香港地区论文的产出则集中于 6 所高等院校；临床医学论文数量在台湾地区和澳门特区都占有较高比例。

17.1 引言

中国台湾、香港特别行政区和澳门特别行政区的科技论文产出是中国科技论文统计与分析关注的重要内容之一。本章以 2011 年 SCI、Ei 和 CPCI-S 三大系统为数据来源，通过机构分布、学科分布、期刊分布（或会议分布）、参考文献和被引用情况等方面对三地区进行统计与分析，以揭示台湾、香港特区和澳门特区的科研产出情况。

17.2 数据和方法

本章的数据分别来源于三个数据库：SCI、Ei 和 CPCI-S。

SCI 和 CPCI-S 数据的获取是通过 ISI Web of Knowledge 平台。以台湾为例，限定地址字段包含“Taiwan”并且出版年为 2011 年，分别在 Science Citation Index Expanded（SCI-EXPANDED）和 Conference Proceedings Citation Index - Science （CPCI-S）两个引文数据库中检索，得到原始数据，数据的下载时间为 2013 年 5 月。

Ei 数据的获取是通过 Engineering Village 平台，限定在 Compendex 数据库中进行检索，得到原始数据，数据的下载时间为 2013 年 5 月。

下载原始数据后，根据统计分析的需要对论文的作者单位、学科等进行统一的规范或标注，在具体的分析中每个数据库选择哪些类型的文献进行统计分析又有各自不同的标准，详见后文。

在本章的分析中，主要使用了数理统计的方法，对我国台湾、香港和澳门产出的科技论文从机构分布、学科分布、期刊分布（或会议分布）、参考文献和被引用情况等维度进行统计分析。

17.3 台湾、香港特区和澳门特区 SCI、Ei 和 CPCI-S 三系统科技论文产出概况

17.3.1 SCI 收录三地区科技论文情况分析

SCI（Science Citation Index）主要反映基础研究的产出情况。2011 年，SCI 收录的世界科技论文共计 1516058 篇，比 2010 年的 1420953 篇增加了 95105 篇，增长 6.69%。

2011 年，SCI 收录台湾地区科技论文 27692 篇，比 2010 年的 25747 篇增加了 1945 篇，增长 7.55%；占世界科技论文总数的 1.83%，在国家和地区的排名中位列第 17 位（详见附表 2）。

2011 年，SCI 收录香港特区科技论文 10565 篇，比 2010 年的 9693 篇增加了 872 篇，增长 9.00%；占世界科技论文总数的 0.70%，在国家和地区的排名中未能进入前 30 名（详见附表 1 和附表 2）。

2011 年，SCI 收录澳门特区科技论文 255 篇，占世界科技论文总数的 0.02%。

图 17-1 是 2007—2011 年我国台湾和香港特区 SCI 论文数量的变化趋势。

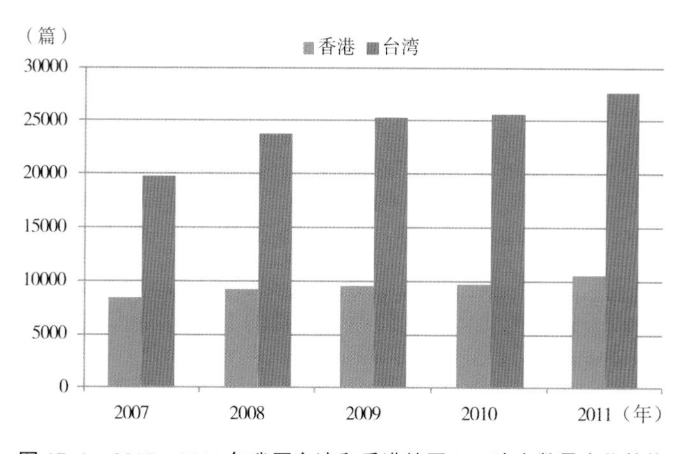

图 17-1 2007—2011 年我国台湾和香港特区 SCI 论文数量变化趋势

17.3.2 CPCI-S 收录三地区科技论文情况分析

科技会议文献是重要的学术文献之一，2011 年 CPCP-S 共收录世界科技会议论文 300631 篇，比 2010 年的 302314 篇减少了 1683 篇，减少 0.56%。

2011 年，CPCI-S 收录我国台湾地区论文 4908 篇，比 2010 年的 6594 篇减少了 1686 篇，减少 25.57%；占世界论文总数的 1.63%，在国家和地区的排名中位列第 13 位（详见附表 3）。

2011 年，CPCI-S 收录我国香港特区论文 1175 篇，比 2010 年的 2054 篇减少了 879 篇，减少 42.79%；占世界论文总数的 0.39%。

2011 年，CPCI-S 收录我国澳门特区论文 74 篇，比 2010 年的 109 篇减少了 35 篇，减少 32.11%。

17.3.3 Ei收录三地区科技论文情况分析

主要反映工程科学研究的《工程索引》(Ei，Engineering Index)在2011年共收录世界论文478914篇，比2010年的480367篇减少了1453篇，减少0.30%。

2011年，Ei收录我国台湾论文13961篇，比2010年的14314篇减少了353篇，减少2.46%；占世界论文总数的2.92%，在国家和地区的排名中位列第12位(详见附表4)。

2011年，Ei收录我国香港特区论文4417篇，比2010年的4531篇减少了114篇，减少2.52%；占世界论文总数的0.92%，在国家和地区的排名中位列第24位(详见附表4)。

2011年，Ei收录我国澳门特区论文141篇，比2010年的135篇增长了6篇。

17.4 台湾、香港特区和澳门特区SCI论文分析

SCI中涉及的文献类型有Article，Review，Letter，News，Meeting Abstracts，Correction，Editorial Material，Book Review和Biographical-Item等，后文的分析中，我们选取2种文献类型——Article和Review——作为论文进行统计。

17.4.1 SCI收录我国台湾地区科技论文情况分析

2011年，SCI收录我国台湾地区论文25149篇，其中第一作者为台湾地区作者的论文共计21619篇，占总数的85.96%；第一作者为非台湾地区作者的论文共计3530篇，占总数的14.04%。图17-2是第一作者为非台湾地区作者论文的主要国家(地区)分布情况。其中，第一作者为美国的论文共计1027篇，占非台湾第一作者论文总数的29.09%，排在前4位的另外3个国家(地区)依次是中国内地、日本和印度。排在前4位的国家(地区)与2010年相同，排名一致。

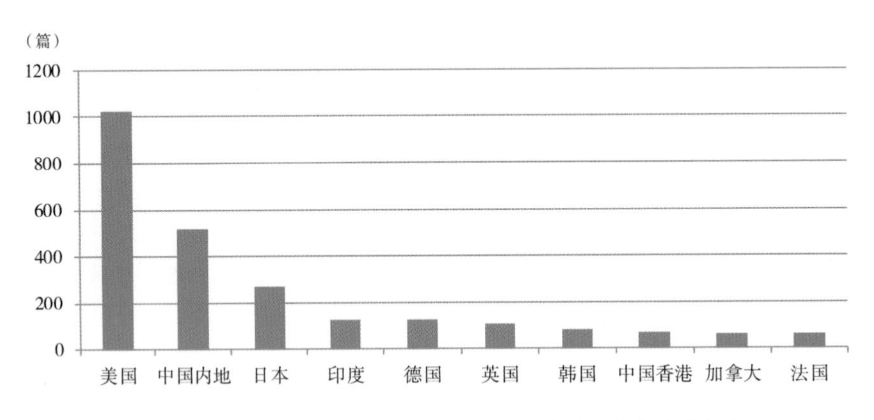

图17-2 2011年SCI收录台湾地区论文中第一作者为非台湾地区作者的主要国家(地区)论文情况

2011 年，SCI 收录第一作者为台湾地区作者的论文 21619 篇，后文的分析即限定于这 21619 篇论文（表 17–1）。其中，由独立作者完成的论文共计 1228 篇，占总数的 5.68%；由 3 位作者合作完成的论文所占比例最高，共计 4192 篇，占总数的 19.39%。

表 17-1　2011 年 SCI 收录台湾地区论文作者数量分布

论文作者数（人）	论文数（篇）	占台湾论文的比例（%）	论文作者数（人）	论文数（篇）	占台湾论文的比例（%）
1	1228	5.68	8	1027	4.75
2	3620	16.74	9	639	2.96
3	4192	19.39	10	457	2.11
4	3497	16.18	11	230	1.06
5	2747	12.71	≥12	451	2.09
6	2126	9.83	总计	21619	100.00
7	1405	6.50			

（1）SCI 2011 收录台湾地区论文的参考文献与被引情况

在科学研究过程中需要参照已有的研究结果，科技文献的被引用是对该文献科学价值的肯定。2011 年，SCI 收录台湾地区的 21619 篇论文的平均参考文献量为 30.78 条/篇，最多的一篇论文引用了 593 条参考文献。

以每 10 条参考文献为间隔统计，台湾地区的论文中没有参考文献的论文共 10 篇，占总数的 0.05%；1～10 条参考文献的论文共 1191 篇，占总数的 5.51%；11～20 条参考文献的论文共 5147 篇，占总数的 23.81%；21～30 条参考文献的论文共 6164 篇，占总数的 28.51%；31～40 条参考文献的论文共 4502 篇，占总数的 20.82%；41～50 条参考文献的论文共 2443 篇，占总数的 11.30%；51 条及以上参考文献的论文共 2162 篇，占总数的 10.00%（图 17–3）。

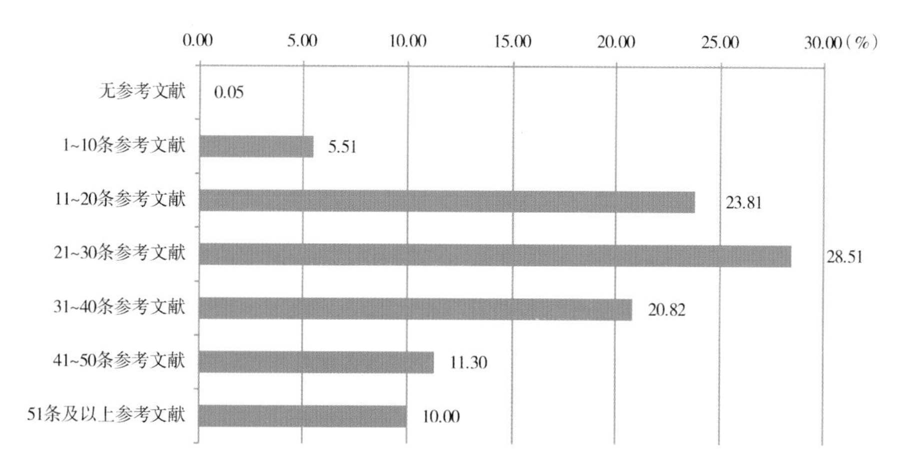

图 17-3　2011 年 SCI 收录台湾地区论文参考文献数量分布

截至 2013 年 5 月，SCI 2011 收录台湾地区的 21619 篇论文总计被引用 50911 次，平均每篇论文被引用 2.35 次。这 21619 篇论文中，有 7337 篇论文没有被引用，占总数的 33.94%；被引 1 次的论文有 4795 篇，占总数的 22.18%，详见图 17-4。被引用次数最多的是由台湾大学学者发表于 ACM TRANSACTIONS ON INTELLIGENT SYSTEMS AND TECHNOLOGY 上的一篇论文，共计被引用 142 次。

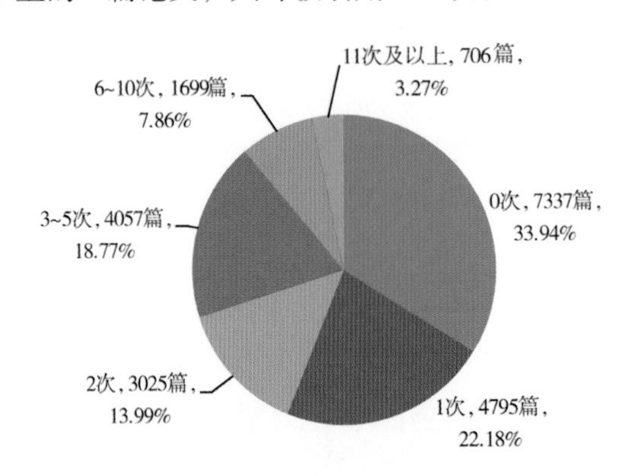

图 17-4 2011 年 SCI 收录台湾地区论文的被引用情况

（2）SCI 2011 收录台湾地区论文的机构分布

表 17-2 是 2011 年 SCI 收录台湾地区论文前 10 位的高等院校。SCI 收录台湾地区论文较多的前 10 位高等院校共发表论文 9610 篇，占总数的 44.45%。台湾大学共发表论文 2300 篇，占总数的 10.64%，位列第 1 位；排在第 2 位的是成功大学，共发表论文 1735 篇，占总数的 8.03%。

表 17-2 2011 年 SCI 收录台湾地区论文较多的前 10 所高等院校

排名	单位名称	论文数（篇）	占台湾论文的比例（%）	排名	单位名称	论文数（篇）	占台湾论文的比例（%）
1	台湾大学	2300	10.64	6	中兴大学	681	3.15
2	成功大学	1735	8.03	7	台湾科技大学	610	2.82
3	交通大学	1078	4.99	8	中央大学	582	2.69
4	清华大学	983	4.55	9	中山大学	469	2.17
5	长庚大学	782	3.62	10	台北科技大学	390	1.80

表 17-3 是 2011 年 SCI 收录台湾地区论文前 5 名的医疗机构。SCI 收录台湾地区论文较多的前 5 名医疗机构共发表论文 1263 篇，占总数的 5.84%。长庚纪念医院共发表论文 386 篇，占总数的 1.79%，在医疗机构中位列第 1 位；排在第 2 位的是台湾大学医院，共发表论文 295 篇，占总数的 1.36%。

表 17-3 2011 年 SCI 收录台湾地区论文较多的前 5 所医疗机构

排名	单位名称	论文数（篇）	占台湾论文的比例（%）	排名	单位名称	论文数（篇）	占台湾论文的比例（%）
1	长庚纪念医院	386	1.79	4	马偕纪念医院	151	0.70
2	台湾大学医院	295	1.36	5	中国医药大学医院	151	0.70
3	台北荣民总医院	280	1.30				

（3）SCI 2011 收录台湾地区论文的学科分布

图 17-5 是 2011 年 SCI 收录台湾地区论文较多的前 10 个学科分布情况。2011 年 SCI 收录台湾地区论文最多的学科是临床医学，该类论文共计 3062 篇，占台湾地区论文总数的14.16%；排在第2位的是化学，该类论文共计2053篇，占台湾地区论文总数的9.50%；排在第 3 位的是材料科学，该类论文共计 2009 篇，占台湾地区论文总数的 9.29%。

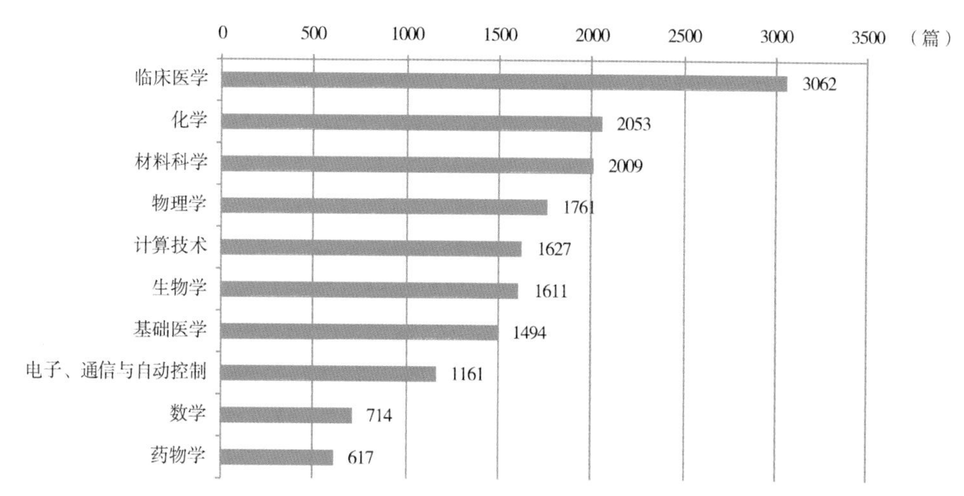

图 17-5　2011 年 SCI 收录台湾地区论文较多的前 10 个学科分布情况

（4）SCI 2011 收录台湾地区论文的期刊分布

2011 年，SCI 收录台湾地区的 21619 篇论文分布在 3603 种期刊中，收录论文较多的前 10 种期刊见表 17-4，这 10 种期刊共收录台湾地区论文 1832 篇，占 SCI 收录台湾地区论文总数的 8.47%。收录论文最多的期刊是 EXPERT SYSTEMS WITH APPLICATIONS，共收录论文 403 篇，占 SCI 收录台湾地区论文总数的 1.86%。

表 17-4　2011 年 SCI 收录台湾地区论文较多的前 10 种期刊

排名	期刊名称	论文数（篇）	占台湾论文的比例（%）
1	EXPERT SYSTEMS WITH APPLICATIONS	403	1.86
2	PLOS ONE	214	0.99
3	INTERNATIONAL JOURNAL OF INNOVATIVE COMPUTING INFORMATION AND CONTROL	172	0.80
4	THIN SOLID FILMS	164	0.76
5	APPLIED PHYSICS LETTERS	163	0.75
6	OPTICS EXPRESS	158	0.73
7	JOURNAL OF THE ELECTROCHEMICAL SOCIETY	157	0.73
8	JOURNAL OF AGRICULTURAL AND FOOD CHEMISTRY	135	0.62
9	JOURNAL OF APPLIED PHYSICS	134	0.62
10	JAPANESE JOURNAL OF APPLIED PHYSICS	132	0.61

17.4.2 SCI收录我国香港特区科技论文情况分析

2011年，SCI收录中国香港特区论文9395篇，其中第一作者为香港特区作者的论文共计5212篇，占总数的55.48%；第一作者为非香港特区作者的论文共计4183篇，占总数的44.52%。图17-6是第一作者为非香港特区作者论文的主要国家（地区）分布情况。其中，第一作者为中国内地的论文共计2599篇，占非香港第一作者论文总数的62.13%，排在前4位的另外三个国家（地区）依次是美国、澳大利亚和英国。排在前4位的国家（地区）与2010年相同，澳大利亚的排序由2010年的第4位升至第3位，英国则由2010年的第3位降至第4位。

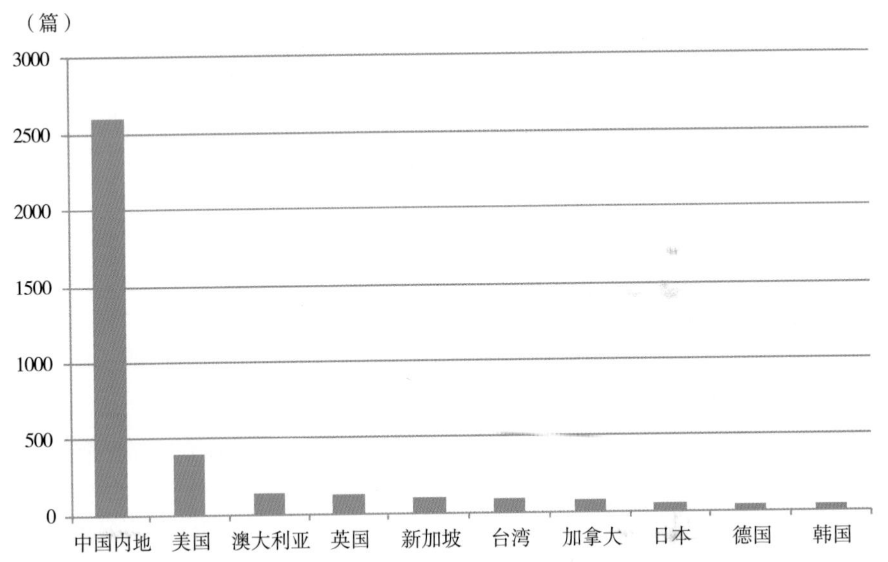

图17-6 2011年SCI收录香港特区论文中第一作者为非香港特区作者的主要国家（地区）论文情况

2011年，SCI收录第一作者为香港特区作者的论文5212篇，其中，由独立作者完成的论文共计233篇，占总数的4.47%；由3位作者合作完成的论文所占比例最高，共计1087篇，占总数的20.86%（表17-5）。

表17-5 2011年SCI收录香港特区论文作者数量分布

论文作者数（人）	论文数（篇）	占香港论文的比例（%）	论文作者数（人）	论文数（篇）	占香港论文的比例（%）
1	233	4.47	8	198	3.80
2	1034	19.84	9	134	2.57
3	1087	20.86	10	119	2.28
4	820	15.73	11	49	0.94
5	610	11.70	≥12	143	2.74
6	447	8.58	总计	5212	100.00
7	338	6.49			

（1）SCI 2011 收录香港特区论文的参考文献与被引情况

2011 年，SCI 收录香港特区的 5212 篇论文的平均参考文献量为 36.62 条/篇，最多的一篇论文引用了 322 条参考文献。

以每 10 条参考文献为间隔统计，香港特区的论文中没有参考文献的论文共 5 篇，占总数的 0.10%；1～10 条参考文献的论文共 219 篇，占总数的 4.20%；11～20 条参考文献的论文共 936 篇，占总数的 17.96%；21～30 条参考文献的论文共 1320 篇，占总数的 25.33%；31～40 条参考文献的论文共 1156 篇，占总数的 22.18%；41～50 条参考文献的论文共 721 篇，占总数的 13.83%；51 条及以上参考文献的论文共 855 篇，占总数的 16.40%（图 17-7）。

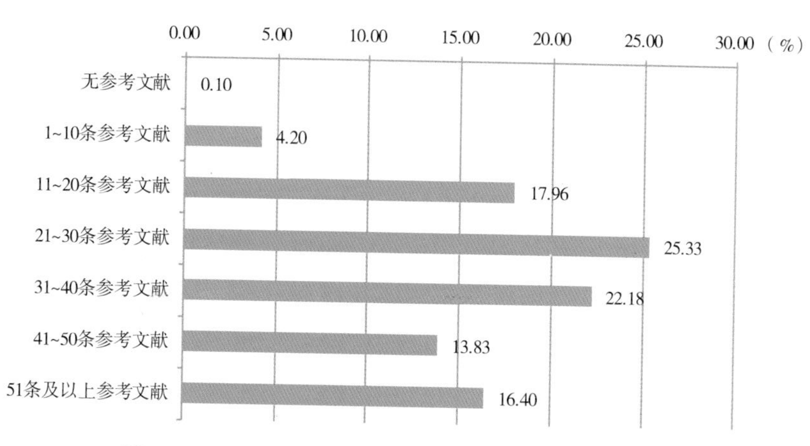

图 17-7　2011 年 SCI 收录香港特区论文参考文献数量分布

截至 2013 年 5 月，SCI 2011 收录香港特区的 5212 篇论文总计被引用 17986 次，平均每篇论文被引用 3.45 次。这 5212 篇论文中，有 1344 篇论文没有被引用，占总数的 25.79%；被引 1 次的论文有 1005 篇，占总数的 19.28%，详见图 17-8。被引用次数最多的是由香港科技大学学者发表于 CHEMICAL SOCIETY REVIEWS 上的一篇论文，共计被引用 168 次。

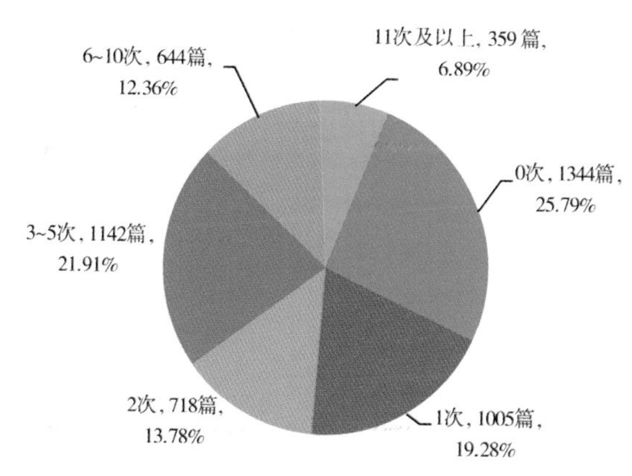

图 17-8　2011 年 SCI 收录香港特区论文的被引用情况

（2）SCI 2011 收录香港特区论文的机构分布

表 17-6 是 2011 年 SCI 收录香港特区论文前 6 名的高等院校。SCI 收录香港特区

论文较多的前6名高等院校共发表论文4821篇，占总数的92.50%。香港大学共发表论文1420篇，占总数的27.24%，位列第1名；排在第2位的是香港中文大学，共发表论文1052篇，占总数的20.18%。

表17-6 2011年SCI收录香港特区论文较多的前6所高等院校

排名	单位名称	论文数（篇）	占香港论文的比例（%）	排名	单位名称	论文数（篇）	占香港论文的比例（%）
1	香港大学	1420	27.24	4	香港城市大学	600	11.51
2	香港中文大学	1052	20.18	5	香港科技大学	598	11.47
3	香港理工大学	959	18.40	6	香港浸会大学	192	3.68

表17-7是2011年SCI收录香港地区论文前5名的医疗机构。SCI收录香港特区论文较多的前5名医疗机构共发表论文124篇，占总数的2.38%。玛丽医院共发表论文38篇，在医疗机构中位列第1名。

表17-7 2011年SCI收录香港特区论文较多的前5所医疗机构

排名	单位名称	论文数（篇）	占香港论文的比例（%）
1	玛丽医院	38	0.73
2	东区尤德夫人那打素医院	27	0.52
3	玛嘉烈医院	24	0.46
4	伊利沙伯医院	19	0.36
5	基督教联合医院	16	0.31

（3）SCI 2011收录香港特区论文的学科分布

图17-9是2011年SCI收录香港特区论文较多的前10个学科分布情况。2011年SCI收录香港特区论文最多的是临床医学，该类论文共计998篇，占香港特区论文总数的19.15%；排在第2位的是化学，该类论文共计423篇，占香港特区论文总数的8.12%。

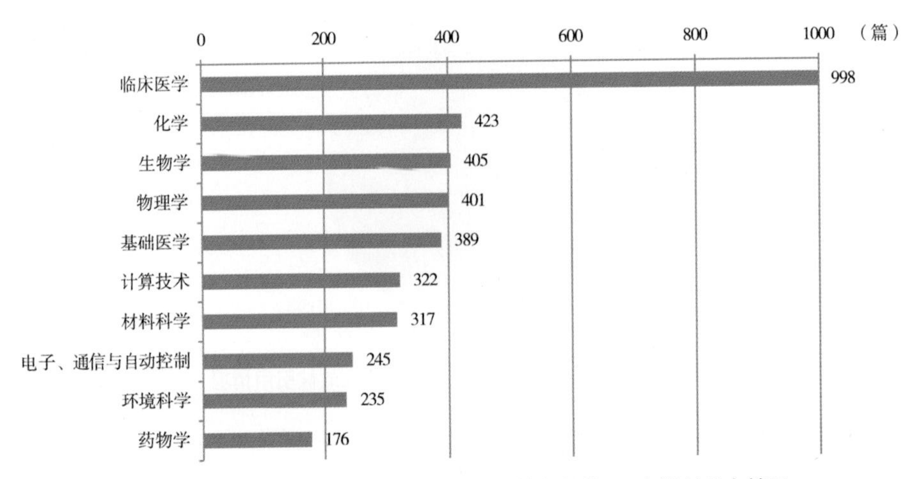

图17-9 2011年SCI收录香港特区论文较多的前10个学科分布情况

（4）SCI 2011 收录香港特区论文的期刊分布

2011 年，SCI 收录香港特区的 5212 篇论文分布在 1990 种期刊中，收录论文较多的前 10 种期刊见表 17-8，这 10 种期刊共收录香港特区论文 370 篇，占 SCI 收录香港特区论文总数的 7.10%。收录论文最多的期刊是 PLOS ONE，共收录 82 篇，占 SCI 收录香港特区论文总数的 1.57%。

表 17-8 2011 年 SCI 收录香港特区论文较多的前 10 种期刊

排名	期刊名称	论文数（篇）	占香港论文的比例（%）
1	PLOS ONE	82	1.57
2	APPLIED PHYSICS LETTERS	38	0.73
3	JOURNAL OF APPLIED PHYSICS	36	0.69
4	EXPERT SYSTEMS WITH APPLICATIONS	34	0.65
4	PHYSICAL REVIEW B	34	0.65
6	IEEE TRANSACTIONS ON MAGNETICS	32	0.61
7	JOURNAL OF HAZARDOUS MATERIALS	29	0.56
7	OPTICS EXPRESS	29	0.56
9	HONG KONG JOURNAL OF EMERGENCY MEDICINE	28	0.54
9	JOURNAL OF ETHNOPHARMACOLOGY	28	0.54

17.4.3 SCI 收录我国澳门特区科技论文情况分析

2011 年，SCI 收录我国澳门特区论文 240 篇，其中第一作者为澳门特区作者的论文共计 131 篇，占总数的 54.58%；第一作者为非澳门特区作者的论文共计 109 篇，占总数的 45.42%。

第一作者为非澳门特区作者的论文中，最多的是中国内地，论文为 58 篇，其次是香港特区 23 篇。

第一作者为澳门特区作者的论文中，学科论文较多的前 4 个学科为：药物学，临床医学，电子、通信与自动控制以及数学，论文数分别是 18 篇、13 篇、12 篇和 12 篇。发表论文最多的单位是澳门大学，共计 83 篇。

17.5 台湾、香港特区和澳门特区 CPCI-S 论文分析

CPCI-S 的论文分析限定于第一作者的 Proceeding Paper 类型的文献。以台湾为例，即 CPCI-S 收录台湾地区的论文指第一作者为台湾地区的作者且被 CPCI-S 收录的 Proceeding Paper 类型的论文。香港特区和澳门特区亦同。

17.5.1 CPCI-S 收录我国台湾地区科技论文情况分析

2011 年，台湾地区以第一作者发表的 Proceeding Paper 论文共计 4498 篇。

（1）CPCI-S 2011 收录台湾地区论文的会议分布

2011 年，CPCI-S 收录台湾地区的论文出自 806 个会议录。表 17-9 所示为收录台湾论文最多的前 10 个会议，共收录论文 672 篇，占 CPCI-S 收录台湾地区论文总数的 14.94%。

表 17-9 2011 年 CPCI-S 收录台湾地区论文较多的前 10 个会议

排名	会议名称	会议地点	论文数（篇）
1	IEEE International Conference on Fuzzy Systems	中国台湾	108
2	2nd International Conference on Manufacturing Science and Engineering	中国桂林	84
3	International Conference on Advanced Engineering Materials and Technology	中国三亚	80
4	6th IEEE Conference on Industrial Electronics and Applications	中国北京	79
5	IEEE International Conference on Systems，Man and Cybernetics	美国	62
6	International Symposium on VLSI Design，Automation and Test	中国台湾	56
7	International Conference on Advanced Design and Manufacturing Engineering	中国广州	53
8	17th IEEE International Conference on Parallel and Distributed Systems	中国台湾	51
8	International Conference on Advances in Materials and Manufacturing Processes	中国深圳	51
10	Conference on Lasers and Electro-Optics	美国	48

（2）CPCI-S 2011 收录台湾地区论文的机构分布

表 17-10 是 2011 年 CPCI-S 收录台湾地区论文较多的前 10 个单位，这 10 个单位共发表论文 2115 篇，占总数的 47.02%。排在第 1 位的是台湾大学，发表论文 488 篇，占 CPCI-S 收录台湾地区论文总数的 10.85%；排在第 2 位的是交通大学，发表论文 348 篇，占 CPCI-S 收录台湾地区论文总数的 7.74%。

表 17-10 2011 年 CPCI-S 收录台湾地区论文较多的前 10 个单位

排名	单位名称	论文数（篇）	占台湾论文的比例（%）	排名	单位名称	论文数（篇）	占台湾论文的比例（%）
1	台湾大学	488	10.85	6	台湾科技大学	148	3.29
2	交通大学	348	7.74	7	中央大学	138	3.07
3	成功大学	274	6.09	8	逢甲大学	101	2.25
4	清华大学	272	6.05	9	工业技术研究院	100	2.22
5	台北科技大学	148	3.29	10	云林科技大学	98	2.18

（3）CPCI-S 2011 收录台湾地区论文的学科分布

图 17-10 是 2011 年 CPCI-S 收录台湾地区论文较多的前 10 个学科，这 10 个学科

共发表论文 4275 篇，占总数的 95.04%。排在第 1 位的学科是电子、通信与自动控制，共发表论文 1975 篇，占 CPCI-S 收录台湾地区论文总数的 43.91%；排在第 2 位的学科是计算技术，共发表论文 1121 篇，占 CPCI-S 收录台湾地区论文总数的 24.92%。

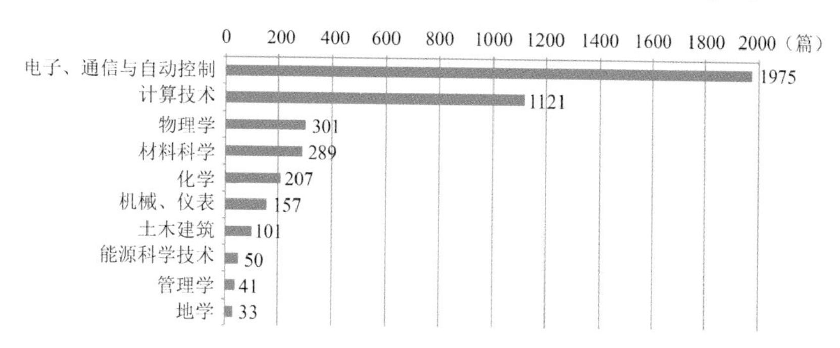

图 17-10 2011 年 CPCI-S 收录台湾地区论文较多的前 10 个学科

17.5.2 CPCI-S 收录我国香港特区科技论文情况分析

2011 年，香港特区以第一作者发表的 Proceeding Paper 论文共计 889 篇。

（1）CPCI-S 2011 收录香港特区论文的会议分布

2011 年，CPCI-S 收录香港特区的论文出自 326 个会议录。表 17-11 所示为香港特区论文较多的前 10 个会议，共收录论文 227 篇，占 CPCI-S 收录香港特长论文总数的 25.53%。

表 17-11 2011 年 CPCI-S 收录香港特区论文较多的前 10 个会议

排名	会议名称	会议地点	论文数（篇）
1	12th East Asia-Pacific Conference on Structural Engineering and Construction	中国香港	35
2	IEEE International Conference on Communications	日本	28
3	Conference on Options for the Control of Influenza Ⅶ	中国香港	23
3	IEEE International Conference on Acoustics, Speech, and Signal Processing	捷克	23
5	54th Annual IEEE Global Telecommunications Conference	美国	22
5	Conference on International Magnetics	中国台湾	22
7	IEEE International Symposium on Circuits and Systems	法国	21
8	IEEE INFOCOM Conference	中国上海	19
9	18th IEEE International Conference on Image Processing	比利时	18
10	Textile Bioengineering and Informatics Symposium	中国北京	16

（2）CPCI-S 2011 收录香港特区论文的机构分布

表 17-12 是 2011 年 CPCI-S 收录香港特区论文较多的前 10 个单位，这 10 个单位共发表论文 839 篇，占总数的 94.38%。排在第 1 位的是香港科技大学，发表论文 201

篇，占CPCI-S收录香港特区论文总数的22.61%；排在第2位的是香港理工大学，发表论文175篇，占CPCI-S收录香港特区论文总数的19.69%。

表17-12 2011年CPCI-S收录香港特区论文较多的前10个单位

排名	单位名称	论文数（篇）	占香港论文的比例（%）	排名	单位名称	论文数（篇）	占香港论文的比例（%）
1	香港科技大学	201	22.61	4	香港中文大学	148	16.65
2	香港理工大学	175	19.69	5	香港城市大学	129	14.51
3	香港大学	159	17.89	6	香港浸会大学	27	3.04

（3）CPCI-S 2011收录香港特区论文的学科分布

图17-11是2011年CPCI-S收录香港特区论文较多的前10个学科，这10个学科共发表论文827篇，占总数的93.03%。排在第1位的学科是电子、通信与自动控制，共发表论文311篇，占CPCI-S收录香港地区论文总数的34.98%；排在第2位的学科是计算技术，共发表论文296篇，占CPCI-S收录香港地区论文总数的33.30%。

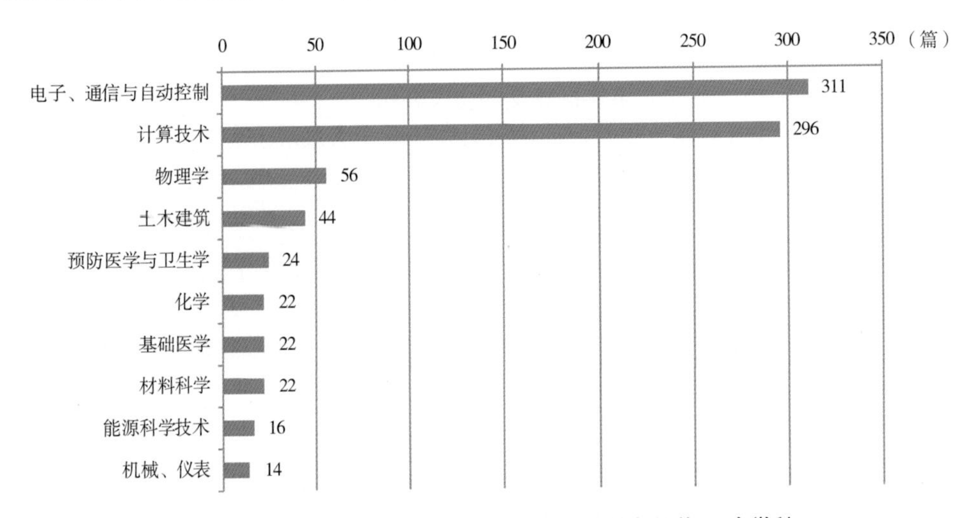

图17-11 2011年CPCI-S收录香港特区论文较多的前10个学科

17.5.3 CPCI-S收录我国澳门特区科技论文情况分析

2011年，澳门特区以第一作者发表的Proceedings Paper文献共计63篇。其中27篇是计算技术类，22篇是电子、通信与自动控制类。澳门大学共发表CPCI-S论文45篇，其次是澳门科技大学，共发表12篇。

17.6 台湾、香港特区和澳门特区Ei论文分析

Ei论文的统计限定于第一作者的Ei Compendex核心部分的期刊论文作为统计来源。以台湾地区为例，即Ei收录台湾地区的论文指第一作者为台湾地区作者且属于

Ei Compendex 核心部分的期刊论文。香港特区和澳门特区亦同。

17.6.1 Ei 收录我国台湾科技论文情况分析

2011 年，Ei 收录我国台湾地区第一作者论文 12699 篇。

（1）Ei 2011 收录台湾论文的机构分布

表 17-13 所示为 2011 年 Ei 收录台湾地区论文较多的前 10 个单位，这 10 个单位全部来自高等院校，共发表论文 6503 篇，占总数的 51.21%。与 2010 年相比，这 10 个单位的名单和位序都未发生变化，排在第 1 位的仍是台湾大学，共计 1307 篇，占 Ei 收录台湾地区论文总数的 10.29%；排在第 2 位的仍是成功大学，共计 1267 篇，占 Ei 收录台湾地区论文总数的 9.98%。

表 17-13　2011 年 Ei 收录台湾地区论文较多的前 10 个单位

排名	单位名称	论文数（篇）	占台湾论文的比例（%）	排名	单位名称	论文数（篇）	占台湾论文的比例（%）
1	台湾大学	1307	10.29	6	中央大学	456	3.59
2	成功大学	1267	9.98	7	中兴大学	403	3.17
3	交通大学	900	7.09	8	中山大学	354	2.79
4	清华大学	710	5.59	9	台北科技大学	306	2.41
5	台湾科技大学	550	4.33	10	长庚大学	250	1.97

（2）Ei 2011 收录台湾论文的学科分布

图 17-12 所示为 2011 年 Ei 收录台湾地区论文较多的前 10 个学科，这 10 个学科共发表论文 9661 篇，占总数的 76.08%。发表论文最多的学科是物理学，共发表 1502 篇，占 Ei 收录台湾地区论文总数的 11.83%；排在第 2 位的是电子、通信与自动控制，共发表论文 1234 篇，占 Ei 收录台湾地区论文总数的 9.72%。

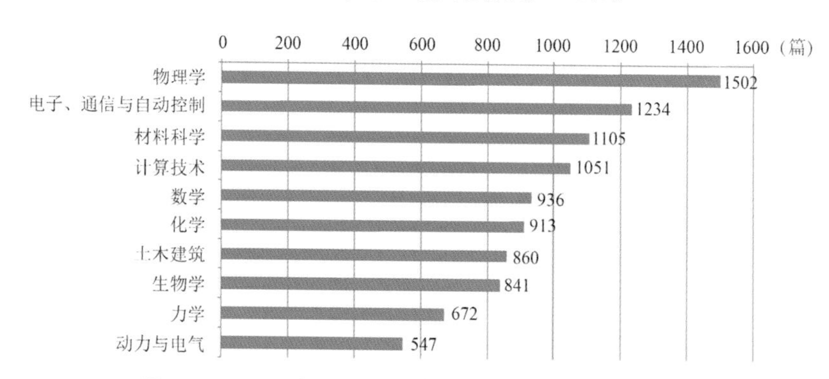

图 17-12　2011 年 Ei 收录台湾地区论文较多的前 10 个学科

（3）Ei 2011 收录台湾论文的期刊分布

2011 年，Ei 收录的台湾地区论文分布在 1465 种期刊中。表 17-14 为 2011 年 Ei 收录台湾地区论文较多的前 10 种期刊。排在第 1 位的是由爱思唯尔出版的 EXPERT

SYSTEMS WITH APPLICATIONS，刊载台湾地区论文 320 篇，占 Ei 收录台湾地区论文总数的 2.52%。

表 17-14 2011 年 Ei 收录台湾地区论文较多的前 10 种期刊

排名	期刊名称	论文数（篇）	占台湾论文的比例（%）
1	EXPERT SYSTEMS WITH APPLICATIONS	320	2.52
2	INTERNATIONAL JOURNAL OF INNOVATIVE COMPUTING，INFORMATION AND CONTROL	224	1.76
3	JOURNAL OF AGRICULTURAL AND FOOD CHEMISTRY	182	1.43
4	OPTICS EXPRESS	176	1.39
5	APPLIED PHYSICS LETTERS	162	1.28
6	JOURNAL OF THE ELECTROCHEMICAL SOCIETY	157	1.24
7	ICIC EXPRESS LETTERS	149	1.17
8	JAPANESE JOURNAL OF APPLIED PHYSICS	145	1.14
9	WORLD ACADEMY OF SCIENCE，ENGINEERING AND TECHNOLOGY	144	1.13
10	JOURNAL OF MATERIALS CHEMISTRY	133	1.05
10	MICROWAVE AND OPTICAL TECHNOLOGY LETTERS	133	1.05

17.6.2 Ei 收录我国香港特区科技论文情况分析

2011 年，Ei 收录我国香港特区第一作者论文 2691 篇。

（1）Ei 2011 收录香港特区论文的机构分布

表 17-15 所示为 2011 年 Ei 收录香港特区论文较多的前 6 个单位，这 6 个单位全部来自高等院校，共发表论文 2605 篇，占总数的 96.80%。与 2010 年相比，这 6 个单位的名单没有发生变化仅位次稍有变动，香港大学由 2010 年的第 4 位跃升至第 2 位，香港城市大学和香港科技大学分别下降 1 位，分列第 3 和第 4 位。2011 年，发表论文最多的单位仍然是香港理工大学，共发表 773 篇论文，占 Ei 收录香港特区论文总数的 28.73%。

表 17-15 2011 年 Ei 收录香港特区论文较多的前 6 个单位

排名	单位名称	论文数（篇）	占香港论文的比例（%）	排名	单位名称	论文数（篇）	占香港论文的比例（%）
1	香港理工大学	773	28.73	4	香港科技大学	425	15.79
2	香港大学	491	18.25	5	香港中文大学	350	13.01
3	香港城市大学	486	18.06	6	香港浸会大学	80	2.97

（2）Ei 2011 收录香港特区论文的学科分布

图 17-13 所示为 2011 年 Ei 收录香港特区论文较多的前 10 个学科，这 10 个学科共发表论文 2044 篇，占总数的 75.96%。排在第 1 位的学科是材料科学，共发表论文

268 篇，占 Ei 收录香港特区论文总数的 9.96%；排在第 2 位的是物理学和土木建筑，分别发表论文 267 篇，各占 Ei 收录香港特区论文总数的 9.92%。

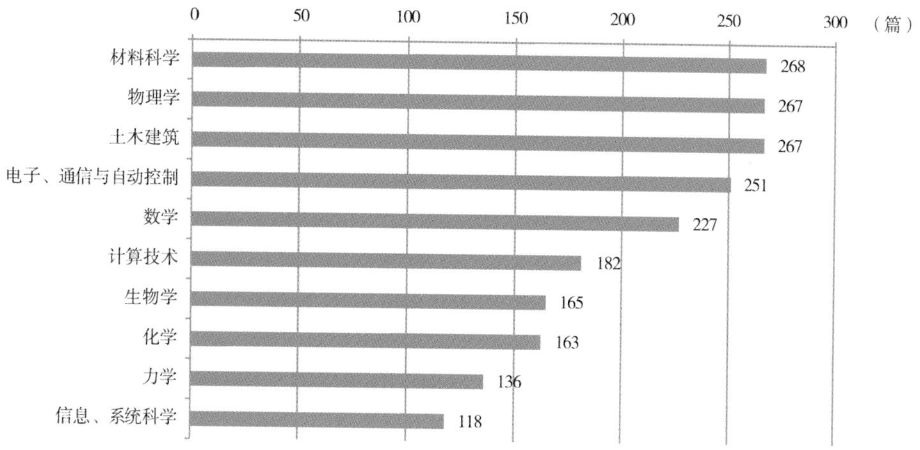

图 17-13　2011 年 Ei 收录香港特区论文较多的前 10 个学科

（3）Ei 2011 收录香港特区论文的期刊分布

2011 年，Ei 收录的香港特区论文分布在 814 种期刊中。表 17-16 为 2011 年 Ei 收录香港特区论文较多的前 10 位的期刊。排在第 1 位的是由美国物理学会出版的 APPLIED PHYSICS LETTERS，刊载香港特区论文 41 篇，占 Ei 收录香港特区论文总数的 1.52%。

表 17-16　2011 年 Ei 收录香港特区论文较多的前 10 种期刊

排名	期刊名称	论文数（篇）	占香港论文的比例（%）
1	APPLIED PHYSICS LETTERS	41	1.52
2	EXPERT SYSTEMS WITH APPLICATIONS	35	1.30
2	JOURNAL OF APPLIED PHYSICS	35	1.30
4	OPTICS EXPRESS	29	1.08
5	OPTICS LETTERS	26	0.97
6	MARINE POLLUTION BULLETIN	24	0.89
7	TEXTILE RESEARCH JOURNAL	23	0.85
8	CHEMISTRY - A EUROPEAN JOURNAL	21	0.78
9	APPLIED ENERGY	20	0.74
9	IEEE PHOTONICS TECHNOLOGY LETTERS	20	0.74
9	IEEE TRANSACTIONS ON SIGNAL PROCESSING	20	0.74
9	JOURNAL OF HAZARDOUS MATERIALS	20	0.74
9	JOURNAL OF MATERIALS CHEMISTRY	20	0.74
9	JOURNAL OF PHYSICAL CHEMISTRY C	20	0.74

17.6.3 Ei 收录我国澳门特区科技论文情况分析

2011 年，Ei 收录澳门特区第一作者论文共计 73 篇。其中澳门大学发表 64 篇。从学科来看，数学类论文最多，共计 11 篇；其次是电子、通信与自动控制，共计 7 篇。

17.7 讨论

2011 年 SCI 收录台湾地区的论文中，第一作者为非台湾地区的国家（地区）的排名前 3 位分别是美国、中国内地和日本，这与 2010 年的统计分析结果相同。2011 年 SCI 收录香港特区的论文中，第一作者为非香港地区的国家（地区）前 3 位排名为中国内地、美国和澳大利亚，与 2010 年的统计分析结果稍有不同，澳大利亚由 2010 年的第 4 位升至第 3 位。可以看出，无论是台湾地区还是香港特区，都与美国及中国内地的合作较为频繁。

台湾地区 SCI、Ei、CPCI-S 论文的机构分布，主要集中在台湾的各大高等院校以及台湾“中央研究院”。其中台湾大学较为突出，三大系统中论文数均排名第 1 位，且数量都较其他高等院校高出许多。

香港特区发表的三大系统集中于 6 所高等院校，澳门特区的科技论文数相对较少，高产单位集中在澳门大学。

台湾地区、香港特区及澳门特区的 SCI 学科分布比较相似，台湾 SCI 排名前 3 位的学科为临床医学，化学以及电子、通信与自动控制，香港 SCI 排名前 3 位的学科是临床医学、生物学以及化学，并且排名前 10 位的学科大部分相同，数量上有所区别。同样的，在 CPCI-S 和 Ei 数据库中，台湾地区与香港特区的论文学科分布前 10 位大部分相同，数量上略有差异。

参考文献

[1] 中国科学技术信息研究所. 2010 年度中国科技论文统计与分析（年度研究报告）[M].北京：科学技术文献出版社, 2012

[2] 中国科学技术信息研究所. 2009 年度中国科技论文统计与分析（年度研究报告）[M].北京：科学技术文献出版社, 2011

[3] 中国科学技术信息研究所. 2008 年度中国科技论文统计与分析（年度研究报告）[M].北京：科学技术文献出版社, 2010

[4] 中国科学技术信息研究所. 2007 年度中国科技论文统计与分析（年度研究报告）[M].北京：科学技术文献出版社, 2009

18 中国科技论文学术影响力分析

2011 年，“十二五”开局之年，全年研发经费达到 8610 亿元，增幅 21.9%，占国内生产总值的 1.84%，居世界第 3 位，这是我国科技论文数量进入世界大国的基础。我们不能止步不前，要向科技论文强国迈进。

18.1 引言

从国际知名检索系统 SCI 近年来发布的数据看，我国的论文发表数量从 20 世纪 80 年代的世界排名二十多位，到近些年连续居世界各国前列，特别是近 3 年来仅次于美国排名第 2 位，可以说已进入发表论文数量多的大国。在数量增加的同时，我国论文的质量和影响力也在同步提高，与上一年相比，我国作者发表论文的主要指标全面提高，论文被引率由 0.377 提高到 0.451；即年的篇均被引数由 0.902 上升到 1.251 次，平均引文数由 29.39 提高到 30.65 篇，篇均论文作者数由 4.9 到 5.1 人，篇均机构数由 2.0 到 2.1 个，这 5 项指标都是正增长，增长率分别达到 19.6%，38.7%，4.3%，4.1%和 5%，见图 18-1。这些成绩的取得是整个国家和全国科技工作者共同经过二十多年努力的结果，但我们不能仅限于数量的增多，提升我国论文的质量和影响是当前迫切要加以重视和需要解决的问题。科技论文的质量或影响的提升是与一个国家的科技水平密切相关的，目前，我国还属于发展中国家，科技水平与科技发达国家相比还有不少的差距，提高论文的质量和影响力的难度比提高发表数量要大，需要的时间更长。为此，我们对 2011 年度发表的论文，特别是我国在国际上具有影响的科技论文情况进行梳理（我国国际科技论文被引用情况、表现不俗论文情况已在第 6 章、第 9 章专述，本章略），以坚定我们发表高影响力论文的信心，同时找出差距和努力的目标，以便较快速的进步。

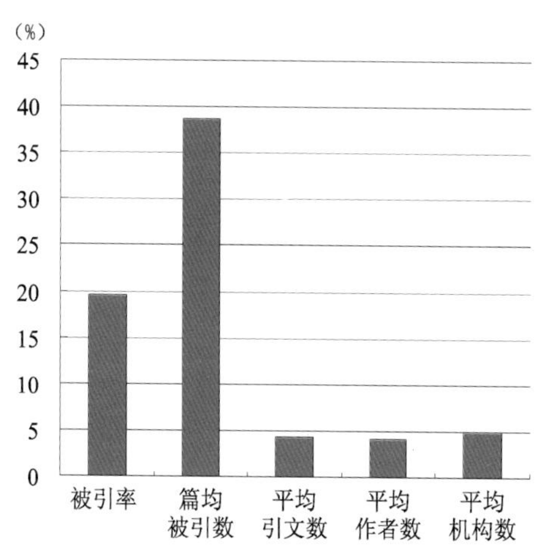

图 18-1 2011 年论文指标增长率

18.2 研究分析和结论

18.2.1 各学科期刊影响因子居首位的我国论文

当前，学术界和期刊界对期刊的影响因子比较关注。影响因子高的期刊，一般来说学术的影响都较大。2011 年，汤森路透对所收录的期刊和文献设定了 176 个主题学科，由于学科的交叉，影响因子居首位的 176 个主题中，仅有 158 种期刊。2011 年，我国的 SCI 论文中，科技人员只在其中的 70 种期刊中发表论文。按 Article 和 Review 两类文献作论文统计，2011 年 158 种期刊共发表 28050 篇论文，我国作者发表 874 篇，占论文总数的 3.12%。

在我国发表论文的 70 种期刊中，发表量大于 10 篇的期刊有 25 种，见表 18-1。其中，发文量最高的是 ACTA MATERIALA，为 82 篇，占该刊全部发文量的 11%。这 25 种期刊中，仅有 8 种的发文比例大于 10%。发文比例大于 10%的期刊有 14 种，见表 18-2。最高比例达 52.2%的刊名为 ORE GEOLOGY REVIEWS。从发表的期刊来看比较分散，而从发表论文的学科来看，约 40%的论文属于医学类，还有约 20%的论文属于材料学科类。

表 18-1 我国在各学科影响因子居首位中发文量大于 10 篇的期刊及发文情况

期刊名称	中国论文数（A）	全部论文数（B）	A/B（%）
ACTA MATERIALIA	82	745	11.01
EVIDENCE-BASED COMPLE　ALTERN MEDIC	81	542	14.94
LASER PHYSICS LETTERS	58	145	40.00
CIRCULATION	51	582	8.76
JOURNALOF EUROPEAN CERAMIC SOCIETY	39	366	10.66
COMPOSITES SCIENCE AND TECHNOLOGY	38	267	14.23
ORE GEOLOGY REVIEWS	35	67	52.24
JOURNAL OF CHEMICAL INFORMATION AND MODELING	32	289	11.07
NATURE	32	841	3.80
NEUROIMAGE	28	1024	2.73
NEW ENGLAND JOURNAL OF MEDICINE	26	349	7.45
SOILBIOLOGY&BIOCHEMISTRY	25	303	8.25
JINVESTIGATIVE DERMATOLOGY	22	242	9.09
CELLULOSE	19	143	13.29
AGRICULTURE ECOSYSTEMS & ENVIRONMENT	17	212	8.02
AMERICAN JOURNAL OF TRANSPLANTATION	17	291	5.84
CHEMICAL REVIEWS	16	196	8.16

期刊名称	中国论文数（A）	全部论文数（B）	A/B（%）
AGRICULTURAL AND FOREST METEOROLOGY	15	167	8.98
ANNALS OF SURGERY	15	317	4.73
COMBUSTION AND FLAME	15	221	6.79
GLOBAL CHANGE BIOLOGY	15	292	5.14
PLOS NEGLECTED TROPICAL DISEASES	13	424	3.07
GEOLOGY	11	293	3.75
GASTROENTEROLOGY	10	375	2.67
IEEE-ASME TRANSACTIONS ON MECHATRONICS	10	123	8.13

表 18-2 我国在各学科影响因子居首位期刊中发文比例高出 10%的期刊

期刊名称	中国论文数（A）	全部论文数（B）	A/B（%）
ORE GEOLOGY REVIEWS	35	67	52.23
LASER PHYSICS LETTERS	58	145	40.00
PROGRESS IN QUANTUM ELECTRONICS	1	5	20.00
MARINE STRUCTURES	5	28	17.86
PROGRESS IN ENERGY AND COMBUSTION SCIENCE	4	25	16.00
EVIDENCE-BASED COMPLEMENTARY AND ALTERNATIVE MEDIC	81	542	14.95
PROGRESS IN POLYMER SCIENCE	7	47	14.89
COMPOSITES SCIENCE AND TECHNOLOGY	38	267	14.23
CELLULOSE	19	143	13.29
ADVANCES IN PHYSICS	1	9	11.11
JOURNAL OF CHEMICAL INFORMATION AND MODELING	32	289	11.07
ACTA MATERIALIA	82	745	11.01
JOURNAL OF THE EUROPEAN CERAMIC SOCIETY	39	366	10.66
ANNUAL REVIEW OF ANALYTICAL CHEMISTRY	2	20	10.00

我国作者发表的 874 篇论文分布于 284 个机构中。其中，高等院校有 126 所，共发表论文 501 篇，占论文总数的 57.32%，发表论文 10 篇及以上的高等院校有 14 个，见表 18-3；研究机构有 86 个，共发表论文 201 篇，占论文总数的 23.00%，发表论文 5 篇及以上的研究机构有 11 个，发表论文 10 篇以上的研究机构仅有 2 个，见表 18-4；医疗机构有 69 个，共发表论文 162 篇，占论文总数的 18.54%，发表论文 5 篇及以上的医疗机构有 9 个，四川大学华西医院共发表了 14 篇论文，见表 18-5。

表 18-3 发表论文 10 篇及以上的高等院校

单位名称	论文数（篇）	单位名称	论文数（篇）
清华大学	29	中国地质大学	14
北京大学	23	复旦大学	12
上海交通大学	18	西安交通大学	12
浙江大学	17	北京师范大学	11
哈尔滨工业大学	14	长春理工大学	11
山东大学	14	西北工业大学	11
厦门大学	14	中山大学	10

表 18-4 发表论文 5 篇及以上的研究机构

单位名称	论文数（篇）	单位名称	论文数（篇）
中国科学院金属研究所	16	中国科学院南京土壤研究所	6
中国地质科学院矿产资源研究所	11	中国科学院沈阳应用生态研究所	6
中国科学院上海光机研究所	9	中国医学科学院	5
中国科学院上海生命科学研究院	8	中国科学院地质与地球物理研究所	5
中国科学院植物研究所	7	中国科学院华南植物园	5
中国疾病预防控制中心	6		

表 18-5 发表论文 5 篇及以上的医疗机构

单位名称	论文数（篇）
四川大学华西医院	14
中山大学附属第一医院	8
第四军医大学西京医院	7
华中科技大学同济医学院附属同济医院	7
吉林大学第一附属医院	7
南京军区南京总医院	7
南京医科大学附属南京第一医院	7
中国医学科学院阜外心血管病医院	6
吉林大学附属第二医院	5

18.2.2 期刊影响因子和总被引数同时居前 1/10 区的我国论文

影响因子（IF）和总被引数（TC）同时居学科前位的期刊应是真正影响大的期刊。2011 Journal Citation Report 所发布的期刊中，影响因子和总被引数同时居学科前 1/10 区的期刊有 399 种，共计发表论文（仅为 Article 和 Review 两类文献，以下所指发文量皆指这两类文献）156660 篇，平均每刊的影响因子值为 7.232，被引数为 31791 次，刊均发文量为 393 篇。

2011 年，我国作者在该类期刊中发表论文 10174 篇，占全部论文数的 6.49%。发表我国作者论文的该类期刊有 261 种，占该类全部期刊的 65.4%。其各项指标如下：表现不俗论文 6273 篇，占该类论文的 61.7%；总被引数 33867 次，篇均 3.33 次（全部论文篇均为 1.25 次）；总参考文献数 392456 篇，篇均 38.6 篇（全部论文篇均参考文献数为 30.6 篇）；基金论文 9510 篇，占该类论文的 93.5%；篇均作者数为 5.8 人（全部论文篇均作者数为 5.1 人）；篇均机构数为 2.4 个（全部论文篇均机构数为 2.1 个）。这几个指标值都高于全部论文的均值，见图 18-2。

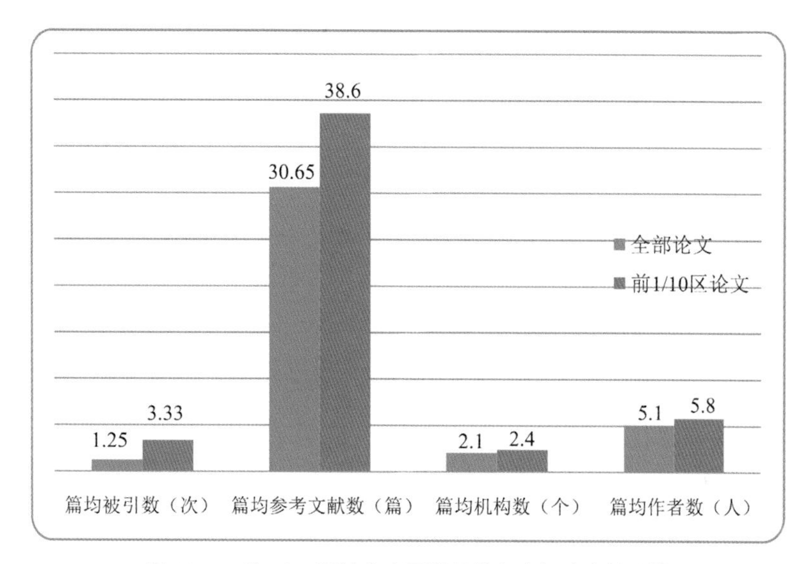

图 18-2　前 1/10 区论文主要指标值与全部论文的比较

10174 篇论文分布于 30 个省市，除西藏外都有论文发表，见表 18-6。该类论文的地区分布与整体论文的分布趋势一致，即发表论文多的地区该类论文数也多。

表 18-6　在期刊影响因子和总被引数同时居前 1/10 区中发表论文的地区分布

地区	论文数（篇）	地区	论文数（篇）	地区	论文数（篇）
北京	2219	陕西	331	河北	60
上海	1276	四川	327	山西	56
江苏	943	吉林	317	江西	50
浙江	641	黑龙江	311	广西	43
湖北	576	湖南	260	贵州	22
广东	572	福建	242	内蒙古	13
辽宁	386	甘肃	166	新疆	13
山东	370	重庆	120	青海	5
安徽	351	河南	95	海南	2
天津	337	云南	68	宁夏	2

10174篇论文涉及自然科学学科26个，见表18-7。达到百篇的学科有16个，其中，化学和材料科学这两个学科的论文达千篇。

表18-7 在期刊影响因子和总被引数同时居前1/10区中发表论文的学科分布

学科名称	论文数（篇）	学科名称	论文数（篇）
化学	2533	水利	204
材料科学	1406	基础医学	185
物理学	874	工程与技术基础科学	131
环境科学	807	动力与电气	73
计算技术	611	电子、通信与自动控制	72
临床医学	576	药物学	66
生物学	449	机械、仪表	61
能源科学技术	420	预防医学与卫生学	60
数学	381	信息、系统科学	53
农学	339	林学	46
化工	312	管理学	37
地学	222	土木建筑	30
冶金、金属学	221	水产学	2

发表论文的机构中高等院校有404个（不含附属机构），研究机构有227个，医疗机构有138个，公司企业有8个，见表18-8～表18-10。高等院校论文数为7719篇，占该类论文数的75.87%，与全部论文中高等院校所占比例75.84%基本相同。研究机构论文数为1894篇，占该类论文数的18.62%，稍高于全部论文研究机构所占的比例（15.16%）。

表18-8 在期刊影响因子和总被引数同时居前1/10区中发表论文数居前20位的高等院校

机构名称	论文数（篇）	机构名称	论文数（篇）
浙江大学	418	南开大学	143
清华大学	375	华南理工大学	141
北京大学	291	大连理工大学	137
中国科技大学	210	吉林大学	134
复旦大学	209	中山大学	130
上海交通大学	209	武汉大学	123
南京大学	205	华东理工大学	119
哈尔滨工业大学	201	四川大学	114
华中科技大学	185	兰州大学	111
山东大学	161	天津大学	110

表 18-9 在期刊影响因子和总被引数同时居前 1/10 区中发表论文数居前 20 位的研究机构

机构名称	论文数（篇）	机构名称	论文数（篇）
中国科学院化学研究所	122	中国科学院遗传与发育生物研究所	34
中国科学院长春应用化学研究所	108	国家纳米科学中心	32
中国科学院金属研究所	75	中国科学院上海光学精密机械研究所	32
中国科学院大连化学物理研究所	73	中国科学院等离子体物理研究所	28
中国科学院上海硅酸盐研究所	68	中国科学院理化技术研究所	28
中国科学院生态环境研究中心	64	中国科学院半导体研究所	27
中国科学院物理研究所	62	中国科学院大气物理研究所	27
中国科学院上海有机化学研究所	56	中国科学院数学与系统科学研究院	27
中国科学院上海生命科学院	55	中国科学院研究生院	27
中国科学院福建物质结构研究所	50	中国科学院植物研究所	26

表 18-10 在期刊影响因子和总被引数同时居前 1/10 区中发表论文数居前 20 位的医疗机构

机构名称	论文数（篇）	机构名称	论文数（篇）
四川大学华西医院	41	第四军医大学口腔医院	10
上海交通大学瑞金医院	20	复旦大学附属中山医院	10
上海交通大学医学院附属第九人民医院	19	山东大学齐鲁医院	10
四川大学华西口腔医院	17	上海交通大学医学院附属第六人民医院	10
解放军总医院	15	第三军医大学大坪医院	9
第四军医大学西京医院	14	上海交通大学医学院附属第一人民医院	8
华中科技大学同济医学院附属同济医院	13	中山大学附属第一医院	8
南京医科大学附属南京第一医院	12	北京大学北京肿瘤医院	7
上海交通大学医学院附属仁济医院	12	北京大学附属第三医院	7
北京协和医院	12	第二军医大学附属长海医院	7

18.2.3 最具影响的 7 种期刊中的我国论文

据 2011 年 JCR，在 SCI 所收录的世界各国影响较大的期刊中，影响因子和总被引数能同时达到高值（IF＞30，TC＞10 万）的期刊仅有 7 种，这些期刊历史悠久，在世界的学术影响十分巨大，它们是 NATURE、CELL、SCIENCE、NEW ENGL J MED、LANCET、CHEM REV 和 JAMA-J AM MED ASSOC。2011 年这 7 种期刊共发表论文 3091 篇，中国共发表论文 243 篇，其中第一作者为中国作者的有 123 篇，中国作者参与的论文有 120 篇，见表 18-11。第一作者为中国作者的 123 篇论文分布于 30 个单位中，其中高等院校有 17 个，研究机构有 13 个，见表 18-12 和表 18-13。

表 18-11 2011年中国作者在7种最具影响的期刊中发表我国论文的情况

期刊名称	中国论文数（篇）	两类篇数	第一篇数	第一两类篇数
NATURE	62	42	32	17
CELL	9	8	3	3
SCIENCE	70	57	21	14
NEW ENGL J MED	36	9	26	2
LANCET	37	13	17	1
CHEM REV	16	16	16	16
JAMA-J AM MED ASSOC	13	1	8	0

注：两类篇数指 Article 和 Review 的论文数；第一篇数指第一作者为中国的全部论文数；第一两类篇数指第一作者为中国的 Article 和 Review 论文数。

表 18-12 在7种最具影响的期刊中发表论文的17所高等院校

机构名称	论文数（篇）	机构名称	论文数（篇）
清华大学	5	南京大学	1
北京大学	3	沈阳师范大学	1
复旦大学	3	天津大学	1
南开大学	2	武汉大学	1
四川大学	2	武汉理工大学	1
浙江大学	2	西北大学	1
中山大学	2	厦门大学	1
河北医科大学	1	中国农业大学	1
临沂大学	1		

表 18-13 在7种最具影响的期刊中发表论文的13个研究机构

机构名称	论文数（篇）	机构名称	论文数（篇）
北京生命科学研究所	4	中国农业科学院	1
中国科学院上海生命科学院	4	中国地质科学院地质研究所	1
中国科学院化学研究所	2	中国科学院大连化学物理研究所	1
中国科学院金属研究所	2	中国科学院地球环境研究所	1
中国科学院南京地质古生物研究所	2	中国科学院古脊椎动物与古人类研究所	1
中国科学院上海有机化学研究所	2	中国科学院昆明植物研究所	1
中国疾病预防控制中心	2		

表 18-14 所示，在金砖国家中，我国在最具影响的7种期刊中发表论文的数量较多，NATURE、SCIENCE、CELL、CHEM REV 4种期刊中我国发表论文的数量均排在首位，在3种医学期刊中的论文数稍少。但从总体来看，我国发表论文的数量与美国相比都存在较大差距（该数据含各国的非第一单位数）。

表 18-14 金砖国家和美国在 7 种期刊中发表的论文情况（SCIE 2011）

国家	Natuere		Science		Lancent		Cell		JAMA		New Eng J M		Chem Rev	
	全部	两类	全部	两类	全部	两类	全部	两类	全部	两类	全部	两类	全部	两类
中国 A	62	42	70	57	37	13	9	8	13	1	36	9	16	16
中国 B	32	17	21	14	17	1	3	3	8	0	26	2	16	16
印度	9	6	12	7	65	28	3	2	5	1	22	13	7	7
巴西	22	9	19	12	38	19	2	1	6	1	29	12	2	2
南非	15	5	26	19	45	16	0	0	2	1	14	9	0	0
俄罗斯	10	8	13	10	11	7	0	0	1	1	7	6	6	6
美国	1084	606	1151	632	459	166	369	280	819	179	1024	281	83	78

注：全部指所有类型论文发表数；两类仅指 Article 和 Review 类型的论文发表数。中国 A 指含非第一作者为中国的论文数；中国 B 指第一作者单位为中国的论文数。

图 18-3 所示为金砖国家三期刊中论文数比较。

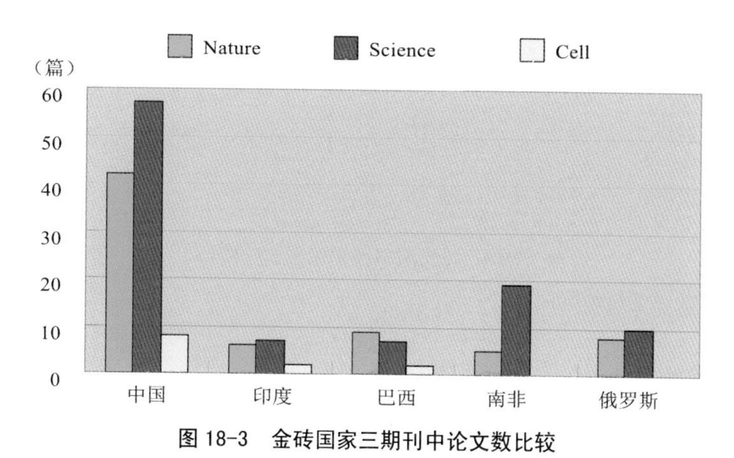

图 18-3 金砖国家三期刊中论文数比较

18.2.4 论文发表当年即产生影响的我国论文

即年指标（Imm）意为期刊当年发表论文数与当年被引数之比，也即篇均被引数，显示的是发表论文快速被人引用的情况。如果发表的论文当年被引数超过篇均值，应该说这类论文反映的是研究热点或是大家较为关注的研究，也显示论文的实际影响。2011 年，我国这类论文为 59816 篇，占我国全部论文 136445 篇的 43.8%。从地区分布来看，除西藏外，30 个省市都有论文发表；高等院校发表论文 49055 篇，占 82.0%，研究机构发表论文 9985 篇，占 16.7%，非大学附属医疗机构发表论文 625 篇，占 1.0%，公司仅有 117 篇，占 0.2%。 59816 篇论文中，Article 58446 篇，Review 1370 篇。论文即年被引用数大于期刊 Imm 值的篇数超过千篇的学科有 15 个，见表 18-15。超千篇且占学科论文比 50%以上的学科有 6 个，分别是药物学、材料科学、化学、能源科学技术、基础医学和生物学。论文被引比例大于 40%的学科有 21 个，见表 18-16。被引数高于 Imm 值的篇数超过 300 篇的期刊有 14 种（含中国期刊 2 种，即物理学报和 CHINESE

PHYSICS B），见表 18-17。我国 2011 年发表两类论文的期刊为 5809 种，发表的论文被引数超过 Imm 值的期刊 4408 种。100%超过 Imm 值的期刊有 497 种，但发文量都很低，仅有 5 种期刊发文量大于 10 篇。发文量大于 300 篇、被引论文数占全部论文数百分比大于 50%的期刊仅有 11 种，见表 18-18。

表 18-15 论文被引数大于期刊 Imm 值数量超过 1000 篇的学科

学科	全部论文数（篇）（A）	大于 IMM 值的论文数（篇）（B）	B/A（%）	学科	全部论文数（篇）（A）	大于 IMM 值的论文数（篇）（B）	B/A（%）
化学	26584	13516	50.84	数学	5997	1589	26.50
生物学	13291	6705	50.45	地学	3303	1426	43.17
物理学	14873	6578	44.23	工程与技术基础科学	3337	1254	37.58
材料科学	12441	6387	51.34	农学	2618	1179	45.03
临床医学	10461	4434	42.39	化工	2269	1131	49.85
基础医学	5855	2964	50.62	计算技术	2965	1060	35.75
药物学	3913	2104	53.77	能源科学技术	2014	1020	50.65
环境科学	4125	1986	48.15				

表 18-16 论文被引比例大于 40%的学科

学科	全部论文数（篇）（A）	TC>Imm 的论文数（篇）（B）	B/A（%）	学科	全部论文数（篇）（A）	TC>Imm 的论文数（篇）（B）	B/A（%）
药物学	3913	2104	53.77	农学	2618	1179	45.03
材料科学	12441	6387	51.34	特种医学	115	51	44.35
化学	26584	13516	50.84	物理学	14873	6578	44.23
能源科学技术	2014	1020	50.65	安全科学技术	34	15	44.12
中医学	5855	2964	50.62	地学	3303	1426	43.17
生物学	13291	6705	50.45	临床医学	10461	4434	42.39
化工	2269	1131	49.85	林学	182	76	41.76
天文学	1000	498	49.80	管理学	232	94	40.52
环境科学	4125	1986	48.15	水利	583	235	40.31
预防医学与卫生学	918	429	46.73	矿山工程技术	97	39	40.21
食品	1304	593	45.48				

表 18-17 论文被引数高于 Imm 值且被引数量超过 300 篇的期刊

期刊名称	全部论文数（篇）（A）	即年被引数（篇）（B）	即年指标值	B/A（%）
PLOS ONE	1281	734	0.437	57.30
CHEMICAL COMMUNICATIONS	924	710	1.503	76.84
JOURNAL OF MATERIALS CHEMISTRY	827	576	1.088	69.65
JOURNAL OF ALLOYS AND COMPOUNDS	753	566	0.755	75.17
ACTA PHYSICA SINICA	1489	519	0.139	34.86
APPLIED SURFACE SCIENCE	853	498	0.383	58.38
JOURNAL OF PHYSICAL CHEMISTRY C	612	497	0.72	81.21
APPLIED PHYSICS LETTERS	632	430	0.661	68.04
CRYSTENGCOMM	513	402	0.844	78.36
CHINESE PHYSICS B	982	397	0.216	40.43
JOURNAL OF APPLIED PHYSICS	746	370	0.369	49.60
JOURNAL OF HAZARDOUS MATERIALS	513	355	0.543	69.20
BIORESOURCE TECHNOLOGY	440	335	0.943	76.14
MATERIALS LETTERS	491	305	0.421	62.12

表 18-18 被引论文数占全部论文数的比例高于 50%且被引数量超过 300 篇的期刊

期刊名称	全部论文数（篇）（A）	即年被引数（篇）（B）	即年指标值	B/A（%）
JOURNAL OF PHYSICAL CHEMISTRY C	612	497	0.72	81.21
CRYSTENGCOMM	513	402	0.844	78.36
CHEMICAL COMMUNICATIONS	924	710	1.503	76.84
BIORESOURCE TECHNOLOGY	440	335	0.943	76.14
JOURNAL OF ALLOYS AND COMPOUNDS	753	566	0.755	75.17
JOURNAL OF MATERIALS CHEMISTRY	827	576	1.088	69.65
JOURNAL OF HAZARDOUS MATERIALS	513	355	0.543	69.20
APPLIED PHYSICS LETTERS	632	430	0.661	68.04
MATERIALS LETTERS	491	305	0.421	62.12
APPLIED SURFACE SCIENCE	853	498	0.383	58.38
PLOS ONE	1281	734	0.437	57.30

18.2.5 进入世界各学科前 0.1%和 0.01%的我国论文

据 2002—2012 Essential Science Indicators 公布的 22 大类学科被引情况，我国在 2011 年已发表的论文中，按被引数统计，进入学科前 0.1%的论文共计 137 篇，进入 0.01%的论文共计 9 篇，见表 18-19。被引数进入 0.01%的 9 篇论文情况见表 18-20，分布于工程学、化学及数学、力学和信息科学。

表 18-19 被引数进入前 0.1%和 0.01%的我国各学科论文情况

学科	前 0.1%	前 0.01%	学科	前 0.1%	前 0.01%
农业科学	2	0	地学	2	0
数学，力学和信息科学	19	3	材料科学	9	0
化学	33	2	多学科	1	0
临床医学	1	0	药学	1	0
计算技术	9	0	物理学	10	0
工程学	46	4	生物学	4	0
环境科学	1	0			

在进入前 0.01%的 9 篇论文中，数学 3 篇，化学 2 篇，工程学 4 篇，显示出我国这类学科的论文在国际上有较高影响。

表 18-20 被引数进入前 0.01%的我国 9 篇论文情况

作者名	单位名称	学科	文献类型	引文数（篇）	被引数（次）
Li M	华东师范大学	数学	Article	38	27
Chen SM	吉林大学	数学	Article	23	33
Chen SY	浙江工业大学	数学	Article	24	33
Sun CL	北京大学	化学	Review	311	147
He ZC	华南理工大学	化学	Article	44	121
Sun YQ	清华大学	能源科学技术	Review	221	94
Mao D	中国科学院西安光学精密机械研究所	机械、仪表	Article	35	38
Ding F	江南大学	电子、通信与自动控制	Article	104	36
Xu TG	清华大学	化工	Article	34	45

18.2.6 合作强度大的我国论文

合作特别是国际合作已成为完成国际重大项目必不可少的工作方式。我国是发展中国家，更需通过合作的方式来提升我国的科技水平。我国的国际合作伙伴已逐年增多，2011 年以我国为主发表论文的合作国家和地区已达 118 个，参与合作完成论文的国家和地区也已达 90 个。2011 年，我国论文中，合作产生的论文有 106736 篇，合作论文占全部论文的 64.39%。其中国内合作的论文为 66438 篇，国际合作的论文为 40298 篇，64.37%。

合作机构数大于 5 个的我国论文有 2180 篇，其中：国内单位合作的为 661 篇；中外合作（以我国为主）的为 1331 篇；中外合作（中国参与）的为 188 篇。这 2180 篇论文分布于 35 个学科中，论文数大于 100 篇的学科有 5 个，分别是：临床医学 493 篇，生物学 434 篇，基础医学 339 篇，物理学 161 篇，化学 109 篇。这 2180 篇论文主要由高等院校产出，论文数为 1583 篇，研究机构产生 519 篇，医疗机构（不含高等院校附属医院）产出 64 篇，公司企业产出 9 篇。

18.2.7 指标综合评定产生的中国百篇国际高影响论文

以论文的载体影响、研究基础、影响状况、合作模式以及参考文献数等指标为依据，利用 SCIE 2011，综合评定选出了国际最具影响的中国百篇论文。其中，Article 论文 87 篇，Review 论文 13 篇。这些论文有 86 篇是通过国际、国内机构合作完成的。从机构分布来看，高等院校产出 71 篇（含高等院校附属医院 5 篇），研究机构产出 26 篇，医疗机构产出 3 篇（不含高等院校附属医院）。这百篇论文分布于 28 个学科中，见表 18-21。从百篇论文的学科分布数量来看，工程与技术基础、材料科学、化学、生物学等学科比较突出。发表 2 篇及以上论文的机构 19 个，见表 18-22。

表 18-21 百篇国际高影响论文的学科分布

学科	论文数（篇）	学科	论文数（篇）	学科	论文数（篇）
工程与技术基础	18	电子、通信与自动控制	3	农学	1
材料科学	9	环境科学	3	水产学	1
化学	8	信息、系统科学	2	冶金、金属学	1
生物学	8	计算技术	2	动力与电气	1
临床医学	7	化工	2	食品	1
能源科学技术	7	力学	1	土木建筑	1
物理学	6	预防医学与卫生学	1	水利	1
机械、仪表	5	基础医学	1	管理学	1
地学	4	药物学	1		
数学	3	中医药	1		

表 18-22 百篇国际高影响论文发表 2 篇及以上的机构

机构名称	论文数（篇）	机构名称	论文数（篇）
清华大学	8	东南大学	2
复旦大学	7	哈尔滨工业大学	2
北京大学	5	华中科技大学	2
浙江大学	4	江南大学	2
中国科学院金属研究所	3	南开大学	2
中国科学院上海生命科学院	3	上海交通大学	2
中国科学院物理研究所	3	武汉大学	2
大连理工大学	2	中国疾病预防控制中心	2
第二军医大学	2	中国科学院化学研究所	2
东华大学	2		

18.3 讨论

综上几个方面的简要统计：（1）在 176 个学科的 158 种期刊影响因子居首位的国际期刊中，我国仅在 70 种期刊中发表 874 篇论文，占论文总数的 3.12%；（2）在期刊影响因子和总被引数同时居前 1/10 区的 399 种国际期刊发表的 156660 篇论文中，我国为 10174 篇，占 6.49%；（3）从在最具影响的 7 种期刊（被引数大于 10 万次，影响因子大于 30）中发表论文的数量看，我国在 NATURE、SCIENCE、CELL、CHEM REV 4 种期刊中的发文数量在金砖国家中居首位，但在 3 种医学杂志中发表论文的数量较少；（4） 论文被引数排在各学科前 0.1%和前 0.01%的数量还不多，特别是进入前 0.01%的论文只有 9 篇。从各部分的统计结果看，比较有影响的学科为工程学、化学等学科。自然基础学科的研究产出将会给发表高质量论文奠定夯实的基础，但连续多年来，我国的自然科学一等奖一直空缺，优秀科研成果不多，需要科技工作者们更加努力地工作。

基础研究的成果主要体现在科技论文的发表和专利的获取上。近年来，由于我国政府和科技政策制定者一贯重视基础研究，科技投入逐年加大，资助项目逐年增多，以及管理方面的要求和科技人员发表论文的意识增强，我国科技论文数逐年增加的趋势已不可阻挡，我国论文的产出量处于上升时期。2011 年我国发表的 SCI 论文 136442 篇（仅统计 Article 和 Review），由各类基金或项目资助产生的论文 112263 篇，82.28%的论文都是在各类基金和重大项目支持下产生的。从表 18-23 所列的部分学科基金论文资助情况看，一些基础学科如天文学、生物学、农学、水产学和环境科学所产生的基金论文比都在 90%以上。为保持这种局面能持久下去，国家的重视和基金支持是极为重要和必不可少的。

表 18-23 部分学科论文基金资助情况

学科	全部论文数（篇）（A）	基金论文数（篇）（B）	B/A（%）	学科	全部论文数（篇）（A）	基金论文数（篇）（B）	B/A（%）
数学	5652	6582	85.871	农学	2629	2819	93.260
物理学	13920	16677	83.468	林学	165	188	87.766
化学	21642	26628	81.275	畜牧、兽医	329	384	85.677
天文学	907	1003	90.429	水产学	690	720	95.833
地学	2798	3641	76.847	环境科学	3882	4178	92.915
生物学	13069	14320	91.264	能源科学技术	1726	2079	83.021

评论性论文是深得学术界同仁关注的论文。评论性论文一般是该学科领域专家对一个学科问题所做的较为全面和较为深刻的评述，会得到比一般论文较多的引用。近年来，我国发表评论性论文的数量有所增加，特别是在一些高影响的评论性期刊如《化学评论》、《物理评论》中发表了不少论文。2011 年，我国发表评论性论文（Review）2429 篇，总被引 7408 次，篇均被引 3.05 次；发表研究性论文（Article）134013 篇，总被引 163295 次，篇均被引 1.22 次。

争取在较高影响的期刊中发表论文，以提高论文的受关注程度，从而提高被引率。从马太效应看，发表在高影响期刊中的论文易产生高被引率。比如 2011 年我国有 8 篇论文发表当年就被引用百次以上，这些论文所发表的期刊影响都较高，按期刊影响因子值统计，所处学科的位置全在前 1/10 区。

表 18-24 我国即年被引数大于百次的期刊情况（SCI 2011）

期刊名称	影响因子	影响因子的学科位置（%）	被引次数
PHYSICAL REVIEW LETTERS	7.370	5.952	131
NEW ENGLAND JOURNAL OF MEDICINE	53.298	0.654	163
NATURE	36.280	1.818	165
NEW ENGLAND JOURNAL OF MEDICINE	53.298	0.654	174
LANCET	38.278	1.307	106
CHEMICAL REVIEWS	40.197	0.658	147
CANCER CELL	26.566	1.667	103
ADVANCED MATERIALS	13.877	2.239	121

参考文献

[1] ISI WEB OF SCIENCE 2011
[2] ISI WEB OF SCIENCE 2010
[3] ISI SCI JOURNAL CITATION REPORT 2011
[4] ESSENTIAL SCIENCE INDICTORS 2002—2012

附录1 2011年SCI收录的中国科技期刊

1 SCI 2011 光盘版收录的中国期刊

ACTA CHIMICA SINICA
ACTA MECHANICA SINICA
ACTA PHARMACOLOGICA SINICA
ACTA PHYSICA SINICA
ADVANCES IN ATMOSPHERIC SCIENCES
ASIAN JOURNAL OF ANDROLOGY
CELL RESEARCH
CHEMICAL JOURNAL OF CHINESE UNIVERSITIES
CHINESE JOURNAL OF CHEMISTRY
CHINESE MEDICAL JOURNAL
CHINESE PHYSICS B
CHINESE PHYSICS LETTERS
CHINESE SCIENCE BULLETIN
COMMUN IN THEORETICAL PHYSICS
EPISODES
RESEARCH IN ASTRONOMY AND ASTROPHYSICS
SCIENCE IN CHINA SERIES A-MATHEMATICS
SCIENCE IN CHINA SERIES B-CHEMISTRY
SCIENCE IN CHINA SERIES C-LIFE SCIENCES
SCIENCE IN CHINA SERIES D-EARTH SCIENCES
SCIENCE IN CHINA SERIES E-TECHNOLOGICAL SCIENCES
SCIENCE IN CHINA SERIES F-INFORMATION SCIENCES
SCIENCE IN CHINA SERIES G-PHYSICS MECHANICS & ASTRONOMY

2 SCI 2011 扩展版收录的中国期刊

期刊	ISSN
ACTA BIOCHIMICA ET BIOPHYSICA SINICA	1672-9145
ACTA CHIMICA SINICA	0567-7351
ACTA GEOLOGICA SINICA-ENGLISH EDITION	1000-9515
ACTA MATHEMATICA SCIENTIA	0252-9602
ACTA MATHEMATICA SINICA-ENGLISH SERIES	1439-8516
ACTA MATHEMATICAE APPLICATAE SINICA-ENGLISH SERIES	0168-9673
ACTA MECHANICA SINICA	0567-7718
ACTA MECHANICA SOLIDA SINICA	0894-9166
ACTA METALLURGICA SINICA	0412-1961
ACTA METALLURGICA SINICA-ENGLISH LETTERS	1006-7191
ACTA METEOROLOGICA SINICA	0894-0525
ACTA OCEANOLOGICA SINICA	0253-505X
ACTA PETROLOGICA SINICA	1000-0569
ACTA PHARMACOLOGICA SINICA	1671-4083
ACTA PHYSICA SINICA	1000-3290
ACTA PHYSICO-CHIMICA SINICA	1000-6818
ACTA POLYMERICA SINICA	1000-3304
ADVANCES IN ATMOSPHERIC SCIENCES	0256-1530
AGRICULTURAL SCIENCES IN CHINA	1671-2927
ALGEBRA COLLOQUIUM	1005-3867
APPLIED GEOPHYSICS	1672-7975
APPLIED MATHEMATICS AND MECHANICS-ENGLISH EDITION	0253-4827
APPLIED MATHEMATICS-A JOURNAL OF CHINESE UNIVERSITIES SERIES B	1005-1031
ASIAN HERPETOLOGICAL RESEARCH	2095-0357
ASIAN JOURNAL OF ANDROLOGY	1008-682X
BIOMEDICAL AND ENVIRONMENTAL SCIENCES	0895-3988
CELL RESEARCH	1001-0602
CELLULAR & MOLECULAR IMMUNOLOGY	1672-7681
CHEMICAL JOURNAL OF CHINESE UNIVERSITIES-CHINESE	0251-0790
CHEMICAL RESEARCH IN CHINESE UNIVERSITIES	1005-9040
CHINA COMMUNICATIONS	1673-5447
CHINA FOUNDRY	1672-6421
CHINA OCEAN ENGINEERING	0890-5487
CHINA PETROLEUM PROCESSING & PETROCHEMICAL TECHNOLOGY	1008-6234
CHINESE ANNALS OF MATHEMATICS SERIES B	0252-9599
CHINESE CHEMICAL LETTERS	1001-8417
CHINESE GEOGRAPHICAL SCIENCE	1002-0063
CHINESE JOURNAL OF AERONAUTICS	1000-9361
CHINESE JOURNAL OF ANALYTICAL CHEMISTRY	0253-3820
CHINESE JOURNAL OF CANCER RESEARCH	1000-9604
CHINESE JOURNAL OF CATALYSIS	0253-9837
CHINESE JOURNAL OF CHEMICAL ENGINEERING	1004-9541
CHINESE JOURNAL OF CHEMICAL PHYSICS	1674-0068
CHINESE JOURNAL OF CHEMISTRY	1001-604X

CHINESE JOURNAL OF GEOPHYSICS-CHINESE EDITION	0001-5733
CHINESE JOURNAL OF INORGANIC CHEMISTRY	1001-4861
CHINESE JOURNAL OF INTEGRATIVE MEDICINE	1672-0415
CHINESE JOURNAL OF MECHANICAL ENGINEERING	1000-9345
CHINESE JOURNAL OF NATURAL MEDICINES	1875-5364
CHINESE JOURNAL OF OCEANOLOGY AND LIMNOLOGY	0254-4059
CHINESE JOURNAL OF ORGANIC CHEMISTRY	0253-2786
CHINESE JOURNAL OF POLYMER SCIENCE	0256-7679
CHINESE JOURNAL OF STRUCTURAL CHEMISTRY	0254-5861
CHINESE MEDICAL JOURNAL	0366-6999
CHINESE OPTICS LETTERS	1671-7694
CHINESE PHYSICS B	1674-1056
CHINESE PHYSICS C	1674-1137
CHINESE PHYSICS LETTERS	0256-307X
CHINESE SCIENCE BULLETIN	1001-6538
COMMUNICATIONS IN THEORETICAL PHYSICS	0253-6102
CURRENT ZOOLOGY	1674-5507
EARTHQUAKE ENGINEERING AND ENGINEERING VIBRATION	1671-3664
EPISODES	0705-3797
FRONTIERS OF COMPUTER SCIENCE IN CHINA	1673-7350
FRONTIERS OF ENVIRONMENTAL SCIENCE & ENGINEERING IN CHINA	1673-7415
FRONTIERS OF MATHEMATICS IN CHINA	1673-3452
FRONTIERS OF PHYSICS IN CHINA	1673-3487
INSECT SCIENCE	1672-9609
INTEGRATIVE ZOOLOGY	1749-4877
INTERNATIONAL JOURNAL OF MINERALS METALLURGY AND MATERIALS	1674-4799
INTERNATIONAL JOURNAL OF OPHTHALMOLOGY	1672-5123
INTERNATIONAL JOURNAL OF ORAL SCIENCE	1674-2818
INTERNATIONAL JOURNAL OF SEDIMENT RESEARCH	1001-6279
JOURNAL OF ARID LAND	1674-6767

JOURNAL OF BIONIC ENGINEERING	1672-6529
JOURNAL OF CENTRAL SOUTH UNIVERSITY OF TECHNOLOGY	1005-9784
JOURNAL OF COMPUTATIONAL MATHEMATICS	0254-9409
JOURNAL OF COMPUTER SCIENCE AND TECHNOLOGY	1000-9000
JOURNAL OF EARTH SCIENCE	1674-487X
JOURNAL OF ENVIRONMENTAL SCIENCES-CHINA	1001-0742
JOURNAL OF GENETICS AND GENOMICS	1673-8527
JOURNAL OF GEOGRAPHICAL SCIENCES	1009-637X
JOURNAL OF GERIATRIC CARDIOLOGY	1671-5411
JOURNAL OF HUAZHONG UNIVERSITY OF SCIENCE AND TECHNOLOGY-MEDICAL SCIENCES	1672-0733
JOURNAL OF HYDRODYNAMICS	1001-6058
JOURNAL OF INFRARED AND MILLIMETER WAVES	1001-9014
JOURNAL OF INORGANIC MATERIALS	1000-324X
JOURNAL OF INTEGRATIVE AGRICULTURE	2095-3119
JOURNAL OF INTEGRATIVE PLANT BIOLOGY	1672-9072
JOURNAL OF IRON AND STEEL RESEARCH INTERNATIONAL	1006-706X
JOURNAL OF MATERIALS SCIENCE & TECHNOLOGY	1005-0302
JOURNAL OF MOLECULAR CELL BIOLOGY	1674-2788
JOURNAL OF MOUNTAIN SCIENCE	1672-6316
JOURNAL OF NATURAL GAS CHEMISTRY	1003-9953
JOURNAL OF OCEAN UNIVERSITY OF CHINA	1672-5182
JOURNAL OF RARE EARTHS	1002-0721
JOURNAL OF SYSTEMATICS AND EVOLUTION	0529-1526
JOURNAL OF SYSTEMS ENGINEERING AND ELECTRONICS	1004-4132
JOURNAL OF SYSTEMS SCIENCE AND COMPLEXITY	1009-6124
JOURNAL OF SYSTEMS SCIENCE AND SYSTEMS ENGINEERING	1004-3756
JOURNAL OF THERMAL SCIENCE	1003-2169
JOURNAL OF TRADITIONAL CHINESE MEDICINE	0255-2922

Journal	ISSN
JOURNAL OF TROPICAL METEOROLOGY	1006-8775
JOURNAL OF WUHAN UNIVERSITY OF TECHNOLOGY-MATERIALS SCIENCE EDITION	1000-2413
JOURNAL OF ZHEJIANG UNIVERSITY-SCIENCE A	1673-565X
JOURNAL OF ZHEJIANG UNIVERSITY-SCIENCE B	1673-1581
MOLECULAR PLANT	1674-2052
NANO RESEARCH	1998-0124
NEURAL REGENERATION RESEARCH	1673-5374
NEUROSCIENCE BULLETIN	1673-7067
NEW CARBON MATERIALS	1007-8827
NUCLEAR SCIENCE AND TECHNIQUES	1001-8042
NUMERICAL MATHEMATICS-THEORY METHODS AND APPLICATIONS	1004-8979
PARTICUOLOGY	1674-2001
PEDOSPHERE	1002-0160
PETROLEUM SCIENCE	1672-5107
PLASMA SCIENCE & TECHNOLOGY	1009-0630
PROGRESS IN BIOCHEMISTRY AND BIOPHYSICS	1000-3282
PROGRESS IN CHEMISTRY	1005-281X
PROGRESS IN NATURAL SCIENCE-MATERIALS INTERNATIONAL	1002-0071
RARE METAL MATERIALS AND ENGINEERING	1002-185X
RARE METALS	1001-0521
RESEARCH IN ASTRONOMY AND ASTROPHYSICS	1674-4527
SCIENCE CHINA-CHEMISTRY	1674-7291
SCIENCE CHINA-EARTH SCIENCES	1674-7313
SCIENCE CHINA-INFORMATION SCIENCES	1674-733X
SCIENCE CHINA-LIFE SCIENCES	1674-7305
SCIENCE CHINA-MATHEMATICS	1674-7283
SCIENCE CHINA-PHYSICS MECHANICS & ASTRONOMY	1674-7348
SCIENCE CHINA-TECHNOLOGICAL SCIENCES	1674-7321
SPECTROSCOPY AND SPECTRAL ANALYSIS	1000-0593
THORACIC CANCER	1759-7706
TRANSACTIONS OF NONFERROUS METALS SOCIETY OF CHINA	1003-6326
WORLD JOURNAL OF GASTROENTEROLOGY	1007-9327

附录 2　2011 年 Inspec 收录的中国期刊

半导体光电
半导体光子学与技术（英文版）
半导体技术
半导体学报（英文版）
北京大学学报（自然科学版）
北京工商大学学报（自然科学版）
北京工业大学学报
北京航空航天大学学报
北京理工大学学报
北京理工大学学报（英文版）
北京师范大学学报（自然科学版）
北京邮电大学学报
材料科学前沿（英文版）
测绘信息与工程
重庆大学学报（英文版）
重庆邮电大学学报（自然科学版）
传感技术学报
大连理工大学学报
大气科学
大气科学进展（英文版）
弹箭与制导学报
等离子体科学和技术（英文版）
低温物理学报
地球科学
地球科学前沿（英文版）
地球科学学刊（英文版）
地球空间信息科学学报（英文版）
地球物理学报
地震工程与工程振动（英文版）
地震学报
地震学报（英文版）
电池
电镀与涂饰
电工电能新技术
电光与控制
电焊机
电机与控制学报
电力科学与工程
电力科学与技术学报
电力系统及其自动化学报
电力系统自动化
电力自动化设备
电气与电子工程前沿（英文版）
电声技术
电视技术
电网技术
电信科学
电讯技术
电子科技
电子科技大学学报
电子科技学刊（英文版）
电子科学学刊（英文版）
电子器件
电子学报
电子学报（英文版）
电子元件与材料
东北大学学报（自然科学版）
东华大学学报（英文版）
东南大学学报（英文版）
东南大学学报（自然科学版）
发光学报
非线性科学与数值模拟通讯（英文版）
腐蚀科学与防护技术
钢铁研究学报
钢铁研究学报（英文版）
高电压技术
高压电器
工矿自动化
工商管理研究前沿（英文版）
工业工程
工业工程与管理
公路交通科技
固体火箭技术
光电子快报（英文版）
光电子学前沿（英文版）
光谱学与光谱分析
光学 精密工程
光子学报
广东工业大学学报
硅酸盐学报
国防科技大学学报
国际农业与生物工程学报（英文版）
国际自动化与计算杂志（英文版）
哈尔滨工业大学学报
海军工程大学学报
海洋学报（英文版）
航空材料学报
航空动力学报
航空学报
河北工业大学学报
河北工业科技
河北科技大学学报
河南科技大学学报（自然科学版）
核化学与放射化学
核技术
核技术（英文版）
红外与毫米波学报
红外与激光工程
湖南农业大学学报（自然科学版）
湖南师范大学自然科学学报

华北电力大学学报
华东电力
华东理工大学学报（自然科学版）
华南理工大学学报（自然科学版）
华中科技大学学报（自然科学版）
化学科学与工程前沿（英文版）
化学物理学报（英文版）
环境科学学报（英文版）
环境科学与工程前沿（英文版）
火箭推进
火炮发射与控制学报
机电工程
机械工程前沿（英文版）
机械强度
激光技术
吉林大学学报（工学版）
吉林大学学报（理学版）
吉林大学学报（信息科学版）
计算机测量与控制
计算机辅助工程
计算机辅助设计与图形学学报
计算机工程
计算机工程与设计
计算机工程与应用
计算机集成制造系统
计算机科学技术学报（英文版）
计算机科学前沿（英文版）
计算机学报
计算机应用
计算机应用研究
计算数学
计算数学（英文版）
建筑与土木工程前沿（英文版）
江苏大学学报（自然科学版）
交通运输工程学报
解放军理工大学学报（自然科学版）
金属学报
科技导报
科学通报（英文版）
空间科学学报
控制理论与应用
控制理论与应用（英文版）
控制与决策
矿物岩石
昆明理工大学学报（理工版）
兰州理工大学学报
力学学报
量子电子学报
煤炭学报（英文版）
棉纺织技术
纳米技术与精密工程
南京航空航天大学学报
南京航空航天大学学报（英文版）
南京理工大学学报（自然科学版）
南京林业大学学报（自然科学版）
南京邮电大学学报（自然科学版）
气象学报
强激光与粒子束
青岛大学学报（自然科学版）
青岛科技大学学报（自然科学版）
青岛理工大学学报
轻工机械
清华大学学报（英文版）
清华大学学报（自然科学版）
情报学报
热科学学报（英文版）
热科学与技术
热能与动力工程前沿（英文版）
软件学报
三峡大学学报（自然科学版）
厦门大学学报（自然科学版）
上海大学学报（英文版）
上海交通大学学报
上海金属
深圳大学学报理工版
深圳职业技术学院学报
沈阳工业大学学报
声学技术
声学学报
实验室研究与探索
数据采集与处理
数学学报
水电能源科学
水泥工程
探测与控制学报
特种油气藏
天津大学学报
天然气工业
天文和天体物理学研究（英文版）
天文学报
铁路计算机应用
通信学报
同济大学学报（自然科学版）
微电子学
微计算机信息
微纳电子技术
微特电机
武汉大学学报（工学版）
武汉大学学报（理学版）
武汉大学学报（信息科学版）
武汉大学自然科学学报（英文版）
武汉理工大学学报
武汉理工大学学报（交通科学与工程版）
武汉理工大学学报（信息与管理工程版）

物理
物理化学学报
物理学报
物理学前沿（英文版）
西安电子科技大学学报
西安交通大学学报
西安理工大学学报
稀有金属材料与工程
系统仿真学报
系统工程与电子技术
系统工程与电子技术（英文版）
系统科学与复杂性学报（英文版）
系统科学与系统工程学报（英文版）
小型微型计算机系统
新型炭材料
信号处理
信息工程大学学报
烟草科技
冶金自动化
液晶与显示
医学影像学杂志
仪表技术与传感器
仪器仪表学报
应用地球物理（英文版）
应用光学
应用科学学报
应用数学和力学（英文版）
应用数学学报
浙江大学学报（A 辑应用物理和工程，英文版）
浙江大学学报（C 辑计算机与电子工程，英文版）
浙江大学学报（工学版）
浙江工业大学学报
振动工程学报
郑州大学学报（工学版）
智能系统学报
中国地球化学学报（英文版）
中国电机工程学报
中国电子科学研究院学报
中国腐蚀与防护学报
中国惯性技术学报
中国海洋大学学报（英文版）
中国海洋湖沼学报（英文版）
中国航海
中国航空学报（英文版）
中国环境科学
中国机械工程学报（英文版）
中国激光
中国科学（技术科学，英文版）
中国科学（数学，英文版）
中国科学（信息科学，英文版）
中国科学基金（英文版）
中国科学技术大学学报
中国临床医学影像杂志
中国农业经济评论（英文版）
中国生物医学工程学报
中国石油大学学报（自然科学版）
中国铁道科学
中国物理（B，英文版）
中国物理（C，英文版）
中国物理快报（英文版）
中国邮电高校学报（英文版）
中国有色金属学报
中国有色金属学会学报（英文版）
中华放射学杂志
中南大学学报（自然科学版）
中南工业大学学报（英文版）
中山大学学报（自然科学版）
装备指挥技术学院学报
装甲兵工程学院学报
自动化学报
自动化仪表
自动化与仪表
组合机床与自动化加工技术

附录3 2011年Medline收录的中国期刊

期刊	ISSN
ACTA BIOCHIMICA ET BIOPHYSICA SINICA	1745-7270
ACTA PHARMACOLOGICA SINICA	1745-7254
ASIAN JOURNAL OF ANDROLOGY	1745-7262
BEIJING DA XUE XUE BAO. YI XUE BAN	1671-167X
BING DU XUE BAO	1000-8721
CELL RESEARCH	1748-7838
CELLULAR & MOLECULAR IMMUNOLOGY	2042-0226
CHINESE JOURNAL OF CANCER	1944-446X
CHINESE JOURNAL OF INTEGRATIVE MEDICINE	1672-0415
CHINESE JOURNAL OF OPHTHALMOLOGY	0412-4081
CHINESE JOURNAL OF TRAUMATOLOGY	1008-1275
CHINESE MEDICAL JOURNAL	0366-6999
CHINESE MEDICAL SCIENCES JOURNAL	1001-9294
DONG WU XUE YAN JIU	0254-5853
FA YI XUE ZA ZHI	1004-5619
FRONTIERS OF MEDICINE	2095-0225
GENOMICS, PROTEOMICS & BIOINFORMATICS	1672-0229
GUANG PU XUE YU GUANG PU FEN XI	1000-0593
HEPATOBILIARY & PANCREATIC DISEASES INTERNATIONAL : HBPD INT	1499-3872
HUA XI KOU QIANG YI XUE ZA ZHI	1000-1182
HUAN JING KE XUE	0250-3301
INTERNATIONAL JOURNAL OF ORAL SCIENCE	1674-2818
JOURNAL OF ENVIRONMENTAL SCIENCES (CHINA)	1001-0742
JOURNAL OF GENETICS AND GENOMICS	1673-8527
JOURNAL OF GERIATRIC CARDIOLOGY : JGC	1671-5411
JOURNAL OF HUAZHONG UNIVERSITY OF SCIENCE AND TECHNOLOGY. MEDICAL SCIENCES	1672-0733
JOURNAL OF INTEGRATIVE PLANT BIOLOGY	1744-7909
JOURNAL OF TRADITIONAL CHINESE MEDICINE	0255-2922
JOURNAL OF ZHEJIANG UNIVERSITY. SCIENCE. B	1862-1783
LIN CHUANG ER BI YAN HOU TOU JING WAI KE ZA ZHI	1001-1781
NAN FANG YI KE DA XUE XUE BAO	1673-4254
NEUROSCIENCE BULLETIN	1995-8218
PROTEIN & CELL	1674-8018
SCIENCE CHINA. LIFE SCIENCES	1869-1889
SE PU	1000-8713
SHANGHAI KOU QIANG YI XUE	1006-7248
SHENG LI KE XUE JIN ZHAN	0559-7765
SHENG LI XUE BAO	0371-0874
SHENG WU GONG CHENG XUE BAO	1000-3061
SHENG WU YI XUE GONG CHENG XUE ZA ZHI	1001-5515
SICHUAN DA XUE XUE BAO. YI XUE BAN	1672-173X
VIROLOGICA SINICA	1995-820X
WEI SHENG WU XUE BAO	0001-6209
WEI SHENG YAN JIU	1000-8020
WORLD JOURNAL OF CARDIOLOGY	1949-8462
WORLD JOURNAL OF DIABETES	1948-9358
WORLD JOURNAL OF GASTROENTEROLOGY : WJG	1007-9327
WORLD JOURNAL OF GASTROINTESTINAL ENDOSCOPY	1948-5190
WORLD JOURNAL OF GASTROINTESTINAL ONCOLOGY	1948-5204
WORLD JOURNAL OF GASTROINTESTINAL PATHOPHYSIOLOGY	2150-5330
WORLD JOURNAL OF GASTROINTESTINAL SURGERY	1948-9366
WORLD JOURNAL OF HEPATOLOGY	1948-5182
WORLD JOURNAL OF PEDIATRICS : WJP	1867-0687
WORLD JOURNAL OF RADIOLOGY	1949-8470
WORLD JOURNAL OF STEM CELLS	1948-0210
XI BAO YU FEN ZI MIAN YI XUE ZA ZHI	1007-8738
YAN KE XUE BAO	1000-4432
YAO XUE XUE BAO	0513-4870
YI CHUAN	0253-9772
YING YONG SHENG TAI XUE BAO	1001-9332
ZHEJIANG DA XUE XUE BAO. YI XUE BAN	1008-9292
ZHEN CI YAN JIU	1000-0607
ZHONG NAN DA XUE XUE BAO. YI XUE BAN	1672-7347

ZHONG XI YI JIE HE XUE BAO	1672-1977
ZHONG YAO CAI	1001-4454
ZHONGGUO DANG DAI ER KE ZA ZHI	1008-8830
ZHONGGUO FEI AI ZA ZHI	1999-6187
ZHONGGUO GU SHANG	1003-0034
ZHONGGUO JI SHENG CHONG XUE YU JI SHENG CHONG BING ZA ZHI	1000-7423
ZHONGGUO SHI YAN XUE YE XUE ZA ZHI	1009-2137
ZHONGGUO WEI ZHONG BING JI JIU YI XUE	1003-0603
ZHONGGUO XIU FU CHONG JIAN WAI KE ZA ZHI	1002-1892
ZHONGGUO XUE XI CHONG BING FANG ZHI ZA ZHI	1005-6661
ZHONGGUO YI LIAO QI XIE ZA ZHI	1671-7104
ZHONGGUO YI XUE KE XUE YUAN XUE BAO	1000-503X
ZHONGGUO YING YONG SHENG LI XUE ZA ZHI	1000-6834
ZHONGGUO ZHEN JIU	0255-2930
ZHONGGUO ZHONG XI YI JIE HE ZA ZHI	1003-5370
ZHONGGUO ZHONG YAO ZA ZHI	1001-5302
ZHONGHUA BING LI XUE ZA ZHI	0529-5807
ZHONGHUA ER BI YAN HOU TOU JING WAI KE ZA ZHI	1673-0860
ZHONGHUA ER KE ZA ZHI	0578-1310
ZHONGHUA FU CHAN KE ZA ZHI	0529-567X
ZHONGHUA GAN ZANG BING ZA ZHI	1007-3418
ZHONGHUA JIE HE HE HU XI ZA ZHI	1001-0939
ZHONGHUA KOU QIANG YI XUE ZA ZHI	1002-0098
ZHONGHUA LAO DONG WEI SHENG ZHI YE BING ZA ZHI	1001-9391
ZHONGHUA LIU XING BING XUE ZA ZHI	0254-6450
ZHONGHUA NAN KE XUE	1009-3591
ZHONGHUA NEI KE ZA ZHI	0578-1426
ZHONGHUA SHAO SHANG ZA ZHI	1009-2587
ZHONGHUA SHI YAN HE LIN CHUANG BING DU XUE ZA ZHI	1003-9279
ZHONGHUA WAI KE ZA ZHI	0529-5815
ZHONGHUA WEI CHANG WAI KE ZA ZHI	1671-0274
ZHONGHUA XIN XUE GUAN BING ZA ZHI	0253-3758
ZHONGHUA XUE YE XUE ZA ZHI	0253-2727
ZHONGHUA YI SHI ZA ZHI	0255-7053
ZHONGHUA YI XUE YI CHUAN XUE ZA ZHI	1003-9406
ZHONGHUA YI XUE ZA ZHI	0376-2491
ZHONGHUA YU FANG YI XUE ZA ZHI	0253-9624
ZHONGHUA ZHENG XING WAI KE ZA ZHI	1009-4598
ZHONGHUA ZHONG LIU ZA ZHI	0253-3766

附录4 2012年CA plus核心期刊（Core Journal）收录的中国期刊

波谱学杂志
材料热处理学报
催化学报
地球化学
电化学
分析化学
分子催化
分子植物（英文版）
高等学校化学学报
高等学校化学研究（英文版）
高分子材料科学与工程
高分子科学（英文版）
高分子学报
高校化学工程学报
功能高分子学报
光谱学与光谱分析
硅酸盐学报
贵金属
过程工程学报
合成橡胶工业
华东理工大学学报（自然科学版）
化工学报
化学反应工程与工艺
化学试剂
化学通报
化学物理学报（英文版）
化学学报
环境化学
环境科学学报
计算机与应用化学
结构化学（中/英文版）
金属学报
林产化学与工业
燃料化学学报
人工晶体学报
色谱
石油化工
石油学报（石油加工）
水处理技术
天然气化学（英文版）
无机化学学报
物理化学学报
物理学报
稀有金属（英文版）
应用化学
影像科学与光化学
有机化学
质谱学报
中国地球化学学报（英文版）
中国化学（英文版）
中国化学工程学报（英文版）
中国化学快报（英文版）
中国科学（化学，英文版）
中国生物化学与分子生物学报
中国无机分析化学
中国物理（C，英文版）
中国药理学报（英文版）

附录 5 2011 年 Ei Compendex 收录的中国期刊

ACTA MECHANICA SINICA
ACTA MECHANICA SOLIDA SINICA
ACTA METALLURGICA SINICA (ENGLISH LETTERS)
APPLIED MATHEMATICS AND MECHANICS (ENGLISH EDITION)
BAOZHA YU CHONGJI
BEIJING GONGYE DAXUE XUEBAO
BEIJING HANGKONG HANGTIAN DAXUE XUEBAO
BEIJING KEJI DAXUE XUEBAO
BEIJING LIGONG DAXUE XUEBAO
BEIJING YOUDIAN DAXUE XUEBAO
BINGGONG XUEBAO
CAIKUANG YU ANQUAN GONGCHENG XUEBAO
CAILIAO GONGCHENG
CAILIAO KEXUE YU GONGYI
CAILIAO RECHULI XUEBAO
CAILIAO YANJIU XUEBAO
CEHUI XUEBAO
CHINA OCEAN ENGINEERING
CHINA WELDING (ENGLISH EDITION)
CHINESE JOURNAL OF AERONAUTICS
CHINESE JOURNAL OF CATALYSIS
CHINESE JOURNAL OF CHEMICAL ENGINEERING
CHINESE JOURNAL OF GEOCHEMISTRY
CHINESE JOURNAL OF MECHANICAL ENGINEERING (ENGLISH EDITION)
CHINESE OPTICS LETTERS
CHINESE PHYSICS B
CHONGQING DAXUE XUEBAO
CHUAN BO LI XUE
COMMUNICATIONS IN NONLINEAR SCIENCE AND NUMERICAL SIMULATION
DALIAN LIGONG DAXUE XUEBAO
DANDAO XUEBAO
DIANBO KEXUE XUEBAO
DIANGONG JISHU XUEBAO
DIANJI YU KONGZHI XUEBAO
DIANLI XITONG BAOHU YU KONGZHI
DIANLI XITONG ZIDONGHUA
DIANLI ZIDONGHUA SHEBEI
DIANWANG JISHU
DIANZI KEJI DAXUE XUEBAO
DIANZI YU XINXI XUEBAO
DIQIU KEXUE - ZHONGGUO DIZHI DAXUE XUEBAO
DONGBEI DAXUE XUEBAO
DONGNAN DAXUE XUEBAO (ZIRAN KEXUE BAN)
EARTHQUAKE ENGINEERING AND ENGINEERING VIBRATION
FAGUANG XUEBAO
FENMO YEJIN CAILIAO KEXUE YU GONGCHENG
FRONTIERS OF COMPUTER SCIENCE IN CHINA
FUHE CAILIAO XUEBAO
GAO XIAO HUA XUE GONG CHENG XUE BAO
GAODIANYA JISHU
GAOFENZI CAILIAO KEXUE YU GONGCHENG
GAOJISHU TONGXIN
GAOYA WULI XUEBAO
GONGCHENG LIXUE
GONGNENG CAILIAO
GUANG PU XUE YU GUANG PU FEN XI
GUANGDIANZI JIGUANG
GUANGXUE JINGMI GONGCHENG
GUANGXUE XUEBAO
GUOFANG KEJI DAXUE XUEBAO
GUTI HUOJIAN JISHU
GUTI LIXUE XUEBAO
HANGKONG CAILIAO XUEBAO
HANGKONG DONGLI XUEBAO
HANGKONG XUEBAO
HANJIE XUEBAO
HARBIN GONGCHENG DAXUE XUEBAO
HARBIN GONGYE DAXUE XUEBAO
HEDONGLI GONGCHENG
HIGH TECHNOLOGY LETTERS
HONGWAI YU HAOMIBO XUEBAO
HONGWAI YU JIGUANG GONGCHENG
HSI-AN CHIAO TUNG TA HSUEH
HUAGONG XUEBAO
HUANAN LIGONG DAXUE XUEBAO
HUAZHONG KEJI DAXUE XUEBAO (ZIRAN KEXUE BAN)
HUNAN DAXUE XUEBAO
INTERNATIONAL JOURNAL OF AUTOMATION AND COMPUTING
INTERNATIONAL JOURNAL OF MINERALS, METALLURGY AND MATERIALS
JIANGSU DAXUE XUEBAO (ZIRAN KEXUE BAN)
JIANZHU CAILIAO XUEBAO
JIANZHU JIEGOU XUEBAO
JIAOTONG YUNSHU GONGCHENG XUEBAO
JIEFANGJUN LIGONG DAXUE XUEBAO
JILIN DAXUE XUEBAO (DIQIU KEXUE BAN)
JILIN DAXUE XUEBAO (GONGXUEBAN)

JINSHU XUEBAO
JIQIREN
JISUAN LIXUE XUEBAO
JISUAN WULI
JISUANJI FUZHU SHEJI YU TUXINGXUE XUEBAO
JISUANJI JICHENG ZHIZAO XITONG
JISUANJI XUEBAO
JISUANJI YANJIU YU FAZHAN
JIXIE GONGCHENG XUEBAO
JOURNAL OF BEIJING INSTITUTE OF TECHNOLOGY (ENGLISH EDITION)
JOURNAL OF BIONIC ENGINEERING
JOURNAL OF CENTRAL SOUTH UNIVERSITY OF TECHNOLOGY (ENGLISH EDITION)
JOURNAL OF CHINA UNIVERSITIES OF POSTS AND TELECOMMUNICATIONS
JOURNAL OF COMPUTER SCIENCE AND TECHNOLOGY
JOURNAL OF DONGHUA UNIVERSITY (ENGLISH EDITION)
JOURNAL OF ENVIRONMENTAL SCIENCES
JOURNAL OF HARBIN INSTITUTE OF TECHNOLOGY (NEW SERIES)
JOURNAL OF HYDRODYNAMICS
JOURNAL OF MATERIALS SCIENCE AND TECHNOLOGY
JOURNAL OF NATURAL GAS CHEMISTRY
JOURNAL OF RARE EARTHS
JOURNAL OF SEMICONDUCTORS
JOURNAL OF SHANGHAI JIAOTONG UNIVERSITY (SCIENCE)
JOURNAL OF SOUTHEAST UNIVERSITY (ENGLISH EDITION)
JOURNAL OF SYSTEMS ENGINEERING AND ELECTRONICS
JOURNAL OF SYSTEMS SCIENCE AND COMPLEXITY
JOURNAL OF SYSTEMS SCIENCE AND SYSTEMS ENGINEERING
JOURNAL OF THERMAL SCIENCE
JOURNAL OF ZHEJIANG UNIVERSITY: SCIENCE A
JOURNAL OF ZHEJIANG UNIVERSITY: SCIENCE C
JOURNAL WUHAN UNIVERSITY OF TECHNOLOGY, MATERIALS SCIENCE EDITION
KONGQI DONGLIXUE XUEBAO
KONGZHI LILUN YU YINGYONG
KONGZHI YU JUECE
KUEI SUAN JEN HSUEH PAO
KUNG CHENG JE WU LI HSUEH PAO
LIXUE XUEBAO
MEITAN XUEBAO
MINING SCIENCE AND TECHNOLOGY (CHINA)
MOCAXUE XUEBAO
MOSHI SHIBIE YU RENGONG ZHINENG
NAMI JISHU YU JINGMI GONGCHENG
NANJING HANGKONG HANGTIAN DAXUE XUEBAO
NANJING LI GONG DAXUE XUEBAO
NEIRANJI GONGCHENG
NEIRANJI XUEBAO
NONGYE GONGCHENG XUEBAO
NONGYE JIXIE XUEBAO
OPTOELECTRONICS LETTERS
PAIGUAN JIXIE GONGCHENG XUEBAO
PARTICUOLOGY
PLASMA SCIENCE AND TECHNOLOGY
QIANGJIGUANG YU LIZISHU
QICHE GONGCHENG
QINGHUA DAXUE XUEBAO
RANLIAO HUAXUE XUEBAO
RANSHAO KEXUE YU JISHU
RARE METALS
RENGONG JINGTI XUEBAO
RUAN JIAN XUE BAO
SCIENCE CHINA CHEMISTRY
SCIENCE CHINA EARTH SCIENCES
SCIENCE CHINA TECHNOLOGICAL SCIENCES
SCIENCE CHINA: PHYSICS, MECHANICS AND ASTRONOMY
SHANGHAI JIAOTONG DAXUE XUEBAO
SHENGXUE XUEBAO
SHENYANG GONGYE DAXUE XUEBAO
SHENZHEN DAXUE XUEBAO (LIGONG BAN)
SHIYAN LIUTI LIXUE
SHIYOU DIQIU WULI KANTAN
SHIYOU KANTAN YU KAIFA
SHIYOU XUEBAO
SHIYOU XUEBAO, SHIYOU JIAGONG
SHUIKEXUE JINZHAN
SHUILI FADIAN XUEBAO
SHUILI XUEBAO
SICHUAN DAXUE XUEBAO (GONGCHENG KEXUE BAN)
TAIYANGNENG XUEBAO
TIANJIN DAXUE XUEBAO (ZIRAN KEXUE YU GONGCHENG JISHU BAN)
TIEDAO XUEBAO
TIEN TZU HSUEH PAO

TONGJI DAXUE XUEBAO
TONGXIN XUEBAO
TRANSACTIONS OF NANJING UNIVERSITY OF AERONAUTICS AND ASTRONAUTICS
TRANSACTIONS OF NONFERROUS METALS SOCIETY OF CHINA (ENGLISH EDITION)
TRANSACTIONS OF TIANJIN UNIVERSITY
TSINGHUA SCIENCE AND TECHNOLOGY
TUIJIN JISHU
TUMU GONGCHENG XUEBAO
TUMU JIANZHU YU HUANJING GONGCHENG
WATER SCIENCE AND ENGINEERING
WUHAN DAXUE XUEBAO (XINXI KEXUE BAN)
WUJI CAILIAO XUEBAO
XI TONG GONG CHENG YU DIAN ZI JI SHU
XI'AN DIANZI KEJI DAXUE XUEBAO
XIBEI GONGYE DAXUE XUEBAO
XINAN JIAOTONG DAXUE XUEBAO
XINXING TAN CAILIAO
XITONG GONGCHENG LILUN YU SHIJIAN
XIYOU JINSHU CAILIAO YU GONGCHENG
YANSHILIXUE YU GONGCHENG XUEBAO
YANTU GONGCHENG XUEBAO
YANTU LIXUE
YI QI YI BIAO XUE BAO
YINGYONG JICHU YU GONGCHENG KEXUE XUEBAO
YINGYONG KEXUE XUEBAO
YIYONG SHENGWU LIXUE
YUANZINENG KEXUE JISHU
YUHANG XUEBAO
ZHEJIANG DAXUE XUEBAO (GONGXUE BAN)
ZHENDONG CESHI YU ZHENDUAN
ZHENDONG GONGCHENG XUEBAO
ZHENDONG YU CHONGJI
ZHENKONG KEXUE YU JISHU XUEBAO
ZHONGGUO DIANJI GONGCHENG XUEBAO
ZHONGGUO GONGLU XUEBAO
ZHONGGUO GUANXING JISHU XUEBAO
ZHONGGUO JIGUANG
ZHONGGUO KONGJIAN KEXUE JISHU
ZHONGGUO KUANGYE DAXUE XUEBAO
ZHONGGUO SHIYOU DAXUE XUEBAO (ZIRAN KEXUE BAN)
ZHONGGUO TIEDAO KEXUE
ZHONGGUO YOUSE JINSHU XUEBAO
ZHONGNAN DAXUE XUEBAO (ZIRAN KEXUE BAN)
ZIDONGHUA XUEBAO

附录6 2011年中国内地第一作者在Nature、Science、Cell期刊上发表的论文

（1）Nature

论文题目：Genome sequence and analysis of the tuber crop potato
论文作者：Xu, X; Pan, SK; Cheng, SF; Zhang, B; Mu, DS; Ni, PX; Zhang, GY; Yang, S; Li, RQ; Wang, J; Orjeda, G; Guzman, F; Torres, M; Lozano, R; Ponce, O; Martinez, D; De la
所属机构：中国农业科学研究院
来源期刊：NATURE,2011,475(7355)189-U94
被引频次：62

论文题目：Induction of functional hepatocyte-like cells from mouse fibroblasts by defined factors
论文作者：Huang, PY; He, ZY; Ji, SY; Sun, HW; Xiang, D; Liu, CC; Hu, YP; Wang, X; Hui, LJ
所属机构：中国科学院上海生命科学研究院
来源期刊：NATURE,2011,475(7356)386-U142
被引频次：49

论文题目：Atomic physics and quantum optics using superconducting circuits
论文作者：You, JQ; Nori, F
所属机构：复旦大学
来源期刊：NATURE,2011,474(7353)589-597
被引频次：45

论文题目：The NLRC4 inflammasome receptors for bacterial flagellin and type III secretion apparatus
论文作者：Zhao, Y; Yang, JL; Shi, JJ; Gong, YN; Lu, QH; Xu, H; Liu, LP; Shao, F
所属机构：北京生命科学研究所
来源期刊：NATURE,2011,477(7366)596-U257
被引频次：36

论文题目：The role of Tet3 DNA dioxygenase in epigenetic reprogramming by oocytes
论文作者：Gu, TP; Guo, F; Yang, H; Wu, HP; Xu, GF; Liu, W; Xie, ZG; Shi, LY; He, XY; Jin, SG; Iqbal, K; Shi, YJG; Deng, ZX; Szabo, PE; Pfeifer, GP; Li, JS; Xu, GL
所属机构：中国科学院上海生命科学研究院
来源期刊：NATURE,2011,477(7366)606-U36
被引频次：34

论文题目：Species-area relationships always overestimate extinction rates from habitat loss
论文作者：He, FL; Hubbell, SP
所属机构：中山大学
来源期刊：NATURE,2011,473(7347)368-371
被引频次：25

论文题目：Structural insight into brassinosteroid perception by BRI1
论文作者：She, J; Han, ZF; Kim, TW; Wang, JJ; Cheng, W; Chang, JB; Shi, SA; Wang, JW; Yang, MJ; Wang, ZY; Chai, JJ
所属机构：清华大学
来源期刊：NATURE,2011,474(7352)472-U96
被引频次：17

论文题目：An early Ediacaran assemblage of macroscopic and morphologically differentiated eukaryotes
论文作者：Yuan, XL; Chen, Z; Xiao, SH; Zhou, CM; Hua, H
所属机构：中国科学院南京地质古生物研究所
来源期刊：NATURE,2011,470(7334)390-393
被引频次：13

论文题目：An Archaeopteryx-like theropod from China and the origin of Avialae
论文作者：Xu, X; You, HL; Du, K; Han, FL
所属机构：临沂大学
来源期刊：NATURE,2011,475(7357)465-470
被引频次：11

论文题目：An armoured Cambrian lobopodian from China with arthropod-like appendages
论文作者：Liu, JN; Steiner, M; Dunlop, JA; Keupp, H; Shu, DG; Ou, QA; Han, JA; Zhang, ZF; Zhang, XL
所属机构：西北大学
来源期刊：NATURE,2011,470(7335)526-530
被引频次：9

论文题目：Structure and mechanism of the hexameric MecA-ClpC molecular machine
论文作者：Wang, F; Mei, ZQ; Qi, YT; Yan, CY; Hu, Q; Wang, JW; Shi, YG
所属机构：清华大学
来源期刊：NATURE,2011,471(7338)331-335
被引频次：8

论文题目：A eudicot from the Early Cretaceous of China
论文作者：Sun, G; Dilcher, DL; Wang, HS; Chen, ZD
所属机构：沈阳师范大学
来源期刊：NATURE,2011,471(7340)625-628
被引频次：7

论文题目：Molecular regulation of sexual preference revealed by genetic studies of 5-HT in the brains of male mice
论文作者：Liu, Y; Jiang, YA; Si, YX; Kim, JY; Chen, ZF; Rao, Y
所属机构：北京生命科学研究所
来源期刊：NATURE,2011,472(7341)95-U125
被引频次：6

论文题目：Structure and mechanism of the uracil transporter UraA
论文作者：Lu, FR; Li, S; Jiang, Y; Jiang, J; Fan, H; Lu, GF; Deng, D; Dang, SY; Zhang, X; Wang, JW; Yan, NE
所属机构：清华大学
来源期刊：NATURE,2011,472(7342)243-246
被引频次：6

论文题目：Structural basis for site-specific ribose methylation by box C/D RNA protein complexes
论文作者：Lin, JZ; Lai, SM; Jia, R; Xu, AB; Zhang, LM; Lu, J; Ye, KQ
所属机构：北京生命科学研究所
来源期刊：NATURE,2011,469(7331)559-U140
被引频次：4

论文题目：Evidence for an oxygen-depleted liquid outer core of the Earth
论文作者：Huang, HJ; Fei, YW; Cai, LC; Jing, FQ; Hu, XJ; Xie, HS; Zhang, LM; Gong, ZZ
所属机构：武汉理工大学
来源期刊：NATURE,2011,479(7374)513-U236
被引频次：3

论文题目：Geometrical enhancement of low-field magnetoresistance in silicon
论文作者：Wan, CH; Zhang, XZ; Gao, XL; Wang, JM; Tan, XY
所属机构：清华大学
来源期刊：NATURE,2011,477(7364)304-U68
被引频次：3

（2） Science

论文题目：Tet-Mediated Formation of 5-Carboxylcytosine and Its Excision by TDG in Mammalian DNA
论文作者：He, YF; Li, BZ; Li, Z; Liu, P; Wang, Y; Tang, QY; Ding, JP; Jia, YY; Chen, ZC; Li, L; Sun, Y; Li, XX; Dai, Q; Song, CX; Zhang, KL; He, C; Xu, GL
所属机构：中国科学院上海生命科学研究院
来源期刊：SCIENCE,2011,333(6047)1303-1307
被引频次：71

论文题目：Helix-Rod Host-Guest Complexes with Shuttling Rates Much Faster than Disassembly
论文作者：Gan, QA; Ferrand, Y; Bao, CY; Kauffmann, B; Grelard, A; Jiang, H; Huc, I
所属机构：中国科学院化学研究所
来源期刊：SCIENCE,2011,331(6021)1172-1175
被引频次：25

论文题目：Direct Observation of Nodes and Twofold Symmetry in FeSe Superconductor
论文作者：Song, CL; Wang, YL; Cheng, P; Jiang, YP; Li, W; Zhang, T; Li, Z; He, K; Wang, LL; Jia, JF; Hung, HH; Wu, CJ; Ma, XC; Chen, X; Xue, QK
所属机构：清华大学
来源期刊：SCIENCE,2011,332(6036)1410-1413
被引频次：19

论文题目：Experimental and Theoretical Differential Cross Sections for a Four-Atom Reaction: HD+OH -> H2O+D
论文作者：Xiao, CL; Xu, X; Liu, S; Wang, T; Dong, WR; Yang, TG; Sun, ZG; Dai, DX; Xu, X; Zhang, DH; Yang, XM
所属机构：中国科学院大连化学物理研究所
来源期刊：SCIENCE,2011,333(6041)440-442
被引频次：16

论文题目：An Egg-Adult Association, Gender, and Reproduction in Pterosaurs
论文作者：Lu, JC; Unwin, DM; Deeming, DC; Jin, XS; Liu, YQ; Ji, QA
所属机构：中国地质科学院地质研究所
来源期刊：SCIENCE,2011,331(6015)321-321
被引频次：12

论文题目：Revealing Extraordinary Intrinsic Tensile Plasticity in Gradient Nano-Grained Copper
论文作者：Fang, TH; Li, WL; Tao, NR; Lu, K
所属机构：中国科学院金属研究所
来源期刊：SCIENCE,2011,331(6024)1587-1590
被引频次：12

论文题目：Calibrating the End-Permian Mass Extinction
论文作者：Shen, SZ; Crowley, JL; Wang, Y; Bowring, SA; Erwin, DH; Sadler, PM; Cao, CQ; Rothman, DH; Henderson, CM; Ramezani, J; Zhang, H; Shen, YN; Wang, XD; Wang, W; Mu, L; Li, WZ; Tang, YG; Liu, XL; Liu, LJ; Zeng, Y; Jiang, YF; Jin, YG

所属机构：中国科学院南京地质古生物研究所
来源期刊：SCIENCE,2011,334(6061)1367-1372
被引频次：8

论文题目：China's Demographic History and Future Challenges
论文作者：Peng, XZ
所属机构：复旦大学
来源期刊：SCIENCE,2011,333(6042)581-587
被引频次：6

论文题目：Long-Range Topological Order in Metallic Glass
论文作者：Zeng, QS; Sheng, HW; Ding, Y; Wang, L; Yang, WG; Jiang, JZ; Mao, WL; Mao, HK
所属机构：浙江大学
来源期刊：SCIENCE,2011,332(6036)1404-1406
被引频次：6

论文题目：Glacial-Interglacial Indian Summer Monsoon Dynamics
论文作者：An, ZS; Clemens, SC; Shen, J; Qiang, XK; Jin, ZD; Sun, YB; Prell, WL; Luo, JJ; Wang, SM; Xu, H; Cai, YJ; Zhou, WJ; Liu, XD; Liu, WG; Shi, ZG; Yan, LB; Xiao, XY; Chang, H; Wu, F; Ai, L; Lu, FY
所属机构：中国科学院地球环境研究所
来源期刊：SCIENCE,2011,333(6043)719-723
被引频次：5

论文题目：Role for the Membrane Receptor Guanylyl Cyclase-C in Attention Deficiency and Hyperactive Behavior
论文作者：Gong, R; Ding, C; Hu, J; Lu, Y; Liu, F; Mann, E; Xu, FQ; Cohen, MB; Luo, MM
所属机构：北京生命科学研究所
来源期刊：SCIENCE,2011,333(6049)1642-1646
被引频次：3

论文题目：A Material with Electrically Tunable Strength and Flow Stress
论文作者：Jin, HJ; Weissmuller, J
所属机构：中国科学院金属研究所
来源期刊：SCIENCE,2011,332(6034)1179-1182
被引频次：3

论文题目：Out of Tibet: Pliocene Woolly Rhino Suggests High-Plateau Origin of Ice Age Megaherbivores
论文作者：Deng, T; Wang, XM; Fortelius, M; Li, Q; Wang, Y; Tseng, ZJJ; Takeuchi, GT; Saylor, JE; Saila, LK; Xie, GP
所属机构：中国科学院古脊椎动物与古人类研究所
来源期刊：SCIENCE,2011,333(6047)1285-1288
被引频次：2

论文题目：Bidirectional Control of Social Hierarchy by Synaptic Efficacy in Medial Prefrontal Cortex
论文作者：Wang, F; Zhu, J; Zhu, H; Zhang, Q; Lin, ZM; Hu, HL
所属机构：中国科学院上海生命科学研究院
来源期刊：SCIENCE,2011,334(6056)693-697
被引频次：2

（3） Cell

论文题目：Activation of STAT6 by STING Is Critical for Antiviral Innate Immunity
论文作者：Chen, HH; Sun, H; You, FP; Sun
所属机构：北京大学
来源期刊：CELL,2011, 147 (2)436-446
被引频次：13

论文题目：Beclin1 Controls the Levels of p53 by Regulating the Deubiquitination Activity of USP10 and USP13
论文作者：Liu, JL; Xia, HG; Kim, M; Xu,
所属机构：中国科学院上海有机化学研究所
来源期刊：CELL,2011, 147 (1)223-234
被引频次：5

论文题目：Weaving the Web of ER Tubules
论文作者：Hu, JJ; Prinz, WA; Rapoport, T
所属机构：南开大学
来源期刊：CELL,2011, 147 (6)1226–1231
被引频次：2

附录 7　2011 年《美国数学评论》收录的中国科技期刊

安徽大学学报（自然科学版）
北京大学学报（自然科学版）
北京工业大学学报
北京理工大学学报
北京理工大学学报（英文版）
北京师范大学学报（自然科学版）
重庆大学学报（英文版）
纯粹数学与应用数学
大连理工大学学报
代数集刊（英文版）
淡江数学学报（英文版）
淡水牛津信息与数学学报（英文版）
电子科技大学学报
东北大学学报（自然科学版）
东北师大学报（自然科学版）
东南大学学报（英文版）
东南大学学报（自然科学版）
东南亚数学通讯（英文版）
东吴数理学报（英文版）
非线性科学与数值模拟通讯（英文版）
分析、理论与应用(英文版)
福州大学学报（自然科学版）
复旦学报（自然科学版）
高等学校计算数学学报
高等学校计算数学学报（英文版）
高校应用数学学报
高校应用数学学报（B 辑，英文版)
工程数学学报
国际模糊系统学报（英文版）
国际信息与管理科学学报（英文版）
国际应用数学学报（英文版）
国际运算学研究杂志（英文版）
哈尔滨工程大学学报
哈尔滨工业大学学报
合肥工业大学学报（自然科学版）
河海大学学报（自然科学版）
湖南大学学报（自然科学版）
湖南师范大学自然科学学报
华东师范大学学报（自然科学版）
华南师范大学学报（自然科学版）
华中科技大学学报（自然科学版）
华中师范大学学报（自然科学版）
吉林大学学报（理学版）
计算机科学技术学报（英文版）
计算机科学前沿（英文版）
计算机学报
计算数学
计算数学（英文版）
计算物理通讯（英文版）
暨南大学学报（自然科学与医学版）
经济数学
控制理论与应用（英文版）
控制与决策
兰州大学学报（自然科学版）
理论物理通讯（英文版）
力学学报
力学学报（英文版）
辽宁大学学报（自然科学版）
模糊系统与数学
南京大学学报（数学半年刊）
南京大学学报（自然科学版）
南京师大学报（自然科学版）
南京师范大学学报（英文版）
内蒙古大学学报（自然科学版）
内蒙古师范大学学报（自然科学汉文版）
偏微分方程（英文版）
清华大学学报（英文版）
清华大学学报（自然科学版）
软件学报
厦门大学学报（自然科学版）
山东大学学报（理学版）
陕西师范大学学报（自然科学版）
上海大学学报（自然科学版）
上海交通大学学报
生物数学学报
数学的实践与认识
数学季刊（英文版）
数学进展
数学理论与应用
数学年刊（A 辑）
数学年刊（B 辑，英文版）
数学前沿（英文版）
数学物理学报（A 辑）
数学物理学报（B 辑，英文版）
数学学报
数学学报（新辑，英文版）
数学研究
数学研究及应用（英文版）
数学研究通讯（英文版）
数学杂志
数值计算与计算机应用
四川大学学报（工程科学版）
四川大学学报（自然科学版）
台湾数学期刊（英文版）
天津大学学报
同济大学学报（自然科学版）
微分方程年刊（英文版）
武汉大学学报（理学版）
武汉大学自然科学学报（英文版）
西安交通大学学报

西北大学学报（自然科学版）
系统科学与复杂性学报（英文版）
系统科学与数学
先进制造进展（英文版）
信息科学与工程学刊（英文版）
亚洲控制学报（英文版）
亚洲数学期刊（英文版）
应用泛函分析学报
应用概率统计
应用数学
应用数学（E 辑，英文版）
应用数学和力学（英文版）
应用数学和力学进展（英文版）
应用数学学报
应用数学学报（英文版）
应用数学与计算数学学报
云南大学学报（自然科学版）
运筹学学报
浙江大学学报（理学版）
郑州大学学报（工学版）
郑州大学学报（理学版）
智能计算与控制论国际期刊（英文版）
中北大学学报（自然科学版）
中国海洋大学学报（自然科学版）
中国科学（数学，英文版）
中国科学（信息科学，英文版）
中国科学技术大学学报
中山大学学报（自然科学版）
自动化学报
自然科学史研究

附录 8 2011 年 SCI 收录中国科技论文数量较多的期刊（前 100 位）

排名	期刊	收录中国论文数（篇）
1	ACTA CRYSTALLOGRAPHICA SECTION E-STRUCTURE REPORTS ONLINE	1725
2	ACTA PHYSICA SINICA	1489
3	PLOS ONE	1281
4	CHINESE PHYSICS B	982
5	RARE METAL MATERIALS AND ENGINEERING	943
6	CHEMICAL COMMUNICATIONS	924
7	APPLIED SURFACE SCIENCE	853
8	CHINESE PHYSICS LETTERS	839
9	JOURNAL OF MATERIALS CHEMISTRY	827
10	AFRICAN JOURNAL OF BIOTECHNOLOGY	781
11	JOURNAL OF ALLOYS AND COMPOUNDS	753
12	SPECTROSCOPY AND SPECTRAL ANALYSIS	748
13	JOURNAL OF APPLIED PHYSICS	746
14	CHINESE MEDICAL JOURNAL	738
15	APPLIED PHYSICS LETTERS	632
16	JOURNAL OF PHYSICAL CHEMISTRY C	612
17	CHINESE SCIENCE BULLETIN	539
18	CRYSTENGCOMM	513
18	JOURNAL OF HAZARDOUS MATERIALS	513
20	CHEMICAL JOURNAL OF CHINESE UNIVERSITIES-CHINESE	499
21	MATERIALS LETTERS	491
22	ADVANCED SCIENCE LETTERS	485
23	OPTICS COMMUNICATIONS	472
24	OPTICS EXPRESS	470
25	JOURNAL OF APPLIED POLYMER SCIENCE	461
26	ACTA CHIMICA SINICA	460
27	BIORESOURCE TECHNOLOGY	440
28	TRANSACTIONS OF NONFERROUS METALS SOCIETY OF CHINA	431
29	ACTA PHYSICO-CHIMICA SINICA	430
30	CHINESE JOURNAL OF INORGANIC CHEMISTRY	418
31	SCIENCE CHINA-TECHNOLOGICAL SCIENCES	413
32	JOURNAL OF NANOSCIENCE AND NANOTECHNOLOGY	411
33	ELECTROCHIMICA ACTA	400
34	MATERIALS SCIENCE AND ENGINEERING A-STRUCTURAL MATERIALS PROPERTIES MICROSTRUCTURE AND PROCESSING	394
35	APPLIED MATHEMATICS AND COMPUTATION	392
36	PHYSICAL REVIEW A	376
37	SCIENCE CHINA-PHYSICS MECHANICS & ASTRONOMY	374
38	NEURAL REGENERATION RESEARCH	372
39	MOLECULAR BIOLOGY REPORTS	367
40	CHINESE JOURNAL OF ANALYTICAL CHEMISTRY	359
41	ASIAN JOURNAL OF CHEMISTRY	356
41	INDUSTRIAL & ENGINEERING CHEMISTRY RESEARCH	356
43	CHINESE JOURNAL OF GEOPHYSICS-CHINESE EDITION	352
44	CHINESE JOURNAL OF CHEMISTRY	344
45	DALTON TRANSACTIONS	333
46	COMPUTERS & MATHEMATICS WITH APPLICATIONS	328
46	MATERIALS CHEMISTRY AND PHYSICS	328
48	CHINESE JOURNAL OF ORGANIC CHEMISTRY	316
49	CHEMISTRY-A EUROPEAN JOURNAL	315

排名	期刊	收录中国论文数（篇）
50	CHEMICAL ENGINEERING JOURNAL	312
51	PHYSICA B-CONDENSED MATTER	311
52	ACTA PETROLOGICA SINICA	306
52	ORGANIC LETTERS	306
54	COMMUNICATIONS IN THEORETICAL PHYSICS	303
55	INTERNATIONAL JOURNAL OF HYDROGEN ENERGY	295
55	JOURNAL OF POWER SOURCES	295
57	INORGANIC CHEMISTRY COMMUNICATIONS	294
58	PHYSICAL REVIEW B	293
59	BIOSENSORS & BIOELECTRONICS	290
60	JOURNAL OF IRON AND STEEL RESEARCH INTERNATIONAL	287
61	EXPERT SYSTEMS WITH APPLICATIONS	280
62	OPTICS LETTERS	278
63	JOURNAL OF CENTRAL SOUTH UNIVERSITY OF TECHNOLOGY	272
64	CHINESE JOURNAL OF STRUCTURAL CHEMISTRY	270
65	APPLIED OPTICS	268
66	CHINESE OPTICS LETTERS	264
67	CHINESE CHEMICAL LETTERS	263
68	LASER PHYSICS	262
69	BIOCHEMICAL AND BIOPHYSICAL RESEARCH COMMUNICATIONS	261
70	JOURNAL OF MATERIALS SCIENCE	257
70	PHYSICAL CHEMISTRY CHEMICAL PHYSICS	257
72	SENSORS AND ACTUATORS B-CHEMICAL	254
73	CARBOHYDRATE POLYMERS	252
74	ANGEWANDTE CHEMIE-INTERNATIONAL EDITION	250
75	JOURNAL OF AGRICULTURAL AND FOOD CHEMISTRY	247
75	PHYSICS LETTERS A	247
77	ACTA METALLURGICA SINICA	246
77	JOURNAL OF COLLOID AND INTERFACE SCIENCE	246
77	OPTIK	246
80	LANGMUIR	244
80	PROGRESS IN CHEMISTRY	244
80	THIN SOLID FILMS	244
83	RARE METALS	242
84	JOURNAL OF WUHAN UNIVERSITY OF TECHNOLOGY-MATERIALS SCIENCE EDITION	237
85	JOURNAL OF INORGANIC MATERIALS	235
86	JOURNAL OF MEDICINAL PLANTS RESEARCH	233
87	ELECTRONICS LETTERS	231
88	CHEMICAL RESEARCH IN CHINESE UNIVERSITIES	230
89	OPTICAL ENGINEERING	227
90	ANALYST	223
91	CHINESE JOURNAL OF CATALYSIS	222
92	NANOSCALE	220
92	TALANTA	220
94	AGRICULTURAL SCIENCES IN CHINA	219
94	JOURNAL OF THE AMERICAN CERAMIC SOCIETY	219
96	AFRICAN JOURNAL OF MICROBIOLOGY RESEARCH	217
97	SPECTROCHIMICA ACTA PART A-MOLECULAR AND BIOMOLECULAR SPECTROSCOPY	216
97	TETRAHEDRON	216
97	WORLD JOURNAL OF GASTROENTEROLOGY	216
100	SCIENCE CHINA-CHEMISTRY	214

附录 9 2011 年 Ei 收录中国科技论文数量较多的期刊（前 100 位）

排名	期刊	收录中国论文数（篇）
1	NONGYE GONGCHENG XUEBAO/TRANSACTIONS OF THE CHINESE SOCIETY OF AGRICULTURAL ENGINEERING	1138
2	CHINESE PHYSICS B	981
3	YANTU LIXUE/ROCK AND SOIL MECHANICS	952
4	GONGNENG CAILIAO/JOURNAL OF FUNCTIONAL MATERIALS	897
5	JOURNAL OF MATERIALS CHEMISTRY	836
6	ZHONGNAN DAXUE XUEBAO (ZIRAN KEXUE BAN)/JOURNAL OF CENTRAL SOUTH UNIVERSITY (SCIENCE AND TECHNOLOGY)	811
7	GUANG PU XUE YU GUANG PU FEN XI/SPECTROSCOPY AND SPECTRAL ANALYSIS	788
8	ZHONGGUO DIANJI GONGCHENG XUEBAO/PROCEEDINGS OF THE CHINESE SOCIETY OF ELECTRICAL ENGINEERING	781
9	APPLIED SURFACE SCIENCE	773
10	DIANLI XITONG BAOHU YU KONGZHI/POWER SYSTEM PROTECTION AND CONTROL	741
11	JOURNAL OF COMPUTATIONAL INFORMATION SYSTEMS	740
12	GUANGXUE XUEBAO/ACTA OPTICA SINICA	738
13	JIXIE GONGCHENG XUEBAO/JOURNAL OF MECHANICAL ENGINEERING	731
14	JOURNAL OF APPLIED POLYMER SCIENCE	692
15	KUNG CHENG JE WU LI HSUEH PAO/JOURNAL OF ENGINEERING THERMOPHYSICS	679
16	JOURNAL OF PHYSICAL CHEMISTRY C	676
17	ZHENDONG YU CHONGJI/JOURNAL OF VIBRATION AND SHOCK	674
18	APPLIED PHYSICS LETTERS	652
19	QIANGJIGUANG YU LIZISHU/HIGH POWER LASER AND PARTICLE BEAMS	639
20	JOURNAL OF ALLOYS AND COMPOUNDS	637
21	GAOFENZI CAILIAO KEXUE YU GONGCHENG/POLYMERIC MATERIALS SCIENCE AND ENGINEERING	599
22	DONGBEI DAXUE XUEBAO/JOURNAL OF NORTHEASTERN UNIVERSITY	587
23	XI TONG GONG CHENG YU DIAN ZI JI SHU/SYSTEMS ENGINEERING AND ELECTRONICS	583
24	HUAGONG XUEBAO/CIESC JOURNAL	578
25	NONGYE JIXIE XUEBAO/TRANSACTIONS OF THE CHINESE SOCIETY OF AGRICULTURAL MACHINERY	572
26	GONGCHENG LIXUE/ENGINEERING MECHANICS	570
27	MATERIALS LETTERS	562
28	HUAZHONG KEJI DAXUE XUEBAO (ZIRAN KEXUE BAN)/JOURNAL OF HUAZHONG UNIVERSITY OF SCIENCE AND TECHNOLOGY (NATURAL SCIENCE EDITION)	548
29	JOURNAL OF APPLIED PHYSICS	543
30	TIEN TZU HSUEH PAO/ACTA ELECTRONICA SINICA	537
31	YI QI YI BIAO XUE BAO/CHINESE JOURNAL OF SCIENTIFIC INSTRUMENT	535
32	ZHONGGUO JIGUANG/CHINESE JOURNAL OF LASERS	529
32	JOURNAL OF INFORMATION AND COMPUTATIONAL SCIENCE	529
34	HARBIN GONGYE DAXUE XUEBAO/JOURNAL OF HARBIN INSTITUTE OF TECHNOLOGY	521
35	DIANZI YU XINXI XUEBAO/JOURNAL OF ELECTRONICS AND INFORMATION TECHNOLOGY	507
36	TUMU GONGCHENG XUEBAO/CHINA CIVIL ENGINEERING JOURNAL	495
37	YANSHILIXUE YU GONGCHENG XUEBAO/CHINESE JOURNAL OF ROCK MECHANICS AND ENGINEERING	487
38	YANTU GONGCHENG XUEBAO/CHINESE JOURNAL OF GEOTECHNICAL ENGINEERING	481
39	MEITAN XUEBAO/JOURNAL OF THE CHINA COAL SOCIETY	480
40	OPTICS COMMUNICATIONS	477
41	OPTICS EXPRESS	476
42	XIYOU JINSHU CAILIAO YU GONGCHENG/RARE METAL MATERIALS AND ENGINEERING	474

排名	期刊	收录中国论文数（篇）
43	DIANWANG JISHU/POWER SYSTEM TECHNOLOGY	470
43	DIANLI XITONG ZIDONGHUA/AUTOMATION OF ELECTRIC POWER SYSTEMS	470
45	JILIN DAXUE XUEBAO (GONGXUEBAN)/JOURNAL OF JILIN UNIVERSITY (ENGINEERING AND TECHNOLOGY EDITION)	463
46	GUANGDIANZI JIGUANG/JOURNAL OF OPTOELECTRONICS LASER	457
47	JOURNAL OF HAZARDOUS MATERIALS	452
47	ICIC EXPRESS LETTERS	452
49	HONGWAI YU JIGUANG GONGCHENG/INFRARED AND LASER ENGINEERING	451
50	GAODIANYA JISHU/HIGH VOLTAGE ENGINEERING	448
51	PHYSICAL REVIEW A – ATOMIC, MOLECULAR, AND OPTICAL PHYSICS	440
52	GUANGXUE JINGMI GONGCHENG/OPTICS AND PRECISION ENGINEERING	433
53	OPTICAL ENGINEERING	430
54	SCIENCE CHINA TECHNOLOGICAL SCIENCES	428
55	INTERNATIONAL JOURNAL OF DIGITAL CONTENT TECHNOLOGY AND ITS APPLICATIONS	421
56	DIANGONG JISHU XUEBAO/TRANSACTIONS OF CHINA ELECTROTECHNICAL SOCIETY	416
57	TRANSACTIONS OF NONFERROUS METALS SOCIETY OF CHINA (ENGLISH EDITION)	409
58	ZHONGGUO YOUSE JINSHU XUEBAO/CHINESE JOURNAL OF NONFERROUS METALS	406
58	JOURNAL OF CONVERGENCE INFORMATION TECHNOLOGY	406
60	HANGKONG DONGLI XUEBAO/JOURNAL OF AEROSPACE POWER	404
61	YUHANG XUEBAO/JOURNAL OF ASTRONAUTICS	403
62	ELECTROCHIMICA ACTA	402
63	KONGZHI YU JUECE/CONTROL AND DECISION	391
64	CAILIAO RECHULI XUEBAO/TRANSACTIONS OF MATERIALS AND HEAT TREATMENT	388
65	JOURNAL OF MATERIALS SCIENCE	383
66	SHANGHAI JIAOTONG DAXUE XUEBAO/JOURNAL OF SHANGHAI JIAOTONG UNIVERSITY	377
67	ZHEJIANG DAXUE XUEBAO (GONGXUE BAN)/JOURNAL OF ZHEJIANG UNIVERSITY (ENGINEERING SCIENCE)	362
68	JISUANJI JICHENG ZHIZAO XITONG/COMPUTER INTEGRATED MANUFACTURING SYSTEMS, CIMS	356
69	KUEI SUAN JEN HSUEH PAO/JOURNAL OF THE CHINESE CERAMIC SOCIETY	355
69	DIANLI ZIDONGHUA SHEBEI/ELECTRIC POWER AUTOMATION EQUIPMENT	355
69	APPLIED MATHEMATICS AND COMPUTATION	355
72	QINGHUA DAXUE XUEBAO/JOURNAL OF TSINGHUA UNIVERSITY	354
73	BIORESOURCE TECHNOLOGY	348
74	SICHUAN DAXUE XUEBAO (GONGCHENG KEXUE BAN)/JOURNAL OF SICHUAN UNIVERSITY (ENGINEERING SCIENCE EDITION)	347
74	DONGNAN DAXUE XUEBAO (ZIRAN KEXUE BAN)/JOURNAL OF SOUTHEAST UNIVERSITY (NATURAL SCIENCE EDITION)	347
76	TAIYANGNENG XUEBAO/ACTA ENERGIAE SOLARIS SINICA	341
77	JOURNAL OF SEMICONDUCTORS	339
78	BEIJING GONGYE DAXUE XUEBAO/JOURNAL OF BEIJING UNIVERSITY OF TECHNOLOGY	335
79	MATERIALS SCIENCE AND ENGINEERING A	332
80	TONGJI DAXUE XUEBAO/JOURNAL OF TONGJI UNIVERSITY	331
81	BINGGONG XUEBAO/ACTA ARMAMENTARII	330
82	JILIN DAXUE XUEBAO (DIQIU KEXUE BAN)/JOURNAL OF JILIN UNIVERSITY (EARTH SCIENCE EDITION)	326
82	HUANAN LIGONG DAXUE XUEBAO/JOURNAL OF SOUTH CHINA UNIVERSITY OF TECHNOLOGY (NATURAL SCIENCE)	326
84	HANJIE XUEBAO/TRANSACTIONS OF THE CHINA WELDING INSTITUTION	325
85	DALTON TRANSACTIONS	324

排名	期刊	收录中国论文数（篇）
85	BEIJING LIGONG DAXUE XUEBAO/TRANSACTION OF BEIJING INSTITUTE OF TECHNOLOGY	324
87	CHEMISTRY - A EUROPEAN JOURNAL	319
88	XITONG GONGCHENG LILUN YU SHIJIAN/SYSTEM ENGINEERING THEORY AND PRACTICE	312
89	INDUSTRIAL AND ENGINEERING CHEMISTRY RESEARCH	311
89	CHINESE OPTICS LETTERS	311
91	WUHAN DAXUE XUEBAO (XINXI KEXUE BAN)/GEOMATICS AND INFORMATION SCIENCE OF WUHAN UNIVERSITY	310
92	PHYSICA B	308
92	BEIJING HANGKONG HANGTIAN DAXUE XUEBAO/JOURNAL OF BEIJING UNIVERSITY OF AERONAUTICS AND ASTRONAUTICS	308
94	RENGONG JINGTI XUEBAO/JOURNAL OF SYNTHETIC CRYSTALS	306
95	HARBIN GONGCHENG DAXUE XUEBAO/JOURNAL OF HARBIN ENGINEERING UNIVERSITY	304
96	CHONGQING DAXUE XUEBAO/JOURNAL OF CHONGQING UNIVERSITY	303
97	CHEMICAL ENGINEERING JOURNAL	302
98	LANGMUIR	301
99	JISUANJI FUZHU SHEJI YU TUXINGXUE XUEBAO/JOURNAL OF COMPUTER-AIDED DESIGN AND COMPUTER GRAPHICS	300
100	JOURNAL OF COMPUTERS	299

附录 10　2011 年影响因子居前 100 位的中国科技期刊

排名	期刊	影响因子
1	电子测量与仪器学报	3.058
2	草业学报	2.993
3	石油勘探与开发	2.430
4	地理学报	2.310
5	矿床地质	2.097
6	石油与天然气地质	2.086
7	中国感染与化疗杂志	2.082
8	仪器仪表学报	2.070
9	地质学报	1.783
10	植物生态学报	1.728
11	石油学报	1.701
12	中国沙漠	1.691
13	气象	1.678
14	中华医院感染学杂志	1.579
15	岩石学报	1.561
16	地球物理学报	1.560
17	作物学报	1.559
18	中国环境科学	1.523
19	湖泊科学	1.506
20	水科学进展	1.504
21	电力系统自动化	1.499
22	发光学报	1.485
23	地理研究	1.483
24	中华护理杂志	1.482
24	中国血吸虫病防治杂志	1.482
26	JOURNAL OF HYDRODYNAMICS SERIES B	1.477
27	中国激光	1.476
28	应用生态学报	1.468
29	软件学报	1.459
30	生态学报	1.453
31	中华儿科杂志	1.450
32	岩石力学与工程学报	1.434
33	光学学报	1.430
34	电网技术	1.428
34	色谱	1.428
36	口腔颌面外科杂志	1.399
37	大气科学	1.376
38	地球学报	1.374
39	海洋与湖沼	1.371
40	国外电子测量技术	1.364
41	高原气象	1.357
42	草业科学	1.356
43	中国科学地球科学	1.354
44	分析化学	1.327
45	第四纪研究	1.323
46	岩矿测试	1.319
47	中国电机工程学报	1.313
48	地质力学学报	1.308
49	光学精密工程	1.296
50	计算机学报	1.293
50	植物营养与肥料学报	1.293
52	催化学报	1.288
52	棉花学报	1.288
54	地理科学	1.281
55	农业工程学报	1.276
56	物理学报	1.270
57	草地学报	1.268
58	医学研究生学报	1.260
59	大地构造与成矿学	1.252
60	干旱区地理	1.239
61	分子催化	1.227
62	CHINESE PHYSICS B	1.199
63	中国危重病急救医学	1.191
64	石油实验地质	1.180
65	生物多样性	1.179
66	中国农业科学	1.174
67	自然资源学报	1.165
68	护理管理杂志	1.157
69	中国循证儿科杂志	1.140
70	水动力学研究与进展 A	1.136
71	中国水稻科学	1.128
72	土壤学报	1.127
73	应用气象学报	1.120
74	煤炭学报	1.119
75	中国安全生产科学技术	1.113

排名	期刊	影响因子
76	外科理论与实践	1.106
77	中华结核和呼吸杂志	1.105
78	中华心血管病杂志	1.099
79	测绘学报	1.098
80	古地理学报	1.086
81	中国生态农业学报	1.085
82	油气地质与采收率	1.084
83	自动化学报	1.083
84	中国药理学通报	1.080
85	沉积学报	1.077
86	农业环境科学学报	1.073
87	中华神经科杂志	1.067
88	中国康复医学杂志	1.065

排名	期刊	影响因子
89	CHINESE JOURNAL OF CANCER	1.064
90	中国实用外科杂志	1.056
91	植物学报	1.048
92	生态与农村环境学报	1.045
93	中华流行病学杂志	1.039
93	中国医院管理	1.039
95	资源科学	1.038
96	生态学杂志	1.032
97	环境科学研究	1.030
98	中华耳鼻咽喉头颈外科杂志	1.021
99	气候变化研究进展	1.015
100	中国基层医药	1.012

附录 11 2011 年总被引频次居前 100 位的中国科技期刊

排名	期刊	总被引频次
1	生态学报	12604
2	中国电机工程学报	10845
3	中华医院感染学杂志	10598
4	物理学报	10402
5	应用生态学报	9482
6	中国组织工程研究	9254
7	食品科学	8045
8	农业工程学报	7871
9	中华护理杂志	7651
10	中国农业科学	7399
11	WORLD JOURNAL OF GASTROENTEROLOGY	6979
12	电力系统自动化	6616
13	岩石力学与工程学报	6571
14	中草药	6480
15	中国中药杂志	6399
16	中华医学杂志	6224
17	科学通报	5985
18	电网技术	5952
19	中国农学通报	5808
20	计算机工程与应用	5677
21	实用医学杂志	5599
22	中华结核和呼吸杂志	5531
23	作物学报	5508
24	护理研究	5462
25	环境科学	5359
26	护理学杂志	5343
27	中国妇幼保健	5277
28	中国基层医药	5192
29	地理学报	5179
30	CHINESE PHYSICS B	4947
31	中华心血管病杂志	4946
32	中国公共卫生	4827
33	岩石学报	4741
34	中华外科杂志	4674
35	中华流行病学杂志	4622
36	电子学报	4565
37	机械工程学报	4558
38	地球物理学报	4530
39	中国沙漠	4509
40	中国药房	4499
41	重庆医学	4400
42	中国实用护理杂志	4346
43	岩土力学	4325
43	中国全科医学	4325
45	仪器仪表学报	4294
46	系统仿真学报	4286
47	中国中西医结合杂志	4261
48	植物生态学报	4227
49	生态学杂志	4220
50	中国实用外科杂志	4218
51	现代中西医结合杂志	4182
52	光学学报	4167
53	中华放射学杂志	4137
54	水土保持学报	4089
55	环境科学学报	4086
56	软件学报	4073
57	中国医学影像技术	4054
58	中华神经科杂志	4032
59	中华内科杂志	4020
60	分析化学	4019
61	西北植物学报	3992
62	中华儿科杂志	3982
63	园艺学报	3957
64	岩土工程学报	3901
65	世界华人消化杂志	3871
66	现代预防医学	3859
67	土壤学报	3842
68	水利学报	3836
69	中华妇产科杂志	3811
70	高等学校化学学报	3806
71	护士进修杂志	3799
72	中国矫形外科杂志	3773
73	农业环境科学学报	3745
74	中华肝脏病杂志	3720

排名	期刊	总被引频次
75	中华现代护理杂志	3674
76	高电压技术	3666
77	中国激光	3646
78	中华骨科杂志	3614
79	地质学报	3578
80	电力系统保护与控制	3560
81	中药材	3537
82	林业科学	3509
83	中国药理学通报	3491
84	中国科学地球科学	3479
85	CHINESE MEDICAL JOURNAL	3458
86	光谱学与光谱分析	3453
87	实用儿科临床杂志	3428
88	中国实用妇科与产科杂志	3410
89	石油学报	3397
90	计算机学报	3375
91	中华中医药学刊	3371
92	植物营养与肥料学报	3291
93	中国骨与关节损伤杂志	3236
94	煤炭学报	3191
95	第三军医大学学报	3181
96	中国老年学杂志	3180
97	中国针灸	3150
98	辽宁中医杂志	3140
99	外科理论与实践	3139
100	中国给水排水	3124

附表 1　2011 年度国际科技论文总数居世界前列的国家（地区）

国家或地区	2011 年收录的科技论文数（篇）			2011 年收录的科技论文总数（篇）	占收录科技论文总数的比例(%)	排名
	SCIE	Ei	CPCI-S			
世界科技论文总数	1516058	478914	300631	2295603	100.00	
美国	419407	92631	81592	593630	25.86	1
中国	165818	127420	52757	345995	15.07	2
英国	118356	24710	16836	159902	6.97	3
德国	109210	28876	17916	156002	6.80	4
日本	87624	32035	16545	136204	5.93	5
法国	76193	22488	11863	110544	4.82	6
意大利	65187	15443	10398	91028	3.97	7
加拿大	63737	17016	9434	90187	3.93	8
西班牙	54842	16383	7629	78854	3.44	9
韩国	49079	20121	7870	77070	3.36	10
印度	50299	20617	4951	75867	3.30	11
澳大利亚	47621	11785	4712	64118	2.79	12
巴西	38458	7097	4155	49710	2.17	13
荷兰	36843	7663	4953	49459	2.15	14
中国台湾	27692	13961	4908	46561	2.03	15
俄罗斯	30118	12589	3394	46101	2.01	16
瑞士	27910	6495	3628	38033	1.66	17
伊朗	24235	10333	2102	36670	1.60	18
土耳其	25600	6774	2229	34603	1.51	19
波兰	22571	6408	3193	32172	1.40	20
瑞典	22784	5651	2914	31349	1.37	21
比利时	20542	5001	2968	28511	1.24	22
奥地利	14965	3583	2450	20998	0.91	23
以色列	15448	3364	2129	20941	0.91	24
丹麦	15030	3317	1656	20003	0.87	25
墨西哥	13622	3162	2069	18853	0.82	26
葡萄牙	11807	3917	2434	18158	0.79	27
希腊	12549	3651	1669	17869	0.78	28
新加坡	10332	5073	1621	17026	0.74	29
中国香港	10565	4417	1175	16157	0.70	30

注：统计数据含非第一作者单位为所在国（地区）的论文。

附表 2　2011 年 SCI 收录的主要国家（地区）科技论文情况

国家或地区	历年排名					2011 年收录的科技论文总数(篇)	占收录科技论文总数的比例(%)
	2007	2008	2009	2010	2011		
世界科技论文总数						1516058	100.00
美国	1	1	1	1	1	419407	27.66
中国	3	2	2	2	2	165818	10.94
英国	2	3	3	3	3	118356	7.81
德国	4	4	4	4	4	109210	7.20
日本	5	5	5	5	5	87624	5.78
法国	6	6	6	6	6	76193	5.03
意大利	8	7	7	7	7	65187	4.30
加拿大	7	8	8	8	8	63737	4.20
西班牙	9	9	9	9	9	54842	3.62
印度	11	10	10	10	10	50299	3.32
韩国	12	11	11	11	11	49079	3.24
澳大利亚	10	12	12	12	12	47621	3.14
巴西	15	13	13	14	13	38458	2.54
荷兰	13	14	14	13	14	36843	2.43
俄罗斯	14	15	15	15	15	30118	1.99
瑞士	16	16	16	16	16	27910	1.84
中国台湾	18	17	17	17	17	27692	1.83
土耳其	19	18	18	18	18	25600	1.69
伊朗		24	22	22	19	24235	1.60
瑞典	17	20	20	19	20	22784	1.50
波兰	21	19	19	20	21	22571	1.49
比利时	20	21	21	21	22	20542	1.35
以色列	22	22	26	23	23	15448	1.02
丹麦	24	26	25	25	24	15030	0.99
奥地利	23	23	23	24	25	14965	0.99
墨西哥	26	27	29	27	26	13622	0.90
希腊	25	25	24	26	27	12549	0.83
葡萄牙		31	30	28	28	11807	0.78
芬兰	27	28	27	29	29	10899	0.72
挪威	29	30			30	10697	0.71

注：统计数据含非第一作者单位为所在各国（地区）的论文。

附表3 2011年CPCI-S收录的主要国家（地区）科技论文情况

国家或地区	历年排名					2011年收录的科技论文总数(篇)	占收录科技论文总数的比例(%)
	2007	2008	2009	2010	2011		
世界科技论文总数						300631	100.00
美国	1	1	1	1	1	81592	27.14
中国	2	2	2	2	2	52757	17.55
德国	4	4	5	3	3	17916	5.96
英国	5	5	4	4	4	16836	5.60
日本	3	3	3	5	5	16545	5.50
法国	7	7	6	7	6	11863	3.95
意大利	6	6	7	6	7	10398	3.46
加拿大	8	8	8	8	8	9434	3.14
韩国	9	9	13	10	9	7870	2.62
西班牙	10	10	9	9	10	7629	2.54
荷兰	12	13	17	11	11	4953	1.65
印度	16	15	10	14	12	4951	1.65
中国台湾	13	11	15	17	13	4908	1.63
澳大利亚	11	12	11	12	14	4712	1.57
巴西	17	16	12	13	15	4155	1.38
瑞士	18	18	16	16	16	3628	1.21
俄罗斯	14	17	14	18	17	3394	1.13
波兰	15	14	26	15	18	3193	1.06
比利时	19	19	24	19	19	2968	0.99
瑞典	20	20	18	21	20	2914	0.97
捷克				20	21	2505	0.83
奥地利	22	22	22	22	22	2450	0.81
葡萄牙	29	26	19	23	23	2434	0.81
土耳其	24	24	21	26	24	2229	0.74
以色列	23	27	20	25	25	2129	0.71
伊朗	28	23	23	27	26	2102	0.70
墨西哥	25	28	28	28	27	2069	0.69
希腊	21	21	27	24	28	1669	0.56
丹麦			29	29	29	1656	0.55
新加坡	30	30			30	1621	0.54

注：统计数据含非第一作者单位为所在国（地区）的论文。

附表 4　2011 年 Ei 收录的主要国家（地区）科技论文情况

国家或地区	历年排名					2011 年收录的科技论文总数(篇)	占收录科技论文总数的比例(%)
	2007	2008	2009	2010	2011		
世界科技论文总数						478914	100.00
中国	1	1	1	1	1	127420	26.61
美国	2	2	2	2	2	92631	19.34
日本	3	3	3	3	3	32035	6.69
德国	4	4	4	4	4	28876	6.03
英国	5	5	5	5	5	24710	5.16
法国	6	6	6	6	6	22488	4.70
印度	7	8	8	7	7	20617	4.30
韩国	8	9	7	8	8	20121	4.20
加拿大	9	7	9	9	9	17016	3.55
西班牙	12	11	11	11	10	16383	3.42
意大利	10	10	10	10	11	15443	3.22
中国台湾	11	12	12	12	12	13961	2.92
俄罗斯	13	13	13	13	13	12589	2.63
澳大利亚	14	14	14	14	14	11785	2.46
伊朗	21	21	16	15	15	10333	2.16
荷兰	18	15	15	16	16	7663	1.60
巴西	15	16	17	17	17	7097	1.48
土耳其	16	18	18	18	18	6774	1.41
瑞士	20	19	20	19	19	6495	1.36
波兰	17	17	19	20	20	6408	1.34
瑞典	19	20	21	21	21	5651	1.18
新加坡	22	23	22	23	22	5073	1.06
比利时	24	22	23	22	23	5001	1.04
中国香港	25	24		24	24	4417	0.92
葡萄牙	27	27	26	25	25	3917	0.82
希腊	23	25	24	26	26	3651	0.76
奥地利	30	28	28	27	27	3583	0.75
马来西亚					28	3560	0.74
以色列	26	26	27	28	29	3364	0.70
芬兰	28	29	29	29	30	3318	0.69

注：统计数据含非第一作者单位为所在国（地区）的论文。

附表 5 2011 年 SCI、Ei 和 CPCI-S 收录的中国科技论文的学科分布情况

学科	SCI		Ei		CPCI-S		论文总数（篇）	排名
	论文（篇）	比重	论文（篇）	比重	论文（篇）	比重		
数学	6583	0.39	10374	0.61	117	0.01	17074	6
力学	1170	0.12	8095	0.86	383	0.04	9648	10
信息、系统科学	1039	0.38	1705	0.62	40	0.01	2784	22
物理学	16677	0.55	12036	0.40	3545	0.11	32258	3
化学	26628	0.73	8881	0.24	858	0.02	36367	2
天文学	1003	0.79	131	0.10	133	0.10	1267	28
地学	3641	0.55	2736	0.41	281	0.04	6658	13
生物学	14320	0.72	4821	0.24	658	0.03	19799	5
预防医学与卫生学	925	0.91	0	0.00	92	0.09	1017	30
基础医学	5947	0.78	95	0.01	1574	0.21	7616	12
药物学	4167	0.98	0	0.00	226	0.05	4393	20
临床医学	10591	0.94	0	0.00	715	0.06	11306	9
中医学	355	1.00	0	0.00	18	0.05	373	37
军事医学与特种医学	117	1.00	0	0.00	0	0.00	117	39
农学	2819	0.84	403	0.12	122	0.04	3344	21
林学	188	0.96	0	0.00	7	0.04	195	38
畜牧、兽医	384	1.00	0	0.00	1	0.00	385	36
水产学	720	1.00	0	0.00	1	0.00	721	31
测绘科学技术	3	0.01	579	0.99	2	0.00	584	33
材料科学	12512	0.41	12596	0.42	14391	0.36	39499	1
工程与技术基础学科	2141	0.38	3465	0.62	197	0.03	5803	15
矿山工程技术	99	0.15	230	0.36	305	0.48	634	32
能源科学技术	2079	0.36	2133	0.37	1550	0.27	5762	16
冶金、金属学	3665	0.62	2058	0.35	210	0.04	5933	14
机械、仪表	1668	0.22	5241	0.70	901	0.12	7810	11
动力与电气	343	0.06	4949	0.94	62	0.01	5354	18
核科学技术	238	0.52	153	0.33	71	0.15	462	35
电子、通信与自动控制	3383	0.09	9276	0.24	12070	0.49	24729	4
计算技术	3236	0.19	7354	0.43	6316	0.37	16906	7
化工	2292	0.49	2365	0.51	57	0.01	4714	19
轻工、纺织	2	0.04	45	0.96	13	0.22	60	40
食品	1306	0.81	265	0.16	50	0.03	1621	26
土木建筑	500	0.04	9407	0.73	3005	0.23	12912	8
水利	588	0.42	739	0.53	65	0.05	1392	27
交通运输	206	0.11	1643	0.89	680	0.27	2529	23
航空航天	226	0.22	805	0.78	171	0.14	1202	29
安全科学技术	34	0.11	287	0.89	178	0.36	499	34
环境科学	4178	0.74	1326	0.23	193	0.03	5697	17
管理学	431	0.20	1673	0.79	27	0.01	2131	24
其他	41	0.02	477	0.28	1173	0.69	1691	25
总计	136445		116343		50458		303246	

数据来源：SCI 2011、Ei 2011、CPCI–S 2011。

附表 6　2011 年 SCI、Ei 和 CPCI-S 收录的中国科技论文的地区分布情况

地区	SCI		Ei		CPCI-S		论文总数（篇）	排名
	论文（篇）	比重	论文（篇）	比重	论文（篇）	比重		
北京	25630	0.45	23337	0.41	8041	0.14	57008	1
天津	3634	0.43	3286	0.39	1525	0.18	8445	14
河北	1541	0.33	1431	0.30	1727	0.37	4699	19
山西	1146	0.42	1007	0.37	556	0.21	2709	22
内蒙古	295	0.36	255	0.31	266	0.33	816	26
辽宁	5320	0.38	5552	0.40	3064	0.22	13936	8
吉林	4026	0.48	3577	0.42	872	0.10	8475	13
黑龙江	3648	0.33	5081	0.46	2412	0.22	11141	12
上海	14350	0.52	9851	0.36	3471	0.13	27672	3
江苏	12913	0.46	11316	0.40	3717	0.13	27946	2
浙江	7713	0.48	5642	0.35	2794	0.17	16149	5
安徽	3731	0.49	2981	0.39	908	0.12	7620	15
福建	2682	0.53	1779	0.35	617	0.12	5078	18
江西	1058	0.36	861	0.30	980	0.34	2899	21
山东	6493	0.48	4214	0.31	2784	0.21	13491	9
河南	2567	0.39	1805	0.28	2149	0.33	6521	17
湖北	6779	0.45	5740	0.38	2662	0.18	15181	6
湖南	4405	0.38	5772	0.49	1522	0.13	11699	11
广东	7743	0.54	4424	0.31	2164	0.15	14331	7
广西	870	0.43	601	0.30	561	0.28	2032	24
海南	199	0.54	56	0.15	113	0.31	368	28
重庆	2688	0.41	2683	0.41	1154	0.18	6525	16
四川	5517	0.46	4827	0.40	1775	0.15	12119	10
贵州	405	0.53	223	0.29	139	0.18	767	27
云南	1344	0.55	615	0.25	466	0.19	2425	23
西藏	3	0.27	0	0.00	8	0.73	11	31
陕西	6584	0.38	7481	0.43	3255	0.19	17320	4
甘肃	2440	0.54	1592	0.35	505	0.11	4537	20
青海	77	0.60	36	0.28	15	0.12	128	30
宁夏	81	0.44	57	0.31	46	0.25	184	29
新疆	509	0.55	261	0.28	162	0.17	932	25
不详	54	0.66	0	0.00	28	0.34	82	
总计	136445		116343		50458		303246	

数据来源：SCI 2011、 Ei 2011、 CPCI-S 2011。

附表7 2011年SCI、Ei和CPCI-S收录的中国科技论文分学科按地区分布情况（篇）

学科	北京	天津	河北	山西	内蒙古	辽宁	吉林	黑龙江	上海	江苏	浙江
数学	2952	424	261	145	43	713	377	620	1388	1779	953
力学	1885	280	95	113	43	491	259	369	851	894	469
信息、系统科学	567	57	48	11	2	168	43	158	214	295	130
物理学	6102	842	381	332	112	1023	1062	920	2707	2630	1580
化学	5311	1374	415	457	79	1529	2010	783	3626	3557	2174
天文学	508	14	6	6		11	10	13	93	145	15
地学	2375	75	56	29	11	146	152	157	328	596	207
生物学	3663	526	232	97	48	626	505	767	2049	1852	1217
预防医学与卫生学	229	15	12	8	2	20	15	24	137	86	57
基础医学	1441	185	71	24	8	245	124	170	1082	673	393
药物学	533	111	64	18	2	226	79	88	612	509	269
临床医学	2000	239	112	44	9	381	193	217	1910	951	635
中医学	110	7	5		1	6	7	6	31	20	27
军事医学与特种医学	15	1	2	2		6	1	1	16	9	7
农学	815	60	41	24	16	87	57	114	147	413	250
林学	59	3		1		9	2	20	1	15	12
畜牧、兽医	68	1	7	2	4		18	13	11	42	10
水产学	15	9		3		11		9	69	49	49
测绘科学技术	132	14	10	3	1	25	12	16	44	51	39
材料科学	4594	996	486	332	88	1741	1024	1393	3218	2582	1365
工程与技术基础学科	1229	188	66	52	9	242	159	214	483	544	278
矿山工程技术	214	5	14	16	4	27	6	12	11	89	8
能源科学技术	1332	247	116	90	30	249	142	209	512	433	242
冶金、金属学	1316	99	103	75	22	678	96	276	455	352	131
机械、仪表	1581	246	103	62	14	340	238	393	637	635	427
动力与电气	1202	142	60	30	10	174	113	208	399	576	301
核科学技术	116	6		1		18		12	37	25	9
电子、通信与自动控制	6458	989	1012	381	150	2175	644	1838	2432	3180	2206
计算技术	3353	346	405	135	22	855	369	621	1298	1588	1037
化工	784	247	34	42	4	221	156	174	450	483	323
轻工、纺织	11			1		2		1	2	8	1
食品	279	49	37	7	5	44	46	50	71	246	108
土木建筑	2353	272	222	92	41	807	246	669	1147	1316	584
水利	333	50	21	6	5	70	35	57	76	169	64
交通运输	429	41	16	3	1	71	74	104	230	194	55
航空航天	313	10	10	4	1	14	20	127	49	116	19
安全科学技术	69	4	3	5	1	15	9	14	36	31	11
环境科学	1535	164	70	41	9	203	103	168	495	536	295
管理学	466	56	23	11	2	132	33	70	223	186	99
其他	261	51	80	4	17	135	36	66	95	91	93
总计	57008	8445	4699	2709	816	13936	8475	11141	27672	27946	16149

附表 7 2011 年 SCI、Ei 和 CPCI-S 收录的中国科技论文分学科按地区分布情况（篇）（续）

学科	安徽	福建	江西	山东	河南	湖北	湖南	广东	广西	海南	重庆
数学	394	293	141	795	340	852	918	769	156	17	485
力学	233	140	70	319	154	451	440	348	49	3	206
信息、系统科学	56	34	15	84	44	165	148	94	17		52
物理学	1369	488	306	1110	581	1385	1177	1137	171	11	467
化学	1257	1147	411	1969	1111	1550	1179	1786	286	44	534
天文学	56	13	12	19	24	55	26	59	6	1	12
地学	169	77	19	313	50	453	158	319	24	2	86
生物学	350	372	109	989	253	1356	521	1286	133	79	478
预防医学与卫生学	16	11	9	34	11	49	25	86	7	16	24
基础医学	111	131	60	347	124	374	151	657	49	20	320
药物学	45	51	28	230	72	180	103	329	29	12	88
临床医学	111	148	43	530	106	478	305	1175	75	7	419
中医学	8	20		18	8	13	6	23	1		1
军事医学与特种医学		2	1	3		8	6	18			6
农学	41	45	25	153	69	192	65	203	16	9	56
林学	1	8		2	1	3	4	22	1	1	
畜牧、兽医	18	2	3	11	8	24	5	23	3	2	4
水产学	4	47	4	229	1	82	3	99		1	4
测绘科学技术	10	5	4	18	11	53	46	23	1		15
材料科学	874	572	290	1355	692	1412	1249	1151	191	19	523
工程与技术基础学科	132	72	44	178	71	299	234	209	25	2	140
矿山工程技术	16	2	6	28	29	29	41	7	3		24
能源科学技术	161	64	35	315	110	291	164	241	19	5	143
冶金、金属学	88	59	61	191	95	196	464	157	26	4	159
机械、仪表	178	96	48	260	84	348	314	234	34	3	221
动力与电气	107	54	31	135	60	285	240	158	23	1	174
核科学技术	72	1		11	4	25	14	8	1		10
电子、通信与自动控制	675	383	646	1864	1413	1928	1501	1425	404	56	779
计算技术	393	203	204	725	405	950	830	701	115	22	384
化工	139	85	50	208	78	185	172	244	20	1	46
轻工、纺织	1	6		1		1	1				1
食品	32	31	20	89	40	106	34	135	7	5	18
土木建筑	239	160	100	445	251	657	649	508	79	8	357
水利	13	17	5	68	30	96	16	57	6	2	9
交通运输	24	11	7	34	13	92	131	42	1	1	47
航空航天	10	4	2	11	6	30	86	15	2		11
安全科学技术	26	2	3	12	4	16	13	10			4
环境科学	106	148	29	271	54	303	114	369	22	3	91
管理学	63	37	24	55	32	115	86	94	9	2	82
其他	22	37	34	62	82	94	60	110	21	9	45
总计	7620	5078	2899	13491	6521	15181	11699	14331	2032	368	6525

附表7 2011年SCI、Ei和CPCI-S收录的中国科技论文分学科按地区分布情况（篇）（续）

学科	四川	贵州	云南	西藏	陕西	甘肃	青海	宁夏	新疆	不详	总计
数学	642	52	148		1004	277	13	19	90	1	17061
力学	382	18	46		627	148	1	3	18		9405
信息、系统科学	97	8	14		201	17			4	1	2744
物理学	1510	49	165		1899	541	7	13	77	2	30156
化学	1340	138	297	1	1175	852	27	25	123	6	36573
天文学	8	9	73		19	22			32		1267
地学	233	63	38	6	273	194	8	1	31	9	6658
生物学	696	66	351	2	830	251	17	8	70	3	19802
预防医学与卫生学	41	1	15		36	29			4	3	1022
基础医学	300	15	78		380	44		4	44	3	7628
药物学	185	22	88	1	170	73	3	7	18	4	4249
临床医学	570	15	48		483	62	1	6	29	8	11310
中医学	13		2		12	2			7	1	355
军事医学与特种医学	4	1			6	1		1			117
农学	104	14	50		162	76	5	2	29	4	3344
林学	6		7		9	5			1	2	195
畜牧、兽医	25	9	16		21	24		1	10		385
水产学	17	1	6		9						721
测绘科学技术	11		5		19	14					582
材料科学	1252	44	183		1893	629	7	20	58	3	30236
工程与技术基础学科	207	7	44		396	61	2	5	14		5606
矿山工程技术	16	2	7		20	2			1		639
能源科学技术	206	9	44		266	72		1	21	3	5772
冶金、金属学	200	10	86		449	70	2	4	8	1	5933
机械、仪表	320	14	26		487	97	2		14	2	7458
动力与电气	278	7	32		428	55		5	3	1	5292
核科学技术	38		2		50	2					462
电子、通信与自动控制	1612	90	251	1	3019	328	8	21	85	14	37968
计算技术	650	35	85		1091	124	3	12	41	3	17005
化工	181	2	23		185	105	4	1	10		4657
轻工、纺织	8				1	1					47
食品	36		14		89	13	5	2	3		1621
土木建筑	479	19	82		930	169	3	15	17	1	12917
水利	43	2	9		50	26	3		8	1	1347
交通运输	80	1	4		126	17		1	3	1	1854
航空航天	29		4		128	8			2		1031
安全科学技术	13	1			17	2					321
环境科学	139	36	57		148	104	7	4	53	3	5680
管理学	91	3	13		107	10		2	3	2	2131
其他	57	4	12		105	10		1	1		1695
总计	12119	767	2425	11	17320	4537	128	184	932	82	303246

数据来源：SCI 2011、Ei 2011、 CPCI-S 2011。

附表 8　2011 年 SCI、Ei 和 CPCI-S 收录的中国科技论文分地区按机构分布情况

地区	高等院校	研究机构	企业	医院*	其他	合计
北京	38253	16960	578	955	262	57008
天津	8018	302	40	51	34	8445
河北	4291	265	50	37	56	4699
山西	2395	281	12	12	9	2709
内蒙古	798	11	3	1	3	816
辽宁	11841	1962	49	57	27	13936
吉林	6443	1996	24	1	11	8475
黑龙江	10835	261	24	7	14	11141
上海	23535	3653	287	93	104	27672
江苏	26549	1122	107	123	45	27946
浙江	15361	557	33	145	53	16149
安徽	6494	1071	23	19	13	7620
福建	4339	669	15	33	22	5078
江西	2821	31	13	18	16	2899
山东	12176	1069	53	140	53	13491
河南	6200	194	60	34	33	6521
湖北	13952	1066	78	56	29	15181
湖南	11535	101	37	7	19	11699
广东	12464	1551	105	165	46	14331
广西	1896	105	4	14	13	2032
海南	234	108	1	20	5	368
重庆	6352	112	28	16	17	6525
四川	10435	1520	64	50	50	12119
贵州	570	180	1	7	9	767
云南	1762	607	16	32	8	2425
西藏	4	7				11
陕西	16252	973	39	24	32	17320
甘肃	3180	1291	15	40	11	4537
青海	33	94	1			128
宁夏	168	5	6	1	4	184
新疆	624	274	7	11	16	932
不详	8	2	1	1	70	82
总计	259818	38400	1774	2170	1084	303246

*此处医院的数据不包含高等院校所属医院数据。

数据来源：SCI 2011、Ei 2011、CPCI-S 2011。

附表 9　2011 年 SCI 收录两种类型论文数居前 50 位的中国高等院校

排名	单位名称	论文数（篇）	排名	单位名称	论文数（篇）
1	浙江大学	4221	26	中国农业大学	1103
2	上海交通大学	3515	27	苏州大学	1099
3	清华大学	3064	28	厦门大学	998
4	北京大学	2763	29	电子科技大学	980
5	四川大学	2448	30	重庆大学	964
6	复旦大学	2392	31	北京师范大学	852
7	中山大学	2071	32	西北工业大学	818
8	山东大学	2067	33	北京科技大学	803
9	华中科技大学	2039	34	上海大学	777
10	南京大学	2025	35	北京理工大学	776
11	哈尔滨工业大学	2013	36	首都医科大学	742
12	吉林大学	1973	37	华东师范大学	724
13	西安交通大学	1700	38	西安电子科技大学	709
14	中国科学技术大学	1663	39	第二军医大学	692
15	中南大学	1634	40	北京化工大学	686
16	大连理工大学	1546	41	湖南大学	657
17	东南大学	1403	42	郑州大学	649
18	武汉大学	1318	42	西北农林科技大学	649
19	同济大学	1258	44	东北大学	646
20	北京航空航天大学	1235	45	南京理工大学	644
21	华南理工大学	1224	46	第四军医大学	634
22	华东理工大学	1175	47	华中农业大学	628
23	南开大学	1155	48	南京农业大学	610
24	兰州大学	1117	49	江南大学	609
25	天津大学	1105	50	国防科学技术大学	605

两种类型论文包括：Article、Review。

数据来源：SCI 2011。

附表 10　2011 年 SCI 收录两种类型论文数居前 50 位的中国研究机构

排名	单位名称	论文数（篇）	排名	单位名称	论文数（篇）
1	中国科学院化学研究所	734	26	中国科学院植物研究所	197
2	中国科学院长春应用化学研究所	694	26	中国科学院昆明植物研究所	197
3	中国科学院合肥物质科学研究院	497	28	中国疾病预防控制中心	192
4	中国科学院大连化学物理研究所	463	29	中国科学院数学与系统科学研究院	188
5	中国科学院物理研究所	430	30	中国科学院上海药物研究所	182
6	中国科学院金属研究所	404	31	中国科学院水生生物研究所	165
7	中国工程物理研究院	391	32	中国水产科学研究院	162
8	中国科学院上海硅酸盐研究所	361	33	中国科学院微生物研究所	158
9	中国科学院生态环境研究中心	349	34	中国科学院南海海洋研究所	155
10	中国科学院兰州化学物理研究所	347	35	国家纳米科学中心	143
11	中国科学院上海生命科学研究院	320	35	中国科学院国家天文台	143
12	军事医学科学院	316	35	中国科学院上海应用物理研究所	143
13	中国科学院福建物质结构研究所	297	38	中国科学院上海微系统与信息技术研究所	141
14	中国科学院半导体研究所	289	39	中国林业科学研究院	140
15	中国科学院上海有机化学研究所	275	40	中国科学院南京土壤研究所	137
16	中国科学院地质与地球物理研究所	273	41	中国科学院长春光学精密机械与物理研究所	136
17	中国科学院海洋研究所	251	42	中国科学院西安光学精密机械研究所	131
18	中国科学院上海光学精密机械研究所	249	42	中国科学院寒区旱区环境与工程研究所	131
19	中国科学院动物研究所	242	44	中国科学院宁波材料技术与工程研究所	125
20	中国科学院理化技术研究所	234	45	中国科学院成都生物研究所	123
21	中国科学院地理科学与资源研究所	225	46	中国科学院山西煤炭化学研究所	122
22	中国科学院高能物理研究所	220	47	中国科学院生物物理研究所	121
23	中国科学院大气物理研究所	218	47	北京应用物理与计算数学研究所	121
24	中国科学院过程工程研究所	202	49	中国科学院华南植物园	119
24	中国科学院广州地球化学研究所	202	49	中国医学科学院药物研究所	119

两种类型论文包括：Article、Review。

数据来源：SCI 2011。

附表 11　2011 年 CPCI-S 收录科技论文数居前 50 位的中国高等院校

排名	单位名称	论文数（篇）	排名	单位名称	论文数（篇）
1	哈尔滨工业大学	917	26	北京工业大学	369
2	清华大学	822	27	中南大学	358
3	浙江大学	733	28	江苏大学	345
4	北京航空航天大学	668	29	东南大学	343
5	东北大学	647	30	哈尔滨工程大学	334
6	大连理工大学	570	31	苏州大学	332
7	上海交通大学	557	32	武汉大学	331
8	华中科技大学	545	33	华北电力大学	328
9	西北工业大学	510	34	东北林业大学	326
10	同济大学	502	35	东华大学	317
11	天津大学	497	36	国防科学技术大学	310
12	北京邮电大学	483	37	天津工业大学	300
13	北京科技大学	473	38	吉林大学	294
14	武汉理工大学	459	39	长安大学	289
15	中国矿业大学	443	40	西南交通大学	279
16	重庆大学	439	41	西安建筑科技大学	269
17	上海大学	422	42	河南理工大学	260
18	北京理工大学	416	42	广东工业大学	260
19	河北联合大学	402	42	浙江工业大学	260
20	北京交通大学	401	45	河南科技大学	258
21	华南理工大学	400	46	西安理工大学	252
22	北京大学	396	47	中国石油大学	248
23	电子科技大学	392	48	南京航空航天大学	242
24	西安交通大学	375	49	宁波大学	239
25	山东大学	374	50	西安电子科技大学	237

数据来源：CPCI-S 2011。

附表 12　2011 年 CPCI-S 收录科技论文数居前 50 位的中国研究机构

排名	单位名称	论文数（篇）	排名	单位名称	论文数（篇）
1	中国科学院自动化研究所	126	25	中国科学院空间科学与应用研究中心	29
2	中国科学院计算技术研究所	93	27	中国环境科学研究院	28
3	中国科学院遥感应用研究所	80	28	中国科学院大连化学物理研究所	27
4	中国科学院上海技术物理研究所	71	28	中国科学院上海微系统与信息技术研究所	27
5	中国科学院合肥物质科学研究院	69	28	中国科学院光电技术研究所	27
5	中国科学院西安光学精密机械研究所	69	31	中国科学院寒区旱区环境与工程研究所	25
5	中国工程物理研究院	69	32	中国科学院电工研究所	24
8	中国科学院上海光学精密机械研究所	59	33	中国科学院地质与地球物理研究所	23
9	中国科学院半导体研究所	54	33	中国科学院物理研究所	23
10	中国科学院对地观测与数字地球科学中心	46	33	中国科学院上海药物研究所	23
10	中国科学院沈阳应用生态研究所	46	33	中国科学院武汉岩土力学研究所	23
10	中国科学院长春光学精密机械与物理研究所	46	33	中国计量科学研究院	23
10	中国地震局工程力学研究所	46	38	中国科学院理化技术研究所	22
14	中国科学院力学研究所	44	38	中国科学院兰州化学物理研究所	22
15	中国林业科学研究院	39	38	山东省科学院	22
16	中国科学院深圳先进技术研究院	36	38	钢铁研究总院	22
17	中国科学院电子学研究所	35	42	中国科学院长春应用化学研究所	21
18	中国科学院地理科学与资源研究所	34	43	国家海洋局第二海洋研究所	19
19	中国科学院数学与系统科学研究院	33	43	中国原子能科学研究院	19
19	中国科学院沈阳自动化研究所	33	45	中国疾病预防控制中心	18
21	中国科学院软件研究所	32	46	中国科学院近代物理研究所	17
21	中国科学院宁波材料技术与工程研究所	32	46	南京水利科学研究院	17
21	中国空间技术研究院；中国航天科技集团公司第五研究院	32	46	中国电力科学研究院	17
24	中国科学院上海硅酸盐研究所	31	49	中国科学院国家天文台	16
25	中国科学院高能物理研究所	29	49	中国科学院生态环境研究中心	16

数据来源：CPCI-S 2011。

附表 13 2011 年 Ei 收录科技论文数居前 50 位的中国高等院校

排名	单位名称	论文数（篇）	排名	单位名称	论文数（篇）
1	清华大学	3562	26	北京大学	1201
2	浙江大学	3325	27	电子科技大学	1166
3	哈尔滨工业大学	3234	28	北京科技大学	1137
4	上海交通大学	2407	29	湖南大学	1115
5	北京航空航天大学	2115	30	南京大学	1034
6	大连理工大学	1925	31	南京理工大学	984
7	重庆大学	1867	32	中国石油大学	949
8	中南大学	1856	33	哈尔滨工程大学	944
9	吉林大学	1777	34	复旦大学	930
10	华中科技大学	1767	35	中国矿业大学	900
11	西安交通大学	1716	36	北京交通大学	897
12	东南大学	1713	37	上海大学	891
13	同济大学	1710	38	华东理工大学	872
14	华南理工大学	1632	39	北京工业大学	820
15	西北工业大学	1624	40	江苏大学	802
16	国防科学技术大学	1618	41	华北电力大学	762
17	天津大学	1513	42	北京邮电大学	738
18	四川大学	1489	43	西南交通大学	728
19	南京航空航天大学	1482	44	南开大学	700
20	山东大学	1415	45	北京化工大学	678
21	西安电子科技大学	1408	46	中山大学	668
22	北京理工大学	1325	47	厦门大学	641
23	东北大学	1304	48	中国农业大学	630
24	武汉大学	1228	49	中国地质大学	575
25	中国科学技术大学	1213	50	兰州大学	570

数据来源：Ei 2011。

附表 14　2011 年 Ei 收录科技论文数居前 50 位的中国研究机构

排名	单位名称	论文数（篇）	排名	单位名称	论文数（篇）
1	中国工程物理研究院	524	26	中国科学院山西煤炭化学研究所	122
2	中国科学院化学研究所	503	27	中国科学院地质与地球物理研究所	119
3	中国科学院长春应用化学研究所	464	28	中国科学院光电技术研究所	114
4	中国科学院长春光学精密机械与物理研究所	442	29	中国科学院工程热物理研究所	108
5	中国科学院合肥物质科学研究院	437	29	中国水利水电科学研究院	108
6	中国科学院金属研究所	389	31	中国科学院广州能源研究所	105
7	中国科学院物理研究所	304	31	北京应用物理与计算数学研究所	105
8	中国科学院上海硅酸盐研究所	294	33	中国科学院地理科学与资源研究所	104
9	中国科学院半导体研究所	291	34	国家纳米科学中心	103
10	中国科学院大连化学物理研究所	284	35	国网电力科学研究院	102
10	中国科学院上海光学精密机械研究所	284	36	中国科学院上海有机化学研究所	101
12	中国科学院兰州化学物理研究所	278	37	中国科学院自动化研究所	98
13	中国科学院生态环境研究中心	210	37	中国工程物理研究院流体物理研究所	98
14	中国科学院理化技术研究所	203	39	中国科学院宁波材料技术与工程研究所	93
15	中国科学院西安光学精密机械研究所	188	39	西北核技术研究所	93
16	中国科学院过程工程研究所	185	41	中国科学院电工研究所	91
17	中国电力科学研究院	175	42	中国科学院寒区旱区环境与工程研究所	88
18	中国科学院电子学研究所	170	43	中国科学院数学与系统科学研究院	87
19	中国科学院计算技术研究所	169	44	中国科学院高能物理研究所	81
20	中国科学院福建物质结构研究所	165	45	中国科学院上海技术物理研究所	79
21	中国科学院武汉岩土力学研究所	161	46	中国科学院软件研究所	75
22	中国科学院力学研究所	151	47	中国科学院上海应用物理研究所	73
23	中国科学院微电子研究所	140	48	钢铁研究总院	70
24	中国科学院上海微系统与信息技术研究所	135	49	中国石油勘探开发研究院	69
25	中国科学院广州地球化学研究所	127	50	中国科学院声学研究所	68

数据来源：Ei 2011。

附表 15　2011 年 SCI 收录科技期刊数量较多的出版机构

排名	出版机构	期刊数量（种）
1	ELSEVIER	1380
2	SPRINGER	1079
3	WILEY	841
4	TAYLOR & FRANCIS	323
5	LIPPINCOTT	191
6	BIOMED CENTRAL LTD	150
7	SAGE	142
8	IEEE	137
9	INFORMA HEALTHCARE	136
10	OXFORD UNIV PRESS	118
11	NATURE PUBLISHING GROUP	88
12	CAMBRIDGE UNIV PRESS	85
13	KARGER	82
14	WORLD SCIENTIFIC PUBL CO PTE LTD	58
15	MARY ANN LIEBERT INC	52
16	IOP PUBLISHING LTD	49
17	AMER CHEMICAL SOC	46
18	BENTHAM SCIENCE PUBL LTD	40
19	HINDAWI PUBLISHING CORPORATION	36
19	WALTER DE GRUYTER GMBH	36
21	GEORG THIEME VERLAG KG	35
22	ANNUAL REVIEWS	33
22	ROYAL SOC CHEMISTRY	33
24	ASSOC COMPUTING MACHINERY	32
24	MANEY PUBLISHING	32
25	IOS PRESS	30
27	BMJ PUBLISHING GROUP	29
27	ROUTLEDGE JOURNALS	29
27	SCIENCE PRESS	29
28	ASCE-AMER SOC CIVIL ENGINEERS	27
31	ASME	24
32	EMERALD GROUP PUBLISHING LIMITED	23
33	CSIRO PUBLISHING	22
33	INST ENGINEERING TECHNOLOGY-IET	22
33	VERSITA	22
36	CHURCHILL LIVINGSTONE	21
36	MEDKNOW PUBLICATIONS & MEDIA PVT LTD	21

附表 16　1992—2011 年 SCI 收录的中国科技论文在国内外科技期刊上发表的比例

年度	论文总数（篇）	在中国期刊上发表		在非中国期刊上发表	
		论文数（篇）	所占比例（%）	论文数（篇）	所占比例（%）
1992*	6224	1003	16.1	5221	83.9
1993*	6645	1007	15.2	5638	84.8
1994*	6721	838	12.5	5883	87.5
1995*	7980	1087	13.6	6893	86.4
1996*	8200	734	9.0	7466	91.0
1997*	10033	1708	17.0	8325	83.0
1998*	11456	2119	18.5	9337	81.5
1999*	13357	2733	20.5	10624	79.5
1999	19936	7647	38.4	12289	61.6
2000	22608	9208	40.7	13400	59.3
2001	25889	9580	37.0	16309	63.0
2002	31572	11425	36.2	20147	63.8
2003	38092	12441	32.7	25651	67.3
2004	45351	13498	29.8	31853	70.2
2005	62849	16669	26.5	46180	73.5
2006	71184	16856	23.7	54328	76.3
2007	79669	18410	23.1	61259	76.9
2008	92337	20804	22.5	71533	77.5
2009	108806	22229	20.4	86577	79.6
2010	121026	25934	21.4	95092	78.6
2011	136445	22988	16.8	113457	83.2

数据来源：　*SCI 1992—1999 光盘版；SCIE 1999—2011。

附表 17 1992—2011 年 Ei 收录的中国科技论文在国内外科技期刊上发表的比例

年度	论文总数（篇）	在中国期刊上发表		在非中国期刊上发表	
		论文数（篇）	所占比例（%）	论文数（篇）	所占比例（%）
1992	3970	2246	56.6	1724	43.4
1993	4970	3275	65.9	1695	34.1
1994	8006	5623	70.2	2383	29.8
1995	6791	3038	44.7	3753	55.3
1996	8035	4997	62.2	3038	37.8
1997	9834	5121	52.1	4713	47.9
1998	8220	4160	50.6	4060	49.4
1999	13155	8324	63.3	4831	36.7
2000	13991	8293	59.3	5698	40.7
2001	15605	9055	58.0	6550	42.0
2002	19268	12810	66.5	6458	33.5
2003	26857	13528	50.4	13329	49.6
2004	32881	17442	53.0	15439	47.0
2005	60301	35262	58.5	25039	41.5
2006	65041	33454	51.4	31587	48.6
2007	75568	40656	53.8	34912	46.2
2008	85381	45686	53.5	39695	46.5
2009	98115	46415	47.3	51700	52.7
2010	119374	56578	47.4	62796	52.6
2011	116343	54602	46.9	61741	53.1

数据来源：Ei 1992—2011。

附表 18 2005—2011 年 Medline 收录的中国科技论文在国内外科技期刊上发表的比例

年度	论文总数（篇）	在中国期刊上发表		在非中国期刊上发表	
		论文数（篇）	所占比例（%）	论文数（篇）	所占比例(%)
2005	27460	14452	52.6	13008	47.4
2006	31118	13546	43.5	17572	56.5
2007	33116	14476	43.7	18640	56.3
2008	41460	15400	37.1	26060	62.9
2009	47581	15216	32.0	32365	68.0
2010	56194	15468	27.5	40726	72.5
2011	64983	15812	24.3	49171	75.7

数据来源：Medline 2005—2011。

附表 19　2011 年 Ei 收录中国台湾和香港特区的论文按学科分布情况

学科	中国台湾			中国香港特区		
	论文数（篇）	所占比例（%）	学科排名	论文数（篇）	所占比例（%）	学科排名
数学	936	7.37	5	227	8.44	5
力学	672	5.29	9	136	5.05	9
信息、系统科学	482	3.80	12	118	4.38	10
物理学	1502	11.83	1	267	9.92	2
化学	913	7.19	6	163	6.06	8
天文学	17	0.13	27	5	0.19	26
地学	229	1.80	15	26	0.97	19
生物学	841	6.62	8	165	6.13	7
基础医学	19	0.15	26	2	0.07	27
农学	36	0.28	24	7	0.26	24
材料科学	1105	8.70	3	268	9.96	1
工程与技术基础学科	364	2.87	13	80	2.97	13
矿山工程技术	8	0.06	28	1	0.04	28
能源科学技术	194	1.53	17	45	1.67	16
冶金、金属学	170	1.34	18	25	0.93	20
机械、仪表	529	4.17	11	102	3.79	12
动力与电气	547	4.31	10	107	3.98	11
核科学技术	7	0.06	29	1	0.04	28
电子、通信与自动控制	1234	9.72	2	251	9.33	4
计算技术	1051	8.28	4	182	6.76	6
化工	287	2.26	14	49	1.82	15
轻工、纺织	4	0.03	30			
食品	25	0.20	25	7	0.26	24
土木建筑	860	6.77	7	267	9.92	2
水利	54	0.43	21	17	0.63	21
交通运输	124	0.98	19	37	1.37	18
航空航天	38	0.30	23	12	0.45	22
安全科学技术	45	0.35	22	9	0.33	23
环境科学	120	0.94	20	40	1.49	17
管理学	228	1.80	16	57	2.12	14
其他	58	0.46		18	0.67	
总计	12699	100.00		2691	100.00	

附表 20 SCI 2006—2010 光盘版收录的中国科技论文在 2011 年被引用情况按学科分布

学科	2006		2007		2008		2009		2010		总计	
	篇	次	篇	次	篇	次	篇	次	篇	次	篇	次
数学	530	1052	689	1222	854	1540	1104	1876	606	955	3783	6645
力学	81	183	94	219	155	321	122	273	86	132	538	1128
信息、系统科学			62	168	60	161	74	205			196	534
物理学	3022	7465	3553	9091	4564	12422	4826	13005	4007	9763	19972	51746
化学	7333	28038	9313	36660	10241	42657	13777	57961	13524	53857	54188	219173
天文学	257	828	313	996	324	977	487	1625	457	1550	1838	5976
地学	546	1727	777	2273	860	2798	942	2756	951	2137	4076	11691
生物学	2843	8266	3449	10579	4183	13179	5702	18035	5791	15313	21968	65372
预防医学与卫生学	59	149	124	266	180	551	204	444	193	405	760	1815
基础医学	811	2140	1025	2904	1778	5265	2064	6316	1984	5036	7662	21661
药物学	308	874	562	1465	953	2657	588	1780	523	1155	2934	7931
临床医学	1006	2669	1315	3438	1687	4453	2448	6500	2205	5046	8661	22106
中医学	88	209	5	19			8	14	4	5	105	247
军事医学与特种医学	33	61	7	11	80	193	9	22	82	190	211	477
农学	516	1463	419	995	677	1849	680	2023	699	1739	2991	8069
林学	13	28	30	71	38	85	40	61	31	55	152	300
畜牧、兽医	17	30	25	48	36	77	162	311	114	171	354	637
水产学	93	232	150	378	142	325	140	352	111	273	636	1560
测绘科学技术												
材料科学	1657	4424	2194	5857	3018	8253	2932	7564	2371	5476	12172	31574
工程与技术基础学科	251	853	21	35	55	146	294	541	183	330	804	1905
矿山工程技术	5	8	13	39	17	103	55	169	41	140	131	459
能源科学技术	123	361	170	590	266	823	409	1422	368	970	1336	4166
冶金、金属学	48	77	24	45	37	66	101	240	61	111	271	539
机械、仪表	168	386	239	472	247	503	271	537	280	459	1205	2357
动力与电气	5	9	8	9	4	12	6	37	2	2	25	69
核科学技术	28	79	60	163	47	89	116	282	32	47	283	660
电子、通信与自动控制	419	917	589	1284	755	1777	1056	2548	964	1883	3783	8409
计算技术	221	413	277	641	332	761	451	997	375	708	1656	3520
化工	441	1312	426	1298	743	2265	624	1850	567	1356	2801	8081
轻工、纺织			1	1			1	2			2	3
食品	76	225	106	245	318	907	166	416	155	284	821	2077

附表 20　SCI 2006—2010 光盘版收录的中国科技论文在 2011 年被引用情况按学科分布（续）

学科	2006		2007		2008		2009		2010		总计	
	篇	次	篇	次	篇	次	篇	次	篇	次	篇	次
土木建筑	46	111	54	111	55	111	92	188	63	132	310	653
水利	6	10	17	35	21	55	21	41	23	32	88	173
交通运输	2	5	1	1	2	4	1	1			6	11
航空航天	19	30	22	30	72	126	37	63	35	48	185	297
安全科学技术			3	3			2	3	1	1	6	7
环境科学	658	2289	821	2852	1124	4319	1642	5769	1522	4336	5767	19565
管理学	19	40	21	48	37	78	16	26	15	31	108	223
其他	1	4	6	14	5	8	25	53	3	4	40	83
合计	21749	66967	26985	84576	33967	109916	41695	136308	38429	114132	162825	511899

数据来源：SCI 2006—2011 光盘版。

附表 21 SCI 2006—2010 光盘版收录的中国科技论文在 2011 年被引用情况按地区分布

地区	2006		2007		2008		2009		2010		总计	
	篇	次	篇	次	篇	次	篇	次	篇	次	篇	次
北京	5144	16774	5869	19385	7124	25270	8287	28596	7533	23967	33957	113992
天津	691	2336	825	2721	1003	3187	1236	4573	1142	3470	4897	16287
河北	144	383	213	566	291	707	350	955	328	822	1326	3433
山西	147	419	207	533	248	660	319	841	289	607	1210	3060
内蒙古	12	22	23	55	44	90	56	111	68	141	203	419
辽宁	940	3047	1176	4190	1527	5522	1684	5750	1504	4780	6831	23289
吉林	870	3179	1048	3925	1267	4965	1476	6229	1336	5157	5997	23455
黑龙江	331	926	538	1578	787	2266	1122	3128	991	2511	3769	10409
上海	2907	9111	3336	11039	4239	14324	5058	17710	4677	14906	20217	67090
江苏	1710	5187	2211	6455	2874	8734	3888	12243	3607	10126	14290	42745
浙江	1323	3533	1662	4707	1935	5607	2259	6739	2123	6046	9302	26632
安徽	950	3167	1022	3551	1127	4496	1283	5068	1158	4246	5540	20528
福建	404	1465	571	2073	763	2864	879	3517	865	3228	3482	13147
江西	91	245	115	277	165	523	299	1132	263	694	933	2871
山东	819	2260	1118	3048	1406	3896	1781	5313	1725	4578	6849	19095
河南	231	739	307	847	407	1149	583	1646	581	1573	2109	5954
湖北	1264	3691	1598	4804	1855	6118	2282	7198	2000	5717	8999	27528
湖南	576	1585	720	1962	997	2827	1165	3491	1083	3065	4541	12930
广东	913	3055	1311	4493	1629	5190	2144	6932	2072	5901	8069	25571
广西	85	171	118	319	171	408	227	581	213	500	814	1979
海南	4	4	11	39	11	32	28	66	25	75	79	216
重庆	197	498	282	717	395	1100	672	1794	635	1535	2181	5644
四川	602	1505	844	2299	1176	3177	1478	4008	1358	3418	5458	14407
贵州	46	115	44	118	97	241	93	289	90	197	370	960
云南	164	447	197	534	270	700	364	970	331	736	1326	3387
西藏			1	4			2	7	3	5	6	16
陕西	635	1512	938	2263	1260	3218	1670	4044	1481	3515	5984	14552
甘肃	494	1430	609	1868	785	2372	879	3078	821	2354	3588	11102
青海	8	23	18	45	22	52	16	33	26	48	90	201
宁夏	6	12	3	5	10	18	7	9	14	31	40	75
新疆	42	126	51	154	68	159	108	257	81	171	350	867
不详			1	2	14	44			7	12	22	58
合计	21750	66967	26987	84576	33967	109916	41695	136308	38430	114132	162829	511899

数据来源：SCI 2006—2011 光盘版。

附表 22　SCI 2006—2010 光盘版收录的中国科技论文在 2011 年被引用次数较多的论文

第一作者	单位	来源	被引次数
Qin-JJ	BGI 深圳	NATURE 2010, Vol 464, Iss 7285, pp 59-U70	191
Xu-YX	清华大学	JOURNAL OF THE AMERICAN CHEMICAL SOCIETY 2008, Vol 130, Iss 18, pp 5856+	187
Tian-N	厦门大学	SCIENCE 2007, Vol 316, Iss 5825, pp 732-735	176
Ren-ZA	中国科学院物理研究所	CHINESE PHYSICS LETTERS 2008, Vol 25, Iss 6, pp 2215-2216	173
Chen-XH	中国科学技术大学	NATURE 2008, Vol 453, Iss 7196, pp 761-762	156
Lu-CH	福州大学	ANGEWANDTE CHEMIE-INTERNATIONAL EDITION 2009, Vol 48, Iss 26, pp 4785-4787	133
Chen-JW	华南理工大学	ACCOUNTS OF CHEMICAL RESEARCH 2009, Vol 42, Iss 11, pp 1709-1718	130
Wan-Y	复旦大学	CHEMICAL REVIEWS 2007, Vol 107, Iss 7, pp 2821-2860	123
Shan-CS	中国科学院研究生院	ANALYTICAL CHEMISTRY 2009, Vol 81, Iss 6, pp 2378-2382	121
Wang-XC	中国科学院物理研究所	SOLID STATE COMMUNICATIONS 2008, Vol 148, Iss 11-12, pp 538-540	120
Li-JF	厦门大学	NATURE 2010, Vol 464, Iss 7287, pp 392-395	119
Feng-XJ	中国科学院化学研究所	ADVANCED MATERIALS	109
Chen-GF	中国科学院物理研究所	PHYSICAL REVIEW LETTERS 2008, Vol 100, Iss 24, pp 7002-7002	106
Deng-Y	复旦大学	JOURNAL OF THE AMERICAN CHEMICAL SOCIETY 2008, Vol 130, Iss 1, pp 28+	104
Zhong-LS	中国科学院化学研究所	ADVANCED MATERIALS 2006,pp 2426+	102
Sun-CL	北京大学	CHEMICAL COMMUNICATIONS 2010, Vol 46, Iss 5, pp 677-685	98
Mai-HX	北京大学	JOURNAL OF THE AMERICAN CHEMICAL SOCIETY 2006, pp 6426-6436	97
Li-BJ	北京大学	SYNLETT 2008, Iss 7, pp 949-957	93
Xie-XW	中国科学院大连化学物理研究所	NATURE 2009, Vol 458, Iss 7239, pp 746-749	93
Fan-XB	天津大学	ADVANCED MATERIALS 2008, Vol 20, Iss 23, pp 4490-4493	90
Wang-KF	南京大学	ADVANCES IN PHYSICS 2009, Vol 58, Iss 4, pp 321-448	90

数据来源：SCI 2006—2011 光盘版。

附表 23　SCI 2006—2010 光盘版收录的中国科技论文在 2011 年被引用篇数居前 50 位的高等院校

排名	高等院校	被引篇数	被引次数
1	浙江大学	6520	19299
2	北京大学	4817	17654
3	清华大学	4650	17929
4	上海交通大学	4568	12555
5	复旦大学	4172	15803
6	南京大学	3425	12008
7	中国科学技术大学	3254	12553
8	四川大学	2942	8449
9	中山大学	2865	9786
10	山东大学	2739	7837
11	吉林大学	2674	8724
12	武汉大学	2450	8125
13	华中科技大学	2332	6153
14	哈尔滨工业大学	2318	6417
15	南开大学	2293	9001
16	兰州大学	1996	6632
17	大连理工大学	1964	6417
18	天津大学	1704	4775
19	西安交通大学	1701	4085
20	中南大学	1572	4134
21	中国农业大学	1570	4139
22	华东理工大学	1531	5730
23	厦门大学	1428	5861
24	华南理工大学	1364	4524
25	东南大学	1275	3856
26	苏州大学	1206	4098
27	北京师范大学	1161	3197
28	同济大学	1160	3176
29	北京化工大学	1149	3931
30	湖南大学	1145	4082
31	华东师范大学	1045	3324
32	东北师范大学	972	3954
33	上海大学	898	2507
34	第四军医大学	887	2199
35	南京农业大学	884	2306
36	西北工业大学	846	1815
37	第二军医大学	811	2367
38	中国海洋大学	801	2114
39	华中农业大学	783	2159
40	江南大学	751	2080
41	电子科技大学	740	1545
42	中国药科大学	709	1744
43	北京航空航天大学	701	1850
44	首都医科大学	687	1680
45	陕西师范大学	686	1788
46	北京理工大学	684	1728
47	北京科技大学	666	1677
48	郑州大学	652	1926
49	华中师范大学	640	2698
50	南京医科大学	636	1869

数据来源：SCI 2006—2011 光盘版。

附表 24 SCI 2006—2010 光盘版收录的中国科技论文在 2011 年被引用篇数居前 50 位的研究机构

排名	研究机构	被引篇数	被引次数	排名	研究机构	被引篇数	被引次数
1	中国科学院化学研究所	2076	12192	26	中国科学院大气物理研究所	336	980
2	中国科学院长春应用化学研究所	1693	9179	26	中国科学院国家天文台	331	1022
3	中国科学院大连化学物理研究所	1299	6325	28	中国工程物理研究院	309	647
4	中国科学院物理研究所	979	4324	29	中国科学院半导体研究所	308	732
5	中国科学院上海生命科学研究院	973	3438	30	中国科学院微生物研究所	283	714
6	中国科学院上海有机化学研究所	928	5153	31	中国科学院数学与系统科学研究院	281	740
7	中国科学院金属研究所	921	3891	32	中国科学院长春光学精密机械与物理研究所	276	754
8	中国科学院上海硅酸盐研究所	901	3178	33	中国科学院山西煤炭化学研究所	257	667
9	中国科学院生态环境研究中心	786	2985	34	中国科学院寒区旱区环境与工程研究所	256	529
10	中国科学院福建物质结构研究所	722	3144	35	中国科学院遗传与发育生物学研究所	254	965
11	中国科学院合肥物质科学研究院	690	3273	36	中国疾病预防控制中心	251	730
12	中国科学院兰州化学物理研究所	607	2308	37	中国科学院上海应用物理研究所	244	1301
13	军事医学科学院	573	1405	38	中国科学院生物物理研究所	234	839
14	中国科学院植物研究所	503	1552	39	中国科学院理论物理研究所	222	1200
15	中国科学院地质与地球物理研究所	458	1771	40	中国科学院地理科学与资源研究所	210	517
16	中国科学院广州地球化学研究所	457	1767	41	中国医学科学院基础医学研究所	200	611
17	中国科学院上海光学精密机械研究所	442	974	42	中国科学院南京土壤研究所	199	535
18	中国科学院高能物理研究所	431	1545	43	中国科学院力学研究所	194	449
19	中国科学院理化技术研究所	428	1652	44	中国科学院上海微系统与信息技术研究所	187	506
20	中国科学院过程工程研究所	418	1434	45	中国科学院南海海洋研究所	182	417
21	中国科学院海洋研究所	390	1218	45	中国医学科学院药物研究所	178	418
22	中国科学院动物研究所	387	1056	47	中国科学院地球化学研究所	176	543
22	中国科学院上海药物研究所	387	1073	48	中国科学院武汉物理与数学研究所	174	560
24	中国科学院水生生物研究所	365	917	49	中国科学院昆明动物研究所	171	466
25	中国科学院昆明植物研究所	352	818	50	中国科学院华南植物园	170	475

数据来源：SCI 2006—2011 光盘版。

附表 25　2002—2011 年 SCI 收录的中国科技论文中累积被引用次数超过 500 次的论文及作者

学科	累计被引次数	单位	作者	来源
生物学	1450	中国科学院遗传与发育生物学研究所	Yu, J; Hu, SN; Wang, J	SCIENCE 2002,296(5565):79-92
材料科学	1018	中国科学院化学研究所	Feng, L; Li, SH; Li, YS	ADVANCED MATERIALS2002,14(24):1857-1860
化学	939	清华大学	Wang, X; Zhuang, J; Peng, Q	NATURE 2005,437(7055):121-124
物理学	902	东华大学	He, JH	INTERNATIONAL JOURNAL OF MODERN PHYSICS B 2005,6(2):207-208
物理学	895	中国科学技术大学	Chen, XH; Wu, T; Wu, G	NATURE 2008,453(7196):761-762
物理学	776	中国科学院物理研究所	Ren, ZA; Lu, W; Yang, J	CHINESE PHYSICS LETTERS 2008,25(6): 2215-2216
化学	769	厦门大学	Tian, N; Zhou, ZY; Sun, SG	SCIENCE 2007,316(5825):732-735
物理学	765	中国科学院物理研究所	Wan, Q; Li, QH; Chen, YJ	APPLIED PHYSICS LETTERS 2004,84(18): 3654-3656
物理学	666	中国科学院物理研究所	Chen, GF; Li, Z; Wu, D	PHYSICAL REVIEW LETTERS 2008,100(24)
化学	665	北京大学	Zhao, DB; Wu, M; Kou, Y	CATALYSIS TODAY 2002,74(1-2):157-189
化学	655	中国科学院国家纳米科学中心	Sun, TL; Feng, L; Gao, XF	ACCOUNTS OF CHEMICAL RESEARCH 2005, 8(38):644-652
物理学	628	清华大学	Nan, CW; Bichurin, MI; Dong, SX	JOURNAL OF APPLIED PHYSICS 2008, 103(3)
基础医学	622	汕头大学	Li, KS; Guan, Y; Wang, J	NATURE 2004,430(6996):209-213
化学	596	中山大学	Ye, BH; Tong, ML; Chen, XM	COORDINATION CHEMISTRY REVIEWS 2005,249(5-6):545-565
化学	591	清华大学	Xu, YX; Bai, H; Lu, GW	JOURNAL OF THE AMERICAN CHEMICAL SOCIETY 2008,130(18):5856
数学	591	中国科学院数学与系统科学院	Lu, JH; Chen, GR	INTERNATIONAL JOURNAL OF BIFURCATION AND CHAOS 2002,12(3):659-661
生物学	588	中国科学院生物物理研究所	Liu, ZF; Yan, HC; Wang, KB	NATURE 2004,428(6980):287-292
生物学	579	华大基因(深圳)	Qin, JJ; Li, RQ; Raes, J	NATURE 2010,464(7285):59-U70
化学	576	北京大学	Wang, JX; Li, MX; Shi, ZJ	ANALYTICAL CHEMISTRY 2002,74(9):1993-1997
物理学	561	中国科学院高能物理研究所	Feng, B; Wang, XL; Zhang, XM	PHYSICS LETTERS B 2005,607(1-3):35-41

附表 25　2002—2011 年 SCI 收录的中国科技论文中累积被引用次数超过 500 次的论文及作者
（续）

学科	累计被引次数	单位	作者	来源
化学	559	复旦大学	Wan, Y; Zhao, DY	CHEMICAL REVIEWS 2007,107(7):2821-2860
化学	556	中国科学院化学研究所	Gao, X; Jiang, L	NATURE 2004,432(7013):36-36
冶金、金属学	555	中国科学院金属研究所	Gao, XF; Jiang, L	SCIENCE 2004,304(5669):422-426
数学	537	清华大学	Lu, L; Shen, YF; Chen, XH	IEEE TRANSACTIONS ON FUZZY SYSTEMS 2002,10(4):445-450
化学	536	中国科学院大连化学物理研究所	Liu, BD; Liu, YK	JOURNAL OF PHYSICAL CHEMISTRY B 2003,107(26):6292-6299
工程与技术基础学科	528	东华大学	Li, WZ; Liang, CH; Zhou, WJ	INTERNATIONAL JOURNAL OF NONLINEAR SCIENCES AND NUMERICA 2005,6(2):207-208
化学	512	清华大学	He, JH	JOURNAL OF THE AMERICAN CHEMICAL SOCIETY 2002,124(12):2880-2881
生物学	510	厦门大学	Wang, X; Li, YD	JOURNAL OF CELLULAR AND MOLECULAR MEDICINE 2005,9(1):59-71
物理学	504	中国科学院物理研究所	Song, G; Ouyang, GL; Bao, SD	EPL 2008,83(4)
化学	504	中国科学院化学研究所	Ding, H; Richard, P; Nakayama, K	ADVANCED MATERIALS 2006,18(23):3063-3078

注：统计截至 2012 年 8 月，作者最多列出前 3 位。

附表 26 2011 年 CSTPCD 收录的中国科技论文按学科分布

学科	论文数（篇）	所占比例（%）	排名
数学	7354	1.39	21
力学	2297	0.43	35
信息、系统科学	2450	0.46	33
物理学	6686	1.26	24
化学	12088	2.28	15
天文学	365	0.07	39
地学	12879	2.43	14
生物学	14926	2.82	10
预防医学与卫生学	20075	3.79	5
基础医学	19018	3.59	6
药物学	15848	2.99	9
临床医学	152601	28.79	1
中医学	24620	4.64	3
军事医学与特种医学	3537	0.67	30
农学	22239	4.20	4
林学	3854	0.73	29
畜牧、兽医	6693	1.26	23
水产学	1823	0.34	36
测绘科学技术	3028	0.57	32
材料科学	7311	1.38	22
工程与技术基础学科	3971	0.75	28
矿山工程技术	4792	0.90	26
能源科学技术	5488	1.04	25
冶金、金属学	11923	2.25	16
机械、仪表	11284	2.13	17
动力与电气	10453	1.97	18
核科学技术	993	0.19	38
电子、通信与自动控制	18351	3.46	8
计算技术	35309	6.66	2
化工	13481	2.54	11
轻工、纺织	2331	0.44	34
食品	7485	1.41	20
土木建筑	13255	2.50	12
水利	3157	0.60	31
交通运输	10011	1.89	19
航空航天	4618	0.87	27
安全科学技术	104	0.02	40
环境科学	13247	2.50	13
管理学	1588	0.30	37
其他	18554	3.50	7
总计	530087	100.00	

数据来源：CSTPCD 2011。

附表 27 2011 年 CSTPCD 收录的中国科技论文按地区分布

地区	论文数（篇）	所占比例（%）	排名
北京	68281	12.88	1
天津	12879	2.43	17
河北	18622	3.51	13
山西	7735	1.46	23
内蒙古	3497	0.66	27
辽宁	20430	3.85	11
吉林	9248	1.74	20
黑龙江	13601	2.57	16
上海	31803	6.00	4
江苏	49769	9.39	2
浙江	26237	4.95	6
安徽	14154	2.67	14
福建	9622	1.82	19
江西	6836	1.29	25
山东	24663	4.65	8
河南	21119	3.98	10
湖北	25139	4.74	7
湖南	18678	3.52	12
广东	36271	6.84	3
广西	10380	1.96	18
海南	2946	0.56	28
重庆	13860	2.61	15
四川	21537	4.06	9
贵州	5501	1.04	26
云南	7828	1.48	22
西藏	246	0.05	31
陕西	27165	5.12	5
甘肃	8669	1.64	21
青海	1283	0.24	30
宁夏	2065	0.39	29
新疆	7038	1.33	24
不详	2985	0.56	
总计	530087	100.00	

数据来源：CSTPCD 2011。

附表 28 2011 年 CSTPCD 收录的中国科技论文分学科按地区分布（篇）

学科	北京	天津	河北	山西	内蒙古	辽宁	吉林	黑龙江	上海	江苏	浙江
数学	504	105	250	165	138	231	152	172	368	601	274
力学	354	41	51	39	18	148	32	104	197	218	88
信息、系统科学	386	62	28	12	3	164	11	78	174	270	73
物理学	906	177	204	129	78	202	224	122	417	503	239
化学	1204	353	319	277	80	584	432	290	661	963	650
天文学	98	0	4	5	1	4	5	2	34	57	6
地学	3369	237	339	73	55	302	318	283	332	997	296
生物学	1657	310	328	207	210	501	379	430	938	1295	665
预防医学与卫生学	3218	439	747	303	103	479	207	292	1390	1511	1609
基础医学	2172	513	726	201	130	834	327	315	1132	1492	1154
药物学	2026	390	572	256	79	819	168	206	964	1544	1214
临床医学	17333	3802	7819	2061	950	4707	2327	2301	10535	14857	9014
中医学	3162	817	1016	232	121	858	477	966	1296	2152	1371
军事医学与特种医学	711	104	130	43	30	102	26	29	291	367	144
农学	2087	156	677	658	213	936	488	764	315	1989	817
林学	676	6	112	56	38	72	53	243	24	267	325
畜牧、兽医	677	48	174	95	193	155	357	375	112	661	203
水产学	65	18	20	2	4	85	18	87	272	182	101
测绘科学技术	371	69	32	22	10	133	39	82	93	276	58
材料科学	1005	168	127	129	105	478	64	204	493	572	243
工程与技术基础学科	516	105	80	62	9	215	70	125	278	361	216
矿山工程技术	744	18	162	292	71	282	36	70	43	738	24
能源科学技术	1330	165	197	11	6	358	61	574	64	155	64
冶金、金属学	1399	187	380	217	131	1145	123	355	640	994	341
机械、仪表	1151	211	391	282	47	563	276	326	677	1359	531
动力与电气	1752	327	442	101	73	294	204	293	814	846	411
核科学技术	272	7	2	22	0	5	4	47	88	28	16
电子、通信与自动控制	2442	475	552	231	31	460	415	579	1057	1905	649
计算技术	4041	737	976	494	141	1549	601	1241	1962	3691	1479
化工	1460	469	286	311	78	815	238	381	840	1374	656
轻工、纺织	200	109	31	10	5	71	15	39	199	353	282
食品	557	180	124	90	64	278	177	391	246	837	378
土木建筑	1965	430	263	117	57	440	101	533	1486	1319	687
水利	384	106	53	36	17	138	23	20	58	433	126
交通运输	1318	398	177	90	29	451	247	268	976	823	307
航空航天	1322	65	27	20	1	116	93	257	150	511	23
安全科学技术	24	2	3	0	1	2	4	4	9	8	1
环境科学	2166	589	319	166	94	610	204	282	851	1577	558
管理学	223	58	25	7	9	111	16	35	120	139	62
其他	3034	426	457	211	74	733	236	436	1207	1544	882
合计	68281	12879	18622	7735	3497	20430	9248	13601	31803	49769	26237

附表 28 CSTPCD 2011 收录的中国科技论文的分学科按地区分布（篇）(续)

学科	安徽	福建	江西	山东	河南	湖北	湖南	广东	广西	海南	重庆
数学	291	210	185	426	417	304	273	333	154	20	200
力学	81	15	25	79	46	111	110	68	17	1	42
信息、系统科学	82	25	20	97	41	83	277	101	15	2	90
物理学	370	129	107	324	200	261	257	264	66	6	137
化学	360	335	246	659	546	446	442	653	259	36	242
天文学	12	4	1	10	12	5	10	8	5	1	4
地学	278	200	120	787	249	596	236	551	157	28	120
生物学	338	459	216	881	489	578	449	1032	248	126	420
预防医学与卫生学	399	362	260	867	611	1193	519	1708	503	125	613
基础医学	675	385	263	852	543	838	627	1957	401	128	869
药物学	425	292	168	729	548	910	504	1270	310	94	462
临床医学	4592	2772	1697	6758	6381	7517	4224	14508	4267	1342	3920
中医学	450	340	299	1353	1396	908	895	2109	716	98	392
军事医学与特种医学	81	80	17	192	144	132	65	248	86	17	85
农学	390	646	334	1261	1282	804	696	750	557	424	434
林学	73	119	61	69	97	54	254	128	132	79	32
畜牧、兽医	132	115	71	384	391	162	138	293	160	24	125
水产学	16	75	14	291	28	91	19	192	72	11	30
测绘科学技术	32	63	47	120	310	500	136	148	49	1	51
材料科学	186	123	152	279	240	311	332	338	75	11	214
工程与技术基础学科	136	41	80	143	160	225	192	157	28	9	64
矿山工程技术	220	32	95	255	389	153	273	44	46	0	124
能源科学技术	22	11	6	741	142	175	9	135	3	5	34
冶金、金属学	312	127	290	578	575	510	677	435	113	4	337
机械、仪表	314	129	137	524	480	533	384	385	135	8	315
动力与电气	248	102	75	361	330	681	423	618	98	15	401
核科学技术	56	7	13	5	4	56	26	35	2	0	16
电子、通信与自动控制	613	256	183	552	589	922	977	708	201	10	641
计算技术	1243	599	433	1387	1405	1636	1988	1697	515	61	1083
化工	280	214	306	813	486	494	407	894	192	69	154
轻工、纺织	50	51	11	97	140	31	62	141	21	2	21
食品	207	144	170	373	460	274	203	743	136	47	226
土木建筑	194	254	111	500	405	743	510	905	123	16	345
水利	43	34	43	76	182	478	52	119	52	2	42
交通运输	125	137	89	261	236	780	688	470	66	8	479
航空航天	33	9	33	137	88	54	224	17	3	0	10
安全科学技术	1	2	1	5	6	5	4	2	3	0	3
环境科学	272	322	161	714	367	479	411	813	147	31	327
管理学	41	34	17	48	24	112	49	138	19	3	42
其他	481	368	279	675	680	994	656	1156	228	82	714
合计	14154	9622	6836	24663	21119	25139	18678	36271	10380	2946	13860

附表 28 CSTPCD 2011 收录的中国科技论文分学科按地区分布（篇）（续）

学科	四川	贵州	云南	西藏	陕西	甘肃	青海	宁夏	新疆	不详	合计
数学	287	107	69	0	703	247	23	43	92	10	7354
力学	102	5	12	0	236	34	0	13	4	6	2297
信息、系统科学	86	10	4	0	248	7	0	0	0	1	2528
物理学	545	58	57	0	451	156	2	2	65	28	6686
化学	619	152	168	3	561	258	49	47	157	37	12088
天文学	10	4	33	0	17	2	0	0	6	5	365
地学	765	206	227	8	657	554	92	35	361	51	12879
生物学	462	210	462	15	668	386	61	74	353	79	14926
预防医学与卫生学	753	162	295	17	429	283	87	139	312	140	20075
基础医学	625	223	355	6	499	220	34	99	304	119	19018
药物学	624	222	173	7	394	159	36	61	182	40	162
临床医学	5627	1328	2178	82	3978	1641	377	806	2143	757	168279
中医学	880	414	299	6	670	428	62	130	256	51	24620
军事医学与特种医学	110	19	56	5	97	27	4	11	57	27	3537
农学	649	795	695	33	1357	663	107	178	948	136	22239
林学	81	93	312	9	209	77	10	14	73	6	3854
畜牧、兽医	293	167	144	17	263	354	78	48	241	43	6693
水产学	26	28	9	0	24	1	4	2	10	26	1823
测绘科学技术	100	11	36	2	134	53	3	11	28	8	3028
材料科学	391	39	171	1	692	116	4	7	19	22	7446
工程与技术基础学科	138	13	31	1	391	72	2	8	17	26	3971
矿山工程技术	109	63	127	2	231	54	11	27	24	33	4792
能源科学技术	538	1	5	0	325	115	2	3	197	34	5488
冶金、金属学	496	100	224	0	826	235	16	30	43	83	11923
机械、仪表	524	55	87	2	1114	211	6	15	50	62	11284
动力与电气	389	40	114	2	672	117	18	31	64	97	3608
核科学技术	177	1	2	0	53	38	0	1	6	4	993
电子、通信与自动控制	1296	56	114	2	2048	176	4	23	74	110	25053
计算技术	1551	233	303	4	3265	575	39	64	218	98	35309
化工	544	133	158	0	818	256	44	32	125	154	13481
轻工、纺织	82	16	57	1	162	10	3	2	10	47	2331
食品	375	98	111	7	294	117	23	19	101	35	7485
土木建筑	354	55	137	1	749	216	14	12	65	148	13255
水利	168	9	92	2	201	34	20	13	96	5	3157
交通运输	522	60	75	2	710	171	3	4	16	25	10011
航空航天	131	7	4	0	1185	35	0	1	0	62	4618
安全科学技术	3	0	1	0	6	3	0	0	0	1	104
环境科学	466	134	167	2	574	238	18	17	118	53	13247
管理学	63	1	16	1	127	7	2	2	18	19	486
其他	576	173	248	6	1127	323	25	41	185	297	19594
合计	21537	5501	7828	246	27165	8669	1283	2065	7038	2985	530087

数据来源：CSTPCD 2011。

附表 29 2011 年 CSTPCD 收录的中国科技论文分地区按机构分布（篇）

地区	高等院校	研究机构	医疗机构*	企业	其他	合计
北京	34186	16696	11136	2761	3502	68281
天津	8711	1157	1858	731	422	12879
河北	9292	1158	6542	762	868	18622
山西	4738	768	1435	532	262	7735
内蒙古	2504	253	445	183	112	3497
辽宁	15337	1544	1697	1017	835	20430
吉林	6711	1346	752	200	239	9248
黑龙江	10864	1134	705	583	315	13601
上海	23919	2702	2410	1673	1099	31803
江苏	34641	3613	8657	1475	1383	49769
浙江	13313	2350	8409	829	1336	26237
安徽	10113	901	2259	468	413	14154
福建	6192	1049	1675	243	463	9622
江西	4850	501	1051	196	238	6836
山东	15046	2538	4658	1381	1040	24663
河南	12372	1694	4973	1230	850	21119
湖北	16760	2199	4547	890	743	25139
湖南	13946	891	2810	559	472	18678
广东	20996	3037	8956	1592	1690	36271
广西	5772	1162	2752	199	495	10380
海南	1059	532	1174	37	144	2946
重庆	10919	746	1488	399	308	13860
四川	13985	2715	3585	712	540	21537
贵州	3371	822	800	232	276	5501
云南	4391	1285	1390	335	427	7828
西藏	107	30	90	3	16	246
陕西	21352	1964	2028	999	822	27165
甘肃	4950	1707	1384	240	388	8669
青海	379	323	341	69	171	1283
宁夏	1222	169	416	92	166	2065
新疆	3835	1083	1350	309	461	7038
不详	74	91	20	233	2567	2985
总计	335907	58160	91793	21164	23063	530087

*此处医院的数据不包含高等院校所属医院数据。

数据来源：CSTPCD 2011。

附表 30 2011 年 CSTPCD 收录的中国科技论文分学科按机构分布（篇）

学科	高等院校	研究机构	医疗机构*	企业	其他	合计
数学	7093	160	4	20	77	7354
力学	1995	236	0	29	37	2297
信息、系统科学	2274	133	0	14	29	2450
物理学	5516	1062	3	27	78	6686
化学	9504	1700	30	264	590	12088
天文学	190	159	0	3	13	365
地学	6099	4217	13	437	2113	12879
生物学	11061	2959	362	127	417	14926
预防医学与卫生学	8544	3806	5811	115	1799	20075
基础医学	12705	1710	3949	101	553	19018
药物学	8577	909	5029	279	1054	15848
临床医学	76956	3923	67476	240	4006	152601
中医学	15543	1427	6547	289	814	24620
军事医学与特种医学	1663	235	1440	16	183	3537
农学	12404	7316	6	436	2077	22239
林学	2344	1065	1	23	421	3854
畜牧、兽医	4527	1430	41	233	462	6693
水产学	1077	631	2	22	91	1823
测绘科学技术	1839	668	1	144	376	3028
材料科学	5884	989	3	350	85	7311
工程与技术基础学科	3155	509	16	181	110	3971
矿山工程技术	2867	624	2	1189	110	4792
能源科学技术	2737	1412	0	1224	115	5488
冶金、金属学	8145	1193	4	2302	279	11923
机械、仪表	8347	1133	305	1117	382	11284
动力与电气	7464	1315	7	1250	417	10453
核科学技术	474	412	6	73	28	993
电子、通信与自动控制	14134	2750	15	889	563	18351
计算技术	30864	2559	155	874	857	35309
化工	9761	1634	49	1547	490	13481
轻工、纺织	1578	199	4	383	167	2331
食品	5758	864	4	504	355	7485
土木建筑	9155	1445	3	2105	547	13255
水利	1794	767	0	295	301	3157
交通运输	6082	1086	5	2347	491	10011
航空航天	3299	924	1	159	235	4618
安全科学技术	70	17	0	2	15	104
环境科学	8843	2639	7	686	1072	13247
管理学	1261	73	163	33	58	1588
其他	14324	1870	329	835	1196	18554
合计	335907	58160	91793	21164	23063	530087

*此处医院的数据不包含高等院校所属医院数据。

数据来源：CSTPCD 2011。

附表 31 2011 年 CSTPCD 收录各学科科技论文的引用文献情况

学科	论文数（A）	引文数（B）	B/A	中文引文数（C）	C/A	外文引文数（D）	D/A
数学	7354	83438	11.35	25132	3.42	58306	7.93
力学	2297	31927	13.90	12832	5.59	19095	8.31
信息、系统科学	2450	35280	14.40	10740	4.38	24540	10.02
物理学	6686	121424	18.16	15724	2.35	105700	15.81
化学	12088	232764	19.26	42280	3.50	190484	15.76
天文学	365	10673	29.24	829	2.27	9844	26.97
地学	12879	296123	22.99	161340	12.53	134783	10.47
生物学	14926	329140	22.05	100142	6.71	228998	15.34
预防医学与卫生学	20075	172928	8.61	111729	5.57	61199	3.05
基础医学	19018	278133	14.62	80660	4.24	197473	10.38
药物学	15848	175856	11.10	78337	4.94	97519	6.15
临床医学	152601	1695812	11.11	670214	4.39	1025598	6.72
中医学	24620	226455	9.20	167547	6.81	58908	2.39
军事医学与特种医学	3537	39445	11.15	15700	4.44	23745	6.71
农学	22239	359998	16.19	225933	10.16	134065	6.03
林学	3854	74057	19.22	44971	11.67	29086	7.55
畜牧、兽医	6693	101496	15.16	45927	6.86	55569	8.30
水产学	1823	39555	21.70	19951	10.94	19604	10.75
测绘科学技术	3028	29030	9.59	19147	6.32	9883	3.26
材料科学	7311	110547	15.12	50456	6.90	60091	8.22
工程与技术基础学科	3971	50932	12.83	24790	6.24	26142	6.58
矿山工程技术	4792	41643	8.69	33716	7.04	7927	1.65
能源科学技术	5488	63907	11.64	48175	8.78	15732	2.87
冶金、金属学	11923	111180	9.32	66165	5.55	45015	3.78
机械、仪表	11284	92170	8.17	61742	5.47	30428	2.70
动力与电气	10453	126302	12.08	73760	7.06	52542	5.03
核科学技术	993	9213	9.28	4751	4.78	4462	4.49
电子、通信与自动控制	18351	199633	10.88	92521	5.04	107112	5.84
计算技术	35309	392251	11.11	179915	5.10	212336	6.01
化工	13481	171383	12.71	95114	7.06	76269	5.66
轻工、纺织	2331	23979	10.29	16469	7.07	7510	3.22
食品	7485	102251	13.66	62233	8.31	40018	5.35
土木建筑	13255	127831	9.64	87777	6.62	40054	3.02
水利	3157	30595	9.69	23344	7.39	7251	2.30
交通运输	10011	90091	9.00	64300	6.42	25791	2.58
航空航天	4618	48662	10.54	22371	4.84	26291	5.69
安全科学技术	104	1392	13.38	961	9.24	431	4.14
环境科学	13247	220640	16.66	115934	8.75	104706	7.90
管理学	1588	22560	14.21	10779	6.79	11781	7.42
其他	18554	215368	11.61	139291	7.51	76077	4.10

数据来源：CSTPCD 2011。

附表 32 2011 年 CSTPCD 收录科技论文数居前 50 位的高等院校

排名	单位名称	论文数（篇）	排名	单位名称	论文数（篇）
1	上海交通大学	7545	26	南方医科大学	2214
2	首都医科大学	5760	27	西安交通大学	2139
3	北京大学	4439	28	中国矿业大学	2094
4	中南大学	4363	29	国防科学技术大学	2044
5	中山大学	4298	30	南京中医药大学	2030
6	华中科技大学	4132	31	江苏大学	2027
7	四川大学	3923	32	中国石油大学	1971
8	浙江大学	3851	33	第二军医大学	1955
9	西北工业大学	3676	34	西北农林科技大学	1942
10	同济大学	3561	35	第三军医大学	1921
11	吉林大学	3359	36	河北医科大学	1887
12	复旦大学	3260	37	南京航空航天大学	1884
13	南京大学	2963	38	北京航空航天大学	1874
14	重庆大学	2861	39	东南大学	1812
15	武汉大学	2819	40	哈尔滨医科大学	1763
16	郑州大学	2730	41	南京医科大学	1724
17	中国医科大学	2690	42	广西医科大学	1692
18	安徽医科大学	2689	43	大连理工大学	1670
19	华南理工大学	2675	44	第四军医大学	1655
20	清华大学	2657	45	温州医学院	1619
21	重庆医科大学	2653	46	天津大学	1610
22	天津医科大学	2457	47	中国地质大学	1590
23	山东大学	2394	48	南昌大学	1589
24	哈尔滨工业大学	2348	49	暨南大学	1542
25	苏州大学	2330	50	广州中医药大学	1476

数据来源： CSTPCD 2011。

附表 33　2011 年 CSTPCD 收录科技论文数居前 50 位的研究机构

排名	单位名称	论文数（篇）	排名	单位名称	论文数（篇）
1	中国中医科学院	1466	26	钢铁研究总院	203
2	军事医学科学院	981	27	浙江省农业科学院	202
3	中国疾病预防控制中心	942	28	中国环境科学研究院	189
4	中国工程物理研究院	882	29	中国科学院地球化学研究所	188
5	中国林业科学研究院	732	30	中国科学院南京土壤研究所	187
6	中国水产科学研究院	654	30	中国科学院海洋研究所	187
7	中国科学院长春光学精密机械与物理研究所	558	32	西北核技术研究所	183
8	中国科学院地理科学与资源研究所	509	32	煤炭科学研究总院	183
9	江苏省农业科学院	462	34	广西壮族自治区农业科学院	178
10	中国热带农业科学院	455	35	广东省医学科学院	177
11	山西省农业科学院	360	35	长江科学院	177
12	山东省农业科学院	356	37	湖北省农业科学院	174
13	福建省农业科学院	336	38	中国地质科学院地质研究所	173
14	中国科学院寒区旱区环境与工程研究所	329	39	河南省农业科学院	172
15	云南省农业科学院	285	40	浙江省疾病预防控制中心	170
16	中国科学院合肥物质科学研究院	278	40	中国医学科学院药用植物研究所	170
17	中国科学院地质与地球物理研究所	274	42	新疆农业科学院	167
18	中国石油勘探开发研究院	266	43	军事医学科学院放射与辐射医学研究所	166
19	中国科学院新疆生态与地理研究所	239	44	中国科学院大气物理研究所	165
19	中国水利水电科学研究院	239	44	四川省农业科学院	165
21	中国电力科学研究院	233	46	国网电力科学研究院	164
22	中国科学院生态环境研究中心	227	47	中国农业科学院植物保护研究所	161
23	中国科学院电子学研究所	223	47	首都儿科研究所	161
24	北京市农林科学院	208	49	中国科学院南海海洋研究所	157
25	广东省农业科学院	207	50	中国石化石油勘探开发研究院	156

数据来源：CSTPCD 2011。

附表34 2011年CSTPCD收录科技论文数居前50位的医疗机构

排名	单位名称	论文数（篇）	排名	单位名称	论文数（篇）
1	解放军总医院	2565	26	上海交通大学医学院附属仁济医院	701
2	北京协和医院	1296	27	吉林大学第一医院	699
3	四川大学华西医院	1248	28	北京大学第一医院	673
4	南京医科大学第一附属医院	1241	29	北京大学第三医院	649
5	华中科技大学附属同济医院	1134	29	中南大学湘雅二医院	649
6	南京军区南京总医院	1101	31	北京大学人民医院	648
7	郑州大学第一附属医院	1001	31	南京大学医学院附属鼓楼医院	648
7	南方医科大学附属南方医院	1001	33	苏州大学第一附属医院	644
9	中国医科大学附属盛京医院	972	34	温州医学院第一附属医院	629
10	上海交通大学医学院附属瑞金医院	956	35	广州中医药大学第二附属医院	625
11	中国医科大学附属第一医院	905	36	首都医科大学附属北京安贞医院	616
12	重庆医科大学附属第一医院	881	37	天津医科大学总医院	615
13	安徽医科大学第一附属医院	868	38	上海交通大学医学院附属第九人民医院	612
14	武汉大学人民医院	856	39	新疆医科大学第一附属医院	609
15	北京军区总医院	830	40	复旦大学附属中山医院	598
16	首都医科大学宣武医院	807	41	第三军医大学西南医院	597
17	中山大学附属第一医院	788	42	上海市第一人民医院	589
18	上海市第六人民医院	779	43	中南大学湘雅医院	588
19	第二军医大学第一附属医院	774	44	广州军区广州总医院	583
20	广西医科大学第一附属医院	761	45	首都医科大学附属北京同仁医院	581
21	青岛大学医学院附属医院	753	46	第二军医大学长征医院	542
22	安徽省立医院	747	47	中山大学附属第三医院	538
23	第四军医大学西京医院	746	48	南京军区福州总医院	535
24	华中科技大学附属协和医院	727	49	哈尔滨医科大学附属第二医院	529
25	首都医科大学附属北京友谊医院	718	50	温州医学院第二附属医院	522

数据来源：CSTPCD 2011。

附表 35 2011 年 CSTPCD 收录科技论文数居前 30 位的农林牧渔类高等院校

排名	单位名称	论文数（篇）	排名	单位名称	论文数（篇）
1	西北农林科技大学	1163	16	安徽农业大学	280
2	南京农业大学	705	17	云南农业大学	266
3	中国农业大学	668	18	福建农林大学	265
4	沈阳农业大学	576	19	吉林农业大学	260
5	河南农业大学	561	19	新疆农业大学	248
6	东北农业大学	531	21	山西农业大学	237
7	山东农业大学	515	22	南京林业大学	235
8	四川农业大学	466	23	内蒙古农业大学	230
9	北京林业大学	449	24	中南林业科技大学	222
10	河北农业大学	406	25	青岛农业大学	217
11	华南农业大学	392	26	上海海洋大学	207
12	湖南农业大学	348	27	浙江农林大学	180
13	华中农业大学	346	28	江西农业大学	153
14	甘肃农业大学	299	29	西南林业大学	133
15	东北林业大学	286	30	中国海洋大学	103

数据来源： CSTPCD 2011。

附表 36 2011 年 CSTPCD 收录科技论文数居前 30 位的师范类高等院校

排名	单位名称	论文数（篇）	排名	单位名称	论文数(篇）
1	陕西师范大学	856	16	湖南师范大学	277
2	北京师范大学	718	17	华中师范大学	217
3	华东师范大学	588	18	内蒙古师范大学	211
4	福建师范大学	531	19	东北师范大学	206
5	西北师范大学	480	20	四川师范大学	196
6	南京师范大学	454	21	河北师范大学	193
7	河南师范大学	452	22	广西师范大学	189
8	华南师范大学	414	22	江西师范大学	189
9	浙江师范大学	391	24	信阳师范学院	186
10	山东师范大学	389	25	徐州师范大学	184
11	贵州师范大学	321	26	渭南师范学院	181
12	辽宁师范大学	321	27	杭州师范大学	174
13	首都师范大学	311	28	云南师范大学	172
14	安徽师范大学	301	29	西华师范大学	165
15	上海师范大学	285	30	哈尔滨师范大学	151

数据来源： CSTPCD 2011。

附表 37 2011 年 CSTPCD 收录科技论文数居前 30 位的医药学类高等院校

排名	单位名称	论文数（篇）	排名	单位名称	论文数（篇）
1	首都医科大学	5824	16	上海中医药大学	1446
2	南京医科大学	3361	17	新疆医科大学	1292
3	中国医科大学	2747	18	昆明医学院	1257
4	安徽医科大学	2584	19	北京中医药大学	1240
5	重庆医科大学	2498	20	山西医科大学	1225
6	南方医科大学	2463	21	广州中医药大学	1176
7	天津医科大学	2100	22	天津中医药大学	1138
8	第三军医大学	2060	23	湖北医药学院	986
9	河北医科大学	2006	24	山东中医药大学	943
10	温州医学院	1895	25	浙江中医药大学	927
11	南京中医药大学	1842	26	徐州医学院	827
12	第二军医大学	1841	27	大连医科大学	822
13	哈尔滨医科大学	1788	28	黑龙江中医药大学	815
14	第四军医大学	1577	29	河南中医学院	770
15	广西医科大学	1559	30	辽宁中医药大学	758

数据来源：CSTPCD 2011。

附表 38　2011 年 CSTPCD 收录科技论文数居前 50 位的城市

排名	地区	论文数（篇）	排名	地区	论文数（篇）
1	北京	67289	26	深圳	4845
2	上海	31106	27	南昌	4466
3	南京	23828	28	乌鲁木齐	4439
4	广州	20943	29	贵阳	3937
5	西安	20285	30	无锡	3536
6	武汉	18038	31	徐州	3464
7	成都	14047	32	苏州	3218
8	重庆	13551	33	保定	2500
9	长沙	13269	34	镇江	2483
10	天津	12628	35	厦门	2273
11	杭州	12174	36	唐山	2224
12	沈阳	10314	37	洛阳	2126
13	哈尔滨	10292	38	呼和浩特	2115
14	郑州	9953	39	宁波	2099
15	合肥	8528	40	海口	2014
16	兰州	7108	41	桂林	1997
17	长春	7029	42	杨凌	1949
18	青岛	6868	43	常州	1927
19	济南	6859	44	绵阳	1908
20	昆明	6071	45	温州	1816
21	大连	5886	46	大庆	1775
22	石家庄	5869	47	扬州	1747
23	太原	5210	48	烟台	1743
24	南宁	5114	49	银川	1633
25	福州	4880	50	新乡	1563

数据来源：CSTPCD 2011。

附表 39　2011 年 CSTPCD 统计科技论文被引用次数居前 50 位的高等院校

排名	单位名称	被引用次数	排名	单位名称	被引用次数
1	上海交通大学	31608	26	中国石油大学	9854
2	北京大学	30992	27	天津大学	9761
3	浙江大学	28733	28	东南大学	9328
4	华中科技大学	22650	29	南方医科大学	9094
5	清华大学	21675	30	重庆大学	8957
6	中山大学	21126	31	中国医科大学	8122
7	首都医科大学	20704	32	大连理工大学	7624
8	中南大学	19373	33	北京航空航天大学	7574
9	复旦大学	18101	34	中国矿业大学	7506
10	四川大学	17962	35	重庆医科大学	7452
11	南京大学	16900	36	第四军医大学	7394
12	同济大学	16093	37	南京医科大学	7225
13	武汉大学	13315	38	国防科学技术大学	7037
14	吉林大学	13060	39	安徽医科大学	6686
15	西安交通大学	12477	40	南京航空航天大学	6297
16	哈尔滨工业大学	12261	41	郑州大学	6221
17	山东大学	12036	42	电子科技大学	6119
18	第二军医大学	11083	43	天津医科大学	6107
19	中国农业大学	11036	44	河北医科大学	6104
20	南京农业大学	10862	45	苏州大学	6091
21	西北农林科技大学	10719	46	北京师范大学	6011
22	中国地质大学	10628	47	东北大学	5859
23	第三军医大学	10209	48	暨南大学	5835
24	西北工业大学	10106	49	山东农业大学	5679
25	华南理工大学	9886	50	兰州大学	5589

数据来源： CSTPCD 2011。

附表 40 2011 年 CSTPCD 统计科技论文被引用次数居前 50 位的研究机构

排名	单位名称	被引次数	排名	单位名称	被引次数
1	中国科学院地理科学与资源研究所	7893	26	中国农业科学院作物科学研究所	1813
2	中国科学院寒区旱区环境与工程研究所	5494	27	中国科学院地球化学研究所	1809
3	中国科学院地质与地球物理研究所	5055	28	江苏省农业科学院	1783
4	中国疾病预防控制中心	4991	29	中国科学院水土保持与生态环境研究中心	1763
5	中国林业科学研究院	4234	30	中国地质科学院矿产资源研究所	1708
6	中国中医科学院	4092	31	中国科学院水生生物研究所	1589
7	中国科学院生态环境研究中心	3997	32	中国地震局地质研究所	1453
8	军事医学科学院	3794	33	中国科学院遥感应用研究所	1422
9	中国水产科学研究院	3788	34	中国水利水电科学研究院	1422
10	中国科学院南京土壤研究所	3612	35	中国热带农业科学院	1342
11	中国科学院沈阳应用生态研究所	3330	36	中国科学院合肥物质科学研究院	1265
12	中国石油勘探开发研究院	3296	37	中国科学院华南植物园	1238
13	中国科学院植物研究所	3112	38	中国科学院武汉岩土力学研究所	1236
14	中国科学院大气物理研究所	2953	39	中国科学院金属研究所	1231
15	中国科学院广州地球化学研究所	2728	40	中国环境科学研究院	1222
16	中国科学院南京地理与湖泊研究所	2533	41	中国科学院动物研究所	1179
17	中国工程物理研究院	2450	42	中国科学院大连化学物理研究所	1142
18	中国科学院长春光学精密机械与物理研究所	2273	43	中国医学科学院药用植物研究所	1124
19	中国科学院东北地理与农业生态研究所	2226	44	中国农业科学院植物保护研究所	1121
20	中国科学院海洋研究所	2084	45	中国气象局兰州干旱气象研究所	1111
21	中国气象科学研究院	1997	46	中国科学院上海生命科学研究院	1093
22	中国电力科学研究院	1988	47	中国科学院水利部成都山地灾害与环境研究所	1067
23	中国地质科学院地质研究所	1931	48	广东省农业科学院	1053
24	中国农业科学院农业资源与农业区划研究所	1917	49	国家气候中心	1033
25	中国科学院新疆生态与地理研究所	1822	50	中国石化石油勘探开发研究院	1019

数据来源： CSTPCD 2011。

附表 41　2011 年 CSTPCD 统计科技论文被引用次数居前 50 位的医疗机构

排名	单位名称	被引次数	排名	单位名称	被引次数
1	解放军总医院	12282	26	中国医科大学附属盛京医院	2733
2	北京协和医院	7798	27	中国医学科学院肿瘤研究所	2626
3	四川大学华西医院	5689	28	中国医学科学院阜外心血管病医院	2588
4	北京大学第一医院	5644	29	重庆医科大学附属第一医院	2503
5	华中科技大学附属同济医院	5349	30	第三军医大学大坪医院	2424
6	南京军区南京总医院	4916	31	上海交通大学医学院附属新华医院	2318
7	中山大学附属第一医院	4567	32	武汉大学人民医院	2301
8	第二军医大学第一附属医院	4556	33	安徽医科大学第一附属医院	2290
9	上海交通大学医学院附属瑞金医院	4229	34	卫生部北京医院	2255
10	华中科技大学附属协和医院	3892	35	首都医科大学附属北京同仁医院	2236
11	南京医科大学第一附属医院	3833	36	首都医科大学附属北京友谊医院	2206
12	第三军医大学西南医院	3813	37	南京大学医学院附属鼓楼医院	2105
13	北京大学人民医院	3725	38	首都医科大学附属北京安贞医院	2081
14	南方医科大学附属南方医院	3673	39	上海交通大学医学院附属第九人民医院	2078
15	北京大学第三医院	3413	40	第三军医大学新桥医院	2053
16	中南大学湘雅医院	3384	41	首都医科大学附属北京朝阳医院	2015
17	第二军医大学长征医院	3340	42	山东大学齐鲁医院	1999
18	复旦大学附属华山医院	3335	43	广西医科大学第一附属医院	1958
19	复旦大学附属中山医院	3232	44	郑州大学第一附属医院	1954
20	中南大学湘雅二医院	3168	45	中山大学附属第三医院	1933
21	第四军医大学西京医院	3137	46	中山大学孙逸仙纪念医院	1929
22	中国医科大学附属第一医院	2984	47	上海市第一人民医院	1907
23	首都医科大学宣武医院	2979	48	青岛大学医学院附属医院	1900
24	上海市第六人民医院	2935	49	卫生部中日友好医院	1804
25	上海交通大学医学院附属仁济医院	2916	50	广州军区广州总医院	1782

数据来源：CSTPCD 2011。

附表 42　2011 年 CSTPCD 收录的各类基金资助来源产出论文的情况

排名	基金项目来源	论文篇数	所占比例（%）	排名	基金项目来源	论文篇数	所占比例（%）
1	国家自然科学基金委员会	82471	35.4	34	人力资源和社会保障部	1164	0.5
2	科学技术部	48283	20.7	35	国土资源部	1105	0.5
3	教育部	7022	3.0	36	全国哲学社会科学规划领导小组	1100	0.5
4	广东	5787	2.5	37	国家林业局	1040	0.4
5	江苏	5754	2.5	38	新疆	840	0.4
6	上海	5190	2.2	39	卫生部	782	0.3
7	农业部	4976	2.1	40	国家中医药管理局	587	0.3
8	浙江	4336	1.9	41	内蒙古	584	0.3
9	河南	3534	1.5	42	海南	558	0.2
10	河北	3223	1.4	43	国家海洋局	555	0.2
11	山东	3139	1.3	44	中国气象局	472	0.2
12	北京	3118	1.3	45	交通运输部	426	0.2
13	陕西	3094	1.3	46	宁夏	413	0.2
14	广西	2999	1.3	47	水利部	406	0.2
15	湖南	2867	1.2	48	环境保护部	334	0.1
16	辽宁	2744	1.2	49	住房和城乡建设部	278	0.1
17	黑龙江	2616	1.1	50	铁道部	273	0.1
18	安徽	2451	1.1	51	中国地震局	250	0.1
19	福建	2415	1.0	52	国家发展和改革委员会	139	0.1
20	重庆	2262	1.0	53	海外个人、独立基金会资助	131	0.1
21	四川	2210	0.9	54	青海	109	0.0
22	国务院国有资产监督管理委员会	2109	0.9	55	工业和信息化部	95	0.0
23	中国科学院	2039	0.9	56	国家测绘地理信息局	76	0.0
24	湖北	1776	0.8	57	西藏	65	0.0
25	贵州	1721	0.7	58	中国工程院	48	0.0
26	国家国防科技工业局	1554	0.7	59	中国科学技术协会	31	0.0
27	军队系统基金	1511	0.6	60	海外公司和跨国公司资助	30	0.0
28	山西	1494	0.6	61	国家食品药品监督管理局	22	0.0
29	云南	1441	0.6	62	国家人口和计划生育委员会	11	0.0
30	吉林	1395	0.6	63	中国社会科学院	2	0.0
31	江西	1371	0.6		其他	1403	0.6
32	天津	1320	0.6		合计	232744	100.0
33	甘肃	1193	0.5				

数据来源：CSTPCD 2011。

附表 43　2011 年 CSTPCD 收录的各类基金资助所产出论文的机构分布

机构类型	基金论文数（篇）	所占比例（%）
高等院校	183552	78.9
研究机构	30957	13.3
医疗机构	9207	4.0
管理部门及其他	6110	2.6
公司企业	2918	1.3
合计	232744	100.0

数据来源：CSTPCD 2011。

附表 44　2011 年 CSTPCD 收录的各类基金资助所产出论文的学科分布

学科	基金论文数（篇）	所占比例（%）	排名
数学	5456	2.3	14
力学	1685	0.7	32
信息、系统科学	2042	0.9	30
物理学	5195	2.2	16
化学	8519	3.7	11
天文学	277	0.1	39
地学	9598	4.1	7
生物学	11439	4.9	4
预防医学与卫生学	4356	1.9	23
基础医学	9031	3.9	9
药物学	4418	1.9	22
临床医学	28955	12.4	1
中医学	9951	4.3	6
军事医学与特种医学	891	0.4	36
农学	16313	7.0	3
林学	2959	1.3	25
畜牧、兽医	4607	2.0	20
水产学	1495	0.6	34
测绘科学技术	1570	0.7	33
材料科学	4966	2.1	18
工程与技术基础学科	2302	1.0	27
矿山工程技术	2120	0.9	29
能源科学技术	2848	1.2	26
冶金、金属学	5052	2.2	17
机械、仪表	4757	2.0	19
动力与电气	5385	2.3	15
核科学技术	404	0.2	38
电子、通信与自动控制	10200	4.4	5
计算技术	21327	9.2	2
化工	6155	2.6	13
轻工、纺织	792	0.3	37
食品	3888	1.7	24
土木建筑	6461	2.8	12
水利	1723	0.7	31
交通运输	4529	1.9	21
航空航天	2137	0.9	28
安全科学技术	71	0.0	40
环境科学	8903	3.8	10
管理学	906	0.4	35
其他	9061	3.9	8
合计	232744	100.0	

数据来源：CSTPCD 2011。

附表 45　2011 年 CSTPCD 收录的各类基金资助所产出论文的地区分布

地区	基金论文数（篇）	所占比例（%）	排名
北京	31940	13.7	1
天津	5343	2.3	17
河北	5992	2.6	16
山西	3308	1.4	24
内蒙古	1601	0.7	27
辽宁	9662	4.2	8
吉林	4809	2.1	19
黑龙江	7182	3.1	13
上海	14523	6.2	3
江苏	21523	9.2	2
浙江	9545	4.1	9
安徽	6557	2.8	15
福建	4858	2.1	18
江西	3528	1.5	22
山东	10256	4.4	6
河南	7854	3.4	12
湖北	9531	4.1	10
湖南	9744	4.2	7
广东	13829	5.9	4
广西	4736	2.0	20
海南	1101	0.5	28
重庆	6971	3.0	14
四川	8812	3.8	11
贵州	2781	1.2	26
云南	3457	1.5	23
西藏	108	0.0	31
陕西	13828	5.9	5
甘肃	4365	1.9	21
青海	430	0.2	30
宁夏	920	0.4	29
新疆	3116	1.3	25
不详	534	0.2	
合计	232744	100.0	

数据来源：CSTPCD 2011。

附表 46　2011 年 CSTPCD 收录的基金论文数居前 50 位的高等院校

排名	单位名称	基金论文数（篇）	排名	单位名称	基金论文数（篇）
1	上海交通大学	3099	26	东南大学	1216
2	中南大学	2532	27	重庆医科大学	1183
3	浙江大学	2457	28	复旦大学	1179
4	重庆大学	2110	29	东北大学	1147
5	华中科技大学	1954	30	北京航空航天大学	1144
6	同济大学	1948	31	江苏大学	1115
7	吉林大学	1882	32	中国医科大学	1109
8	西北工业大学	1862	33	天津大学	1101
9	中山大学	1823	34	中国地质大学	1100
10	清华大学	1803	35	南京农业大学	1087
11	华南理工大学	1708	36	合肥工业大学	1054
12	四川大学	1675	37	郑州大学	1053
13	哈尔滨工业大学	1616	38	中国农业大学	1031
14	北京大学	1596	39	湖南大学	1003
15	首都医科大学	1551	40	南昌大学	965
16	西北农林科技大学	1520	41	安徽医科大学	960
17	中国石油大学	1385	42	南方医科大学	941
18	国防科学技术大学	1383	43	北京科技大学	940
19	山东大学	1316	44	北京工业大学	910
20	武汉大学	1310	45	江南大学	902
21	南京大学	1285	46	西南大学	897
22	南京航空航天大学	1284	47	暨南大学	857
23	西安交通大学	1270	48	南京中医药大学	850
24	大连理工大学	1252	49	河北医科大学	849
25	中国矿业大学	1237	50	上海中医药大学	834

数据来源：CSTPCD 2011。

附表 47 2011 年 CSTPCD 收录的基金论文数居前 50 位的研究机构

排名	单位名称	基金论文数（篇）	排名	单位名称	基金论文数（篇）
1	中国中医科学院	699	27	浙江省农业科学院	163
2	中国林业科学研究院	570	28	中国科学院大气物理研究所	161
3	军事医学科学院	532	29	北京市农林科学院	158
4	中国水产科学研究院	505	30	湖北省农业科学院	155
5	中国科学院地理科学与资源研究所	476	31	中国科学院南海海洋研究所	147
6	中国疾病预防控制中心	452	32	中国地质科学院地质研究所	144
7	江苏省农业科学院	409	33	中国科学院东北地理与农业生态研究所	143
8	中国科学院长春光学精密机械与物理研究所	397	33	中国农业科学院植物保护研究所	143
9	中国工程物理研究院	324	33	新疆农业科学院	143
10	中国科学院寒区旱区环境与工程研究所	313	36	中国医学科学院药用植物研究所	142
11	山东省农业科学院	290	37	河南省农业科学院	140
12	中国热带农业科学院	280	38	中国科学院电子学研究所	138
13	福建省农业科学院	272	39	中国科学院沈阳应用生态研究所	137
14	中国科学院地质与地球物理研究所	248	40	广西壮族自治区农业科学院	133
15	云南省农业科学院	239	41	四川省农业科学院	130
16	山西省农业科学院	235	42	军事医学科学院放射与辐射医学研究所	129
17	中国科学院合肥物质科学研究院	222	43	中国科学院遥感应用研究所	127
18	中国科学院新疆生态与地理研究所	221	44	上海市农业科学研究院	124
19	中国科学院生态环境研究中心	205	45	中国石化石油勘探开发研究院	121
20	中国石油勘探开发研究院	200	46	中国科学院计算技术研究所	119
21	中国水利水电科学研究院	198	46	中国农业科学院北京畜牧兽医研究所	119
22	广东省农业科学院	180	46	中国气象科学研究院	119
23	中国科学院南京土壤研究所	176	49	北京有色金属研究总院	118
23	中国科学院地球化学研究所	176	50	中国科学院南京地理与湖泊研究所	116
25	中国科学院海洋研究所	172	50	长江科学院	116
26	中国环境科学研究院	171			

数据来源：CSTPCD 2011。

附表 48 2011 年 CSTPCD 收录的论文按作者合著关系的学科分布

学科	单一作者		同机构合著		同省合著		省际合著		国际合著		论文总数（篇）
	论文篇数	比例(%)	论文篇数	比例(%)	论文篇数	比例(%)	论文篇数	比例(%)	论文篇数	比例(%)	
数学	1552	21.0	3620	48.9	1045	14.1	1105	14.9	81	1.1	7403
力学	158	6.8	1492	64.1	256	11.0	363	15.6	59	2.5	2328
信息、系统科学	131	5.2	1618	64.0	342	13.5	407	16.1	30	1.2	2528
物理	462	6.9	4260	63.3	875	13.0	966	14.4	166	2.5	6729
化学	496	4.1	8027	66.3	2034	16.8	1418	11.7	138	1.1	12113
天文学	81	21.7	174	46.6	35	9.4	71	19.0	12	3.2	373
地学	799	6.2	5647	43.8	2328	18.0	3812	29.6	313	2.4	12899
生物学	600	4.0	8403	56.1	3111	20.8	2505	16.7	357	2.4	14976
预防医学与卫生学	3247	16.2	10875	54.2	4207	21.0	1592	7.9	145	0.7	20066
基础医学	1355	7.1	10583	55.6	4680	24.6	2208	11.6	209	1.1	19035
药物学	7	4.3	84	51.9	47	29.0	21	13.0	3	1.9	162
临床医学	25061	14.9	100802	59.9	29793	17.7	11888	7.1	785	0.5	168329
中医学	4282	17.4	11561	46.9	6513	26.4	2184	8.9	104	0.4	24644
军事医学与特种医学	325	9.2	2101	59.5	651	18.4	430	12.2	26	0.7	3533
农学	1106	5.0	11728	52.7	5707	25.7	3495	15.7	200	0.9	22236
林学	207	5.4	1817	47.1	985	25.5	787	20.4	62	1.6	3858
畜牧、兽医	357	5.3	3463	51.7	1698	25.4	1119	16.7	58	0.9	6695
水产学	44	2.4	995	54.7	424	23.3	334	18.4	22	1.2	1819
测绘科学技术	347	11.5	1454	48.0	477	15.8	722	23.9	27	0.9	3027
材料科学	208	2.8	4817	64.6	1183	15.9	1158	15.5	86	1.2	7452
工程与技术基础学科	237	6.0	2614	65.8	552	13.9	510	12.8	60	1.5	3973
矿山工程技术	867	18.1	2397	50.0	564	11.8	940	19.6	29	0.6	4797
能源科学技术	660	12.0	2046	37.3	938	17.1	1824	33.2	22	0.4	5490
冶金、金属学	1557	13.0	6732	56.4	1869	15.7	1697	14.2	84	0.7	11939
机械仪表	1407	12.5	7035	62.3	1451	12.9	1358	12.0	33	0.3	11284
动力与电气	182	5.0	2278	63.1	510	14.1	599	16.6	39	1.1	3608
核科学技术	48	4.8	634	63.7	109	11.0	191	19.2	13	1.3	995
电子、通信与自动控制	1936	7.7	16008	63.8	3260	13.0	3628	14.5	245	1.0	25077
计算技术	1218	9.0	8409	62.3	2216	16.4	1567	11.6	77	0.6	13487
化工	3669	10.4	22921	64.9	4574	12.9	3867	10.9	295	0.8	35326
轻工、纺织	343	14.7	1285	55.2	346	14.9	338	14.5	16	0.7	2328
食品	515	6.9	4641	62.0	1443	19.3	847	11.3	44	0.6	7490
土木建筑	2020	15.2	6424	48.3	2346	17.7	2322	17.5	176	1.3	13288
水利	345	10.9	1608	51.0	545	17.3	640	20.3	18	0.6	3156

附表 48 2011 年 CSTPCD 收录的论文按作者合著关系的学科分布（续）

学科	单一作者		同机构合著		同省合著		省际合著		国际合著		论文总数（篇）
	论文篇数	比例(%)	论文篇数	比例(%)	论文篇数	比例(%)	论文篇数	比例(%)	论文篇数	比例(%)	
交通运输	1678	16.7	5008	50.0	1401	14.0	1861	18.6	76	0.8	10024
航空航天	277	6.0	3264	70.7	402	8.7	657	14.2	18	0.4	4618
安全科学技术	10	9.6	47	45.2	20	19.2	26	25.0	1	1.0	104
环境科学	1017	7.7	7141	53.9	2695	20.3	2232	16.8	167	1.3	13252
管理学	110	22.5	243	49.7	45	9.2	89	18.2	2	0.4	489
其他	4752	24.2	10123	51.6	2669	13.6	1917	9.8	162	0.8	19623
合计	63373	12.0	304229	57.4	94330	17.8	63695	12.0	4460	0.8	530087

数据来源：CSTPCD 2011。

附表 49　2011 年 CSTPCD 收录的论文作者按合著关系的地区分布

地区	第一作者		同机构合著		同省合著		省际合著		国际合著		论文总数（篇）
	论文篇数	比例(%)	论文篇数	比例(%)	论文篇数	比例(%)	论文篇数	比例(%)	论文篇数	比例(%)	
北京	7061	10.4	39276	57.6	11046	16.2	9858	14.5	918	1.3	68159
天津	1611	12.4	7252	55.9	2302	17.8	1697	13.1	104	0.8	12966
河北	2261	12.1	10033	53.8	4176	22.4	2130	11.4	64	0.3	18664
山西	1127	14.5	4249	54.8	1287	16.6	1066	13.7	26	0.3	7755
内蒙古	388	11.1	1763	50.5	720	20.6	595	17.0	25	0.7	3491
辽宁	1901	9.3	12092	59.1	3770	18.4	2492	12.2	200	1.0	20455
吉林	596	6.4	4976	53.7	2244	24.2	1350	14.6	98	1.1	9264
黑龙江	1037	7.6	8294	60.9	2450	18.0	1713	12.6	124	0.9	13618
上海	3630	11.4	19775	62.0	5066	15.9	3027	9.5	416	1.3	31914
江苏	6210	12.4	29296	58.7	8457	17.0	5543	11.1	376	0.8	49882
浙江	4257	16.2	14621	55.6	4844	18.4	2409	9.2	168	0.6	26299
安徽	1757	12.4	8447	59.5	2119	14.9	1765	12.4	103	0.7	14191
福建	1239	13.2	5557	59.0	1540	16.4	995	10.6	86	0.9	9417
江西	784	11.4	3826	55.8	1157	16.9	1058	15.4	37	0.5	6862
山东	2913	11.8	13135	53.1	5399	21.8	3131	12.7	161	0.7	24739
河南	3998	18.9	10464	49.5	3762	17.8	2861	13.5	67	0.3	21152
湖北	2818	11.2	15154	60.1	3997	15.8	3101	12.3	148	0.6	25218
湖南	1994	10.7	11071	59.2	3258	17.4	2225	11.9	158	0.8	18706
广东	3928	10.8	21750	59.8	7047	19.4	3260	9.0	358	1.0	36343
广西	1702	16.4	5879	56.6	1814	17.5	955	9.2	40	0.4	10390
海南	496	16.8	1561	52.9	456	15.5	429	14.5	7	0.2	2949
重庆	1513	10.9	8404	60.4	2199	15.8	1688	12.1	117	0.8	13921
四川	2203	10.2	12873	59.7	3720	17.3	2593	12.0	157	0.7	21546
贵州	664	12.0	2841	51.5	1150	20.9	818	14.8	42	0.8	5515
云南	815	10.4	4370	55.7	1707	21.8	886	11.3	65	0.8	7843
西藏	16	6.5	124	50.4	26	10.6	80	32.5	0	0.0	246
陕西	2757	10.1	16726	61.5	4275	15.7	3261	12.0	187	0.7	27206
甘肃	813	9.4	4861	55.9	1782	20.5	1186	13.6	51	0.6	8693
青海	348	27.0	558	43.4	163	12.7	205	15.9	13	1.0	1287
宁夏	222	10.5	1027	48.6	561	26.6	289	13.7	12	0.6	2111
新疆	497	7.0	3779	53.4	1844	26.1	907	12.8	44	0.6	7071
不详	1500	76.7	340	17.4	7	0.4	83	4.2	25	1.3	1955
合计	63115	11.9	304574	57.4	94345	17.8	63656	12.0	4397	0.8	530887

数据来源：CSTPCD 2011。

附表50 2011年CSTPCD统计被引用次数较多的基金资助项目情况

排名	基金资助项目	被引次数	所占比例（%）
1	国家自然科学基金项目	292247	36.1
2	国家重点基础研究发展计划（973计划）	57673	7.1
3	国家科技支撑计划	47400	5.9
4	国家高技术研究发展计划（863计划）	46525	5.8
5	教育部基金项目	27588	3.4
6	中国科学院基金项目	22678	2.8
7	广东省基金项目	20021	2.5
8	江苏省基金项目	17280	2.1
9	上海市基金项目	16623	2.1
10	浙江省基金项目	12235	1.5
11	北京市基金项目	10953	1.4
12	山东省基金项目	8932	1.1
13	河南省基金项目	8603	1.1
14	湖南省基金项目	8441	1.0
15	福建省基金项目	7834	1.0
16	海外公司和跨国公司资助	7788	1.0
17	河北省基金项目	7775	1.0
18	陕西省基金项目	7122	0.9
19	黑龙江省基金项目	6939	0.9
20	湖北省基金项目	6853	0.8
21	农业部基金项目	6580	0.8
22	安徽省基金项目	6539	0.8
23	辽宁省基金项目	6181	0.8
24	国家科技重大专项	6162	0.8
25	四川省基金项目	5744	0.7
26	广西壮族自治区基金项目	5737	0.7
27	重庆市基金项目	5090	0.6
28	云南省基金项目	4968	0.6
29	国家国防科技工业局基金项目	4720	0.6
30	国家重点实验室	4667	0.6
31	卫生部基金项目	4625	0.6
32	天津市基金项目	4461	0.6
33	吉林省基金项目	3701	0.5
34	山西省基金项目	3664	0.5
35	中国石油天然气集团公司资助	3589	0.4
36	甘肃省基金项目	3580	0.4
37	贵州省基金项目	3300	0.4
38	江西省基金项目	3027	0.4
39	国土资源部基金项目	2716	0.3
40	科技基础性工作及社会公益研究专项	2552	0.3
41	中国石油化工集团公司资助	2384	0.3
42	新疆维吾尔自治区基金项目	2037	0.3
43	中国航空工业集团公司资助	2031	0.3
44	军队系统基金	1825	0.2
45	交通运输部基金项目	1479	0.2
46	内蒙古自治区基金项目	1330	0.2
47	国际科技合作计划	1314	0.2
48	铁道部基金项目	1063	0.1
49	人力资源和社会保障部基金项目	1045	0.1
50	海外个人、独立基金会资助	1032	0.1

数据来源：CSTPCD 2011。

附表 51　2011 年 CSTPCD 统计被引用的各类基金资助论文被引次数按学科分布情况

学科	被引用次数	所占比例（%）	排名
数学	10017	1.2	24
力学	6622	0.8	28
信息、系统科学	7731	1.0	25
物理学	17828	2.2	14
化学	33393	4.1	8
天文学	1436	0.2	37
地学	79875	9.9	2
生物学	66215	8.2	4
预防医学与卫生学	13685	1.7	17
基础医学	28279	3.5	10
药物学	12265	1.5	19
临床医学	72553	9.0	3
中医学	28357	3.5	9
军事医学与特种医学	1634	0.2	36
农学	97372	12.0	1
林学	13517	1.7	18
畜牧、兽医	11477	1.4	20
水产学	6419	0.8	29
测绘科学技术	4793	0.6	32
材料科学	10534	1.3	23
工程与技术基础学科	3190	0.4	35
矿山工程技术	7534	0.9	26
能源科学技术	15660	1.9	16
冶金、金属学	16298	2.0	15
机械、仪表	11471	1.4	21
动力与电气	18281	2.3	13
核科学技术	857	0.1	38
电子、通信与自动控制	42149	5.2	6
计算技术	40019	4.9	7
化工	18770	2.3	12
轻工、纺织	3590	0.4	34
食品	7388	0.9	27
土木建筑	19329	2.4	11
水利	6411	0.8	30
交通运输	11412	1.4	22
航空航天	5209	0.6	31
安全科学技术	804	0.1	39
环境科学	42537	5.3	5
管理学	3851	0.5	33
其他	10218	1.3	
合计	808980	100.0	

数据来源：CSTPCD 2011。

附表 52 2011 年 CSTPCD 统计被引用的各类基金资助论文被引次数按地区分布情况

地区	被引用次数	所占比例（%）	排名
北京	163354	20.2	1
天津	16908	2.1	18
河北	15632	1.9	19
山西	8099	1.0	24
内蒙古	4372	0.5	27
辽宁	30210	3.7	10
吉林	17278	2.1	17
黑龙江	22479	2.8	12
上海	50955	6.3	3
江苏	77791	9.6	2
浙江	32727	4.0	8
安徽	18749	2.3	14
福建	14944	1.8	20
江西	7396	0.9	25
山东	33011	4.1	7
河南	18628	2.3	16
湖北	38175	4.7	6
湖南	31091	3.8	9
广东	49581	6.1	4
广西	9652	1.2	22
海南	2177	0.3	28
重庆	18680	2.3	15
四川	29005	3.6	11
贵州	6901	0.9	26
云南	10485	1.3	21
西藏	363	0.0	31
陕西	46881	5.8	5
甘肃	19057	2.4	13
青海	1665	0.2	30
宁夏	1738	0.2	29
新疆	8285	1.0	23
海外	1763	0.2	
不详	948	0.1	
合计	808980	100.0	

数据来源：CSTPCD 2011。

附表 53　2011 年 CSTPCD 收录的科技论文数居前 30 位的企业

排名	单位	论文数（篇）
1	中国石油天然气集团公司	2300
2	中国石油化工股份有限公司	1385
3	中国中铁股份有限公司	937
4	中国建筑股份有限公司	553
5	中国电子科技集团公司	504
6	中国交通建设股份有限公司	426
7	中国航空工业集团公司	361
7	中国船舶重工集团公司	361
9	中国海洋石油总公司	351
10	中国核工业集团公司	343
11	国家电网	324
12	中国钢研科技集团公司	246
13	中国兵器工业集团公司	204
14	中国建筑科学研究院	193
15	中国南车股份有限公司	178
16	铁道第三勘察设计院集团有限公司	143
17	中国医药工业研究总院公司	135
18	青岛市海慈医疗集团公司	116
19	宝钢集团公司	106
19	中国煤炭科工集团	106
21	中国电信集团公司	105
22	鞍钢股份有限公司	95
23	中国航天科技集团公司	92
24	中国中钢集团公司	79
25	招商局重庆交通科研设计院有限公司	76
26	中广核工程有限公司	67
27	上海市政工程设计研究总院（集团）有限公司	65
28	中冶赛迪工程技术股份有限公司	63
29	三一重工股份有限公司	58
30	天地科技股份有限公司	57

数据来源：CSTPCD 2011。

附表 54 2011 年 SCI 收录中国数学领域科技论文数居前 20 位的机构

排名	单位名称	论文数（篇）	排名	单位名称	论文数（篇）
1	山东大学	120	10	中山大学	89
2	中国科学院数学与系统科学院	118	12	北京航空航天大学	81
3	浙江大学	114	13	中南大学	80
4	大连理工大学	112	14	华东师范大学	79
5	北京大学	110	15	上海交通大学	77
6	南开大学	103	16	重庆大学	76
7	清华大学	97	17	南京师范大学	73
8	复旦大学	90	18	兰州大学	70
8	华南师范大学	90	19	南京大学	69
10	哈尔滨工业大学	89	19	西安交通大学	69

数据来源：SCI 2011，附表 55~附表 63 同。

附表 55 2011 年 SCI 收录中国物理学领域科技论文数居前 20 位的机构

排名	单位名称	论文数（篇）	排名	单位名称	论文数（篇）
1	清华大学	468	11	中国电子科技大学	236
2	中国科技大学	403	12	复旦大学	219
3	浙江大学	402	13	四川大学	204
4	北京大学	373	14	吉林大学	203
5	哈尔滨工业大学	359	15	国防科技大学	202
6	南京大学	335	16	北京航空航天大学	194
7	华中科技大学	321	16	中国科学院半导体研究所	194
8	中国科学院物理研究所	283	18	山东大学	192
9	上海交通大学	259	19	大连理工大学	188
10	西安交通大学	254	20	中国科学院上海光学精密机械研究所	174

附表 56 2011 年 SCI 收录中国化学领域科技论文数居前 20 位的机构

排名	单位名称	论文数（篇）	排名	单位名称	论文数（篇）
1	浙江大学	711	11	南开大学	432
2	吉林大学	687	12	中国科技大学	425
3	四川大学	593	13	山东大学	393
4	中国科学院化学研究所	549	14	苏州大学	345
5	南京大学	523	15	厦门大学	325
6	华东理工大学	503	16	大连理工大学	318
7	中国科学院长春应用化学研究所	455	17	东北师范大学	313
8	清华大学	448	18	北京化工大学	311
9	复旦大学	442	19	上海交通大学	310
10	北京大学	439	20	华南理工大学	303

附表 57 2011 年 SCI 收录中国天文学领域科技论文数居前 10 位的机构

排名	单位名称	论文数（篇）	排名	单位名称	论文数（篇）
1	中国科学院国家天文台北京	112	6	北京师范大学	42
2	北京大学	86	6	中国科技大学	42
3	南京大学	62	8	中国科学院国家天文台上海	34
4	中国科学院高能物理研究所	53	9	中国科学院紫金山天文台	33
5	中国科学院国家天文台云南	50	10	中国科学院空间科学与应用研究中心	31

附表 58 2011 年 SCI 收录中国地学领域科技论文数居前 20 位的机构

排名	单位名称	论文数（篇）	排名	单位名称	论文数（篇）
1	中国地质大学	267	11	中国科学院地理科学与自然资源研究所	67
2	中国科学院地质与地球物理研究所	209	12	中国科学院广州地球化学研究	64
3	中国科学院大气物理研究所	162	13	中国石油大学	63
4	北京大学	147	14	北京师范大学	59
5	南京大学	131	15	同济大学	57
6	中国地质科学院地质研究所	105	15	中国科学院寒区旱区环境与工程研究所	57
7	中国科技大学	73	17	中国科学院贵阳地球化学研究所	48
8	中国海洋大学	72	18	南京信息工程大学	47
9	吉林大学	70	18	中国科学院南海海洋研究所	47
10	武汉大学	69	20	中国气象科学院	46

附表 59 2011 年 SCI 收录中国生物学领域科技论文数居前 20 位的机构

排名	单位名称	论文数（篇）	排名	单位名称	论文数（篇）
1	浙江大学	574	11	中山大学	234
2	中国农业大学	352	12	武汉大学	220
3	上海交通大学	347	13	山东大学	214
4	南京农业大学	279	14	吉林大学	187
5	复旦大学	277	15	清华大学	156
6	华中农业大学	270	16	华南农业大学	148
7	西北农林科技大学	263	17	中国科学院上海生命科学院	147
8	华中科技大学	258	18	中国科学院动物研究所	135
9	四川大学	254	19	江南大学	133
10	北京大学	246	19	中南大学	133

附表 60 2011 年 SCI 收录中国医学领域科技论文数居前 20 位的机构

排名	单位名称	论文数（篇）	排名	单位名称	论文数（篇）
1	上海交通大学	1183	11	第四军医大学	473
2	中山大学	971	12	中南大学	470
3	复旦大学	919	13	南京医科大学	465
4	北京大学	816	14	中国医科大学	456
5	四川大学	814	15	第三军医大学	368
6	浙江大学	785	16	哈尔滨医科大学	360
7	首都医科大学	680	17	解放军总医院	346
8	山东大学	572	18	南京大学	306
9	第二军医大学	553	19	西安交通大学	303
10	华中科技大学	488	20	重庆医科大学	277

附表 61 2011 年 SCI 收录中国农学领域科技论文数居前 20 位的机构

排名	单位名称	论文数（篇）	排名	单位名称	论文数（篇）
1	中国农业大学	274	11	中国科学院南京土壤研究所	59
2	浙江大学	183	12	扬州大学	56
3	南京农业大学	167	13	北京林业大学	44
4	西北农林科技大学	162	13	江南大学	44
5	华中农业大学	141	13	上海交通大学	44
6	中国科学院海洋研究所	99	16	东北农业大学	43
7	中国海洋大学	96	16	西南大学	43
8	华南农业大学	90	18	华南理工大学	42
9	四川农业大学	84	18	中国科学院水生生物研究所	42
10	山东农业大学	62	20	兰州大学	39

附表 62 2011 年 SCI 收录中国材料科学领域科技论文数居前 20 位的机构

排名	单位名称	论文数（篇）	排名	单位名称	论文数（篇）
1	哈尔滨工业大学	415	11	北京航空航天大学	206
2	清华大学	395	12	华南理工大学	203
3	浙江大学	345	13	华中科技大学	196
4	上海交通大学	321	14	北京科技大学	193
5	西北工业大学	284	14	山东大学	193
6	四川大学	249	16	天津大学	192
7	大连理工大学	229	17	中国科学院上海硅酸盐研究所	183
8	西安交通大学	219	18	复旦大学	181
9	吉林大学	215	19	中国科学院金属研究所	158
10	中南大学	207	20	兰州大学	156

附表 63　2011 年 SCI 收录中国环境科学领域科技论文数居前 20 位的机构

排名	单位名称	论文数（篇）	排名	单位名称	论文数（篇）
1	中国科学院生态环境研究中心	192	11	山东大学	68
2	北京师范大学	150	12	哈尔滨工业大学	66
3	浙江大学	141	12	南开大学	66
4	清华大学	139	14	中国地质大学	62
5	南京大学	131	15	中山大学	55
6	北京大学	124	16	中国农业大学	52
7	同济大学	113	17	复旦大学	47
8	中国科学院广州地球化学研究所	76	18	中国科学院水生生物研究所	46
9	中国科学院地理科学与自然资源研究所	70	19	中国科学院城市环境研究所	45
10	上海交通大学	69	19	中国科学院新疆生态地理研究所	45